# 여행은 꿈꾸는 순간, 시작된다

# 여행 중 위급 상황 대처법

## 여권을 분실했을 때

### 여권을 분실했을 때

① 현지 경찰서에 여권 분실 신고(Police Report 작성). 와이키키에서 가장 가까운 경찰서는 듀크 카하나모쿠 동상 근처P.096.

② 하와이 주 호놀룰루 총영사관에서 단수 여권을 재발급 받는다.(평균 1박 2일 정도 소요됨)

③ 항공사에 연락해 대처 방법을 안내 받는다.(임시 여권으로는 예약한 항공권을 사용할 수 없음)

### 준비물

여권 재발급 신청서 1매, 증명사진 1매(여권용 사진), 신분증, 여권 분실 신고서(Police Report)

**주 호놀룰루 총영사관**

2756 Pali Hwy. Honolulu 808-596-6109(여권, 비자 등 민원 업무) usa-honolulu.mofa.go.kr 월~금 08:30~16:00(15:30분까지 입장해야 접수 가능) 총영사관 주차장 내 무료 주차

## 몸이 아파 병원에 가야 할 때

### 감기, 배탈 등 가벼운 증상일 경우

ABC 스토어나 드러그 스토어, 월마트 등에서 상비 의약품 (감기약, 소화제, 설사약, 멀미약 등) 구입

### 증상이 심하고 위급한 경우

- 119 재외국민 응급의료상담 서비스 상담

**119 재외국민 응급의료상담 서비스** 해외에서 예기치 않은 질병이나 부상 등 응급상황 시 응급의학전문의의 상담을 받을 수 있는 119 서비스. 응급처치 요령이나 약품 구입 및 복용 방법, 현지 의료기관 이용 방법, 환자 국내이송 일반 절차 등을 안내해 준다.

**상담 요청 방법**

- +82-44-320-0119로 전화 상담
- centeral119ems@korea.kr로 메일을 보내 상담
- 119.go.kr에 문의
- 카카오톡 플러스 친구 추가 후 상담(카카오톡 검색창에 '소방청 응급의료상담 서비스' 검색 후 채널 추가. '채팅하기'에 '응급의료 상담 1:1 상담문의'로 상담하면 된다.)

- 한인 의료 기관 방문

  하와이의 의료 여건은 미국에서도 매우 우수한 편. 의사소통이 편한 한인 의료기관도 많다. 다만 의료비가 높은 편이니 여행자 보험 가입을 권장한다.

**한인병원 > 열린 가정 의학과(Open Door Urgent Care Clinic)**

808-781-8046(병원 연락처), 808-782-2826(응급연락처)

1441 Kapiolani Blvd STE 608, Honolulu

**한인병원 > 서세모 서필립 크리닉(Pacific Primary Care)**

808-946-1414

25 Kapiolani Boulevard·Suite C-114·Honolulu

**한인약국 > 디스커버리 베이 약국(Discovery Bay Pharmacy)**

808-312-3469 1778 Ala Moana Blvd #208, Honolulu

**한인약국 > 해피약국(Happy Pharmacy)**

808-312-3469 1441 Kapiolani Blvd. Honolulu

## 상해 및 도난 등의 피해를 입었을 때

① 911에 전화해 응급상황임을 알리고 상황에 대해 설명한다.(범인의 인상착의, 피해 상황, 화재 상황, 부상이나 증상 정도 등)

② 현재 있는 주소 혹은 주변 건물이나 상점의 이름을 말한다. 직접 할 수 있는 상황이 아니라면 주변 사람에게 911 연락을 부탁하자.

### 차량을 도난당했을 때

하와이는 강도 사건은 적은 편이지만 차량 도난은 빈번히 발생한다. 이 경우, 출동한 경찰에게 폴리스 리포트를 받고 렌터카 회사의 긴급 출동 서비스나 고객 서비스 센터에 연락해 도난 사실을 알리고 차량 교체 및 보험 적용을 진행한다. 이때, 여행자 보험에 가입했다면, 경찰의 폴리스 리포트를 제출해 보상을 신청할 수 있다.

### 기타 위급 상황 시

다른 위급 상황에 어떻게 대처해야 할지 모를 때는 영사관에 문의하면 많은 도움을 준다. 아래 영사관 문의 방법을 참고하자. 또, 상황 대처 시 의사소통이 어렵다면 통역 서비스를 이용할 수 있다.

**영사관 문의 방법**

① 카카오톡 상담 서비스: 카카오 채널에서 '영사콜센터' 친구 추가 후 '채팅하기' 선택하여 상담

② 영사콜센터 유료 전화
+82-2-3210-0404(24시간 연중무휴)

③ 무료 전화 앱: 플레이스토어나 앱스토어에서 '영사콜센터' 또는 '영사콜센터 무료 전화'를 검색해 설치 후 통화

④ 주 호놀룰루 총 영사관
근무 시간(월~금 08:30~16:00) 808-595-6109, 근무시간 외 808-265-9349

⑤ 외교부 해외안전여행 〈안전여행 서비스〉에서 신속해외송금 서비스, 무료전화앱, 통역서비스 등을 자세히 설명하고 있다.
외교부 해외안전여행 0404.go.kr

**통역 서비스**

- 외교부 영사콜센터 통역지원 서비스 +82-2-3210-0404
- 비지터 알로하 소사이어티(Visitor Aloha Society): 관광객 지원 비영리단체로 자원봉사자 매칭 시 무료 한국어 통역 서비스를 제공한다. 808-926-8274, 808-482-0111(카우아이 지부)
- 하와이 관광청 마우이 지부(Maui Visitors Bureau)
  808-244-3530

리얼
# 하와이

**여행 정보 기준**

이 책은 2024년 5월까지 취재한 정보를 바탕으로 만들었습니다.
정확한 정보를 싣고자 노력했지만, 여행 가이드북의 특성상
책에서 소개한 정보는 현지 사정에 따라 수시로 변경될 수 있습니다.
변경된 정보는 개정판에 반영해 더욱 실용적인 가이드북을 만들겠습니다.

**한빛라이프 여행팀 ask_life@hanbit.co.kr**

# 리얼 하와이

**초판 발행** 2020년 2월 20일
**개정 2판 2쇄** 2024년 6월 25일

**지은이** 김화정 / **펴낸이** 김태헌
**총괄** 임규근 / **책임편집** 고현진
**디자인** 천승훈, 김현수 / **지도·일러스트** 이예연
**영업** 문윤식, 신희용, 조유미 / **마케팅** 신우섭, 손희정, 박수미, 송수현 / **제작** 박성우, 김정우

**펴낸곳** 한빛라이프 / **주소** 서울시 서대문구 연희로2길 62 한빛빌딩
**전화** 02-336-7129 / **팩스** 02-325-6300
**등록** 2013년 11월 14일 제25100-2017-000059호
**ISBN** 979-11-93080-05-4 14980, 979-11-85933-52-8 14980(세트)

한빛라이프는 한빛미디어(주)의 실용 브랜드로 우리의 일상을 환히 비추는 책을 펴냅니다.

이 책에 대한 의견이나 오탈자 및 잘못된 내용은 출판사 홈페이지나 아래 이메일로 알려주십시오.
파본은 구매처에서 교환하실 수 있습니다. 책값은 뒤표지에 표시되어 있습니다.
**한빛미디어 홈페이지 www.hanbit.co.kr / 이메일 ask_life@hanbit.co.kr**
**블로그 blog.naver.com/real_guide_ / 인스타그램 @real_guide_**

Published by HANBIT Media, Inc. Printed in Korea


**지금 하지 않으면 할 수 없는 일이 있습니다.**
**책으로 펴내고 싶은 아이디어나 원고를 메일(writer@hanbit.co.kr)로 보내주세요.**
**한빛라이프는 여러분의 소중한 경험과 지식을 기다리고 있습니다.**

하와이를 가장 멋지게 여행하는 방법

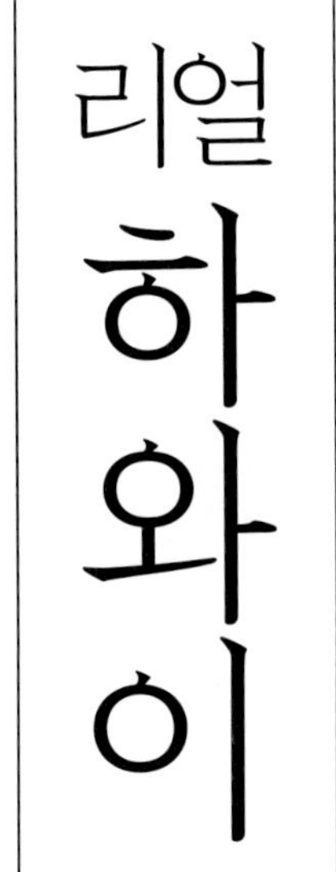

# 리얼 하와이

김화정 지음

HB 한빛라이프

**PROLOGUE**
작가의 말

# 그곳은 언제나 행복

하와이와의 만남은 너무나 우연히, 아무런 계획도 기대도 없이 시작됐다. 여행을 좋아했지만 휴양지는 내가 꿈꾸던 우선순위에 없었다. 그렇게 나와는 전혀 상관없던 휴양지 하와이에 지인의 고모가 계시다는 단순한 이유 하나로 처음 방문했고, 그 여행은 나의 일, 여행, 일상을 바꿔 놓았다. 매년 두세 차례, 사오 개월씩 하와이에 머무르며 가족 같은 사람들도 쌓여 갔다.
여행이 끝나는 순간 다음 여행지를 꿈꾸던 내가 어쩌다 하와이밖에 모르는 사람이 됐는지는 간단히 설명하기 힘들지만, 낯선 여행지에서 낯설지 않게 대해주는 하와이 사람들의 웃음과 배려 때문일 거다. 하와이에 대한 다양한 감정 속에는 분명히 하와이 사람들이 있다. 서두르지 않고 여유로우면서도 열심히 사는 사람들, 따뜻한 포옹과 감사의 마음을 표현하는 사람들.
하와이는 여전히 갈 때마다 새롭다. 구석구석 독특하고 예쁜 숍을 찾아다니며 쇼핑을 즐기기도 하고, 여러 트레일 코스를 돌며 하이킹에 빠지기도 한다. 어떤 때는 차를 운전해 섬을 돌기도, 새벽마다 해돋이 스폿을 찾아다니기도 한다. 차이나타운의 옛 거리와 건물에 빠져 종일 걷기도 하고 미술관 투어에 맛들여 지금도 하와이에 갈 때면 매번 미술관에 들른다. 최근엔 스노클링의 재미에 빠져 수영을 배우기 시작했다.
이 책으로 많은 사람들이 나와 같은 경험을 했으면 하는 바람이다. 혼자여도 좋고 좋은 사람과 함께여도 좋다. 하와이, 그곳은 언제나 행복하니까.

**Thanks to...**

이 책이 나오기까지 도움을 주신 많은 분들께 감사의 마음을 전합니다. 무엇보다 집필의 기회를 주신 한빛라이프와 임규근 이사님, 에디팅에 노고가 많으셨을 양지하 대리님과 김영훈 대리님, 김태관 에디터님 책을 예쁘게 만들어주신 천승훈 디자인 실장님께 감사합니다. 그리고 저에게 하와이를 알게 해준 Ann과 고모님, 항상 하와이에서 따뜻하게 저를 품어주시는 Judy 언니와 사장님, 운명처럼 신기하게 가까워진 마음 따뜻한 미정 씨와 유나, 나의 하와이 파트너 근혜 씨, 웃는 모습이 마우이를 닮은 Summer, 하와이 가족 June과 Ingrid, 하와이 마마 Peggy, 그리고 마지막으로 나의 사랑하는 가족에게 이 책을 바칩니다. 감사합니다.

No man is an island and no book is written alone. The best part of writing a book is thanking the people who helped make it possible:
June Dillinger, Ingrid Lewis, Peggy Julia Lewis, Jenny and Daeun Ahn at PacRim, Soojin Koh and Jaeyeon Park at MKO, Bernie Caalim at Trump Hotel, Maiko Hanawa at Hilton Hawaiian Village, Nahye Kim at iConnect, Jenny Wang at Four Seasons Resort, Taeil Lee at Kualoa Ranch, Chris Mutual at Hawaii Golf Club Rentals, Sam Paik at Hokukea, and all the people who supported my work.

Sending you all love and blessings. Mahalo.

---

**김화정** 어쩌다 방문한 하와이에 빠져들어 이제는 하와이만 찾는 여행자. 현지 친구들이 현지인보다 하와이를 더 잘 안다며 인정하는 하와이 전문가. 가끔은 저자이자 아이들의 선생님. 아주 가끔은 아트 디렉터이자 북 디자이너. 수식어는 다양하지만 본업은 책 만드는 일로, 말랑(mal.lang)이라는 작은 출판사를 운영하고 있다. 『나의 처음 하와이 여행 Kid's Travel Guide HAWAII』, 『No Stress 퍼즐영단어』, 『쌕쏙 여행영어』 등의 책을 썼다.

**인스타그램** hi_plumeria **이메일** realhawaii82@gmail.com

---

# 이 책의 사용법

## 일러두기

- 이 책은 2024년 5월까지 취재한 내용을 바탕으로 만들었습니다. 하지만 현지 정보는 수시로 변경될 수 있으니 정확한 정보는 여행을 출발하기 직전 각 스폿의 홈페이지 등에서 확인하기를 권장합니다.
- 이 책에 나오는 지역명과 스폿 이름은 우리나라에서 통상적으로 부르는 명칭을 기준으로 표기했습니다.
- 외국어의 한글 표기는 국립국어원 외래어 표기법을 따르되 관용적 표현이나 현지 발음과 동떨어진 경우에는 예외를 두었습니다.
- 휴무일은 정기 휴일을 기준으로 작성했습니다.
- 입장 요금은 성인을 기준으로 작성했습니다. 입장 요금과 상품 가격은 달러로 표기했습니다. 숙박과 투어 프로그램 요금은 대략적인 금액을 알 수 있도록 한화로 표기했습니다.

**BOOK 01**
리얼 **하와이**

### BOOK 01 책과 함께 알차게! 여행 준비

- 하와이는 어떤 곳이지? 여행 기본 정보
- 하와이 여행 언제 갈까? 날씨와 축제 캘린더
- 꼭 가야 할 곳, 먹어야 할 것, 사야 할 것 총정리
- 얼마나, 어떻게 여행하면 좋은지 추천 일정 가이드
- 취향에 맞춰 만족감 UP! 테마로 즐기는 코스 큐레이션
- 오아후 지역별로 엄선한 스폿 리스트
- 로컬이 추천하는 빅 아일랜드를 가장 멋지게 여행하는 방법

**BOOK 02**
스마트 **MApp Book**

### BOOK 02 스마트 MApp Book으로 디테일하게! 실전 여행

- 필요한 것만 추린 애플리케이션 추천
- 똑똑하게 항공권 & 숙소 예약하기
- 투어 프로그램 & 레스토랑 예약하기
- 스폿 검색부터 동선 짜기까지! 구글 지도 사용법
- 스마트폰으로 지도 QR코드를 스캔하고 모바일 지도 이용하기
- 종이 지도에 직접 메모하며 여행 계획 짜기

## 아이콘

명소 / 음식점 / 상점 / 추천 메뉴 / 찾아가는 법 / 주소

운영 시간 / 해피 아워 / 요금 및 가격 / 주차 / 전화번호 / 홈페이지

# 차례

# CONTENTS

**CONTENTS**
차례

## PART 01
# 미리 보는 하와이

## PART 02
# 가장 멋지게 여행하는 방법

CONTENTS
차례

## PART 03

# 진짜 오아후를 만나는 시간



## PART 04

# 쉽고 즐거운 여행 준비

# PART 01

# 미리 보는 하와이

HAWAII

**카우아이** Kauai

'정원의 섬'이라는 별명을 가진 이 섬은 하와이 제도 중 2,800만 년 전의 화산 활동으로 가장 먼저 생겼다. 다른 섬에 비해 문명의 영향을 덜 받아 자연 본연의 모습을 느낄 수 있다.

Kauai
카우아이

Niihau
니이하우

**오아후** Oahu

하와이의 주도이자 하와이에서 가장 큰 국제공항이 있는 하와이 경제의 중심지. 도시와 자연을 모두 품고 있어 많은 사람들에게 사랑받는 하와이 제일의 섬이다.

Oahu
오아후

**대표 여행지** 하와이의 랜드마크 와이키키 비치 P.094, 서퍼들의 천국 노스 쇼어 P.238, 아픈 전쟁의 역사를 품은 펄 하버 P.248

**라나이** Lanai

마우이 해변에서도 보일 만큼 마우이와 가까운 이 섬에는 포시즌스 호텔이 자리 잡고 있다. 한적하고 호화롭게 여유를 즐기려면 라나이를 방문하자.

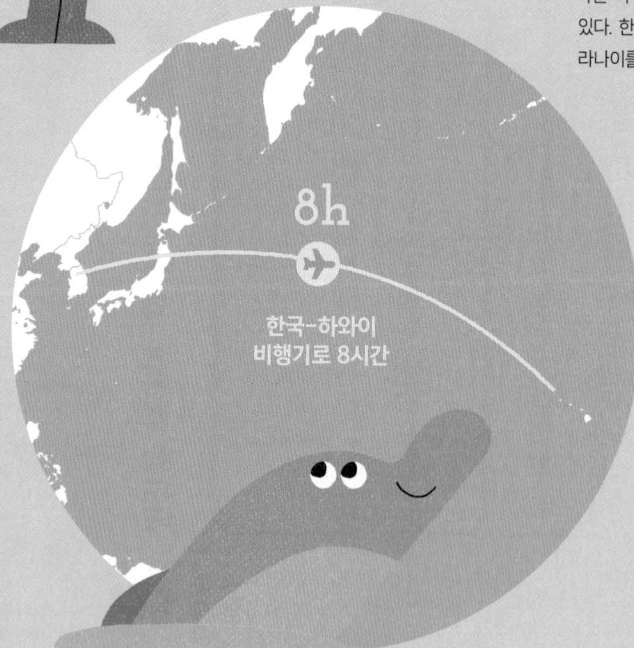

# 한눈에 보는 하와이

태평양 한가운데 위치한 하와이는 수백만 년 전 화산 폭발로 생겨난 140여 개의 크고 작은 섬들로 이루어져 있다. 오아후의 호놀룰루 국제공항에서 주요 섬인 마우이, 빅 아일랜드, 카우아이, 몰로카이, 라나이로 1시간 내외면 이동할 수 있다.

**몰로카이** Molokai

순수하고 깨끗한 자연의 섬. 자연의 모습이 잘 보존돼 있고 한적해 현지인들에게 사랑받는 곳으로, 오지 여행을 좋아하거나 사람의 손이 덜 탄 자연 본연의 풍경을 즐기고자 하는 사람에게 추천한다.



**마우이** Maui

하와이에서 신혼 여행지로 가장 인기가 많은 여행지. 고급 리조트 단지가 있어 조용히 휴가를 즐기기에 좋다. 겨울이면 이곳으로 새끼를 낳으러 오는 혹등고래를 보는 웨일 와칭이 인기다.

**하와이섬** Island of Hawaii

하와이 섬들 중 가장 큰 섬으로, 빅 아일랜드(Big Island)라는 별명을 가지고 있다. 여전히 화산 활동을 하고 있는 활화산으로, 대자연의 활력 넘치는 모습을 볼 수 있다.

**대표 여행지** 활화산의 붉은 용암을 볼 수 있는 하와이 화산 국립 공원P.281, 해발 4,267미터에서 쏟아지는 별을 관측할 수 있는 마우나 케아 천문대P.270

# 구역별로 보는 오아후

하와이 여행자라면 대부분 가장 먼저 오아후를 찾는다. 오하우의 자연 풍경과 도시 문화는 하와이 여행자의 다양한 취향을 만족시키기에 충분하다. 오아후 지도를 보면서 주요 여행지의 위치를 머릿속에 그려 보자.

할레이바 타운

카에나 포인트 주립 공원

돌 플랜테이션

West Oahu
오아후 서부

**웨스트 코스트**

**MUST SEE**

- 펄 하버 P.248
- 코 올리나 라군 P.241
- 와이켈레 프리미엄 아웃렛 P.258
- 카에나 포인트 주립 공원 P.242

코 올리나

**다운타운·차이나타운**

**MUST SEE**

- 이올라니 궁전 P.190
- 호놀룰루 미술관 P.194

**알라 모아나 지역**

**MUST SEE**

- 알라 모아나 센터 P.172
- 알라 모아나 비치 파크 P.154

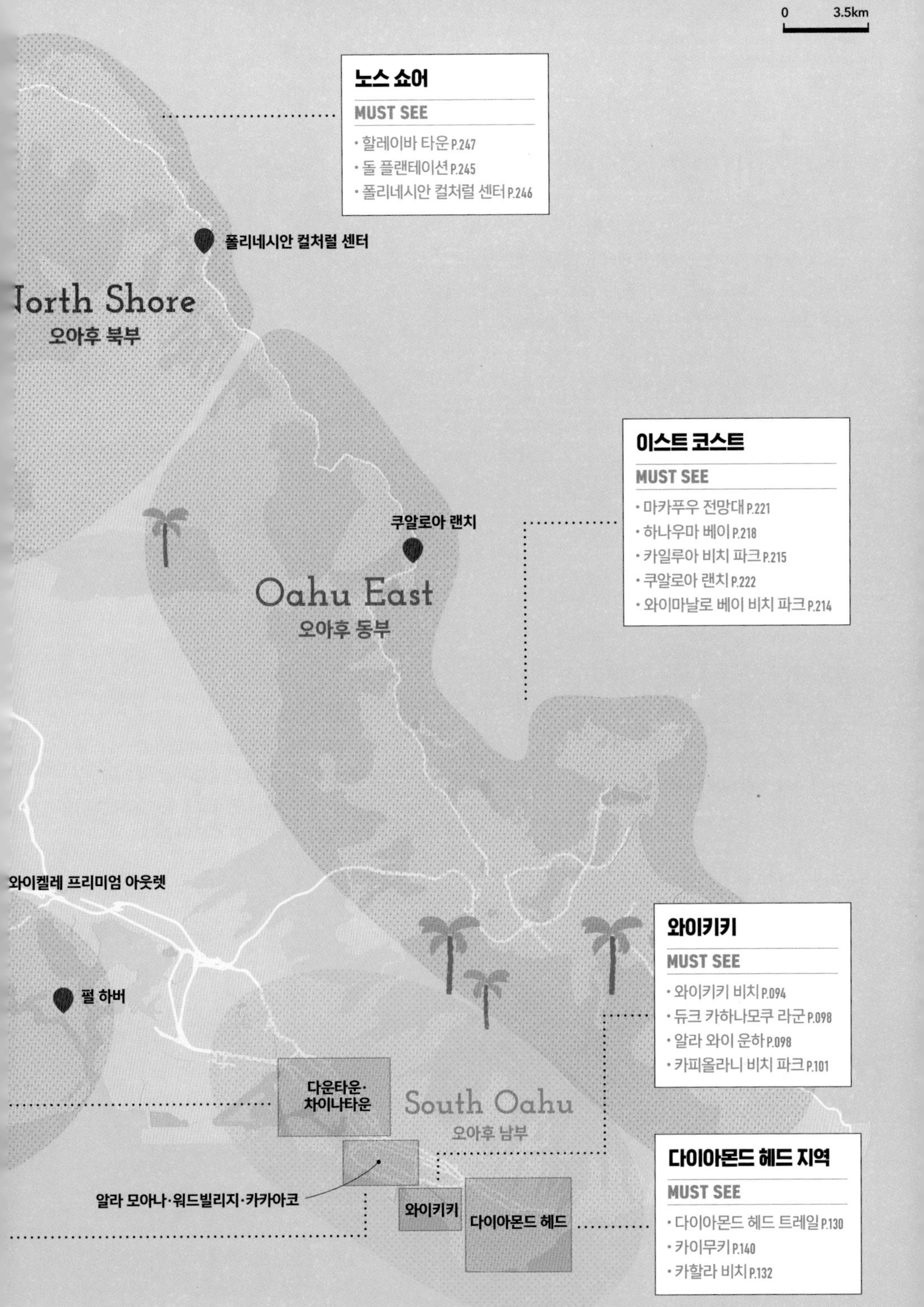

0 3.5km

노스 쇼어
MUST SEE
• 할레이바 타운 P.247
• 돌 플랜테이션 P.245
• 폴리네시안 컬처럴 센터 P.246

폴리네시안 컬처럴 센터
North Shore
오아후 북부

이스트 코스트
MUST SEE
• 마카푸우 전망대 P.221
• 하나우마 베이 P.218
• 카일루아 비치 파크 P.215
• 쿠알로아 랜치 P.222
• 와이마날로 베이 비치 파크 P.214

쿠알로아 랜치
Oahu East
오아후 동부

와이켈레 프리미엄 아웃렛
펄 하버

와이키키
MUST SEE
• 와이키키 비치 P.094
• 듀크 카하나모쿠 라군 P.098
• 알라 와이 운하 P.098
• 카피올라니 비치 파크 P.101

다운타운·
차이나타운
South Oahu
오아후 남부
알라 모아나·워드빌리지·카카아코
와이키키
다이아몬드 헤드

다이아몬드 헤드 지역
MUST SEE
• 다이아몬드 헤드 트레일 P.130
• 카이무키 P.140
• 카할라 비치 P.132

# 키워드로 보는 하와이

**전설의 록스타 엘비스 프레슬리, 미국 전 대통령 버락 오바마, 인기 팝스타 브루노 마스, 세계적인 소설가 무라카미 하루키와 요시모토 바나나도 반한 곳, 하와이에 대해 알아보자.**

25℃

## 기온

하와이의 평균 기온은 25도로, 하와이의 겨울 시즌인 11~4월까지는 강수량이 많고 기온은 평균 23도(최고 27도, 최저 20도) 전후다. 반면 여름 시즌인 5~10월까지는 강수량이 적고 평균 기온 27도(최고 30도, 최저 22도) 전후로 햇볕은 강하지만 그늘에선 선선하다.

40%

## 인구 구성

1900년대 초 하와이의 옥수수 산업이 번성하던 시절 중국, 일본, 한국 등 아시아로부터 많은 이민 노동자들이 하와이로 건너와 정착했다. 현재 아시아계 미국인이 하와이 인구의 40% 이상을 차지한다.

8시간

## 비행 시간

한국의 인천 국제공항에서 하와이의 호놀룰루 국제공항까지 약 7,333km로 약 8시간 걸린다. 하와이에서 한국으로 돌아올 때는 기류의 영향으로 2시간 정도 더 걸린다.

-19시간

## 시차

시차는 한국보다 19시간 느리다. 한국과 밤낮이 바뀌다 보니 시차적응을 힘들어 하는 여행자가 많다. 대부분의 항공편이 하와이에 오전에 도착하는 일정이니, 시차 적응을 위해 기내에서 수면을 취하고 첫날은 가능한 늦게 잠자리에 드는 게 도움이 된다.

10배

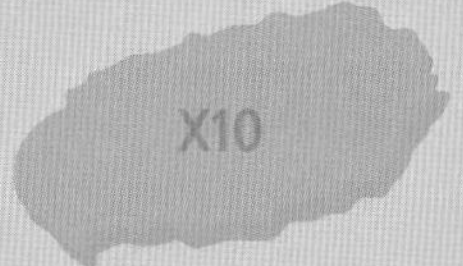


**면적**

하와이 주의 면적(1636㎢)은 제주도 면적의 약 10배, 대한민국 면적의 약 1/5 정도다. 오아후(961㎢)는 제주도 면적의 약 절반, 빅 아일랜드(6,482.5㎢)는 제주도 면적의 약 3.5배 크기다.

50번째 주

**50번째 주**

미국 본토와 약 4,080km나 떨어져 있는 하와이는 미국의 50번째 주다.

808

**지역 번호**

하와이의 지역 번호는 808이다. 그래서 상점 이름이나 현지인들의 SNS 아이디 등에서 808을 흔하게 볼 수 있다. 한국에서 하와이로 전화를 걸 때는 1(미국 국가번호)-808(하와이 주 번호)-해당번호를 누르면 된다.

8개

**주요 섬 개수**

하와이는 화산 폭발로 만들어진 140여 개의 크고 작은 섬들로 이뤄진 주(State)다. 8개의 주요 섬 중 7개 섬에만 사람이 거주하며, 하와이 전체 인구(144만 명)의 70% 이상이 오아후에 거주한다.

# 하와이 필수 여행지 8
## MUST GO

01 **와이키키 비치** Waikiki
**오아후**

이름만으로도 가슴 설레는 와이키키. 하와이에 왔다면 한 번은 와이키키 백사장에서 맨발로 걸어 봐야 하지 않을까. 대부분의 호텔이 와이키키에 위치해 있어 방문하기 쉽다. 와이키키 비치에서의 일몰은 꼭 빠트리지 말고 감상하자.P.094

02 **노스 쇼어** North Shore
**오아후**

일정 중 하루는 노스 쇼어로 떠나보는 것도 좋다. 와이키키에서 북쪽으로 45분가량 차로 이동하면 오아후 북쪽 끝 노스 쇼어에 도착한다. 이곳은 하와이 올드 타운의 모습을 그대로 간직하고 있고, 겨울이면 파도가 높아 전 세계 서퍼들의 성지로 통한다.P.238

“

하와이, 좋은 곳이 너무 많아 고민된다면 다음 소개하는 여덟 곳을 눈여겨보자.
이번에 안 가면 평생 후회할 멋진 여행지만 골라 보았다.

”

03 **와이마날로 베이 비치파크**
Waimanalo Bay Beach Park
**오아후**

한적하고 멋진 데다 물놀이까지 즐기기에 좋은 해변들은 오아후 동쪽 해안에 모여 있다. 그중 와이마날로 비치는 병풍처럼 펼쳐진 코올라우(Koolau)산맥과 8km에 달하는 아름다운 모래사장, 에메랄드빛 바다로 미국 최고의 해변으로 꼽힌다.P.214

04 **라니카이 필박스 하이크**
Lanikai Pillbox Hike
**오아후**

진짜 하와이는 이거다 싶을 정도로 아름다운 경치를 볼 수 있는 곳이다. 약 1시간 동안 하이킹을 하면서 태평양과 오아후의 360도 파노라마 뷰를 볼 수 있다.P.217

## 05 마우나 케아 천문대
Mauna Kea Summit

**빅 아일랜드**

죽기 전에 꼭 봐야 할 자연 절경 중 하나. 해발 4,207미터 높이의 마우나 케아는 구름보다 높은 곳이라 발 아래 펼쳐지는 환상적인 운무를 만날 수 있다. 그리고 그 아래로 보이는 석양과 수만 개의 반짝이는 별은 두 눈을 의심하게 할 만큼 비현실적이고 놀라운 광경이다.P.270

## 06 하와이 화산 국립 공원
Hawaii Volcano National Park

**빅 아일랜드**

활화산이 있는 빅 아일랜드의 하와이 화산 국립공원에 방문하면 증기를 내뿜는 대지와 붉은 용암의 모습이 눈앞에 펼쳐진다. 사방이 화산석으로 천지가 새카만, 마치 다른 행성에 온 듯한 신비의 땅을 탐험할 수 있다.P.281

07 **혹등고래 보기**
Humpback Whale Watching
마우이

12월에서 3월까지 겨울 시즌에 하와이에 왔다면 꼭 마우이에서 혹등고래를 보자! 산란기를 맞아 알래스카에서 하와이로 이동한 혹등고래를 만날 수 있다. 자연의 경이로움에 가슴이 콩닥콩닥 뛰어 매일 혹등고래를 만나러 떠날지도 모른다.

08 **할레아칼라 국립 공원**
Haleakala National Park
마우이

마우이에서 다른 곳은 안 가 봐도 여기서 일몰은 꼭 봐야 한다고 얘기할 만큼 아름다운 일몰을 볼 수 있는 곳이다. 원시 자연을 물들이는 할레아칼라의 석양은 다른 어떤 노을보다도 찬란하고 아름답다. 마우이에 간다면 잊지 말아야 할 필수 방문지다.

# 하와이 로컬 문화
## LOCAL CULTURE

### 알로하 & 마할로 Aloha & Mahalo

'알로하'는 하와이에서 가장 많이 듣는 인사말이다. '안녕하세요', '안녕히 가세요', '사랑합니다', '존경합니다' 등 영혼을 담아 사랑과 존경을 전한다는 뜻으로, 인사 이상의 의미를 가진다. '마할로'는 '감사합니다'라는 뜻의 하와이어로, '알로하'만큼이나 일상에서 자주 사용한다.

### 샤카 Shaka

샤카는 하와이의 손 인사로 엄지와 새끼 손가락을 펼친 핸드사인이다. '알로하'라는 말처럼 감사와 존경의 의미를 지닌다. '알로하'나 '마할로'라는 인사와 함께 제스처를 취하기도 하고 사진을 찍을 때도 샤카를 한다.

### 실내에서 신발 벗는 문화

미국 본토와 달리 하와이 대부분의 가정에서는 집안에서 신발을 벗고 생활한다. 그래서 현관에 '신발을 벗어주셔서 고맙습니다(Mahalo for removing your shoes)' 같은 안내가 걸려 있는 곳이 많다.

### 행 루즈 Hang Loose

행 루즈는 하와이 사람들의 기본 마인드로 '노 러시(No Rush)'나 '레이 백(Lay Back)'이라는 뜻으로도 통한다. 서두르지 않고 담담하게 받아들이는 마음의 여유와 긍정의 마인드를 의미한다. 그래서인지 하와이의 시간은 천천히 흘러가는 느낌이다.

### 무지개 Rainbow

무지개 주(Rainbow State)라는 별명이 있을 만큼 하와이에서는 무지개를 자주 볼 수 있다. 하와이가 무지개 주라고 불리는 또 다른 이유는 다양한 나라에서 온 이민자들의 문화가 무지개처럼 아름답게 섞여 있기 때문이기도 하다. 비가 온 뒤 하늘을 올려다보는 걸 잊지 말자.

### 레이 Lei

레이는 환영과 감사, 축하, 축복, 존경의 의미로 상대에게 걸어주는 꽃목걸이다. 자연의 영혼을 건넨다는 의미가 있다.

- **에티켓**: 건네준 상대 앞에서 레이를 벗지 않고 받은 레이를 다른 사람에게 주지 않는다.

"

하루에도 몇 번이나 보고 듣게 되는 하와이어와 문화를 소개한다.
알고 나면 하와이가 더 가깝게 느껴지고 마음은 더 따뜻해진다.

"

- **귀에 꽂는 꽃**: 하와이에서는 플루메리아나 히비스커스 같은 꽃을 귀에 꽂고 있는 여성을 쉽게 볼 수 있다. 왼쪽에 꽂으면 미혼, 오른쪽에 꽂으면 기혼을 의미한다.

## 우쿨렐레 Ukulele

우쿨렐레는 하와이어로 '튀어오르는 벼룩'이라는 의미다. 우쿨렐레의 통통 튀는 음색이 마치 튀어오르는 벼룩을 닮아서라고 한다. 유명한 우쿨렐레 연주자로는 이즈라엘 카마카위올레(Israel Kamakawiwo'ole), 제이크 시마부쿠로(Jake Shimabukuro), 에디 카마에(Eddie Kamae)가 있다. 로열 하와이안 센터에서는 수준 높은 우쿨렐레 수업을 무료로 들을 수 있다.

## 훌라 Hula

세계에서 가장 아름답고 우아한 춤이라 불리는 하와이 전통춤 훌라는 문자가 없던 고대에 신에게 마음을 전하는 신성한 의식이었다. 고대 하와이인들은 자연과 사물에 신이 머문다고 생각했고, 손짓과 몸짓으로 바다, 산, 태양, 바람, 무지개 등을 묘사하며 신들에게 마음을 전했다고 한다. 현재도 고전 훌라와 현대 훌라를 구분해 공연을 개최한다.

- **무료 훌라 수업**: 로열 하와이안 센터에서는 화요일 오전 11시~12시, 목요일 오전 11시~12시(어린이 훌라), 비치 워크에서는 일요일 오전 9시~10시에 수업이 진행된다. P.097

## 하와이안 퀼트 Hawaiian Quilt

볼수록 매력적인 하와이안 퀼트는 1820년대에 시작됐으며, 하와이의 자연을 모티브로 영혼(Mana)을 담아 한 땀 한 땀 만들며 가족의 안녕을 기원했다고 한다. 관심이 있다면 하와이안 퀼트의 전설 포아칼라니 세라노(Poakalani Serrano) 선생의 웹사이트(poakalani.net)를 방문해보자.

- **하와이안 퀼트 숍**: 로열 하와이안 퀼트(Royal Hawaiian Quilt), 하와이안 퀼트 콜렉션(Hawaiian Quilt Collection), 플루메리아 하와이안 퀼트 아웃렛(Plumeria Hawaiian Quilt Outlet), 카이무키 드라이 굿즈(Kaimuki Dry Goods) P.147

# 하와이 기본 정보
# INFORMATION

### 나라/주

하와이는 미국의 50번째 주(State)다. 하와이 주기의 8개 가로줄은 하와이를 이루는 8개의 주요 섬을 상징한다. 주기의 왼쪽 상단에는 영국 국기인 유니언 잭이 있다. 이는 1816년 카메하메하 왕이 영국과 미국 양국의 눈치를 보며 양국의 어떤 국기도 게양할 수 없게 되자 두 나라의 국기를 섞어 만들었기 때문이라고 한다.

### 별명

하와이는 무지개 주(Rainbow State), 알로하 주(Aloha State)라는 별명을 가지고 있다. 무지개를 자주 볼 수 있기도 하고 여러 민족이 모여 살며 다양한 문화가 공존하기 때문이기도 하다. '알로하'는 사랑과 친절, 존경, 이별 등 하와이 사람들의 삶의 철학이 담겨 있는 말로, '알로하 주'라는 별명처럼 하와이 어디서든 흔하게 들을 수 있다.

### 주도

오아후의 호놀룰루가 주도다. 하와이의 시청과 주요 관공서, 한국 대사관이 호놀룰루에 위치해 있다.

### 주화

하와이 주를 상징하는 꽃은 히비스커스(Hibiscus)다. 이 꽃은 '아름다운 미의 여신 히비스(Hibis)를 닮은 꽃'이라는 의미로, 무궁화와 비슷하게 생겼다. 빨간색뿐 아니라 흰색, 노란색 등 색이 다양하고 하와이 어디서든 쉽게 볼 수 있다. 히비스커스 모양의 상품이나 히비스커스를 재료로 만든 차, 로션 등 다양한 상품을 판매한다.

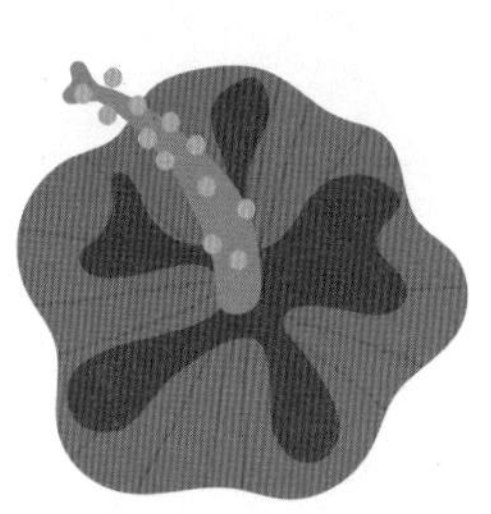

### 하와이 월별 기온과 강수량

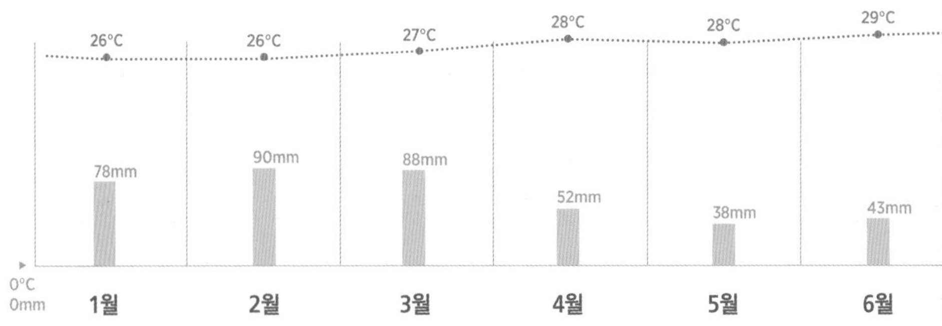

### 날씨

1년 내내 기온이 25도 전후의 따뜻한 기후다. 4~6월은 습도도 높지 않고 여행하기에 딱 좋은 시기다. 하와이의 여름인 7~9월은 기온이 30도를 웃돌아 다소 덥다. 하지만 습도가 낮고 무역풍이 불어 그늘에서는 시원한 편이다. 겨울인 11~3월은 파도가 높고 강수량이 많으며 기온은 20~27도 정도이다. 크리스마스와 연말은 최상의 날씨는 아니지만 다양한 행사로 성수기다.

- **11~3월**: 밤낮 기온차가 크니 긴팔 카디건이나 외투를 챙기자.
- **7~9월**: 선크림을 꼭 바르고, 가장 햇볕이 강한 오후 2~3시 사이에는 지나친 야외활동을 피하는 게 좋다.

### 화폐

하와이는 미국 달러를 쓴다. 여행을 가는 시점에 고시 환율을 확인하자. 서비스에 팁을 지급해야 하므로 1달러짜리 지폐는 넉넉히 준비하면 좋다. 차를 렌트할 경우 길거리 코인 주차를 해야 하는 경우도 생기니 여분의 동전을 가지고 다니면 유용하다.

### 전력

한국과 달리 하와이는 110V를 사용한다. 한국에서 사용하던 전자제품을 가지고 간다면 220V를 110V로 바꿔 주는 어댑터를 챙겨 가자. 현지에서도 구입이 가능하지만 한국에서 사는 게 더 저렴하다.

### 언어

하와이에서 통용되는 언어는 영어지만 하와이어도 일부 사용되고 있으며, 특히 도로명이나 지명 등에는 여전히 하와이어가 남아 있다. 알로하(Aloha), 마할로(Mahalo)는 하와이에서 특히 많이 사용되는 하와이어다.

Aloha

Hello

- **알아두면 유용한 하와이어**: 케이키(Keiki, 어린이), 푸푸(Pupu, 간단한 음식), 오하나(Ohana, 가족), 카마이아니나(Kamaianina, 하와이 주민), 오노(Ono, 맛있다), 카네(Kane, 남성), 와히니(Wahine, 여성), 카푸나(Kapuna, 어르신), 하나 호우(Hana Hou, 앵콜)

### 세금

한국에서는 음식이나 서비스, 물건의 가격에 세금이 포함돼 있지만 하와이는 표시된 가격에 따로 4%의 주 세금(State Tax)이 붙는다. 하와이의 세금은 5~8%인 미국의 다른 주에 비해 저렴한 편이다. 여행 예산을 초과하지 않도록 꼼꼼히 계산하자.

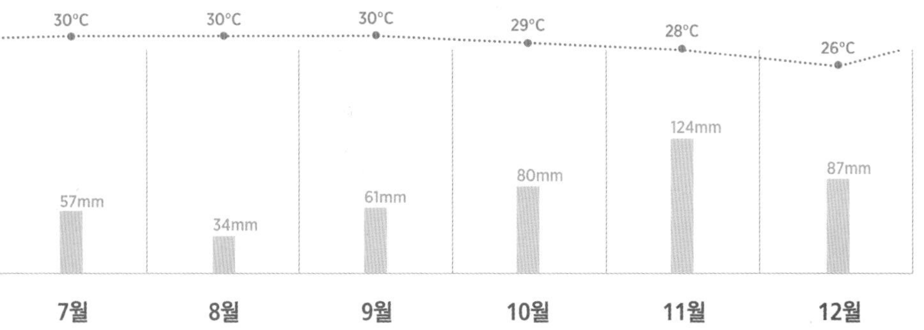

# 하와이 역사
## HISTORY

### 7,000만 년 전

화산 활동으로 하와이 군도가 만들어진다. 카우아이를 시작으로 오아후, 마우이, 빅 아일랜드가 탄생한다.

- **하와이 화산 국립 공원** P.281
- **다이아몬드 헤드 트레일** P.130
- **비숍 박물관** P.198

### 1,500년 전

마르퀴세스 제도의 폴리네시아인이 무인도였던 하와이에 도착한다. 별자리에만 의존해 카누를 타고 3,000km 이상을 항해해 도착한 것이다.

- **비숍 박물관** P.198

### 1778년

영국의 쿡 선장이 카우아이에 상륙하면서 서양 문물이 처음으로 들어온다.

### 1795년

카메하메하 1세가 누우아누 팔리 전쟁에서 승리하면서 카우아이를 제외한 모든 섬을 장악하고 하와이 왕국을 탄생시키며 왕위에 오른다. 1810년 하와이 전체를 통일한다.

- **누우아누 팔리 전망대** P.221
- **킹 카메하메하 동상** P.191

### 1820년

최초의 개신교 선교사가 하와이에 상륙, 포교 활동을 전개한다.

- **미션 하우스 박물관**

### 1882년

칼라카우아 왕이 이올리니 궁전을 건립한다. 1891년 칼라카우아 왕이 서거하자 여동생 릴리오우칼라니 여왕이 즉위한다.

- **이올라니 궁전** P.190

## 1893년

미국이 하와이 경제의 거의 대부분을 지배하면서 릴리오우칼라니 여왕이 왕위에서 물러나고 하와이 왕국의 법률가이자 후일 하와이 공화국 초대 대통령으로 당선되는 샌포드 돌이 임시정부 수립을 선언한다.

## 1800년대 후반

사탕수수와 파인애플 농장이 하와이 경제를 견인하면서 일본, 필리핀, 포르투갈, 한국, 중국에서 이민자들이 몰려온다. 다양한 이주 노동자의 인종이 영향을 끼쳐 오늘날 하와이 인구 구성은 무척 다양하다.

· **하와이 플랜테이션 빌리지** P.247

## 1945년 9월 2일

일본은 USS 미주리 함상에서 항복에 서명하고 제2차 세계대전이 종전을 맞는다.

· **펄 하버** P.248

## 1898년

하와이가 미국에 병합된다.

## 1941년 12월 7일

일본이 오아후의 펄 하버를 공습한다. 미국이 제2차 세계대전에 참전하게 되는 계기가 된다.

· **펄 하버** P.248

## 1959년

하와이가 미국의 50번째 주가 된다.

# 하와이 축제 캘린더
## FESTIVAL

### 축제

| 월 | 지역 | 축제 | 내용 | 기타 |
|---|---|---|---|---|
| 2월 | 마우이 | 마우이 고래 축제<br>Maui Whale Festival | 하와이로 온 혹등고래를 환영하는 축제 | mauiwhalefestival.org |
| | 오아후 | 차이니즈 뉴 이어 축제<br>Chinese New Year Celebration | 차이나타운에서 열리는 새해(구정) 기념 행사 | |
| | 오아후 | 그레이트 알로하 런<br>Great Aloha Run | 하와이 최대 참가자 수를 자랑하는 자선 마라톤 행사 | greatalocharun.com |
| | 오아후 | 푸나호우 카니벌<br>Punahou Carnival | 놀이 기구도 타고 다양한 엔터테인먼트를 즐기는 푸나호우 스쿨의 축제 | punahou.edu/news-and-events/carnival |
| 3월 | 오아후 | 호놀룰루 페스티벌<br>Honolulu Festival | 퍼레이드와 불꽃놀이가 펼쳐지는 하와이의 가장 큰 축제 중 하나 | |
| | 빅 아일랜드 | 코나 맥주 축제<br>Kona Brewers Festival | 다양한 코나 생맥주와 음식을 맛볼 수 있다. | konabrewersfestival.com |
| | 오아후 | 원더러스트 오아후<br>Wanderlust Oahu | 요가인에게는 익히 알려진 요가 행사로 터틀 베이 리조트에서 열린다. | wanderlust.com |
| 4월 | 오아후 | 스팸 잼 페스티벌<br>SPAM JAM Festival | 스팸을 사랑하는 사람들의 축제 | spamjamhawaii.com |
| | 빅 아일랜드 | 라우파호에호에 뮤직 페스티벌<br>Laupahoehoe Music Festival | 여러 뮤지션과 퍼포머의 공연과 음식 등을 즐길 수 있다. | laupahoehoemusicfestival.org |
| | 빅 아일랜드 | 메리 모나크 축제<br>Merrie Monarch Festival | 세계 최대 규모의 훌라 축제 | merriemonarch.com |
| 5월 | 모든 섬 | 레이 데이 기념행사<br>Lei Day Celebration | 5월 1일, 레이 콘테스트 등 다양한 행사가 열린다. | |
| | 오아후 | 호놀룰루 트라이애슬론<br>Honolulu Triathlon | 호놀룰루 철인 3종 경기 | honolulutriathlon.com |
| | 오아후 | 랜턴 플로팅 세레머니<br>Lantern Floating Ceremony | 메모리얼 데이에 알라 모아나 비치에서 수천 명이 등불을 바다에 띄우는 행사 | lanternfloatinghawaii.com |
| 6월 | 오아후·빅 아일랜드 | 카메하메하 대왕 기념행사<br>King Kamehameha Celebration | 카메하메하 왕의 탄생 기념일. 레이 기념식과 퍼레이드가 열린다. | facebook.com/KingkamehamehaCelebration |
| 7월 | 오아후 | 독립 기념일 행사<br>Independence Day | 7월 4일, 미국 독립 기념일을 맞아, 알라 모아나 비치 등에서 불꽃놀이 등 다양한 행사가 열린다. | |
| | 오아후 | 우쿨렐레 축제<br>Ukulele Festival | 카피올라니 공원에서 열리는 우쿨렐레 축제 | ukulelefestivalhawaii.org |
| | 오아후 | 하와이 비어 페스트<br>Hawaii Beer Fest | 100가지 이상의 하와이 생맥주를 만날 수 있는 맥주 축제 | hawaiibeerfest.com |
| 8월 | 오아후 | 메이드 인 하와이 축제<br>Made in Hawaii Festival | 하와이에서 만들어진 공예품이 모이는 축제 | madeinhawaiifestival.com |

“

**하와이는 거의 매달 축제가 열리며, 모든 축제가 멋지고 흥미롭다.**
**관심이 가는 축제가 있다면 여행 일정을 맞춰 보자.**

”

| 월 | 지역 | 축제 | 내용 | 기타 |
|---|---|---|---|---|
| 8월 | 오아후 | 듀크 오션페스트<br>Duke's Oceanfest | 서핑의 레전드 듀크를 기념하기 위한 서핑 경연대회 | dukesoceanfest.com |
| 9월 | 오아후 | 알로하 축제<br>Aloha Festival | 하와이에서 가장 큰 문화 행사로, 큰 규모의 퍼레이드가 열린다. | alohafestivals.com |
| | 오아후 | 그린룸 축제<br>Greenroom Festival | 아트, 뮤직, 문화 교류로 바다와 해변을 보존하자는 취지의 축제 | greenroomhawaii.com |
| 10월 | 오아후·마우이 | 하와이 푸드 & 와인 축제<br>Hawaii Food & Wine Festival | 전 세계 유명 셰프와 와인 셀러가 참여하는 행사 | hawaiifoodandwine festival.com |
| | 모든 섬 | 핼러윈 축제<br>Halloween Festival | 10월 31일, 와이키키 등 하와이 전역에서 열리는 핼러윈 축제 | |
| 11월 | 오아후·빅 아일랜드 마우이·카우아이 | 트리플 크라운 오브 서핑<br>Triple Crown of Surfing | 세계적으로 유명한 국제 서핑 대회 | triplecrownofsurfing.com |
| | 오아후·빅 아일랜드 마우이·카우아이 | 하와이 인터내셔널 필름 축제<br>Hawaii International Film Festival | 매년 100편이 넘는 영화가 초청되는 국제영화제 | hiff.org |
| | 빅 아일랜드 | 코나 커피 문화 축제<br>Kona Coffee Cultural Festival | 200년의 역사를 가진 빅 아일랜드 최대 행사 | konacoffeefest.com |
| 12월 | 오아후 | 호놀룰루 마라톤<br>Honolulu Marathon | 약 3만 명이 참여하는 마라톤 대회 | honolulumarathon.org |
| | 오아후 | 호놀룰루 시티라이트 축제<br>Honolulu City Lights Parade | 크리스마스를 알리는 점등식을 시작으로 전등 퍼레이드가 열린다. | honolulucitylights.org |
| | 모든 섬 | 뉴 이어스 이브 기념행사<br>New Year's Eve Celebrations | 새해를 맞이하는 카운트다운을 하며 하와이 여기저기서 불꽃놀이를 즐긴다. | |

## 공휴일

| 날짜 | 공휴일 |
|---|---|
| 1월 1일 | 신정<br>New Year's Day |
| 1월 셋째 주 월요일 | 마틴 루터 킹 목사 기념일<br>Martin Luther King Jr. Day |
| 2월 셋째 주 월요일 | 대통령의 날<br>Presidents' Day |
| 3월 26일 | 프린스 쿠히오 기념일<br>Prince Jonah Kuhio Kalanianaole Day |
| 부활절 전 금요일 | 성 금요일<br>Good Friday |
| 5월 마지막 주 월요일 | 메모리얼 데이<br>Memorial Day |
| 6월 11일 | 킹 카메하메하 데이<br>King Kamehameha Day |
| 7월 4일 | 독립 기념일<br>Independence Day |
| 8월 3째 주 금요일 | 하와이 주 승격 기념일<br>Statehood Day |
| 9월 1째 주 월요일 | 노동절<br>Labor Day |
| 11월 11일 | 재향 군인의 날<br>Veterans Day |
| 11월 넷째 주 목요일 | 추수 감사절<br>Thanksgiving Day |
| 12월 25일 | 크리스마스<br>Christmas |

※ 자세한 축제일정은 gohawaii.com/islands/oahu/events를 참고 하자.

※ 공휴일에는 음식점과 상점 등의 영업시간이 달라지는 경우가 많으니 확인 후 방문하자. 특히 크리스마스, 추수 감사절, 12월 31일은 휴무일인 곳이 많다.

# 궁금해 하는 것들
## Q & A

### ① 계산하는 방법은 우리와 같나요?

하와이는 대부분 식사한 자리에 앉아서 계산한다. 전담 웨이터에게 "Check, please.(계산서 주세요.)"라고 말하면 계산서를 가져다 준다. 현금 결제라면 총액에 팁(총액의 18~25%)을 더해 두고 나오면 된다. 카드 결제라면 계산서에 카드를 올려 두면 웨이터가 두 장의 영수증을 건넨다. 그중 레스토랑 보관용(Merchant Copy)의 금액(Amount) 아래 팁 부분에 지급할 팁 금액과 합계(Total)를 기재하면 된다.

◆ 계산은 카드로, 팁은 현금으로 내고 싶다면 팁에 0을 쓰고 사인한 뒤 영수증과 팁을 함께 두고 나오도록 한다.

### ② 팁 계산이 너무 어려워요.

미국에도 최저시급 제도가 있지만, 팁을 받는 직종의 노동자는 최저시급 적용 대상자가 아니라 시간당 $2 조금 넘는 시급을 받는다. 그러니 우리에게는 생소한 문화지만 팁을 남기는 데 주저하지 말자.

❶ 일반적으로 팁은 최종 금액의 18~25%가 적당하다. 계산이 복잡하면 스마트폰의 계산기를 활용하자.
❷ 음식을 테이크아웃할 때, 식당에서 서버의 서비스를 받지 않는데도 팁을 줘야 할까? 필수는 아니다. 팁을 주지 않아도 OK! 주문 시 점원의 응대가 좋아 팁을 주고 싶다면 원하는 만큼 포함해 계산하면 된다.
❸ 서비스가 너무 엉망이었더라도 팁을 지불해야 한다. 음식이 식었거나 짜거나 싱겁다면 다시 요청하고, 서비스가 맘에 들지 않는다면 식사 도중에라도 매니저를 불러 요청 사항을 전달하자.
❹ 호텔에서도 팁을 잊지 말자! 짐을 옮겨주는 직원에게는 가방당 $2~3를 주고, 방청소를 하는 직원을 위해서는 매일 아침 베개 위에 $2~5를 올려두면 된다. 현금과 함께 간단한 감사 메시지(Thank you note)를 써두면 추가 어메니티를 챙겨주기도 한다.

### ③ 하와이에서 하면 안 되는 것, 주의해야 할 게 있을까요?

❶ 하와이에서는 건널목을 건널 때 스마트폰 사용이 금지돼 있다. 이를 위반할 경우 $15~35, 두 번째 적발 시 $35~75, 세 번째 적발 시 $75~99를 벌금으로 내야 한다. 안전을 위해서라도 건널목을 건널 때는 스마트폰을 사용하지 말자.
❷ 하와이에서는 모든 해변에서 음주를 금지하고 있다. 가끔 해변에서 맥주를 마시는 현지인을 볼 수 있지만, 하와이는 음주법이 엄격한 편이니 꼭 지키도록 하자.
❸ 와이키키 등의 길거리에 노숙자가 많다. 눈을 마주치지 말고 해가 지면 한적하고 어두운 곳은 피해서 다니는 게 좋다.

## ④ 조금이라도 저렴하게 여행할 수 있는 방법 없을까요?

❶ 길거리(특히 Kalakaua Ave)와 홈페이지에 있는 쿠폰북을 잘 활용하자. '어차피 다 광고 아니야?'라고 생각할 수 있지만 꽤 많은 할인 쿠폰이 담겨 있다. 특히 콜렉션스(COLLECTIONS)와 카우카우(KAUKAU)에 쓸 만한 쿠폰이 많다. 카우카우는 일본어로 작성돼 있지만 가장 많은 쿠폰이 담겨 있고 가게 이름과 사용법은 영어로 기재돼 사용하기 어렵지 않다. ▶▶ 쿠폰 이용하기! P.305

❷ 예약하거나 신청할 수 있는 것들은 미리 챙기자. 폴리네시안 컬처럴 센터처럼 얼리버드 할인이 가능한 곳이 많다. 트롤리도 웹사이트를 통해 구입하면 할인을 받을 수 있다.

## ⑤ 와이키키에 짐을 맡길 만한 곳이 있을까요?

체크인 시간보다 일찍 도착했는데 숙소에서 짐을 맡아줄 수 없다고 할 때가 있다. 그럴 때 요긴하게 사용할 수 있는 곳이 와이키키 짐 보관소(Waikiki Baggage Storage). 비용은 24시간 기준 $8 가격으로 저렴한 편이다. 또는 짐 보관 서비스를 운영하는 버토우(Vertoe)를 사용해도 좋다. 홈페이지를 통해 숙소와 가까운 업체를 찾아 보관 서비스를 신청할 수 있다.

🏠 와이키키 짐 보관소 waikikibaggagestorage.com 🏠 버토우 vertoe.com

이웃 섬이나 미국 본토로 넘어가기 전 잠시 오아후에 머문다면 공항 내에 있는 수하물 보관소(Baggage Storage)를 이용해도 좋다. 비용은 보관할 물건의 사이즈에 따라 하루에 $12~20이고 홈페이지에서 예약도 가능하다.

🏠 baggagestoragehawaii.com

## ⑥ 우리와 다른 것, 미리 알아두면 좋은 것 있을까요?

❶ 하와이의 횡단보도에서는 무작정 신호가 바뀌기를 기다려서는 안 된다. 도심의 많은 횡단보도는 신호등에 붙어 있는 버튼을 눌러야 신호가 바뀐다.

❷ 우리와 달리 표기된 금액에 세금이 포함돼 있지 않고 계산할 때 따로 부과된다.

❸ 레스토랑에 들어가 빈자리가 있더라도 직원의 안내를 받아야 한다. 직원에게 몇 명인지 말하면 가능한 자리로 직접 안내해 준다.

## ⑦ 쉽게 레스토랑 예약하는 방법이 있을까요?

유명한 레스토랑은 예약이 필수다. 레스토랑으로 전화를 걸어 예약을 잡을 수도 있지만, 레스토랑 예약 사이트인 오픈테이블이나 레스토랑 홈페이지, 구글을 통해서 어렵지 않게 예약할 수 있다.

**오픈테이블 예약 방법** ❶ 오픈테이블 사이트(opentable.com) 또는 애플리케이션(OpenTable)에 접속 ❷ 레스토랑 검색 ❸ 인원·날짜·시간 선택 ❹ 정보 입력 (First Name, Last Name, Email, Phone Number) ❺ Complete Reservation을 눌러 예약 확정 ❻ 시간에 맞춰 방문하고 예약자 이름을 확인

HAU
IN MEMORY OF
JACK LORD

PART 02

# 가장 멋지게 여행하는 방법

HAWAII

# 해변
## BEACH

어딜 가도 아름답지만, 그래서 더 고르기 어렵다면?
세계 최고로 꼽히는 하와이 해변, 그중에서도 최고만을 소개한다.

TIP

**놓쳐서는 안 될 하와이 해변 가이드**

❶ **비치(Beach)와 비치 파크(Beach Park)는 다르다!** 이름에 파크(Park)가 붙은 해변은 하와이 정부가 관리하는 해변으로 안전 요원과 화장실, 주차장, 간이 샤워기 등 편의 시설이 갖춰져 있다.

❷ **해변에서 흡연과 음주는 금지!** 하와이 정부는 공공장소에서 흡연(전자담배 포함)과 음주를 금지한다. 해변도 예외는 아니며, '흡연금지 구역(Smoking Prohibited by Law)'을 위반하면 $100(재범은 $500)의 벌금을 내야 한다.

❸ **야생동물에 대한 매너를 지키자!** 바다거북, 하와이 물개 등 하와이 고유종은 법에 의해 보호되고 있어 2미터 이상 거리를 두고 봐야 한다. 위반 시에는 $500 이상의 벌금을 내야 한다. 해변의 모래를 기념으로 가져가는 것도 금지다.

## 오아후 해변 베스트 4

### 와이마날로 베이 비치 파크
Waimanalo Bay Beach Park

고운 모래와 깨끗하고 아름다운 바다를 자랑한다. 혼자 여행하는 사람도, 가족이나 연인과 함께라도 모두에게 최고인 해변이다. P.214

### 라니카이 비치
Lanikai Beach

천국의 해변이라는 별명을 가진 해변. 두 개의 섬을 배경으로 사진을 찍으면 누가 찍어도 멋진 작품이 된다. P.215

### 카일루아 비치 파크
Kailua Beach Park

세계적으로 유명하면서 현지인이 많이 찾는 이곳에서 자연 그대로의 휴식을 취해보자. P.215

### 마카하 비치 파크
Makaha Beach Park

오아후 서쪽 해안에서 가장 유명한 해변. 산호 군락이 펼쳐진 스노클링 스폿이다. P.242

## 맞춤형 해변 추천

- **아이와 함께라면** 쿠히오 비치P.094, 코 올리나 라군P.241, 알라 모아나 비치 파크P.154, 와이마날로 베이 비치 파크P.214, 카일루아 비치 파크P.215, 카할라 비치P.132, 화이트 플레인스 비치P.242
- **혼자 멍 때리며 쉬고 싶다면** 라니카이 비치P.215, 알라 모아나 비치 파크P.154, 마카푸우 비치 파크P.214, 할레이바 알리이 비치 파크P.238, 마카하 비치 파크P.242
- **아름다운 일몰을 즐기려면** 와이키키 비치P.094, 알라 모아나 비치 파크P.154, 선셋 비치 파크P.239
- **서핑을 하고 싶다면** 와이키키 비치P.094, 노스 쇼어(선셋 비치 파크P.239, 할레이바 알리이 비치 파크P.238), 마카하 비치 파크P.242, 화이트 플레인스 비치P.242
- **바디보딩은 여기** 샌디 비치 파크P.214, 마카푸우 비치 파크P.214
- **스탠드업 패들보딩은 여기** 알라 모아나 비치 파크P.154, 듀크 카하나모쿠 라군P.098
- **카약은 여기** 카일루아 비치 파크P.215, 라니카이 비치P.215
- **스노클링은 여기** 하나우마 베이P.218, 쿠일리마 코브P.239, 하와이안 일렉트릭 비치 파크P.240, 샤크스 코브P.243, 퀸즈 서프 비치P.095

# 드라이브 코스
## DRIVE COURSE

입이 쩍 벌어지는 오아후 해안의 풍경!
보기만 해도 시원한 오아후 해안 도로를 드라이브하자.

TIP

**도보 여행자라면 이렇게!**

차를 렌트하기 어렵다면 트롤리 블루라인을 타고 72번 도로로 가거나, 해안선을 따라 노스 쇼어까지 한 바퀴 도는 여행사 투어를 이용해도 좋다.

## 오아후 베스트 드라이브 코스 3

83번 도로
93번 도로
72번 도로

### 72번 도로 오아후 남동쪽 코스

**소요 시간** 와이키키 출발 약 3시간

와이키키를 빠져나와 동쪽으로 이동하면 금세 만나게 되는 72번 도로 중심의 코스. 와이키키에서 15분쯤 이동했을 뿐인데 풍경이 완전히 달라진다. 오랜 세월 파도에 침식된 해안 절벽과 푸른 바다를 보며 달릴 수 있고 유명 전망대(Scenic Point)가 여럿 늘어서 있다.

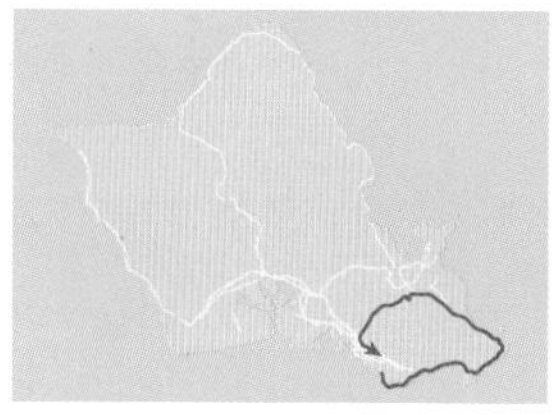

### 83번 도로 오아후 동북쪽 코스

**소요 시간** 와이키키 출발 약 5시간

72번 도로에서 좀 더 북쪽으로 나 있는 83번 도로가 중심인 코스로 왼쪽으로는 코올라우 산맥, 오른쪽으로는 태평양을 끼고 달린다. 오아후 동쪽 해안 도로에서 서핑의 성지 노스 쇼어까지 이어진다. 72번 도로를 지나 83번 도로를 돌며 오아후 동쪽에서 북쪽을 거쳐 한 바퀴를 도는 하루 일정의 코스도 좋다.

### 93번 도로 오아후 서쪽 코스

**소요 시간** 와이키키 출발 약 4시간

오아후의 해안선은 동서남북의 모습이 모두 다르다. 오아후 서쪽 해안선(West Coast)의 93번 도로에서는 다른 곳에 비해 투박하고 거친 자연 그대로의 하와이를 만날 수 있다. 서쪽 끝 카에나 포인트(Kaena Point)는 자연 보호 구역으로 지정된 곳이라 도로가 더 이상 연결되지 않고 끊긴다.

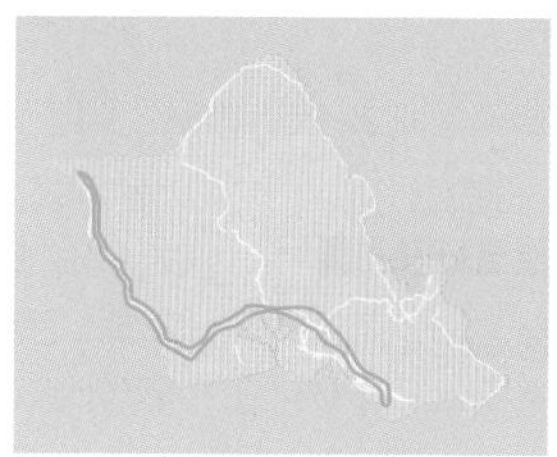

# 서핑
## SURFING

액티비티의 천국 하와이에서 서핑은 가장 대표적인 액티비티다.
머리가 물속에 들어가는 것을 극도로 꺼리던 사람도 일단 배우고 나면
서핑을 좋아하게 만드는 것이 바로 하와이의 마법.
서퍼들의 성지, 하와이에서 서핑에 도전해 보자.

추천 업체
**로코서핑 스쿨**
@lokosurfing
lokosurfing.com

서핑이 처음이고 물을 무서워하는 사람도 '서핑 너무 재밌다'는 말이 나오게 가르쳐주는 곳. 초보자도 쉽게 탈 수 있는 요령과 주의 사항 등을 한국어로 자세히 설명해 준다. 강사 한 명당 최소 인원만 강습하기 때문에 세심하고 친절하게 자세 등을 잡아주고, 서핑을 하는 동안 체력이 떨어지지 않게 끌어주고 잡아 준다. 고프로 촬영도 추가 신청할 수 있다.

## 로컬 강사가 말하는 하와이 서핑

안녕하세요. 하와이에서 서프스쿨을 운영하고 있는 김용일입니다. 어릴 때 이민 온 뒤 방과 후면 바다로 나와 서핑을 하며 시간을 보내는, 흔한 하와이 소년이었지요. 많은 대회에 참여한 경험을 바탕으로 지금은 이곳에서 여행자분들에게 서핑을 알려 드리고 있습니다.

**1 서핑의 매력은?** 자연의 느낌(Nature feeling). 딱 하나의 매력으로 설명하기에 서핑은 다양한 매력을 가지고 있어요. 서핑은 제 삶에 휴식과 안정을 주었어요. 큰 파도를 견디며 혼자만의 싸움을 하기도 하고, 다른 서퍼와 함께 파도를 타며 즐거움을 찾는, 우리의 삶과 닮았다는 것이 서핑의 매력이라고 생각합니다.

**2 가장 좋아하는 서핑 스폿과 시간은?** 저는 개인적으로 알라 모아나 볼스(Ala Moana Bowls)를 좋아합니다. 제가 서핑을 시작한 곳이기도 하고, 이곳에서 이른 아침 서핑을 즐깁니다. 하와이는 로컬리즘이 있는데, 알라 모아나 볼스도 대표적인 로컬 포인트라고 할 수 있어요. 만조 때는 꽤 큰 파도가 들어옵니다. 큰 파도에서 라이딩을 하면 파도와 저만의 온전한 시간을 느낄 수 있습니다.

**3 서핑 초급자에게 좋은 해변은?** 초급자에겐 저희가 강습을 진행하는 와이키키의 퍼블릭스(Public's)와 락파일(Rockpile)을 추천합니다. 퍼블릭스는 와이키키 아쿠아리움에서 퀸스비치 남쪽 끝에 이르는 해변으로, 가장 큰 장점은 와이키키의 많은 강습자들로부터 자유로울 수 있다는 점입니다. 초급자는 서핑을 하다 다른 사람의 보드에 부딪쳐 다치기도 하는데, 이곳은 여유로운 편입니다. 락파일은 와이키키의 포트드루시 공원 앞 해변입니다. 두 곳 모두 파도가 힘이 있으면서 사람들이 많지 않은 곳이죠.

**4 서핑 레슨과 장비는?** 서핑을 어느 정도 하는 실력자라면, 와이키키뿐 아니라 알라 모아나, 노스 쇼어, 카일루아 등에 대여점이 많으니 어렵지 않게 장비를 대여할 수 있습니다. 초급자라면 전문가의 강습을 받는 게 좋습니다. 저희 로코서핑 스쿨은 100퍼센트 한국어로 수업을 진행하고 픽업부터 드롭까지 편의를 제공합니다. 단순한 레슨이 아닌 즐거운 경험을 전하고 하와이와 서핑을 진심으로 즐겼으면 하는 마음으로 강습에 임합니다.

**5 서핑을 시작하는 사람들에게 한 마디** 바다에 빠지는 것을 두려워하지 마세요. 서핑을 한번 해보면 일상에서의 두려움도 사라질 겁니다. 그러니 주저하지 말고 도전하세요!

# 스노클링
## SNORKELING

스노클링의 큰 매력은 간단한 장비만으로 바닷속 물고기와 산호를 감상할 수 있다는 점! 무릎 깊이에서도 물고기가 보이는 해변부터 바다거북과 수영할 수 있는 해변까지 하와이에는 스노클링을 즐기기 좋은 청정 해변이 많다.

TIP

### 거북이와 함께 스노클링

여행사 투어를 이용해 에메랄드빛 바다에서 거북이와 함께 유영하는 가슴 벅차고 신기한 경험을 할 수 있다.

**추천 업체** **돌핀 앤 유** dolphinsandyou.com/ko

## 스노클링 명소

- **하나우마 베이** Hanauma Bay
오아후 동쪽의 유명한 스노클링 명소. 자연 보호 구역으로 지정된 곳으로 아름다운 산호 군락과 수많은 열대어를 볼 수 있는 거대한 자연 수족관이다.P.218

- **쿠일리마 코브** Kuilima Cove
오아후 노스 쇼어의 터틀 베이 리조트 앞 작은 해변. 파도가 높지 않고 무릎 깊이에서도 열대어를 볼 수 있다. 스노클링 유경험자부터 초보자까지 모두 즐길 수 있다.P.239

- **푸푸케아 비치 파크** Pupukea Beach Park
샤크스 코브가 있는 해변으로, 하나우마 베이에 이어 1983년 두 번째로 자연 보호 구역으로 지정되어 많은 사랑을 받는다. 운이 좋으면 바다거북과 함께 수영할 수도 있다. 큰 물고기보다는 작고 알록달록한 예쁜 물고기들이 많이 보인다. 파도가 높은 겨울철은 피하는 게 좋다.

- **하와이안 일렉트릭 비치 파크** Hawaiian Electric Beach Park
오아후 서쪽에 있는 해변으로, 발전소의 큰 파이프 주변으로 열대어들이 모여 있다. 수심이 깊어 스노클링 초보자에게는 어렵다. 스노클링을 좋아하는 수준급 마니아에게 추천한다.P.240

- **마카하 비치 파크** Makaha Beach Park
오아후 서쪽에 있는 해변으로, 산호 군락이 넓게 펼쳐져 있어 스노클링 스폿으로 유명하다. 바다로 조금 더 나가면 돌고래 떼와 함께 수영을 즐길 수 있다.P.242

- **퀸즈 서프 비치** Queen's Surf Beach
와이키키 비치에서 스노클링을 하기에 가장 좋은 해변이다. 숙소에서 바로 나와 즐길 수 있어 접근성이 좋다.P.095

## 스노클링 주의사항

1. 산호를 밟지 말자. 산호는 돌이 아니라 살아 있는 생명체다. 1년에 1cm밖에 자라지 않고, 밟아 부서지면 다시 자라는 데 수십 년이 걸린다고 한다.
2. 스노클링 초급자라면 안전 요원이 있는 해변을 이용하자.
3. 장시간 강한 자외선에 등이 노출되므로 래시가드를 입거나 자외선 차단제를 꼼꼼히 바르자. 해양 생물을 위해 EWG Green 등급 선크림을 사용하고 오일은 피해야 한다.
4. 정신없이 물고기를 따라가다 보면 해변으로부터 너무 멀어질 수 있다. 중간 중간 자신의 위치를 확인하고, 가급적 혼자 스노클링하는 것은 피하자.

## 스노클링 중에 자주 볼 수 있는 물고기

- **후무후무누쿠누쿠아푸아아**
Humuhumunukunukuapuaa

- **옐로 탱**
Yellow Tang

- **무어리시 아이돌**
Moorish Idol

- **컨빅트 탱**
Convict Tang

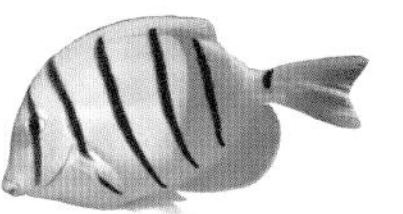

- **블루라인 스내퍼**
Blueline Snapper

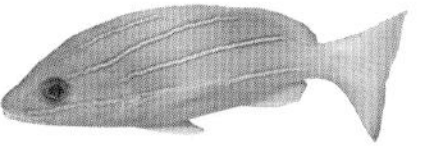

- **호누**
Honu

- **레몬 버터플라이피시**
Lemon Butterflyfish

- **아킬레스 탱**
Achilles Tang

- **롱노즈 버터플라이피시**
Longnose Butterflyfish

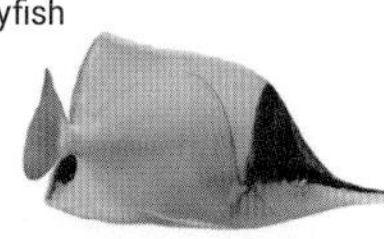

# 카약
## KAYAK

하와이 현지인들에게 서핑만큼 친숙한 해양 스포츠가 바로 카약이다. 하와이 왕족들도 즐겼을 만큼 역사가 깊다. 햇볕에 장시간 노출되므로 자외선 차단제는 필수! 모자와 선글라스도 챙기면 좋다.

### 추천 카약 투어 & 대여 업체

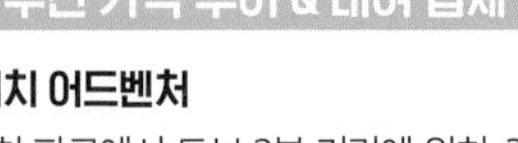

**카일루아 비치 어드벤처**

카일루아 비치 파크에서 도보 2분 거리에 위치. 37년 동안 큰 사랑을 받고 있는 해양 스포츠 전문 업체다. 스탠드업 패들, 바디보딩, 스노클링 등 대여와 강습도 가능하다.

kailuabeachadventures.com

**액티브 오아후 투어**

트립어드바이저 베스트 업체. 가이드 동반 투어, 모자섬 투어뿐 아니라 가이드 없이 열대 우림 속 잔잔한 강을 따라 혼자 가보는 셀프 가이드 투어(Self-Guided Tour)도 있다.

activeoahutours.com

**카마아이나 카약 & 스노클 에코벤처스**

카네오헤 베이(Kaneohe Bay)에서 즐길 수 있는 카약과 스노클링 등 해양 스포츠 프로그램을 제공하는 업체. 수익 전액은 지역 해양 생태 보호를 위해 사용된다.

kamaainakidskayaking.org

### 카약하기 좋은 해변

카일루아 비치 파크 P.215, 라니카이 비치 P.215, 카네오헤 베이 샌드바 P.218, 벨로우스 필드 비치, 모쿨레이아 비치, 카하나 베이 비치 파크

# 웨일 와칭
## WHALE WATCHING

매년 12~3월이면 1만 마리가 넘는 혹등고래가 새끼를 낳아 키우기 위해 알래스카에서 따뜻한 하와이로 온다. 이 시기 하와이를 방문한다면 '고래섬'이라 불리는 마우이에서 혹등고래 와칭 투어를 절대 놓치지 말자! 시기가 맞지 않다면, 365일 태평양을 점프하며 뛰어 노는 돌고래를 보러 가자!

### 혹등고래 와칭

배의 크기나 종류, 점심 식사 제공 유무 등 다양한 조건의 웨일(혹등고래) 와칭 프로그램이 있어 취향에 따라 고를 수 있고, 당일 혹등고래를 보지 못하면 다음 투어에 무료로 참여하거나 환불받을 수 있다.

추천 업체 **퍼시픽 웨일 파운데이션** pacificwhale.org

### 돌고래 와칭

와이키키 호텔에서 픽업해 돌고래를 많이 볼 수 있는 오아후 서쪽 해안까지 이동하며, 와칭은 물론 다양한 물고기, 거북이와 함께 스노클링도 할 수 있다. 식사와 음료 등도 제공된다.

추천 업체 **돌핀 앤 유** dolphinsandyou.com/ko

# 화산
## VOLCANO

하와이는 지금도 활동 중인 활화산이 있는 곳이다. 빅 아일랜드에 총 6개의 활화산이 있는데, 화산 국립 공원에서 붉은 용암과 가스를 내뿜는 화산 활동을 생생히 체험할 수 있다. 활화산과 검은 용암지대를 눈앞에서 볼 수 있는 특별한 경험을 놓치지 말자.

### 헬리콥터 투어로 하늘에서

헬리콥터를 타고 빅 아일랜드의 화산 분화구 바로 위를 비행하는 신비한 경험을 할 수 있다.

추천 업체 **블루 하와이안 헬리콥터 (Blue Hawaiian Helicopters)**

$ $1389~ ☎ 800-745-2583

bluehawaiian.com/en

### 렌터카로 화산 드라이브

킬라우에아 화산부터 바다까지 이어지는 용암 길인 체인 오브 크레이터스 로드를 드라이브한다. 검은 용암으로 둘러싸인 길을 따라 내려가면 길 끝에 해안선이 나온다. 왕복 3시간 정도 걸린다.

### 검은 용암길을 트레킹

푸우 훌룰룰루(Puu Hulululu)와 푸울로아(Puuloa) 사이의 왕복 3km 짧은 코스, 분화구로 내려가 걷는 왕복 5km 거리의 킬라우에아 이키 트레일(Kilauea Iki Trail)과 크레이터 림 트레일(Crater Rim Trail) 코스가 대표적이다.

# 마우나 케아 천문대
## MAUNA KEA SUMMIT

'꿈의 여행지', '죽기 전에 꼭 가봐야 할 곳' 같은 수식어가 붙는 구름 위의 별천지 마우나 케아 천문대. 구름 아래로 붉게 타오르며 지는 태양을 보는 것도 가슴 설레는 경험이지만, 캄캄한 하늘을 수놓는 수많은 별의 행렬이야말로 우리의 심금을 깊게 울린다. 그 비현실적인 풍경은 평생 잊지 못할 추억이 될 것이다.

### 일몰 VS 일출

별 보기 투어는 일몰을 본 후 별을 보는 투어와 해뜨기 전에 별을 본 후 일출을 감상하는 투어 두 가지가 있다. 대부분 여유 있는 일몰 투어를 선택하지만 마우나 케아 정상에서 보는 일출도 매력적이니 취향과 일정에 맞춰 선택하면 된다.

**추천 업체** **아노츠 로지 앤 하이킹 어드벤처** P.270
$ $240 ☏ 877-867-7433 ⌂ arnottslodge.com

**하와이 포레스트 앤 트레일** P.270
$ $295~ ☏ 808-331-8505 ⌂ hawaii-forest.com

### 직접 운전해 가고 싶다면!

2,800여 미터 지점의 오니즈카 방문 센터(Onizuka Center)까지는 포장된 도로지만 여기서부터 천문대가 있는 정상까지는 비포장 구간이라 사륜구동 차량이어야 정상까지 갈 수 있다. 하지만 사륜구동 자동차를 렌트했다 하더라도 길이 좁고 가파른 데다 길옆이 바로 낭떠러지라 여행객이 운전하기에는 위험하다. 그래서 직접 운전해서 마우나 케아까지 왔다면, 무리해서 올라가기보다 방문 센터에서 별을 감상하길 추천한다. 이곳에서도 하늘에 쏟아지는 환상적인 별무리를 만날 수 있다.

# 일몰
## SUNSET

하와이 여행에서 절대 빼놓을 수 없는 일몰은 자연이 주는 30분의 황홀한 선물과 같다. 아름다운 석양을 보며 마이 타이 칵테일을 즐기는 여행의 호사를 절대 놓치지 말자.

### BEST 와이키키 선셋 스폿

쿠히오 비치P.094, 할레쿨라니 호텔 앞P.322, 포트 드루시 비치 파크, 와이키키 월P.095, 듀크 카하나모쿠 비치P.094

· 와이키키를 제외하고 일몰이 아름다운 오아후 해변
알라 모아나 비치 파크P.154, 선셋 비치 파크P.239

### 추천하는 선셋 크루즈

복잡하고 힘든 일상을 벗어나 휴식을 위해 하와이로 여행을 왔다면 일몰 크루즈는 꼭 일정에 넣자. 마지막 날 여행을 마무리하는 일정으로 강력 추천한다. 누군가 함께이든 혼자이든 의미 있는 경험이 될 것이다.

**아틀란티스 선셋 크루즈** Atlantis Sunset Cruise

- 다른 크루즈에 비해 잔잔한 라이브 음악과 차분한 분위기로 일몰을 감상할 수 있다.
- 아틀란티스 선셋 칵테일 크루즈(Atlantis Sunset Cocktail Cruise) 패키지는 와이키키의 아름다운 일몰을 칵테일과 함께 즐길 수 있다. 탑승 시 무료로 웰컴드링크가 제공된다.
- 세련된 선박의 야외 덱에 나가 탁 트인 공간에서 바람을 맞으며 잊지 못할 추억을 남겨 보자.

atlantisadventureskr.com

**오션 앤 유 선셋 투어** Ocean & You Sunset Tour

- 작은 2층 보트에서 와이키키와 다이아몬드 헤드의 아름다운 야경을 감상할 수 있다.
- 라이브 DJ가 틀어주는 음악에 맞춰 춤을 추며 선상 파티를 즐긴다.
- 금요일 밤에는 와이키키의 불꽃놀이를 볼 수 있다.

### 일몰을 보기 좋은 레스토랑 & 바

럼파이어P.103, 하우스 위다웃 어 키P.102, 마이 타이 바P.102, 미셸스 앳 더 콜로니 서프P.103

# 러닝 & 워킹
## Running & Walking

하와이를 제2의 집이라고 말하는 배우 하정우는 〈걷는 사람, 하정우〉라는 책에서, "하와이의 기후와 온도를 온몸으로 느끼며 걸으면,지금 살아있다는 감각이 온전하게 느껴진다."라고 썼다.
하와이를 가는 목적이 걷기 위함이라는 하정우의 말처럼 하와이는 우리를 걷고, 뛰고 싶게 만드는 곳이다.

### 뛰고 걷기 좋은, 현지인 조깅 장소

**알라 모아나 비치 파크** P.154
현지인들이 아침저녁으로 운동을 즐기는 곳으로, 뛰거나 걷기 좋게 조성되어 있다. 특히 알라 모아나 비치 파크의 매직 아일랜드 해안선을 따라 뛰는 현지인들을 많이 볼 수 있다.

**와이키키 비치** P.094
와이키키 비치 옆을 걷거나 뛰어도 좋고, 듀크 동상에서 카피올라니 공원까지 칼라쿠아 애비뉴(Kalakua Ave.)를 따라 뛰어도 좋다.

**알라 와이 운하** P.098
카파훌루 애비뉴(Kapahulu Ave.) 초입의 알라와이 불바르(Ala Wai Blvd.)를 따라 난 인도도 러닝 코스로 좋다.

**다이아몬드 헤드 트레일** P.130
카피올라니 공원의 칼라쿠아 애비뉴(Kalakua Ave.)를 따라 가다보면 해안 도로인 다이아몬드 헤드 로드(Diamond Head Rd.)가 나오는데, 그 길을 따라 가면 된다.

# 골프
GOLF

하와이에서 골프는 부유한 사람을 위한 스포츠가 아닌 모두에게 인기 있는 스포츠다.
오아후에는 약 35개의 골프 코스가 있다.
회원 전용과 군 관계자 전용 코스를 제외하고 20여 개의 골프 코스를 이용할 수 있다.

## 인기 골프 코스

### 코 올리나 골프 클럽
Ko Olina Golf Club

코 올리나 리조트 내에 있는 클럽으로 코스 정비가 훌륭하다. LPGA 롯데 챔피언십 개최 코스로 유명하다. 이곳 장비 대여점은 수준 높은 클럽을 빌릴 수 있어 매우 인기가 많다. 초급에서 상급까지 모든 레벨의 골퍼들이 플레이를 즐길 수 있다.

koolinagolf.com

### 로열 하와이안 클럽
Royal Hawaiian Club

코올라우산맥에 자리잡은 컨트리 클럽으로, 장엄한 열대 우림 속에서 플레이를 즐길 수 있는 곳이다. 험준한 산악 지형이라 난이도가 꽤 높지만 카트를 타는 것만으로도 이국적인 체험이라 모든 레벨의 골퍼에게 인기가 많다. 계곡인 만큼 우기인 11~2월은 피하는 게 좋다.

royalhawaiiangc.com

### 터틀 베이 골프
Turtle Bay Golf

오아후 북쪽, 터틀 베이 리조트 내에 있는 골프 클럽으로 노스 쇼어가 한눈에 보이는 아놀드 파머 코스(Arnold Palmer Course)와 조지 파지오 코스(George Fazio Course)가 유명하다. PGA 및 LPGA 챔피언십 개최지로 전 세계 골프팬의 절대적인 인기를 얻고 있다.

turtlebayresort.com/Hawaii-Golf

### 카폴레이 골프 클럽
Kapolei Golf Club

와이키키에서 서쪽으로 차로 40분 거리에 있는 럭셔리한 고급 코스다. LPGA 투어 챔피언십 개최지로, 블라인드 홀(Blind Hole)이 하나밖에 없기 때문에 초급자부터 상급자까지 모두 즐길 수 있다.

kapoleigolf.com

### 와이켈레 컨트리 클럽
Waikele Country Club

와이켈레 프리미엄 아웃렛 뒤편에 위치한 골프 코스로, 전설적인 골프장 건축가 테드 로빈슨(Ted Robinson)이 설계했다. 공이 잘 구르는 페어웨이(Fairway)나 워터 해저드(Water Hazard), 벙커(Bunker) 등이 전략적으로 배치되어 있어서 중급 이상의 골퍼에게 추천한다.

golfwaikele.com

### 하와이 카이 골프 코스
Hawaii Kai Golf Course

오아후 동쪽의 하와이 카이 지역에 있는 골프 코스로, 페어웨이가 넓고 비교적 평탄해서 초급자부터 상급자까지 모두 즐길 수 있다. 아름다운 전망에 코스 컨디션이 좋은 챔피언십 코스로, 현지 골퍼들에게 사랑받는 코스이다.

hawaiikaigolf.com

## 한국과 다른 하와이 골프

- 노 캐디! 캐디가 없다 보니 실력이 많이 좋아져서 온다고 한다. 거리 측정, 클럽 선택, 라인 보는 법, 에이밍, 스코어 카드 기록 등을 스스로 해야 하기 때문! 손이 많이 가지만, 훨씬 자유롭고 여유 있게 플레이할 수 있다.
- 페어웨이에 카트 진입 가능! 4인용 카트가 아니라 2인용 카트를 운용하고, 페어웨이까지 들어갈 수 있다.

## 골프 예약

추천 업체 **하와이 티 타임스** hawaiiteetimes.com

하와이의 골프 코스를 한눈에 파악할 수 있도록 코스 설명과 부킹 정보가 상세하게 준비되어 있다. 호텔 픽업이나 클럽 렌털 등이 포함된 다양한 골프 패키지가 준비되어 있고, 할인된 가격으로 저렴하게 예약할 수 있다. 다른 예약 사이트나 어플에서는 예약이 안 되던 곳이 이곳에서는 예약 가능한 경우가 많다.

추천 어플 **골프나우** GolfNow

카카오 골프예약이나 티스캐너 같은 골프 어플이다. 간단하게 회원 가입 후 원하는 날짜와 도시를 선택하면 된다. 특히 핫딜을 노려보자. 무조건 싼 건 아니니 다른 업체 등과 가격을 비교하는 게 좋다.

## 골프 렌털 숍

한국에서 자신의 골프 클럽을 가져가도 되지만(항공사 마다 규정이 다르니 항공사 사이트에서 확인) 짐이 많다면 현지에서 대여할 수 있다.

추천 업체 **하와이 골프 클럽 렌털**

hawaiigolfclubrentals.com

PXG, 타이틀리스트(Titlelist), 핑(PING), 캘러웨이(Callaway), 테일러메이드(Taylormade) 등 다양한 브랜드가 준비돼 있고, 풀 세트를 $25~45로 저렴하게 빌릴 수 있다. 3일, 일주일 단위로 대여하면 좀 더 저렴하다. 성별, 연령, 주로 쓰는 손, 채의 길이, 그립 등에 맞춰 커스터마이징이 가능하다. 숍이 와이키키에 있어 직접 방문해 클럽을 고를 수 있다. 한국에서 가지고 온 골프 클럽을 수리해 주기도 하고 하와이 골프 정보를 얻을 수도 있다.

## 골프 용품 전문점

**추천 업체 로열 하와이안 골프 클럽** Royal Hawaiian Golf Club

와이키키의 로열 하와이안 센터에 있는 골프 용품점. 한국인 부부가 운영하는 곳이라 친절하고 상세한 한국어 설명을 들을 수 있다. 다른 숍에서는 볼 수 없는 하와이 한정, 로열 하와이안 골프 클럽 한정 상품이 많아 기념품이나 선물을 구입하기 좋다.

**추천 업체 로저 던 골프** Roger Dunn Golf

하와이의 대표 골프 용품 전문점. 와이키키에서는 알라 모아나 점이 가장 가깝다. 테일러메이드, PXG, 캘러웨이, 타이틀리스트 등 미국 브랜드가 한국보다 저렴하다.

## 선물로 딱인 골프 굿즈

• 골프공 ID 스티커

• 하와이 스타일 골프 모자

• 하와이 스타일 볼 마커

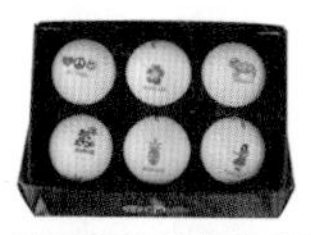

• 하와이 에디션 골프 공

• 파인애플 모양의 골프티

# 하이킹
## HIKING

하와이의 대자연을 만끽할 수 있는 하이킹! 조금만 걸어 올라가도 눈 앞에 파노라마로 푸르른 태평양이 펼쳐지거나, 쥬라기 공원 같은 열대 우림을 만날 수 있는 다양하고 색다른 트레일 코스가 있다.

### 오아후 하이킹 트레일 추천

* 카에나 포인트 트레일은 혼자보다는 하이킹 파트너와 함께!

| 코스 이름 | 난이도 | 코스 거리(왕복) | 해발 | 소요 시간(왕복) |
|---|---|---|---|---|
| ❶ 라니카이 필박스 하이크 P.217 | 초중급 | 2.9km | 198m | 1시간 30분 |
| ❷ 마카푸우 트레일 P.216 | 초급 | 4km | 154m | 1시간 30분 |
| ❸ 코코 헤드 트레일 P.216 | 중급 | 2.9km(1,048계단) | 302m | 1~2시간 |
| ❹ 다이아몬드 헤드 트레일 P.130 | 초급 | 2.9km | 138m | 1시간 30분 |
| ❺ 마노아 폴 트레일 P.158 | 초급 | 2.6km | 163m | 1시간 30분 |
| ❻ 카에나 포인트 트레일 P.242 | 고급 | 9km | 135m | 4시간 |

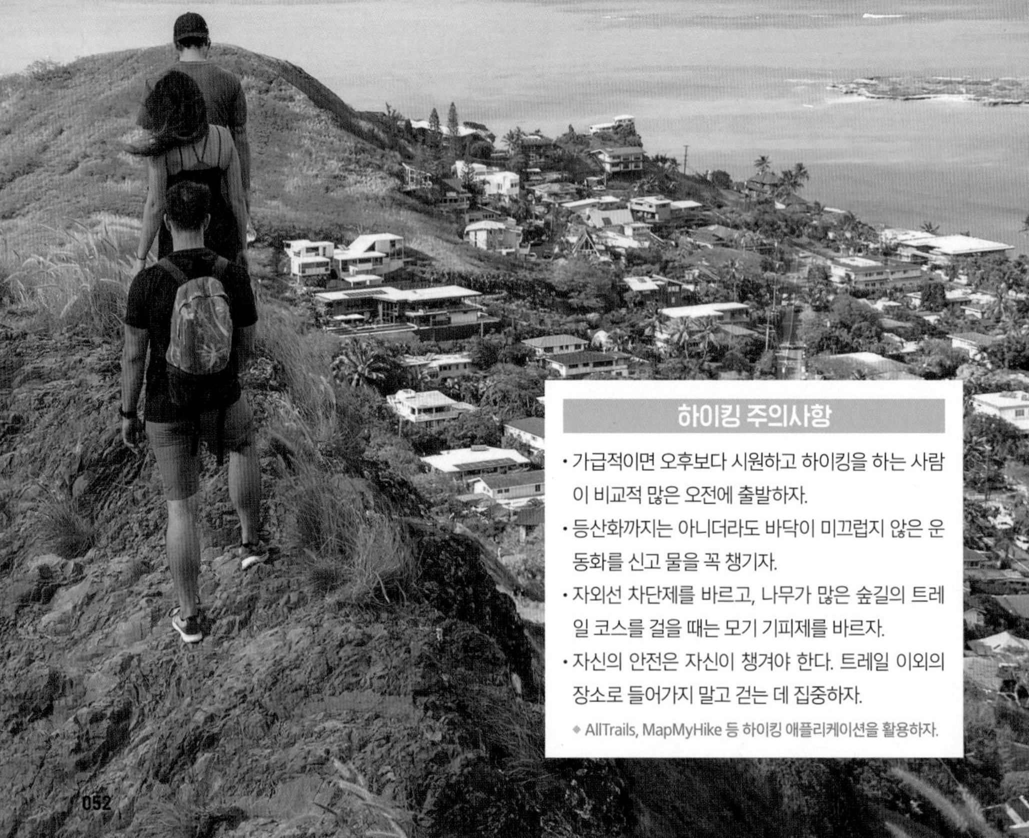

### 하이킹 주의사항

- 가급적이면 오후보다 시원하고 하이킹을 하는 사람이 비교적 많은 오전에 출발하자.
- 등산화까지지는 아니더라도 바닥이 미끄럽지 않은 운동화를 신고 물을 꼭 챙기자.
- 자외선 차단제를 바르고, 나무가 많은 숲길의 트레일 코스를 걸을 때는 모기 기피제를 바르자.
- 자신의 안전은 자신이 챙겨야 한다. 트레일 이외의 장소로 들어가지 말고 걷는 데 집중하자.

◆ AllTrails, MapMyHike 등 하이킹 애플리케이션을 활용하자.

# 아트 러버
## Art Lover

하와이까지 가서 웬 미술관인가 싶을 수 있지만, 의외로 하와이는 예술의 중심지로 유명해 갤러리나 전시회를 찾는 여행자들이 꽤 많다. 예상치 못한 곳에서 고흐의 작품을 보거나 여러 예술 작품을 보며 편안함을 느껴 보자.

### 하와이 예술 작품을 만날 수 있는 곳

호놀룰루 미술관P.194, 하와이 주립 미술관P.194, 샹그릴라 미술관P.133, 카카아코 그래피티P.156

### 유명한 하와이 예술가

**헤더 브라운** Heather Brown
헤더 브라운의 독특한 물결 표현과 강한 터치는 마치 스테인드글라스처럼 화려하고 아름답다.
heatherbrownart.com

**닉 커처** Nick Kuchar
편안하고 따뜻한 빈티지 스타일인 그의 그림에는 하와이 사람들의 라이프 스타일과 그들이 좋아하는 장소가 담겨 있다.
nickkuchar.com

**페기 호퍼** Pegge Hopper
하와이의 풍경과 식물, 폴리네시안 여인, 하와이 정신을 그림에 담는 화가로 유명하다. 독특한 색감의 그림을 보는 순간 소장하고 싶어진다.
peggehopper.com

### 하와이 아트 이벤트

**아트 앤 플리** Art & Flea
카카아코에서 열리는 현지 예술가들의 행사. 현지 예술 산업을 지원하기 위해 시작한 지역 예술가들의 벼룩시장으로, 아티스트의 개성 넘치는 아이템을 구입할 수 있다.
artandflea.com

**퍼스트 프라이데이 아트 나이트** P.195
First Friday Art Night
예술 작품, 음식, 음악과 함께하는 불금! 매월 첫째 금요일 저녁부터 밤까지 차이나타운의 유명 레스토랑과 갤러리에서 열린다.
firstfridayhawaii.com

# 아이들과 함께 가족여행

WITH KIDS

## 아이와 함께라면 이곳은 꼭!

비숍 박물관P.198, 쿠알로아 랜치P.222, 폴리네시안 컬처럴 센터 P.246, 펄 하버P.248, 와이키키 아쿠아리움P.100, 돌 플랜테이션P.245, 호놀룰루 동물원P.100, 시 라이프 파크P.223, 돌핀 퀘스트 오아후 P.132, 마카푸우 포인트 라이트하우스 트레일P.216

## 아이가 놀기 좋은 해변

와이키키 비치P.094, 알라 모아나 비치 파크P.154, 와이마날로 베이 비치 파크P.214, 카일루아 비치 파크P.215, 코 올리나 라군P.241, 하나우마 베이P.218, 카할라 비치P.132, 화이트 플레인스 비치P.242

TIP

**알아 두면 유용한 정보**

- 기저귀, 분유와 이유식, 상비약, 로션과 자외선 차단제 등은 평소 사용하던 제품을 챙겨가는 게 좋다.
- 비행기 탑승 전 충분히 놀게 해 기내에서는 잠을 재우자.
- 하와이어로 케이키(Keiki)는 '어린이'를 의미한다. 많은 식당에서 케이키 메뉴를 제공한다.
- 대부분 식당에서 제공하는 물은 수돗물이다. 물론 식용 가능하지만 장이 예민한 아이라면 생수를 마시게 하자.

## 카 시트 & 부스터 규정

하와이에서는 8세 이하 아이는 카 시트를 의무적으로 사용해야 하며, 위반 시 $100 이상의 벌금이 부과된다. 대중교통인 버스와 택시는 예외지만 우버와 리프트는 카 시트가 필수이니 아래 기준을 참고하자. 렌터카 업체에서 대여할 수 있으나 깨끗한 편이 아니라 한국에서 가지고 가거나 현지에서 구매하는 게 좋다. 월마트나 코스트코 등에서 $50~100에 구입할 수 있다.

- **0~2세(몸무게 9kg 이하)** 유아용 카 시트
- **2~3세(몸무게 9~12kg)** 아동용 카 시트
- **4~7세(몸무게 19kg 이하)** 아동용 카 시트
- **4~7세(몸무게 19kg 이상, 키 144cm 이하)** 부스터 카 시트

### 어린이 여행 가이드북

**나의 처음 하와이 여행**

Kid's Travel Guide HAWAII

아이의 눈높이에 맞춰 하와이 필수 정보를 담은 〈가이드북〉과 만들기·게임·색칠하기·스티커 붙이기 등 놀이를 접목시킨 〈워크북〉이 세트로 구성되어 있다.

# 스냅 촬영
## SNAP SHOT

평화로운 하와이에서 꿈같은 여행의 순간을 사진으로 남기자. 셀프로 촬영을 할 수도 있고 전문 작가에게 맡길 수도 있다. 셀프 촬영은 삼각대와 카메라만 있다면 시간에 구애받지 않고 비용도 아낄 수 있지만, 촬영하는 데 엄청난 에너지가 든다. 짧은 여행에서는 시간도 돈! 전문가와 한두 시간 집중해서 촬영하고 남은 일정은 편하게 여행을 즐기는 것도 방법이다.

©하와이 슈팅 스타

**스냅 촬영** 현지에서 활동하는 전문 포토그래퍼와 업체가 많아서 결정하기 어렵다면 법인이 등록돼 있고 보증보험에 가입돼 있어 안심하고 이용 가능한 업체인지 확인하고 선택하자.

**추천 업체** **하와이 슈팅 스타** hawaiishootingstar.co.kr @hawaii_shooting_star

**하와이 슈팅 스타의 스냅 촬영 꿀팁**

❶ 소품에 너무 신경 쓰지 마세요. '하와이'라는 배경만으로도 충분합니다.

❷ 가장 하와이와 어울리는 사진은 파파라치 컷처럼 자연스러움이 묻어나는 사진인 것 같아요. 평소에 가장 잘 어울리고 편했던 의상을 입으세요. 가장 자연스러운 포즈는 익숙함에서 나오거든요.

**셀프 촬영** ❶ 많이 찍을수록 마음에 드는 사진을 건질 확률이 높다. 무조건 많이 찍자.

❷ 중간중간 초점을 확인하자. 삼각대를 놓고 찍다 보면 초점이 맞지 않는 경우가 많다.

· **BEST 촬영 스폿** 와이키키 비치P.094, 알라 모아나 비치 파크P.154, 카할라 비치P.132, 와이마날로 베이 비치 파크P.214, 차이나타운P.187, 마카푸우 비치 파크P.214

# 스몰 웨딩
## SMALL WEDDING

하와이에서 영화 같은 결혼의 주인공이 되어 보자. 조용한 해변에서 올리는 둘만의 스몰 웨딩부터 가족과 함께하는 데스티네이션 웨딩, 리마인드 웨딩까지 다양하게 선택할 수 있다. 현지 웨딩 업체에서는 장소 섭외부터 주례, 사진 촬영까지 스몰 웨딩에 필요한 모든 과정을 클라이언트의 예산과 취향에 맞게 조정해 진행한다.

©Lumieré Visuals Hawaii

추천 업체

### 아이 두 하와이안 웨딩스 I Do Hawaiian Weddings

idohawaiianweddings.com @idohawaiianwed

- **두 시간 스몰 웨딩($1,275)** 해변에서 결혼식을 올릴 수 있도록 허가를 대신 받아 주고 주례와 혼인 서약서를 제공한다. 전문 사진작가의 촬영(30~80컷)과 레이도 제공되며 하와이 전통 결혼식으로 변경할 수도 있다.
- **하와이 라이브 음악과 함께하는 웨딩($1,825)** 두 시간 스몰 웨딩에 하와이 현지 우쿨렐레 연주가의 음악이 포함된다.
- **10명 내외의 하객과 하는 스몰 웨딩($4,329)** 라이브 음악을 곁들인 웨딩에 리무진, 샴페인 등이 추가된다. 이외에도 원하는 스타일에 맞춰 견적을 받을 수 있다.
- 미국에서는 변호사나 종교단체장만이 주례를 할 자격을 갖는다. 보통 혼인신고서에 주례자 서명이 가능한 목사의 주례로 이루어진다
- 헤어, 메이크업, 드레스, 케이크, 플라워 샤워 등 옵션이 필요하면 업체와 상의해 추가할 수 있다.

# 하와이 음식
# HAWAIIAN FOOD

## 포케 Poke

신선한 회나 데친 문어 등을 깍둑썰기 해 양념한 요리다. 현지인들은 밥 위에 올려 한 끼 식사로 먹기도 하고 애피타이저나 술안주로 즐기기도 한다. 싱싱한 참치로 만든 아히 포케(Ahi Poke)가 대표 메뉴이므로 하와이에 왔다면 꼭 먹어 보자!

◆ 하와이에서 먹는 참치는 싱싱한 냉장 참치로, 한국에서 먹던 냉동 참치와는 비교 불가다. 대부분의 레스토랑은 그날 잡은 참치를 사용해 요리하니, 하와이에 왔다면 입안에서 살살 녹는 신선한 참치를 꼭 맛봐야 한다.

BEST **1위 푸드랜드 팜스** P.179
**2위 타무라스 파인 와인 & 리쿼** P.147
**3위 마구로 스폿** P.113

## 로코 모코 Loco Moco

밥 위에 햄버거 패티, 그레이비 소스, 반숙 달걀이 올려져 나오는 하와이의 소울 푸드. 1940년대 빅 아일랜드 힐로에 있는 한 일본계 식당에서 학생들의 엄청난 식성과 주머니 사정, 그리고 영양 성분을 고려해 개발한 요리라고 한다. 그릇을 박박 긁으며 먹게 만들 만큼 중독성이 강하다.

BEST **1위 레인보우 드라이브 인** P.134
**2위 코코 헤드 카페** P.141
**3위 아일랜드 빈티지 커피** P.108

## 버터 갈릭 슈림프 Butter Garlic Shrimp

새우 양식장이 모여 있는 카후쿠 지역에서 시작한 요리로, 큼지막한 새우를 마늘과 버터에 볶아 밥과 함께 제공된다. 와이키키에서도 버터 갈릭 슈림프를 쉽게 찾아볼 수 있지만 굳이 카후쿠에 가서 먹어도 좋을 만큼 잊지 못할 음식이다.

BEST **1위 로미스 카후쿠 프론스 & 슈림프** P.251
**2위 로라 이모네** P.251
**3위 지오반니 알로하 슈림프** P.251

"

**하와이에 왔으면 하와이 음식을 먹는 게 인지상정!**
**이민자, 원주민, 미국의 식문화가 어우러진 최고의 미식을 맛볼 수 있다.**

"

## 옥스테일 수프 Oxtail Soup

한국의 '소꼬리 곰탕'이 떠오르는 요리. 살점이 두둑하게 붙은 소꼬리를 푹 끓여 우린 국물에 고수를 듬뿍 올려 나온다. 과음을 한 다음날이나 아침저녁으로 기온이 떨어진 날처럼 따뜻한 국물이 생각날 때 먹으면 딱이다. 테이블에 있는 생강을 듬뿍 넣어 먹으면 더 맛있다. 생강과 간장으로 소스를 만들어 고기를 찍어 먹어도 굿!

**BEST** **1위 디 앨리 앳 아이아 볼** P.257
**2위 아사히 그릴** P.170
**3위 지피스** P.135

## 사이민 Saimin

맥도날드 메뉴에도 있을 만큼 대중적인 요리다. 영어에는 컴포트 푸드(Comfort Food)라는 말이 있는데, 그리운 옛 맛이나 엄마의 손맛을 떠올리게 하는, 마음이 치유되고 위로가 되는 음식을 말한다. 하와이 현지인에게 컴포트 푸드가 바로 사이민이다. 중국의 완탕면과 비슷한 사이민은 1900년대 초 하와이로 건너온 아시아 노동 이민자들에 의해 시작됐다고 한다. 담백한 국물에 부드러운 면이 매력적이고 겨자 소스를 살짝 뿌려 먹으면 더 맛있다.

**BEST** **1위 팰리스 사이민** P.203
**2위 시로스 사이민 헤이븐** P.257

## 무스비 Musubi

무스비(Musubi)는 일본어로 '묶다'라는 뜻으로, 하얀 쌀밥 위에 여러 가지 재료를 올려 김으로 묶은 요리다. 우리의 김밥이나 일본의 오니기리와 비슷하다. 밥 위에 스팸이 올려져 있는 무스비가 대표적이다.

**BEST** **1위 무스비 카페 이야스미** P.113
**2위 세븐 일레븐**
**3위 ABC스토어** P.120

# 버거 & 피자

## BURGER & PIZZA

### 버거 Burger

하와이 현지인에게 버거는 가끔 먹는 특식이 아니라 주식이다. 테디스 비거 버거스(Teddy's Bigger Burgers)와 파이브 가이즈(Five Guys) 같은 버거 전문점 뿐만 아니라 일반 레스토랑에서도 맛이 훌륭한 버거를 다양하게 만날 수 있다.

**BEST** **1위 세븐 브라더스** P.250
**2위 하드락 카페** P.107
**3위 쿠아 아이나 샌드위치 숍** P.250

**TIP**

패티의 굽기 정도를 선택할 수 있다면 미디엄 레어(medium rare)로, 콜라 대신 밀크셰이크를 곁들여 보자!

### 피자 Pizza

제이 돌란스(J. Dolan's)나 마우이 브루잉 컴퍼니(Maui Brewing Co.), 코나 브루잉 컴퍼니(Kona Brewing Co.) 등 펍에서 선보이는 피자는 피자 전문점을 뛰어넘는 맛을 자랑한다. 하와이에선 버거 다음은 피자라고 할 만큼 대부분 식당 메뉴에 피자가 들어 있다. 미국식 피자부터 이탈리안, 그 유명한 하와이안 피자까지 취향에 맞춰 마음껏 즐겨 보자.

**BEST** **1위 제이 돌란스** P.200
**2위 모쿠 키친** P.168
**3위 코나 브루잉 컴퍼니** P.224·274

# 하와이 디저트
## HAWAIIAN DESSERT

### 아사이 볼 Acai Bowl

하와이 서퍼들의 아침 식사로 알려진 아사이 볼. 아사이 베리는 항산화 성분이 다량 포함돼 있어 피로 회복, 미용, 해독 등에 좋은 슈퍼 푸드다. 아사이 베리 스무디 위에 바나나, 딸기 등 신선한 과일과 그래놀라, 꿀 등이 올라가 있어서 맛은 물론 포만감도 있어 식사 대용으로도 좋다. 여행 중 하와이 스타일의 아사이 볼로 든든하게 하루를 시작하자.

**BEST** **1위 보가츠 카페** P.139
**2위 할레이바 볼스** P.255
**3위 바난 볼스** P.114

### 셰이브 아이스 Shave Ice

셰이브 아이스는 한낮의 더위를 완벽하게 식혀 줄 달콤한 간식이다. 한국의 빙수와 비슷하게 생겼는데, 아주 곱게 간 얼음 위에 달콤한 과일 시럽을 뿌리고 아이스크림이나 하와이 과일을 올려 먹기도 한다. 미국 전 대통령 오바마도 즐겨 먹는 셰이브 아이스! 꼭 먹어 보자.

**BEST** **1위 아일랜드 빈티지 셰이브 아이스** P.114
**2위 엉클 클레이스 하우스 오브 퓨어 알로하** P.228
**3위 마츠모토 셰이브 아이스** P.254

### 말라사다 Malasada

우리에겐 하와이의 빅 아일랜드를 배경으로 한 일본 영화 〈하와이안 레시피〉로 유명해진 도넛. 포르투갈에서 이주한 노동자들이 고된 노동을 마치고 고향을 그리워하며 만들어 먹기 시작한 하와이 대표 간식이다.

**BEST** **1위 레오나즈 베이커리** P.136
**2위 카메하메하 베이커리** P.205
**3위 파이프라인 베이크숍 & 크리머리** P.142

**TIP**
말라사다는 따뜻할 때 바로 먹어야 가장 맛있다. 가게 문을 나서면서 바로 입으로 직행! 커피와 환상의 궁합을 자랑한다.

# 루아우와 전통 음식

## TRADITIONAL FOOD

고대부터 지금까지 하와이에서는 기념할 일이 생기면 전통 연회인 루아우(Luau)를 열어 훌라 등 하와이 전통 춤과 음악 등의 공연을 즐긴다. 루아우를 전문으로 하는 곳도 있고, 힐튼 하와이안 호텔이나 할레쿨라니 호텔 등에서도 루아우 쇼를 관람할 수 있다. 마우이의 올드 라하이나 루아우는 하와이 최고의 루아우로 선정된 곳으로, 한 달 전 매진이 되는 경우가 많으니 예약을 서두르는 게 좋다.

- **전통 루아우를 볼 수 있는 곳** 올드 라하이나 루아우(Old Lahaina Luau), 게르마이네스 루아우(Germaine's Luau), 파라다이스 코브(Paradose Cove)

### 루아우 연회 때 먹는 하와이 전통 음식

**칼루아 포크(피그)** Kalua Pork(Pig)
칼루아는 하와이어로 '찐다'는 의미. 전통적인 방식은 땅을 파 돼지를 통으로 넣고 그 위에 바나나 잎을 올려 찌는 것이다. 천천히 오랫동안 쪄서 돼지고기가 무척 부드럽다.

**라우 라우** Lau Lau
돼지고기나 생선 등을 타로 잎에 싸서 찐 요리. 타로 잎을 걷어내면 촉촉하게 육즙을 머금은 부드러운 고기가 가득 담겨 있다.

**로미 로미 새먼** Lomi Lomi Salmon
로미는 '비비다'라는 의미의 하와이어. 생 연어에 토마토와 양파, 레몬즙과 소금으로 간을 하고 비벼 먹는 요리다.

**포이** Poi
찐 토란을 절구로 곱게 간 후 발효시킨 것으로, 우리의 쌀밥처럼 주식으로 먹어온 음식이다. 라우 라우나 로미 로미와 섞어 먹기도 한다. 호불호가 많이 갈리는 맛이다.

### 하와이 전통 음식을 먹을 수 있는 곳

헬레나스 하와이안 푸드 P.203, 영스 피시 마켓 P.204

# 채식
## VEGETARIAN

하와이에는 비건 식당이 꽤 많다. 일반 식당에서도 채식 메뉴가 따로 있는 경우가 많고, 메뉴에 없더라도 채식 메뉴로 조리해 달라고 부탁할 수 있다. 고기 패티가 없는 햄버거, 유제품을 사용하지 않은 아이스크림과 초콜릿 등 종류도 다양하다. 고기가 없어서 섭섭하거나 부족하다는 생각이 전혀 들지 않으니 채식주의자가 아니더라도 한번 시도해 보자.

BEST 1위 **주시 브루** P.140
2위 **비트 박스 카페** P.253
3위 **나루 헬스 바 & 카페** P.227

### 그 외 추천 베지테리언 레스토랑

**레아히 헬스 카이무키** Leahi Health Kaimuki
유기농 식재료를 사용한 건강 음료와 샐러드, 샌드위치 등을 판매한다. 인기 음료는 그린 몬스터(Green Monster), 샐러드는 슈퍼 볼(Super Bowl).
3441 Waialae Ave, Honolulu leahihealth.com

**우메케 마켓** Umeke Market
푸짐한 가정식 비건 요리를 맛볼 수 있는 곳. 타코, 샐러드, 샌드위치, 렌틸콩 요리 등 유기농 비건 요리를 제공하는 100% 채식 레스토랑이다. 푸짐하고 만족스러운 점심을 찾는다면 바로 이곳이다.
1001 Bishop St #110, Honolulu umekemarket hawaii.com

### 채식의 단계 파악하기

- **비건(Vegan)**
  ☒ 육류, 어류, 유제품, 달걀
- **락토 베지테리언(lacto-vegetarian)**
  ☒ 육류, 어류, 달걀 ⊙ 유제품
- **락토 오보 베지테리언(lacto-ovo-vegetarian)**
  ☒ 육류, 어류 ⊙ 유제품, 달걀
- **페스코 베지테리언(pesco-vegetarian)**
  ☒ 육류 ⊙ 어류, 유제품, 달걀
- **세미 베지테리언(semi-vegetarian)**
  ☒ 육류 중 붉은 고기 ⊙ 조류, 어류, 유제품, 달걀

# 하와이 커피

## HAWAIIAN COFFEE

하와이안 코나 커피(Hawaiian Kona Coffee)는 전 세계 생산량의 1%도 되지 않는 희귀 커피로, 자메이카 블루 마운틴, 예멘 모카 마타리와 함께 세계 3대 커피로 꼽힌다. 초콜릿, 캐러멜, 아몬드, 코코넛 향이 나고 산미와 단맛의 밸런스도 훌륭하다.

## 코나 커피는 왜 유명할까?

코나 커피는 빅 아일랜드의 서해안으로 길게 뻗은 코나 벨트(Kona Belt)에서 재배된다. 아침엔 해가 충분하고 오후엔 흐리거나 비가 오며, 바람은 거의 없는 데다 밤엔 온화해 커피를 생산하기에 기후가 완벽하다. 토양은 미네랄이 풍부하고 배수가 잘 되는 화산토라 양질의 커피가 재배된다. 코나 벨트의 대부분 농장은 경사진 언덕에 있어서 기계를 사용하지 않고 수작업으로 경작한다.

## BEST 커피숍

호놀룰루 커피 익스피리언스 센터P.109, 아일랜드 빈티지 커피P.108, ARS 카페 앤 젤라토P.139, 모닝 글라스 커피P.165, 아일랜드 브루 커피하우스P.225, 모닝 브루P.169, 커피 갤러리 P.256

## 추천 코나 커피 농장 투어 P.271

- 헤븐리 하와이안 코나 커피 팜
- 훌라 대디 코나 커피
- 코나 조 커피
- 그린 웰 팜

TIP

### 코나 커피 구매 꿀팁

❶ 코나 커피가 10% 이상만 들어가도 하와이안 코나 커피 브랜드를 달 수 있다. 진짜 코나 커피의 맛을 보고 싶다면 코나 커피 함량 100%를 선택하자.

❷ 로스팅 원두는 미디엄 로스트(Medium Roast)와 다크 로스트(Dark Roast)가 있다. 향을 풍부하게 느끼고 싶다면 미디엄 로스트를 추천한다.

❸ 매년 11월 빅 아일랜드 코나에서 하와이안 코나 커피 축제가 열린다. 1970년대부터 시작된 미국에서 가장 오래된 음식 축제로 미스 코나 선발대회, 커피 품평회, 퍼레이드 등 다양한 행사가 진행된다.

## 하와이 대표 커피 브랜드

- 로열 코나 커피(Royal Kona Coffee)
- 라이언 커피(Lion Coffee)
- 호놀룰루 커피(Honolulu Coffee)
- 그린 월드 커피 팜(Green World Coffee Farm)
- 아일랜드 빈티지 커피(Island Vintage Coffee)
- 빅 아일랜드 커피 로스터스(Big Island Coffee Roasters)

## 커피의 품질과 종류

보통 커피는 생두의 크기와 결함도에 따라 크게 몇 가지 등급으로 나뉜다.

**엑스트라 팬시** Extra Fancy

가장 최상급 커피로, 연간 500톤 정도밖에 생산되지 않는다.

**팬시** Fancy

엑스트라 팬시에 버금가는 품질의 원두로 고급 원두에 속한다.

**넘버 원** Number 1

가장 상업적인 브랜드로, 커피숍 등에서 100% 코나 커피로 팔리는 등급이다.

**프라임** Prime

가장 저렴하고 대중적이며, 마트에서 판매되는 코나 커피는 프라임 등급이다.

**피베리** Peaberry

일반적으로 한 열매에 2개의 원두가 들어있는데, 1개의 원두가 들어 있는 원두. 바디감, 산미가 풍부하며 향이 달콤하다. 희귀한 만큼 가격이 높다.

# 맥주
## BEER

하와이에는 소규모 양조장(Microbrewery)이 많다. 양조장에서 바로 만든 맥주는 품질은 물론 어디에서도 맛볼 수 없는 개성 있는 맛을 자랑한다. 하와이산 꽃과 채소, 과일을 사용한 하와이 수제 맥주와 전 세계의 독특한 맥주를 신선하게 맛볼 수 있는 곳을 알아보자.

## 맥주 메뉴판 이해하기

**라거** Lager
발효 중 효모가 밑으로 가라앉아 탄산감이 강하다.

**에일** Ale
효모가 떠올라 거품이 부드럽고 향이 풍부하다.

**인디안 페일 에일** IPA
페일 에일에 홉을 다량 넣어 만든 맥주로. 알코올 도수가 높고 쓴맛과 아로마 향이 강하다.

**스타우트** Stout
발아하지 않은 맥아를 사용해 진한 맛과 향이 특징인 흑맥주. 색이 어두워 스타우트처럼 보이는 포터(Porter)는 맛이 더 가볍다.

**바이젠** Weizen
보리에 밀을 섞어 만든 밀맥주로 부드러운 거품과 상큼한 과일향이 특징. 위트(Wheat)라고도 한다.

- **ABV(Alcohol By Volume)** 알코올 농도
- **IBU(International Bitterness Units)** 쓴맛의 정도
- **비어 플라이트(Beer Flights)** 여러 가지 맥주를 작은 사이즈로 맛볼 수 있는 샘플러
- **BYOF(Bring Your Own Food)** 외부 음식의 반입을 허용

## 클로즈와 오픈(Close & Open)

- 계산대에서 계산하고 원하는 자리에서 마시는 펍이나, 바에서 맥주를 마실 때 신용카드로 결제를 하면 점원이 Would you like to close a tab? 혹은 Do you want to close it?, Open or closed?, Leave it open?처럼 알 수 없는 영어로 질문할 때가 있다.
- 클로즈(Close)는 결제하고 카드를 지금 돌려받는다는 의미로, 보통 한 잔만 마실 때 사용한다. 오픈(Open)은 카드를 잠시 맡기고 마지막에 한꺼번에 계산하는 걸 의미하는데, 여러 잔 마실 때 매번 계산해야 하는 번거로움을 덜 수 있다.
- 여러 잔 마신 후 카드를 돌려받고 싶다면 Can I close my tab?이라고 하면 되고, 영수증에 있는 내역을 확인하고 문제없다면 팁을 쓰고 사인하면 된다.

TIP

### 주류 구매 시 주의사항

❶ 만 21세 이상에게만 주류를 판매하며, 신분증 확인을 하니 여권을 꼭 챙기자.
❷ 하와이 주법에 따라 마트나 리쿼스토어 등에서는 06:00~24:00시까지, 바나 레스토랑에서는 06:00~ 02:00까지 주류를 판매할 수 있다.
❸ 해변 등 공공장소에서 음주는 불법이다.

# 호놀룰루 맥주 지도
## Honolulu Beer Map

### 카카아코

**빌리지 보틀 숍 & 테이스팅 룸**
Village Bottle Shop & Tasting Room P.167

하와이를 포함해 다양한 나라의 생맥주와 500여 종의 맥주를 즐길 수 있는 곳이다. 길게 늘어선 맥주 탭과 냉장고에 빼곡이 진열된 맥주를 보며 어떤 걸 마실까 행복한 고민을 하게 된다.

**호놀룰루 비어웍스** Honolulu Beerworks P.170

카카아코 거리에 위치한 소규모 브루어리 레스토랑이다. 규모는 작아도 10종류 이상의 맥주를 생산한다. 오너가 와이키키 5성급 호텔 주방장 출신이라 식사 메뉴 또한 훌륭하다.

**알로하 비어 컴퍼니** Aloha Beer Co. P.167

목넘김이 좋아 어떤 음식과도 어울리는 알로하 블론드(Aloha Blonde), 라임 맛으로 상쾌한 헤페바이젠(Hefeweizen) 등 개성 넘치는 맥주가 있는 펍. 카카아코 지점이 가장 크고 힙하다.

**하나 코아 브루잉 컴퍼니** Hana Koa Brewing Co. P.163

넓은 창고를 양조장으로 개조했다. 바 카운터 뒤편으로 맥주 양조 공간이 있으며, 이곳에서 갓 만들어진 신선한 맥주를 마실 수 있다. 매달 새로운 맥주가 발매된다.

"
로컬 생맥주와 함께라면 하와이는 더욱 특별해진다! 하와이의 중심 호놀룰루에는 하와이 향이 가득한 펍이 잔뜩 모여 있다. 그중 꼭 가 봐야 할 맥주 맛집만 골랐다.
"

## 와이키키

**와이키키 브루잉 컴퍼니** Waikiki Brewing Company P.107

브루어리 겸 레스토랑의 붐을 일으킨 선구적인 존재. 미국 본토에서 크래프트 맥주 붐이 일어나기 전부터 IPA 맥주를 개발·판매한 곳이다. 그만큼 완성도 높은 맥주를 맛볼 수 있다.

**비어 랩** Beer Lab

현지 젊은이들이 만들어낸 새로운 감각의 브루어리. Lab(연구소)이라는 이름처럼, 독창성 넘치는 맥주를 만든다. 그달에 만들어진 맥주 중 추천을 받아 샘플러로 맛보는 것을 추천한다.

**야드 하우스** Yard Houseb P.115

와이키키 비치에 시끌벅적 사람들로 가득한 분위기 좋은 펍. 50cm 맥주와 포케 나초, 어니언 링 타워가 이곳의 시그니처. 맥주, 칵테일의 종류만 100가지가 넘고, 음식 또한 일품이다.

**그라울러 하와이** Growler Hawaii P.135

세계에서 유일하게 양조장에서 만든 맥주 본래의 맛 그대로를 제공하는 True to the Brew라는 시스템을 도입해 질 높은 맥주를 즐길 수 있다. 하와이를 포함해 미국의 수제 맥주 약 100종류의 생맥주가 있다.

**마우이 브루잉 컴퍼니** Maui Brewing Co. P.115

하와이에서 가장 큰 크래프트 맥주 양조장 중 하나. 현지 제조와 현지 농산물 사용을 철저히 고집하고, 맥주는 맛도 품질도 훌륭하다.

# 칵테일
## COCKTAIL

분위기가 좋은 바에서 칵테일 한잔 마시면서
하루 일정을 마무리하는 행복한 순간을 즐겨 보자.

### 추천하는 와이키키 바

마이 타이 바 P.102·162, 하우스 위다웃 어 키 P.102, 럼 파이어 P.103, 스카이 와이키키 P.104

### 논 알코올 메뉴 주문하기

술을 마실 수 없다면 알코올만 뺀 버진 칵테일(Virgin Cocktail)을 주문하거나 칵테일 리스트에서 논 알코올 칵테일(Non-Alcohol Cocktail)을 확인해 보자.

## 하와이 대표 칵테일

### 마이 타이 Mai Tai

하와이의 대표 칵테일. '마이 타이'는 폴리네시아어로 '최고'라는 의미다. 럼 베이스에 오렌지 큐라소, 파인애플 주스, 오렌지 주스, 레몬 주스가 들어간다. 1959년 로열 하와이안 호텔의 마이 타이 바에서 오리지널 레시피로 처음 만들어졌다. 열대 과일의 달콤함 뒤에 느껴지는 진한 럼이 매력적이다. 알코올 도수가 높은 편이다.

### 블루 하와이 Blue Hawaii

이름처럼 하와이의 푸른 바다를 연상시키는 파란색의 칵테일이다. 블루 큐라소와 파인애플 주스, 레몬 주스를 더해 맛이 상쾌하다.

### 치치 Chi Chi

미국에서 '치치'는 '세련된, 멋진'이라는 의미를 지닌 속어이다. 보드카에 파인애플 주스와 코코넛 밀크가 많이 들어가는 트로피컬 칵테일이다. 보드카 대신 럼을 사용하면 피나 콜라다가 된다.

### 라바 플로우 Lava Flow

딸기로 화산의 용암(Lava)이 흐르는(Flow) 모습을 표현한 칵테일. 화이트 럼과 코코넛 럼에 파인애플 주스와 코코넛 밀크, 간 딸기와 바나나가 들어가 달콤하다.

# 쇼핑
## SHOPPING

쇼핑의 천국이라 불리는 하와이!
하와이는 미국의 다른 주에 비해 소비세가 낮고
세일도 자주 있어서 약간의 쇼핑 팁만 알면
한국보다 훨씬 저렴하게 쇼핑할 수 있다.

### 맞춤형 쇼핑 스폿 추천

**브랜드 제품을 한국보다 저렴하게 사고 싶다면**

와이켈레 프리미엄 아웃렛P.258, 로스 드레스 포 레스 P.119·175, 노드스트롬 랙P.182, 삭스 피프스 애비뉴 오프 피프스P.175, 티제이 맥스P.183

**브랜드부터 명품까지, 한곳에서 모두 해결하고 싶다면**

로열 하와이안 센터P.117, 인터내셔널 마켓 플레이스 P.117, 알라 모아나 센터P.172, 노드스트롬P.173, 메이시스P.118·174, 카 마카나 알리이P.259, 펄리지 센터P.259, 카할라 몰P.148

**작은 숍과 로컬 브랜드를 구경하며 산책하듯 쇼핑하고 싶다면**

와이키키P.117, 카일루아 타운P.230, 할레이바 타운 P.247, 카카아코P.156, 차이나타운P.206

**쇼핑 노하우**

- **쿠폰을 활용하자!** 공항이나 와이키키 가판대의 쿠폰북, 각 센터에서 나눠주는 할인 쿠폰을 꼭 챙겨 할인 받자.
- **미국 브랜드를 공략하자!** 할인을 하지 않더라도 한국에서 사는 것보다 저렴하다.
- **여행객을 위한 할인 쿠폰이 있다!** 메이시스와 블루밍 데일스, 와이켈레 프리미엄 아웃렛, 알라 모아나 센터 등 대형 쇼핑몰에서는 여행객을 위해 10~15% 특별 할인 쿠폰을 제공한다.

**하와이의 세일 시즌**

- 7월 4일 독립 기념일(Independence Day) 이전부터 8월 중순까지.
- 11월 넷째 목요일인 추수 감사절(Thanksgiving Day) 다음날부터 연말까지. 이때 세일 폭이 가장 크다. 쇼핑센터뿐 아니라 타겟이나 월마트 등 대형 마트에서도 세일이 진행된다.
- 새해 첫날(New Year's Day, 1월 1일), 대통령의 날(President's Day, 2월 셋째 주 월요일), 노동절(Labor's Day, 5월 1일), 어머니의 날(Mother's Day, 5월 둘째 주 일요일), 아버지의 날(Father's Day, 6월 셋째 주 일요일), 부활절(Easter Sunday), 메모리얼 데이(Memorial Day, 5월 마지막 주 월요일) 등 공휴일 전후.
- 비정기 세일도 자주 있으니 쇼핑센터의 공식 사이트를 통해 확인하자.

**하와이에서 사면 저렴한 미국 브랜드** 코치(COACH), 케이트 스페이드 뉴욕(KATE SPADE NEW YORK), 크록스(Crocs), 갭(GAP), 티파니(Tiffany & Co.), 바나나 리퍼블릭(Banana Republic), 폴로 랄프 로렌(Polo Ralph Lauren), 빅토리아 시크릿(Victoria Secret)

### 명품 브랜드 입점표

| | 알라 모아나 센터 | 럭셔리 로우 | 로열 하와이안 센터 | 니만 마커스 | 노드 스트롬 | 블루밍 데일스 | 삭스 오프 피프스 |
|---|---|---|---|---|---|---|---|
| **Balenciaga** | V | | | | | | |
| **Bottega Veneta** | V | V | | | | | |
| **Bvlgari** | V | | | | | | |
| **Cartier** | V | | V | | | | |
| **Celine** | V | | | | | | |
| **Chanel** | V | V | | | | | |
| **Fendi** | V | | V | | | | |
| **Gucci** | V | V | | | | | |
| **Hermes** | V | | V | | | | |
| **Harry Winston** | V | | V | V | | | |
| **Jimmy Choo** | V | | V | V | | V | V |
| **Lanvin** | | | | | V | | |
| **Loewe** | | | | | | | V |
| **Louise Vuitton** | V | | | | | | |
| **Miu Miu** | V | V | | | | | |
| **Prada** | V | | | | | | |
| **Saint Laurent Paris** | V | V | | | | | |
| **Tod's** | V | V | | | | | |
| **Tory Burch** | V | | V | V | | V | |
| **Christian Dior** | | V | | | V | | |

# 마트
## MART

마트나 시장에 가면 선물을 저렴하게 구입할 수도 있고
현지인들은 뭘 먹는지 어떤 상품을 쓰는지 구경하는 재미도 쏠쏠하다.
마트를 둘러보는 동안 잠시 현지인이 된 듯한 느낌을 느껴 보자.

TIP
### 마트 쇼핑 요령

❶ 무게 단위가 한국과 다르다. 한국에서는 kg이나 g으로 무게를 재지만 미국은 lb(파운드) 단위를 사용한다. 1lb는 약 453g이다.
❷ 비닐봉지, 종이봉투 등은 모두 1장당 15센트에 구입해야 한다.
❸ 여행자라도 멤버십 카드를 만들어 할인받을 수 있다. 추가 비용 없이 계산대에서 만들어 준다.

## 하와이에서 만나는 대표적인 마트

### 세이프웨이 Safeway

미국에 1,300여 개 이상의 점포가 있는 대형 슈퍼마켓. 미국답게 크고 넓다. 24시간 운영하는 점포도 많고 대부분 새벽까지 영업해 늦은 시간이라도 필요한 제품을 구입할 수 있다.

### 월마트 Walmart

'매일 저렴한 가격(Every Day Low Price)'을 슬로건으로 낮은 가격에 상품을 판매하는 대형 할인마트. 의류, 식품, 생활용품, 화장품, 취미 잡화 등 생필품을 다양하게 취급한다. P.180

### 홀푸드 마켓 Whole Foods Market

'현지 기업을 지원한다'는 모토로, 하와이산 식품으로 가득 채워져 있다. 현지 식자재인 〈Love Local〉과 현지 식자재로 만든 〈Made Right Here〉, 홀 푸드 자체 브랜드 〈365〉 등 이곳만의 아이템을 구입할 수 있다. P.148

### 롱스 드럭스 Longs Drugs

하와이에서 가장 유명한 약국으로, 다양한 약은 물론 식료품과 일용품까지 모두 갖추고 있다. 하와이의 강한 햇볕에 화상을 입었다거나, 소화제나 지사제 등이 필요할 때 이용하기 좋다.

### 푸드랜드 Foodland

1927년 호놀룰루에서 시작된 현지인이 직접 경영하는 하와이에서 가장 큰 대형마트 체인. 하와이에서 가장 맛있는 포케를 파는 곳이기도 하다. 하와이산 상품이 많고 저렴한 편. P.179

### 돈키호테 Don Quijote

대형 일본 슈퍼마켓으로, 생활 잡화나 가전, 현지 식재료뿐 아니라 일본산 제품도 판매한다. 하와이 초콜릿이나 쿠키, 마카다미아 등 기념품이 될 만한 제품을 저렴하게 구할 수 있다. P.180

### 다운 투 어스 오가닉 앤 내츄럴 Down to Earth Organic & Natural

1977년 마우이섬에서 시작된 유기농 슈퍼마켓 체인. 하와이의 건강한 라이프 스타일을 목표로 현지에서 생산되는 신선한 식재료를 판매한다. 식품 외에도 다양한 물품이 갖춰져 있다. P.181

### 코스트코 Costco

한국에서 코스트코 회원이라면 하와이에서도 회원. 꿀, 마카다미아 초콜릿, 커피, 알로하셔츠, 센트룸 비타민, 스피룰리나 등 하와이 특산품을 다른 곳보다 저렴하게 구입할 수 있다. P.209

### 타임스 슈퍼마켓 Times Supermarket

현지 밀착형 마트로, '에브리데이 로우프라이스(Everyday Low Prices)'라는 슬로건처럼 누구에게나 싸게 판매한다. 푸드랜드 다음으로 매장이 많아 여행 중 어렵지 않게 만날 수 있다.

### 팔라마 슈퍼마켓 Palama Supermarket

대형 한국마트로, 없는 한국 제품을 찾기 힘들 만큼 다양하게 갖춰져 있다. 한식을 꼭 먹어야 한다면 이곳을 이용하자. 이곳 외에도 카카아코 지역에 H-Mart라는 대형 한국마트가 있다. P.180

# 하와이 기념품
## SHOPPING LIST

### 하와이 쿠키

파인애플 모양 등의 하와이 쿠키는 선물로 인기. 호놀룰루 쿠키 컴퍼니(Honolulu Cookie Company) P.121, 더 쿠키 코너 P.121 등이 대표적이다.

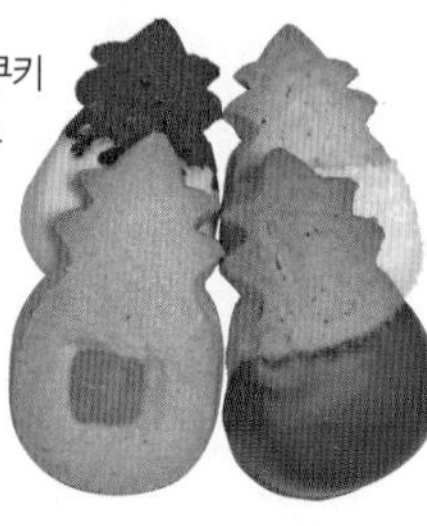

### 수영복

한국에서는 구하기 어려운 토미 바하마(Tommy Bahama)나 산 로렌조(San Lorenzo) 등 예쁜 로컬 브랜드 수영복이 많다. 빌라봉(Bilabong)이나 록시(Roxy) 도 한국에서 보다 저렴하게 살 수 있다.

### 건강보조제

한국에서도 대유행한 노니(Noni)는 하와이산이 최고다. 원액과 파우더, 캡슐 등 다양한 제품들이 있어 선물로도 좋다. 노니 외에도 하와이산 스피룰리나(Spirulina)도 인기 아이템. 친환경 마트 다운 투 어스 P.181나 홀푸드 마켓 P.148에서 구입할 수 있다.

### 커피 & 차

세계 3대 커피로 손꼽히는 하와이 커피는 빼놓을 수 없는 쇼핑 아이템. 대형 마트에서도 살 수 있지만 커피 마니아라면 맛있는 원두를 찾아 구입하자. 히비스커스차, 열대과일이 들어간 차, 노니 차 등 특색 있는 차도 많다.

### 마카다미아

하와이산 마카다미아는 좋은 기후와 토양 덕분에 세계 최고 품질을 자랑한다. 오리지널 마카다미아도 있지만 초콜릿이나 꿀로 코팅한 마카다미아 등 종류도 다양하다. 특히 마누아 로아(MAUNA LOA) 제품, 그 중에서도 허니 로스티드 마카다미아(Honey Roasted Macadamias)를 추천한다. 마카다미아 초콜릿은 하와이안 호스트(Hawaiian Host)가 맛있다. 여행 중 피곤할 때 하나씩 집어 먹기에도 딱 좋다.

### 하와이 꿀

향기로운 꽃향기가 꿀에 고스란히 담겨 있다. 마트나 파머스 마켓에서 구입할 수 있다. 곰돌이 모양의 귀여운 꿀에서 고급 꿀까지 다양하다. 그중에서도 화이트 허니(White Honey)는 〈내셔널 지오그래픽〉에서 세계 최고라고 찬사한 꿀이다. 하와이 섬에 서식하는 키아베(Kiawe) 꽃의 꿀로만 만든 유기농 꿀이다.

# 하와이 한정 아이템
## Only in Hawaii



### 스투시 하와이

요즘 핫한 머스트 잇 아이템 스투시의 하와이 한정 티셔츠. 반팔 티셔츠는 $50 내외로 구입할 수 있다.

• 스투시 호놀룰루 P.123

### 파타고니아의 파타로하

하와이 한정의 'Pataloha 파타로하(Patagonia+Aloha=Pataloha)' 로고의 티셔츠와 토트백, 모자 등이 인기다.

• 파타고니아 P.185

### 하와이 스누피

친숙한 하얀 스누피가 아니라 햇볕에 그을린 하와이 버전의 스누피, 서핑 보드를 들고 있는 스누피 등 하와이 한정의 스누피 소품들

• 모니 모아나 P.125
• 더 서치 포 스누피 P.178

### 하와이 무민

핀란드에서 온 무민. 야자수 아래 수영복을 입은 무민과 빨간 비키니를 입은 무민의 여자친구 스노크 메이든, 해변의 스너프킨 등이 그려진 하와이 한정 상품

• 무민 숍 하와이 P.178

### 스타벅스 하와이 텀블러

하와이에서만 살 수 있는 파인애플 모양의 텀블러. 이외에도 다양한 디자인, 품목의 굿즈를 하와이 스타벅스에서 구매할 수 있다.

### ABC 스토어에서 구입할 수 있는 다양한 캐릭터 상품들 P.120

- 하와이 헬로 키티
- 하와이 도라에몽
- 하와이 구데타마

# 파머스 마켓

## FARMERS MARKET

파머스 마켓에서는 현지에서 나고 자라는
신선한 과일과 채소, 꿀, 커피 등을 저렴하게 구매할 수 있다.
하와이 맛집들도 모여 있어 배는 부르고 손은 무거운 쇼핑이 가능하다.

# 파머스 마켓 총정리

### 와이키키 파머스 마켓
Waikiki Farmers' Market

🕔 월·수 16:00~20:00
📍 하얏트 리젠시 와이키키 비치 리조트 앤 스파(Hyatt Regency Waikiki Beach Resort & Spa)

### 카일루아 타운 파머스 마켓 P.223
Kailua Town Farmers' Market

🕔 일 08:00~12:00
📍 1090 Keolu Dr, Honolulu

### 펄리지 파머스 마켓
Pearlridge Farmers' Market

🕔 토 08:00~12:00
📍 펄리지 센터(Pearlridge Center)의 메이시스(Macy's) 옆

### KCC 파머스 마켓 P.131
KCC Farmers' Market

🕔 토 07:30~11:00
📍 4303 Diamond Head Rd. 카피올라니 커뮤니티 컬리지(Kapiolani Community College)

### 호놀룰루 파머스 마켓
Honolulu Farmers' Market

🕔 수 16:00~19:00
📍 777 Ward Ave. Honolulu

### 할레이바 파머스 마켓
Haleiwa Farmers' Market

🕔 목 14:00~18:00
📍 와이메아 밸리(Waimea Valley)

### 카카아코 파머스 마켓 P.157
Kakaako Farmers' Market

🕔 토 08:00~12:00
📍 919 Ala Moana Blvd, Honolulu

# 코스 가이드
# COURSE GUIDE

하와이는 쉽게 가기 힘든 여행지인 만큼 후회 없는 여행을 위해 일정을 잘 짜는 게 관건이다. 하와이 여행이 처음이라 도대체 어디서부터 시작해야 할지 막막한 당신을 위해 단계별 팁과 추천 코스를 준비했다. 여행 기간과 목적, 취향을 두루 고려해 딱 맞는 일정을 계획해 보자.

STEP

01

# 러프한 일정 짜기

## 기간에 따라 일정 계획하기

- 5박 이하 **오아후에 집중 or 이웃 섬+오아후 1박**
- 5박 이상 **오아후+이웃 섬(선택)**

하와이가 첫 여행이라면 오아후는 필수. 5박 이하의 일정일 때는 이웃 섬까지 욕심내지 말고 오아후에 집중하는 게 좋다. 이웃 섬이 비행기로 1시간 내외의 가까운 거리라고 해도 이동과 숙소 체크인 등에 드는 시간이 크기 때문이다. 이웃 섬 두 개 이상을 보려면 10박 이상의 일정이 적당하며, 오아후와 이웃 섬 하나를 계획한다면 7박 이상의 일정이 적당하다. 이웃 섬 위주로 일정을 짠다면 돌아오는 길에 오아후에서 1박을 하며 와이키키에서 잠시 쉬고 돌아오는 일정을 추천한다.

## 여행 파트너 & 목적에 따른 추천 섬 조합

### 커플 여행

- **쇼핑·관광·맛집 모두 놓칠 수 없다면** 오아후 집중
- **운전이 능숙하고 색다른 체험을 원한다면**
  오아후+빅 아일랜드
- **리조트에 콕 박혀 푹 쉬고 싶다면** 오아후

### 가족 여행

- **어린 아이가 있다면** 오아후 집중
- **초등학생 이상 아이와 자연 체험학습을 원한다면**
  오아후+빅 아일랜드
- **다양한 액티비티가 가능하고 일정이 넉넉하다면**
  오아후+빅 아일랜드
- **부모님과의 효도 여행이라면**
  여유롭게 오아후 or 오아후+빅 아일랜드

### 직장인 휴가 여행

- **서핑과 휴식, 쇼핑과 산책을 즐기고 싶다면**
  오아후 집중
- **럭셔리하고 여유로운 휴가를 원한다면**
  오아후 집중

STEP

# To do list 짜기

관광, 쇼핑, 액티비티, 느긋한 휴식과 산책… 이 모든 것이 가능한 곳이 바로 하와이다. 먼저 파트 1과 파트 2를 보며 관심이 가는 테마와 스폿을 정리하자. 하고 싶은 것, 먹고 싶은 것, 사고 싶은 것을 정하고, 여기서 추천하는 코스 큐레이션을 참고해 세부 동선을 계획하자.

 To do list

- 하고 싶은 것: 스노클링, 하이킹, ATV, 고래 보기
- 가고 싶은 곳: 할레이바 타운, 하나우마 베이, 호놀룰루 뮤지엄, 알라 모아나 쇼핑 센터
- 먹고 싶은 것: 포케, 아사이 볼, 햄버거, 갈릭 슈림프 플레이트, 코나 커피
- 사고 싶은 것: 코치 지갑, 하와이 화장품, 빅토리아 시크릿 속옷
- 선물 목록: 호놀룰루 쿠키, 꿀, 마카다미아 넛츠 초콜릿, 코나 커피

TIP

**일정 짤 때 팁**

❶ 일정은 욕심내서 촘촘하게 계획하고, 여행지에서 불필요한 일정을 하나씩 건너뛰면서 다니는 게 좋다. 꼭 가고 싶은 곳과 하고 싶은 것이 있다면 따로 표시해 두자.

❷ 투어를 예약할 경우 동선을 효율적으로 잘 배치하는 것이 좋다. 차를 렌트한다면 차가 필요한 일정을 몰아서 계획하는 게 효율적이다.

❸ 오아후 서쪽 해안선은 북쪽으로 연결되지 않고 끊겨 있다. 갔던 길을 다시 돌아 나와야 하므로, 서쪽과 북쪽을 하루에 다녀오는 건 무리이니 일정에 참고하자.

❹ 오아후와 이웃 섬을 돌아볼 경우 연결 항공편으로 바로 이웃 섬으로 건너간 다음 후반부에 오아후 일정을 넣자. 대부분 국제선이 이웃 섬까지 수하물 연결을 해주므로 가장 편하고 예산을 절약할 수 있는 방법이다.

STEP 03

# 취향에 맞춰 세부 동선 짜기

## 4박 6일 오아후 기본 코스

하와이가 처음이라면? 오아후의 매력을 두루두루 맛볼 수 있는 기본 코스가 정답!

### DAY 01

호놀룰루 국제공항 도착 P.303

와이키키 호텔 도착

점심 식사
▸▸ 하드락 카페 P.107

알라 모아나 센터 P.172 쇼핑

저녁 식사
▸▸ 마이 타이 바 P.102

### DAY 02

아침 식사
▸▸ 마루가메 우동 P.113
▸▸ KCC 파머스 마켓 P.131 (토요일)

다이아몬드 헤드 트레일 P.130 하이킹

점심 식사
▸▸ 보가츠 카페 P.139

이올라니 궁전 P.190 관람

저녁 식사
▸▸ 모쿠 키친 P.168

탄탈루스 드라이브 전망대 P.159 야경 감상

### DAY 03

아침 식사
▸▸ 레인보우 드라이브 인 P.134

돌 플랜테이션 P.245 방문

할레이바 타운 P.247 산책

라니아케아 비치 P.238

점심 식사
▸▸ 로미스 카후쿠 프론스 & 슈림프 P.251

와이켈레 프리미엄 아웃렛 P.258 쇼핑

저녁 식사
▸▸ 루스 크리스 스테이크 하우스 P.106

와이키키 저녁 산책

### DAY 04

아침 식사
▸▸ 스윗 이즈 카페 P.135

하나우마 베이 P.218 스노클링
/
와이마날로 베이 비치 파크 P.214 물놀이

점심 식사
▸▸ 테디스 비거 버거스 P.225

선셋 크루즈 P.046

저녁 식사
▸▸ 알로하 비어 컴퍼니 P.167

### DAY 05

아침 식사
▸▸ 카페 카일라 P.137

출국

## 5박 7일
# 아이와 함께하는 오아후 코스

아이가 물놀이를 좋아한다면 해변 일정을 늘리는 등 아이의 취향에 맞춰 일정을 조정하자.
비가 올 경우 박물관, 수족관, 무료 레이 만들기나 우쿨렐레 수업 등 실내 활동으로 변경하면 좋다.

▶▶ '아이들과 함께 가족여행' 참고 P.048

| DAY 01 | DAY 02 | DAY 03 | DAY 04 | DAY 05 | DAY 06 |
|---|---|---|---|---|---|
| 호놀룰루 국제공항 도착 P.303 | 아침 식사 ▶▶ 릴리하 베이커리 와이키키 P.110 | 아침 식사 ▶▶ 보가츠 카페 P.139 | 아침 식사 ▶▶ 무스비 카페 이야스미 P.113 | 아침 식사 ▶▶ 헤븐리 아일랜드 라이프스타일 P.109 | 아침 식사 ▶▶ 호놀룰루 커피 익스피리언스 센터 P.109 |
| 와이키키 호텔 도착 | 하나우마 베이 P.218 스노클링 | 마카푸우 전망대 P.221 풍경 감상 | 펄 하버 P.248 관람 | 와이키키 비치 P.094 / 호텔 수영장 물놀이 | 출국 |
| 점심 식사 ▶▶ 릴리하 베이커리 와이키키 P.110 | 점심 식사 ▶▶ 스프라우트 샌드위치 숍 P.141 | 쿠알로아 랜치 P.222 대자연 체험 | 점심 식사 ▶▶ 펄 하버 레스토랑 P.248 | 점심 식사 ▶▶ 하드락 카페 P.107 | |
| 월마트 P.180 쇼핑 | 휴식 | 점심 식사 ▶▶ 세븐 브라더스 P.250 | 와이켈레 프리미엄 아웃렛 P.258 쇼핑 | 비숍 박물관 P.198 관람 / 폴리네시안 컬처럴 센터 P.246 공연 감상 | |
| 저녁 식사 ▶▶ 토미 바하마 레스토랑 P.105 | 알라 모아나 센터 P.172 쇼핑 | 라니아케아 비치 P.238 해수욕 | 저녁 식사 ▶▶ 루스 크리스 스테이크 하우스 P.106 | 저녁 식사 ▶▶ 니코스 피어 38 P.204 | |
| | 저녁 식사 ▶▶ 마리포사 P.161 | 돌 플랜테이션 P.245 탐방 | | | |
| | | 저녁 식사 ▶▶ 야드 하우스 P.115 | | | |

## 5박 7일
# 오아후 쇼핑 코스

카카아코·차이나타운·카일루아 타운·할레이바 타운에는 세련되고 아기자기한 숍이 많고, 와이키키·알라 모아나·워드 센터에는 대형 쇼핑몰이 많다. 그외 아웃렛 매장도 많으니 가고 싶은 곳을 미리 체크해 두자.

### DAY 01

- 호놀룰루 국제공항 도착 P.303
- 와이키키 호텔 도착
- 점심 식사 ▸▸ 하드락 카페 P.107
- 칼라카우아 거리 구경
- 저녁 식사 ▸▸ 야드 하우스 P.115

### DAY 02

- 아침 식사 ▸▸ 아일랜드 빈티지 커피 P.108
- 와이키키 비치 P.094 서핑 / 선탠
- 점심 식사 ▸▸ 오아후 멕시칸 그릴 P.116
- 휴식
- 알라 모아나 센터 P.172 쇼핑
- 저녁 식사 ▸▸ 마리포사 P.161

### DAY 03

- 아침 식사 ▸▸ 코코 헤드 카페 P.141
- 카할라 몰 P.148 쇼핑
- 오아후 동쪽 해안선 드라이브 P.036
  - 마카푸우 포인트 ↓ 할로나 블로우홀
- 점심 식사 ▸▸ 오노 스테이크 앤 슈림프 쉑 P.227
- 카일루아 타운 쇼핑
- 저녁 식사 ▸▸ 푹 유엔 시푸드 레스토랑 P.171

### DAY 04

- 아침 식사 ▸▸ 모닝 글라스 커피 P.165
- 차이나타운 거리 산책
- 카카아코 그래피티 P.156 감상
- 점심 식사 ▸▸ 모쿠 키친 P.168
- 워드 빌리지
- 저녁 식사 ▸▸ 마우이 브루잉 컴퍼니 P.115

### DAY 05

- 아침 식사 ▸▸ 무스비 카페 이야스미 P.113
- 와이켈레 프리미엄 아웃렛 P.258 쇼핑
- 점심 식사 ▸▸ 로라 이모네 P.251
- 노스 쇼어 드라이브 P.036
  - 할레이바 타운 ↓ 라니아케아 비치 ↓ 선셋 비치 파크
- 저녁 식사 ▸▸ 스테이크 팜 P.105

### DAY 06

- 아침 식사 ▸▸ 마루가메 우동 P.113
- 출국

## 5박 7일
# 오아후 자연 코스

하와이는 여행 내내 자연만 즐겨도 좋다. 일상에서 받은 스트레스를 풀고 싶다면 하와이의 자연을 온몸으로 느껴 보자. 바다에서 멍하니 시간을 보내기도 하고 스노클링하며 물고기와 헤엄치기도 하고, 하이킹하며 만나는 멋진 풍경으로 답답한 속도 뻥 뚫어 보자.

### DAY 01

- 호놀룰루 국제공항 도착 P.303
- 코 올리나 호텔 도착
- 점심 식사 ▸▸ 멍키포드 키친 바이 메리먼 P.252
- 코 올리나 라군 P.241 휴식
- 저녁 식사 ▸▸ 미나스 피시 하우스 P.252

### DAY 02

- 아침 식사 ▸▸ 헬레나스 하와이안 푸드 P.203
- 와이키키 비치 P.094 휴식 / 쇼핑
- 점심 식사 ▸▸ 오코노미야키 치보 P.116
- 다이아몬드 헤드 트레일 P.130 하이킹
- 저녁 식사 ▸▸ 푹 유엔 시푸드 레스토랑 P.171

### DAY 03

- 아침 식사 ▸▸ 와이올리 키친 & 베이크숍 P.166
- 할로나 블로우홀 전망대 P.220 관광
- 라니카이 필박스 하이크 P.217 하이킹
- 점심 식사 ▸▸ 나루 헬스 바 & 카페 P.227
- 카일루아 비치 파크 P.215 물놀이
- 저녁 식사 ▸▸ 머드 헨 워터 P.141

### DAY 04

- 하와이안 일렉트릭 비치 파크 P.240 일광욕
- 아침 식사 ▸▸ 카후마나 오가닉 팜 앤 카페 P.253
- 마카하 비치 파크 P.242
- 카에나 포인트 주립 공원 P.242 트레킹
- 카 마카나 알리이 P.259 쇼핑
- 푸우 우아라카아 주립 공원 P.159 방문
- 저녁 식사 ▸▸ 사이드 스트리트 인 P.165

### DAY 05

- 아침 식사 ▸▸ 다이아몬드 헤드 마켓 & 그릴 P.138
- 할레이바 타운 P.247 산책
- 와이메아 밸리 P.244 트레킹
- 점심 식사 ▸▸ 지오반니 알로하 슈림프 P.251
- 쿠일리마 코브 P.239 스노클링
- 휴식
- 저녁 식사 ▸▸ 미나스 피시 하우스 P.252

### DAY 06

- 아침 식사 ▸▸ 니코스 피어 38 P.204
- 출국

## 6박 8일
# 빅 아일랜드+오아후 핵심 코스

**짧은 일정이지만 빅 아일랜드와 오아후를 모두 가고 싶은 여행자를 위해 제안하는 두 섬 모두 3박씩 맛보는 코스!**

빅 아일랜드는 하와이에서 가장 큰 섬으로 동쪽과 서쪽의 거리가 멀기 때문에 짧은 일정일 때는 동쪽인 힐로와 서쪽인 코나 중 한 곳을 선택해 코스를 짜는 게 좋다. 다음은 코나 일정을 기본으로 짠 코스다.

| DAY 01 | DAY 02 | DAY 03 | DAY 04 | DAY 05 | DAY 06 | DAY 07 |
|---|---|---|---|---|---|---|
| 호놀룰루 국제공항 환승 P.303 | 코나 커피 농장 P.271 투어 | 마니니오왈리 비치 P.276 물놀이 | 코나 공항에서 출발 P.285 | 아침 식사 ▸▸ 하우 트리 라나이 P.103 | 아침 식사 ▸▸ 아사히 그릴 P.170 | 아침 식사 ▸▸ 헤븐리 아일랜드 라이프스타일 P.109 |
| 빅 아일랜드 코나 공항 도착 P.268 | 점심 식사 ▸▸ 더 커피 쉑 P.272 | 점심 식사 ▸▸ 볼케이노 하우스 레스토랑 P.281 | 호놀룰루 국제공항 도착 | 하나우마 베이 P.218 스노클링 | 돌 플랜테이션 P.245 탐방 | 출국 |
| 점심 식사 ▸▸ 빅 아일랜드 그릴 P.269 | 푸우호누아 오 호나우나우 P.273 관광 | 하와이 화산 국립 공원 P.281 풍경 감상 | 와이키키 호텔 도착 | 점심 식사 ▸▸ 코코 헤드 카페 P.141 | 점심 식사 ▸▸ 로미스 카후크 프론스 & 슈림프 P.251 | |
| 호텔 체크인 | 푸날루우 블랙 샌드 비치 P.273 바다거북 만나기 | 저녁 식사 ▸▸ 하버 하우스 레스토랑 P.274 | 점심 식사 ▸▸ 사우스 쇼어 그릴 P.139 | 휴식 | 와이켈레 프리미엄 아웃렛 P.258 쇼핑 | |
| 마우나 케아 천문대 P.270 일몰·별 감상 | 저녁 식사 ▸▸ 코나 브루잉 컴퍼니 P.274 | | 오아후 동쪽 해안선 드라이브 P.036 | 카카아코 거리 P.156 산책 | 선셋 비치 파크 P.239 일몰 감상 | |
| | | | 저녁 식사 ▸▸ 푸드랜드 팜스 P.179 | 저녁 식사 ▸▸ 하우스 위다웃 어 키 P.102 | 저녁 식사 ▸▸ 럼파이어 P.103 | |

## 4박 6일
# 오아후 역사 & 문화 코스

항상 웃으며 마음의 여유를 가지고 살아가는 하와이 사람들! 그들의 삶이 녹아있는 예술 작품은 어떨까? 다음은 이들의 문화와 예술, 역사를 테마로 한 여행 코스다.

| DAY 01 | DAY 02 | DAY 03 | DAY 04 | DAY 05 |
|---|---|---|---|---|
| 호놀룰루 국제공항 도착 P.303 | 아침 식사<br>▶▶ 니코스 피어 38 P.204 | 아침 식사<br>▶▶ 토크 카이무키 P.140 | 아침 식사<br>▶▶ 모닝 브루 P.169 | 아침 식사<br>▶▶ 스윗 이즈 카페 P.135 |
| 와이키키 호텔 도착 | 차이나타운 거리 산책 | 오아후 동쪽 해안선 드라이브 P.036<br>마카푸우 포인트<br>↓<br>할로나 블로우홀 전망대 | 펄 하버 P.248 방문 | 출국 |
| 점심 식사<br>▶▶ 릴리하 베이커리 와이키키 P.110 | 점심 식사<br>▶▶ 더 피그 앤 더 레이디 P.201 | 점심 식사<br>▶▶ 세븐 브라더스 P.250 | 점심 식사<br>▶▶ 미나스 피시 하우스 P.252 | |
| 호놀룰루 미술관 P.194 전시 감상 | 비숍 박물관 P.198 역사 체험 | 폴리네시안 컬처럴 센터 P.246 공연 감상 | 할레이바 타운 P.247 구경 | |
| 저녁 식사<br>▶▶ 퀴오라 P.105 | 저녁 식사<br>▶▶ 헬레나스 하와이안 푸드 P.203 | 저녁 식사<br>▶▶ 폴리네시안 패키지 뷔페 P.246 | 저녁 식사<br>▶▶ 팰리스 사이민 P.203 | |

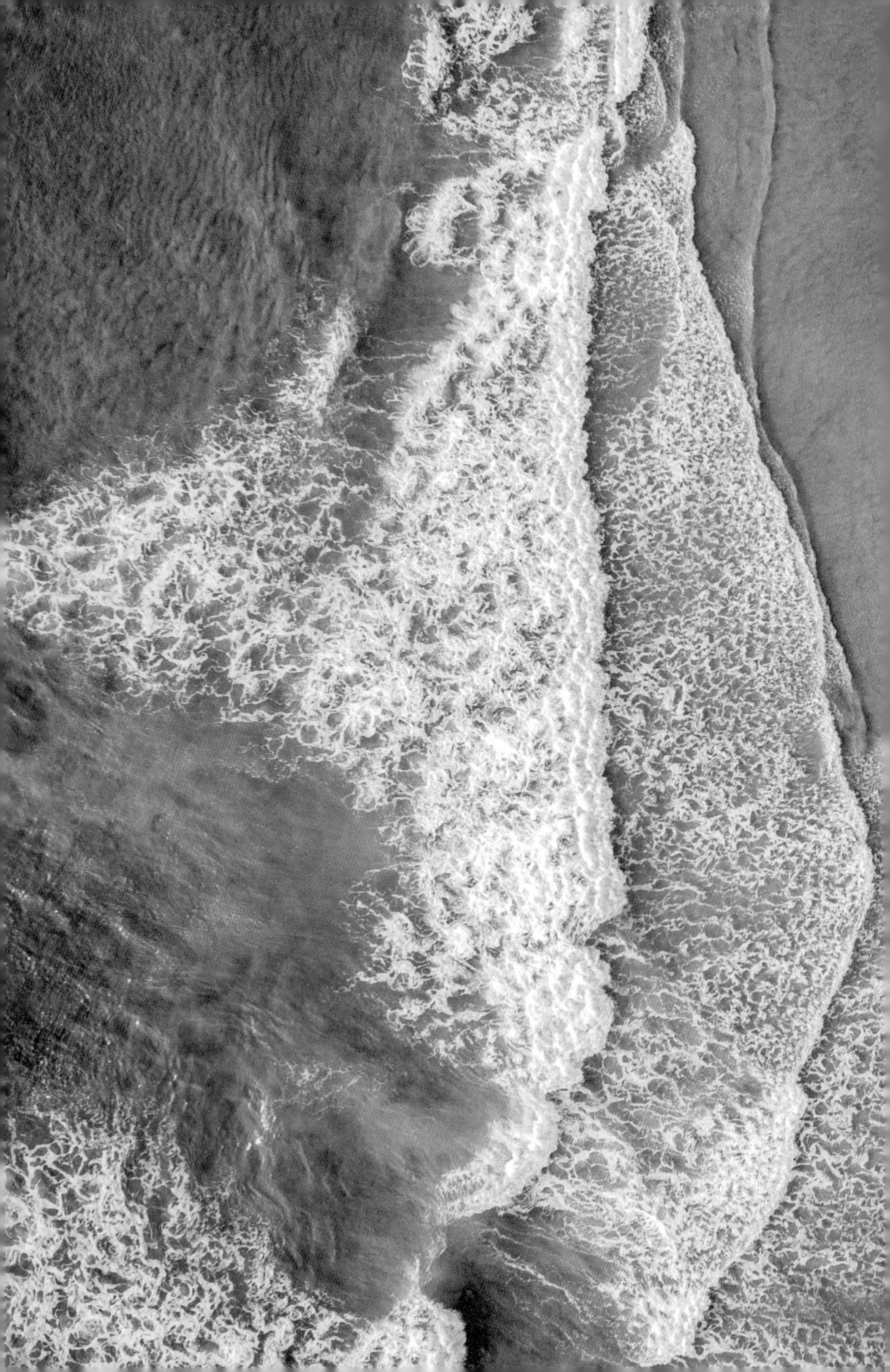

PART

# 03

# 진짜 오아후를 만나는 시간

HAWAII

와이키키
**BEST 4**

**01**
와이키키
비치에서 서핑

**02**
하와이 기념품
쇼핑

**03**
해변가 식당에서
일몰 감상

**04**
무료 훌라 쇼
즐기기

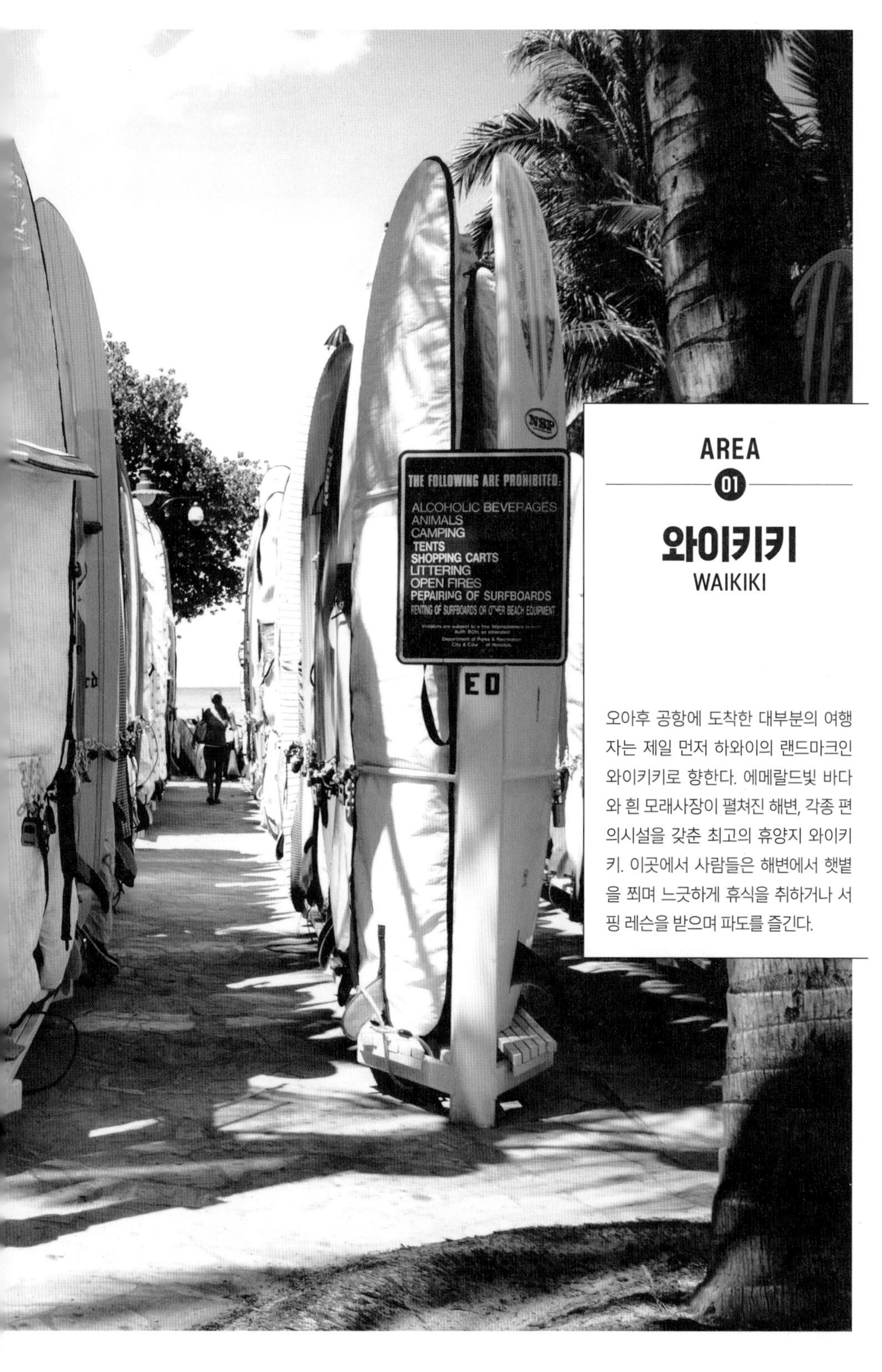


AREA

01

# 와이키키

WAIKIKI

오아후 공항에 도착한 대부분의 여행자는 제일 먼저 하와이의 랜드마크인 와이키키로 향한다. 에메랄드빛 바다와 흰 모래사장이 펼쳐진 해변, 각종 편의시설을 갖춘 최고의 휴양지 와이키키. 이곳에서 사람들은 해변에서 햇볕을 쬐며 느긋하게 휴식을 취하거나 서핑 레슨을 받으며 파도를 즐긴다.

# 와이키키
상세 지도

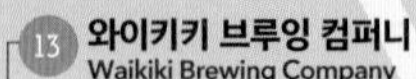

13 와이키키 브루잉 컴퍼니
Waikiki Brewing Company
16 호놀룰루 커피 익스피리언스 센터
Honolulu Coffee Experience Center
04 듀크 카하나모쿠 라군
Duke Kahanamoku Lagoon
Kalia Rd
퀴오라 08
Quiora
딘 & 델루카 18
Dean & Deluca
와이키키 불꽃놀이
Waikik Fireworks
토미 바하마 레스토랑 09
Tommy Bahama Restaurant
하드락 카페 12
Hard Rock Café
오코노미야키 치보 31
Okonomiyaki Chibo
스테이크 팜 10
Steak Farm
헨리스 플레이스 27
Henry's Place
29 야드 하우스
Yard House
미국 육군 박물관 03
U.S. Army Museum of Hawaii
루스 크리스 스테이크 하우스 11
Ruth's Chris Steak House
로열 하와이안 센터 02
Royal Hawaiian Center
스투시 호놀룰루 12
Stussy Honolulu
키라 앤 미피 19
Kira x Miffy
하우스 위다웃 어 키 01
House Without a Key
더 쿠키 코너 08
The Cookie Corner
럼파이어 03
Rumfire
매직 인 파라다이스 16
Magic in Paradise

0
100m
07 부호 코치나 이 칸티나
BUHO Cocina y Cantina
09 빅토리아 시크릿
Victoria's Secret
10 세포라
Sephora
11 88 티
88 Tees
17 해피 할레이바 와이키키
Happy Haleiwa Waikiki
헤븐리 아일랜드 라이프스타일
Heavenly Island Lifestyle
17
05 알라 와이 운하
Ala Wai Canal
04 노드스트롬 랙 와이키키 트레이드 센터
Nordstrom Rack Waikiki Trade Center
23 마루가메 우동
Marugame Udon
06
스카이 와이키키
Sky Waikiki
05 로스 드레스 포 레스
Ross Dress for Less
14 터키즈
Turquoise
01 인터내셔널 마켓 플레이스
International Market Place
06 와이키키 마켓
Waikiki Market
13 앤트로폴로지
Anthropology
19 릴리하 베이커리 와이키키
Liliha Bakery Waikiki
20 코나 커피 퍼베이어스
Kona Coffee Purveyors
21 미츠와 마켓플레이스
Mitsuwa Maketplace
07
호놀룰루 쿠키 컴퍼니
Honolulu Cookie Company
메이시스 03
Macy's
28 마우이 브루잉 컴퍼니
Maui Brewing Co.
15 코코네네
CocoNene
26
바난 볼스
Banán Bowls
02
마이 타이 바
Mai Tai Bar
Ala Wai Blvd
24 무스비 카페 이야스미
Musube Café Iyasume
22 마구로 스폿
Maguro Spot
와이키키 크리스마스 스토어 17
Waikiki Christmas Store
모니 모아나 18
Moni Moana
02 듀크 카하나모쿠 동상
Duke Kahanamoku Statue
14 아일랜드 빈티지 커피
Island Vintage Coffee
15 아일랜드 빈티지 와인 바
Island Vintage Wine Bar
25 아일랜드 빈티지 셰이브 아이스
Island Vintage Shave Ice
Kuhio Ave
Kalakana Ave
와이키키 비치 01
Waikiki Beach
30 오아후 멕시칸 그릴
Oahu Mexican Grill (OMG)
와이키키 아쿠아리움 07
Waikiki Aquarium
카피올라니 비치 파크 08
Kapiolani Beach Park
와이키키 아트페스트 09
Waikiki Artfest
미셸스 앳 더 콜로니 서프 04
Michel's at the Colony Surf
하우 트리 라나이 05
Hau Tree Lanai
Kapahulu Ave
06 호놀룰루 동물원
Honolulu Zoo

## 01 다양한 매력을 지닌 해변

### 와이키키 비치 Waikiki Beach

와이키키 비치는 약 3.2km에 걸쳐 활 모양으로 뻗어 있다. 보통 와이키키 비치로 통칭하지만, 실제로는 8개의 해변으로 이루어진 긴 해안이다.

아이와 함께 즐기기 좋은 한적한 해변

### 듀크 카하나모쿠 비치 Duke Kahanamoku Beach

닥터 비치(Dr. Beach)로 불리는 스티븐 레더먼 교수가 선정한 '2021년 미국 최고의 해변' 순위에서 6위를 차지한 해변. 파도가 잔잔하고 수심이 얕아 아이들이 놀기 좋으며 다른 해변에 비해 붐비지 않는다. 해변에서 조금 더 멀리 나가면 프로 서퍼들이 즐겨 찾는 서핑 스폿이 있다.

우리가 떠올리는 와이키키 비치의 정석

### 쿠히오 비치 Kuhio Beach

서핑 등 다양한 해양 스포츠 강의를 들을 수 있고, 저녁에는 훌라나 우쿨렐레 공연이 열린다. 듀크 카하나모쿠 동상 앞에서 기념사진을 찍거나, 일광욕과 서핑을 즐기는 사람들을 보며 해변을 걷는 재미도 쏠쏠하다. 해변 앞으로 제방이 있어 아이들도 안전하게 물놀이를 즐길 수 있다.

가장 에너지가 넘치는 곳

## 와이키키 월 Waikiki Wall

해변의 모래 유실을 방지하고 쿠히오 비치의 방파제 역할을 한다. 와이키키 월 끝으로 걸어가면 푸른 바다와 파란 하늘, 다이빙을 하며 즐겁게 노는 사람들을 볼 수 있다. 해 질 무렵에는 데이트하기 좋은 로맨틱한 장소로 바뀐다.

와이키키에서 가장 여유로운 해변

## 퀸즈 서프 비치 Queen's Surf Beach

한적하고 여유로운 해변을 찾는다면 이곳이 적격이다. 파도의 세기가 적당해 부기보드를 즐기기에도 최고다. 부표 라인 너머로 유명한 서핑 스폿이 있어 새벽부터 서핑 보드에 앉아 파도를 기다리는 서퍼들로 가득하다. 와이키키 월 왼편에 위치한다.

현지인처럼 물놀이와 바비큐를!

## 산스 소시 비치 Sans Souci Beach

해변의 가장 동쪽에 있어 관광객을 피해 피크닉을 즐기려는 현지인이 많다. 곳곳에 테이블이 마련돼 있고 바비큐와 물놀이를 함께 즐길 수 있어 아이를 동반한 가족에게 최고의 해변이다.

◆ **일몰 후에는 인적이 드물어 위험하다.**

**02** 서퍼들의 성지

## 듀크 카하나모쿠 동상 Duke Kahanamoku Statue

전설적인 서퍼이자 서핑의 아버지로 불리는 듀크 카하나모쿠의 동상이다. 와이키키의 랜드마크 중 하나로, 서퍼들에게는 성지와도 같고, 많은 사람들이 기념사진을 찍는 관광 명소이기도 하다.

듀크 카하나모쿠는 1890년 하와이에서 태어났으며, 올림픽에서 금메달 3개, 은메달 2개, 동메달 1개를 딴 올림픽 챔피언이다. 은퇴 후 하와이로 돌아와 서핑을 전 세계에 알리는 데 앞장섰다. 캘리포니아의 코로나 델 마르(Corona del Mar)에서 배가 전복된 것을 보고 자신의 서핑 보드로 8명을 구출한 영웅이기도 하다.

🚶 Kalakaua Ave 카피올라니 공원 방향. 와이키키 경찰서 옆 위치 📍 Kalakaua Ave, Honolulu

사람들이 듀크에 대한 존경의 마음으로 걸어둔 꽃목걸이(레이, lei)

**03** 번화한 와이키키에서 만나는 전쟁의 흔적

## 미국 육군 박물관 U.S. Army Museum of Hawaii

포트 드루시 비치 파크(Fort DeRussy Beach Park)에 위치해 있으며, 물가가 높은 하와이이기에 더욱 반가운 무료 박물관이다. 입장료는 무료지만 전시품이 허술하지는 않다. 제2차 세계대전 관련 전시품은 물론, 한국전쟁과 관련된 전시물도 볼 수 있다. 펄 하버(Pearl Harbor)에 들를 시간이 없다면 이곳을 잠깐 방문해보는 것도 좋다. 특히 건물 옥상에 있는 헬리콥터는 놓치지 말고 살펴보자.

🚶 Trump Int'l Hotel Waikiki 건너편 📍 2131 Kalia Rd, Honolulu 🕓 화~토 10:00~17:00 $ 무료(자율 기부 방식) 🅿 포트 드루시 주차장(Fort Derussy, $4/1시간, 1시간 이후 $3/1시간) 📞 808-438-2819 🏠 hiarmymuseumsoc.org

쿠히오 비치 훌라 쇼

훌라 카히코 앳 헬루모아

오 나 라니 선셋 스토리

쿠 하아헤오

REAL GUIDE

# 무료 훌라 쇼와 하와이 음악을 즐길 수 있는 곳

해 질 녘이면 듀크 카하나모쿠 동상 옆의 반얀 트리 아래에서 훌라 쇼를 감상할 수 있다. 이곳을 포함해 와이키키에서 무료 훌라 쇼를 볼 수 있는 장소가 몇 곳 있으니 근처를 지나가게 된다면 꼭 챙겨 보자.

## 쿠히오 비치 훌라 쇼 Kuhio Beach Hula Show

와이키키 비치의 큰 반얀 트리 아래 야외무대에서 펼쳐지는 정통 훌라 춤과 음악.

Kalakaua Ave 듀크 카하나모쿠 동상 옆 Kuhio Beach Hula Mound, Kalakaua Ave, Honolulu 화·토 18:30~19:30 kbhulashow.wixsite.com/official

## 훌라 카히코 앳 헬루모아 Hula Kahiko At Helumoa

와이키키 쇼핑의 중심 로열 하와이안 센터의 전통 훌라 쇼.

로열 하와이안 센터(Royal Hawaiian Center) B관과 C관 사이 1층 더 로열 그로브(The Royal Grove) 2201 Kalakaua Ave, Honolulu 토 17:30~18:30

## 오 나 라니 선셋 스토리 O Na Lani Sunset Stories

와이키키의 역사를 테마로 한 경쾌한 훌라 쇼.

인터내셔널 마켓 플레이스(International Market Place) 1층 퀸즈 코트(Queen's Court) 2330 Kalakaua Ave, Honolulu 9~2월 월·수·금 18:30~19:10(3~8월은 18:30~19:00) 1시간 무료, 이후 $2/1시간, 4시간부터 $3/30분 ($25 이상 구매 시)

## 쿠 하아헤오 Ku Ha'aheo

세련된 비치 워크에서 돗자리를 펴고 즐기는 하와이 음악과 훌라 쇼.

비치 워크(Beach Walk)의 플라자 스테이지(Plaza Stage) 227 Lewers St, Honolulu 화 16:30~18:00

## 04 어린이들이 놀기 좋은 잔잔한 인공 호수

## 듀크 카하나모쿠 라군 Duke Kahanamoku Lagoon

'힐튼 라군'이라는 별명을 가진 힐튼 하와이안 빌리지P.325의 상징과도 같은 호수. 하얀 백사장과 맑은 물이 일품이다. 파도가 없이 잔잔하기 때문에 스탠딩 패들이나 패들 요가 등 다양한 해양 액티비티를 즐기기에 좋고, 수심이 얕아 아이들이 놀기에도 좋다. 하루에도 여러 번 깨끗한 바닷물을 순환시켜 수질을 유지하고 있다.

힐튼 하와이안 빌리지 레인보우 타워(Rainbow Tower) 앞 Lagoon Beach, Honolulu Ⓟ 알라 모아나 볼스 주차장(Ala Moana Bowls Parking Lot, 무료), 알라 와이 스몰 보트 하버 다이아몬드 주차장(Ala Wai Small Boat Harbor Diamond Parking Lot, $1/1시간)

## 05 산책을 부르는 운하

## 알라 와이 운하 Ala Wai Canal

와이키키에서 1~3블록 떨어져 있는 운하. '알라 와이'는 하와이어로 '수로'라는 뜻으로, 습지였던 와이키키를 매립하기 위해 만들어 졌다. 이곳에는 산책로가 있어 주민들이 아침저녁으로 산책이나 조깅을 즐긴다.

**30분 산책 후 시원한 커피 한 잔!**
알라 와이 대로(Ala Wai Blvd) 동쪽 끝에서 산책로를 따라 걷다가 칼라카우아 거리(Kalakaua Ave)에서 우회전 후 직진하면 나오는 호놀룰루 커피 익스피리언스 센터P.109에서 커피 한 잔을 즐겨보자.

Kapahulu Ave+Opp Leahi Ave에서 하차해 Ala Wai Canal 동쪽 끝 Ala Wai Blvd, Honolulu Ⓟ 운하 도로변 주차(무료)

REAL GUIDE

# 금요일 밤을 화려하게 수놓는 **와이키키 불꽃놀이**

## Waikiki Fireworks

매주 금요일 저녁, 와이키키에서 불꽃놀이를 볼 수 있는 기회를 놓치지 말자. 힐튼 하와이안 빌리지P.325 앞 해변에서는 매주 금요일 저녁 7시 45분 부터 5분간 대규모 불꽃놀이를 진행한다. 아주 가까운 거리, 조금 떨어져 있는 조용한 곳, 바다 위 등 다양한 장소에서 불꽃놀이를 즐길 수 있다. 불꽃놀이는 어디서 보느냐에 따라 그 느낌이 완전히 다르니 취향에 맞는 장소를 미리 골라 두면 더욱 행복한 시간을 보낼 수 있다.

**❶ 힐튼 하와이안 빌리지의 레인보우 타워 앞 해변**P.325

불꽃놀이가 벌어지는 장소라 머리 위로 떨어질 듯 보이는 화려한 불꽃이 압권이다. 모래사장에 앉아서 보는 것도 좋지만 누워서 보면 느낌이 색다르다.

2005 Kalia Rd, Honolulu 19:45~19:50

**❷ 알라 모아나 비치 파크의 매직 아일랜드**P.154

일몰과 야경 모두 훌륭한 곳으로, 일몰을 보고 공원 산책을 즐기다 불꽃놀이를 감상하기 좋다. 늦은 시간엔 인적이 드무니 불꽃놀이가 끝나면 바로 돌아가자. 7월 4일 미국 독립 기념일엔 이곳에서 큰 규모의 불꽃놀이가 열린다.

**❸ 카피올라니 공원 부근 와이키키 월**P.095

방파제에 앉아 파도 소리를 들으며 하늘의 불꽃과 와이키키의 야경을 동시에 즐길 수 있다.

**❹ 맛있는 음식을 먹으며 불꽃놀이 구경**

리츠 칼튼 호텔 3층 퀴오라(Quiora)P.105, 인기 팬케이크 가게 시나몬즈 일리카이점(Cinna-mon's Ilikai)의 라나이 자리, 힐튼 하와이안 빌리지 옆 베어풋 바(Barefoot Bar)를 추천한다.

**❺ 배 위에서 보는 불꽃놀이**P.046

크루즈나 세일링 보트를 타고 바다에서 보는 불꽃놀이는 그야말로 환상적! 2~3주 전 예약은 필수!

## 06 하와이에서 유일한 동물원

# 호놀룰루 동물원 Honolulu Zoo

플라밍고(홍학), 기린, 코끼리, 호랑이 등의 동물들이 탁 트인 환경에서 뛰어 노는 동물원. 다양한 열대 조류와 하와이 토착새인 네네(Nene)도 볼 수 있다. 특히 큰 물고기가 돌아다니는 원형 수족관과 염소들을 직접 쓰다듬어 보는 페팅 주(Petting Zoo)는 아이들에게 인기가 많다.

Kalakaua Ave 동쪽 끝. 듀크 카하나모쿠 동상에서 도보 7분 151 Kapahulu Avenue, Honolulu 10:00~16:00(입장 15:00까지) $ 성인 $21, 3~12세 $13, 2세 이하 무료 P $1.50/1시간 808-971-7171 honoluluzoo.org

> **TIP**
>
> **트와일라잇 투어(Twilight Tour)**
>
> 해 질 무렵 2시간 동안 동물원을 둘러보는 투어. 동물의 행동과 습성, 멸종위기 동물을 보호하는 동물원의 역할에 대해 알아본다. 특히 낮동안 자고 있던 야행성 동물을 만나는 특별한 경험을 할 수 있다.

## 07 세계에서 가장 긴 이름의 물고기가 있는 곳

# 와이키키 아쿠아리움 Waikiki Aquarium

하와이 주변에 서식하는 다양한 열대어와 산호 등이 자리한 수족관. 특히 하와이를 대표하는 물고기이자 세계에서 가장 긴 이름을 가진 '후무후무누쿠누쿠아푸아아(Humuhumunukunukuapua'a)'를 직접 볼 수 있다. 한국의 대형 아쿠아리움에 비해 규모는 다소 작지만, 아이를 동반한 가족 여행객이 방문하기 좋다. 비오는 날이나 일정 잡기가 마땅치 않을 때 한 번쯤 들러보길 추천한다.

Kalakaua Ave 동쪽 끝. 듀크 카하나모쿠 동상에서 도보 7분 2777 Kalakaua Ave, Honolulu 09:00~17:00(입장 16:30까지) $ 성인 $12, 65세 이상 & 4~12세 $5, 3세 이하 무료 P 2시간 무료 808-923-9741 waikikiaquarium.org

수족관의 조명은 인공조명이 아닌 자연광

08 해변과 맞닿은 공원

## 카피올라니 비치 파크 Kapiolani Beach Park

와이키키의 동쪽 끝에 위치한 공원으로, 시끌벅적한 와이키키와 달리 여유롭다. 해변과 맞닿아 있을 뿐 아니라 호놀룰루 동물원과 와이키키 아쿠아리움, 무료 테니스 코트, 축구장, 조깅 코스 등이 자리하고 있어 현지인들의 휴식처로 사랑받는다. 울창한 나무와 넓은 잔디밭, 야외 테이블 등의 시설이 잘 마련돼 주말이면 다양한 축제와 바비큐 파티를 즐기는 사람들로 붐빈다. 늦은 밤에는 노숙자나 취객이 많으니 인적 드문 곳으로는 들어가지 말자.

듀크 카하나모쿠 동상을 지나 Kalakaua Ave 동쪽 끝 왼쪽 3840 Paki Ave, Honolulu
05:00~24:00 호놀룰루 동물원 주차장($1.50/1시간) 808-768-4623

09 현지 예술가들의 수공예품 장터

## 와이키키 아트페스트 Waikiki Artfest

카피올라니 비치 파크에서 열리는 지역 예술가들의 행사. 70여 명의 작가들이 자신이 직접 만든 예술 작품과 공예품, 옷, 액세서리, 비누 등을 판매한다. 똑같이 찍어낸 공산품이 아닌 현지 예술가의 수공예품은 특별한 기념품으로 안성맞춤이다.

호놀룰루 동물원 부근 2760 Monsarrat Ave, Honolulu 토·일 09:00~16:00(한달에 두 번 열리며 자세한 일정은 사이트 참고) 호놀룰루 동물원 주차장($1.50/1시간)
facebook.com/HAAHawaii

수공예 액세서리

하와이 느낌의 비누받침

하와이 향을 담은 비누

## 01 해변, 훌라, 노을, 칵테일의 조화

### 하우스 위다웃 어 키 House Without a Key

5성급 호텔인 호텔 할레쿨라니(Hotel Halekulani)의 레스토랑이라 문턱이 높아 보이지만, 특별한 드레스 코드 없이 캐주얼한 복장으로 들를 수 있다. 아침부터 점심, 저녁 식사까지 항상 따뜻하게 손님을 맞이한다. 그중에서도 전 미스 하와이의 훌라 춤을 보며 칵테일을 즐길 수 있는 칵테일 타임에 방문해 보자. 바다를 배경으로 펼쳐지는 훌라 춤과 라이브 공연을 감상할 수 있다.

마이 타이(Mai Tai) $22, 할레쿠라니 특선 스팀드 오나가(Halekulani Signature Steamed Onaga) $48, 콥 샐러드(Cobb Salad) $25 호텔 할레쿠라니 1층 2199 Kalia Rd, Honolulu 07:00~10:30, 11:30~16:30, 17:00~21:00 4시간 무료(식사 시) 808-923-2311 halekulani.com

청경채, 표고버섯, 파, 파슬리를 곁들인 할레쿨라니 특선 생선요리

17:00~20:00 라이브 공연 중 훌라 무대는 18:00~20:00

## 02 핑크 팰리스에서 즐기는 우아한 분위기

### 마이 타이 바 Mai Tai Bar

세계적으로 유명한 마이 타이 바. 50년 이상 세계 각국의 정상, 할리우드 스타 등 유명 인사들이 방문한 인기 있는 곳으로, 마우이와 카우아이에서 제조한 보드카 및 럼, 그리고 현지 과일을 사용한 하와이 칵테일을 즐길 수 있다. 거기에 뮤지션의 라이브 공연이 더해져 어디에서도 경험할 수 없는 편안한 휴식을 제공한다. 라이브 공연 시간은 오후 6시부터 10시까지이다.

로열 하와이안 마이 타이(Royal Hawaiianl Mai Tai) $21 로열 하와이안 호텔(Royal Hawaiian Hotel) 1층 2259 Kalakaua Ave, Honolulu 11:00~23:00 로열 하와이안 호텔($25 이상 식사 시 4시간 무료) 808-923-7311 royal-hawaiian.com

1953년 탄생한 오리지널 마이 타이

마우이 골든 파인애플로 만든 로열 파인애플

## 03 실내도 야외 자리도 모두 오션 뷰

### 럼파이어 Rumfire

쉐라톤 와이키키(Sheraton Waikiki)에 위치해 있으며, 와이키키 비치와 다이아몬드 헤드를 동시에 볼 수 있는 곳이다. 가게 이름처럼 럼을 베이스로 한 칵테일이 인기다. 빈티지 럼, 프리미엄 럼 등 종류만 100가지에 달해 다양한 풍미의 럼을 맛볼 수 있다. 가볍게 먹을 수 있는 안주인 푸푸(Pupu)와 아히 포케(Ahi Poke) 등 음식도 다양하다.

◆ 와이키키 최고 야경 명소 중 하나. 특히 오후 06:00~09:00(월~목), 오후 04:30~07:30 & 08:00~10:30(금~일) 라이브 공연과 함께하는 야경은 로맨틱한 분위기로 가득하다.

럼파이어 시그니처 마이 타이(Rumfire Signature Mai Tai) $19, 하파 포케 나초(Hapa Poke Nachos) $29, 살짝 볶은 에다마메(Flash Fried Edamame) $14 쉐라톤 와이키키 1층 2255 Kalakaua Ave, Honolulu 16:15~23:00 쉐라톤 와이키키($25 이상 식사 시 4시간 무료) 808-922-4422 rumfirewaikiki.com

음식 없이 칵테일만 즐겨도 굿!
블루 하와이안 & 마이 타이

## 04 바다가 보이는 로맨틱 레스토랑

### 미셸스 앳 더 콜로니 서프 Michel's at the Colony Surf

바다가 한눈에 보이는 프렌치 파인 다이닝. 1962년 오픈 후 지금까지도 하와이에서 가장 아름다운 전망을 가진 레스토랑으로 사랑받고 있다. 2022년 할레 아이나 어워드에서 '가장 로맨틱한 장소' 1위를 차지할 만큼 풍경이 낭만적인 곳이다. 시그니처 메뉴 5가지를 즐길 수 있는 테이스팅 메뉴를 먹으며 석양을 즐기는 것을 추천한다.

테이스팅 메뉴(Tasting Menu) $130 와이키키 아쿠아리움에서 도보 5분 2895 Kalakaua Ave Honolulu 17:00~21:00 무료 808-923-6552 michelshawaii.com

## 05 와이키키 비치에서의 아침

### 하우 트리 라나이 Hau Tree Lanai

100년 이상 된 하우 트리 아래에서 바다를 바라보며 식사를 즐기다 보면, 파도 소리가 고즈넉한 분위기에 활기를 더한다. 이른 아침부터 에그 베네딕트를 먹으러 오는 사람들로 매우 붐비니 예약하고 방문하는 게 좋다.

하우 트리 에그 베네딕트(Hau Tree Egg Benedict) $28, 카이마나 치즈버거(Kaimana Cheeseburger) $27 와이키키 아쿠아리움에서 동쪽으로 도보 2분 2863 Kalakaua Ave, Honolulu 08:00~13:30, 17:00~21:00 카이마나 비치 호텔($5/3시간, 레스토랑 확인증 필요) 808-921-7066 kaimana.com/hautreelanai

## 06 와이키키에서 가장 높은 루프톱

### 스카이 와이키키 Sky Waikiki

와이키키에서 가장 높은 빌딩의 꼭대기 층에 위치한 레스토랑. 테라스에서 상쾌한 공기를 마시며 넓은 바다와 다이아몬드 헤드, 빌딩들을 내려다볼 수 있다. 일몰 전 방문해 에메랄드빛 바다를 구경하다가 일몰과 야경을 모두 감상해 보자.

◆ 매주 금·토요일 밤 9시부터 새벽 2시까지 나이트클럽으로 변신한다. 별 아래에서 하와이 최고 DJ의 음악에 맞춰 밤새 춤을 출 수 있다. 신분증을 꼭 지참하자.

아이시 마이 타이(Icy Mai Tai) $16, 코코넛 걸(Coconut Girl) $16, 하와이언 아히 포케(Hawaiian Ahi Poke) $19 로열 하와이안 센터 애플 매장 건너편 2270 Kalakaua Ave, Honolulu 16:00~22:00(나이트클럽 금·토 21:00~02:00) Ⓗ 16:00~17:00 Ⓟ 와이키키 비즈니스 플라자, 와이키키 쇼핑 플라자(무료, 레스토랑 확인증 필요) 808-979-7590 skywaikiki.com

## 07 하와이의 작은 멕시코

### 부호 코치나 이 칸티나 BUHO Cocina y Cantina

와이키키 중심부에 위치한 멕시칸 레스토랑. 바(실내, 야외), 테라스, VIP 좌석 등 총 250~300석을 갖춘 넓은 공간이다. 세비체, 타코, 나초 등 술에 곁들이기 좋은 메뉴가 풍성하고, 멕시코 칵테일인 마가리타의 종류도 다양하다. 식사 외에 술 한잔하기에도 좋아 파티 장소로도 인기가 많다. 금요일 저녁 야외 좌석에서는 불꽃놀이를 감상할 수 있다.

홈메이드 칩스 앤 과카몰리, 카우아이 슈림프 세비체, 피카디요 타코, 하우스 마가리타

마가리타(Magarita) $16, 슈림프 세비체(Shrimp Ceviche) $15, 프레시 과카몰리(Fresh Guacamole) $16 와이키키 쇼핑 플라자 5층 Waikiki Shopping Plaza, 2250 Kalakaua Ave #525, Honolulu 16:00~01:00 Ⓗ 월·수·일 16:00~24:00, 화·목·금·토 16:00~02:00, 타코 투즈데이(화요일마다 타코 $3.50) Ⓟ $3/30분, $15/10시간(06:30 ~24:00) 808-922-2846 facebook.com/buhocantina

## 08 전망이 환상적인 이탈리안 레스토랑

### 퀴오라 Quiora

럭셔리 호텔인 리츠 칼튼 레지던스 3층에 있는 캐주얼 이탈리안 레스토랑이다. 와이키키 거리와 푸른 태평양이 한눈에 내려다 보이는 오픈 에어 레스토랑으로, 테라스 석에서 환상적인 석양을 보며 우아하게 저녁을 즐길 수 있다. 제철 재료를 사용한 홈메이드 파스타부터 샌드위치, 스테이크, 신선한 해산물 요리 등이 준비되어 있다. 음식에 맞게 와인 페어링이 가능하고, 또한 맛있기로 유명하다.

◆ 금요일 밤 불꽃놀이를 보며 식사를 하고 싶다면 예약은 필수!

"Here & Now" 버거("Here & Now" Burger) $30, 브런치 스페셜(Brunch Special/스타터+메인+디저트) $33 리츠 칼튼 레지던스 8층 383 Kalaimoku St, Honolulu 11:30~15:30, 17:30~21:00 808-729-9757 quiorawaikiki.com

## 09 모래 위 소파에서 맛보는 음식

### 토미 바하마 레스토랑 Tommy Bahama Restaurant

1층 옷가게를 통해 위층으로 올라가면 레스토랑이 나온다. 3층 루프톱에는 바와 라운지가 있는데, 발 아래로 모래가 깔려있어 마치 해변에 온 듯한 느낌이 든다. 이곳은 육즙이 풍부한 포크 립 등 메인 요리로 유명하지만 파인애플 크림 브륄레 등 달콤한 디저트도 인기가 많다. 알레르기가 있다면 직원에게 미리 말해 두자. 해당 음식을 피하도록 배려해 준다.

아히 튜나 타코, 파인애플 크림 브륄레

코나 커피 크러스타드 립아이(Kona Coffee Crustard Ripeye) $58, 파인애플 크림 브륄레(Pineapple Creme Brulee) $13 Kalakaua Ave에서 비치 워크(Beach Walk) 가는 초입 298 Beach Walk, Honolulu 14:00~21:00 H 14:00~17:00 P 맞은편 뱅크 오브 하와이 주차장($7/4시간, 현금) 808-923-8785

## 10 가성비 최고 스테이크 맛집

### 스테이크 팜 Steak Farm

부드럽고 육즙이 가득한 스테이크를 저렴하게 먹을 수 있는 곳. 7.5~14온스로 고기의 양을 선택할 수 있고 버섯이나 양파 등 토핑도 곁들일 수 있다. 굽기 정도를 얘기하면 주문과 동시에 철판에서 구워준다. 유기농 샐러드도 함께 제공되고, 소고기 스테이크 외에도 메뉴가 다양하다. 식사할 자리가 협소하니 포장해서 호텔이나 해변에서 먹어도 좋다.

시그니처 플레이트(Signature Plate) $15, 스테이크 x 치킨 콤보(Steak x Chicken Combo) $17 비치워크 할레쿨라니 호텔 부근 260 Beach Walk #101, Honolulu 월·화·목 10:30~20:00, 금·토 11:00~20:00 P 불가 808-888-0989 instagram.com/steakfarmwaikiki

## 루스 크리스 스테이크 하우스 Ruth's Chris Steak House

와이키키에서 정통 스테이크를 즐길 수 있는 식당. 전 세계에 걸쳐 80여 개 이상의 지점이 있는 스테이크 하우스다. 이곳에서는 미국농무부(USDA)가 인증한 최고급 프리미엄 소고기를 독자적인 기법으로 숙성시켜 사용한다. 두껍게 썬 고기를 자체 개발한 오븐에서 약 980도로 구워 입안에서 사르르 녹는다. 하와이 근해에서 잡은 어패류를 사용한 해산물 요리 또한 일품이다. 오후 4시 반부터 6시 사이에는 한정으로 수프 또는 샐러드와 메인요리, 그리고 디저트를 비교적 저렴하게 맛볼 수 있는 프라임 타임 세트 메뉴를 판매한다.

포터하우스 스테이크(Porterhouse Steak) $144(2인), 크림 스피내치(Creamed Spinach) $17, 구운 새우(Barbecued Shrimp) $39 비치 워크 2층
226 Lewers St, Waikiki Beach Walk 월~목 16:00~22:00, 금~토 16:00~22:30, 일 16:00~21:00
H 16:00~19:00(바에서만 가능) P 엠버시 스위트 바이 힐튼 와이키키 비치 워크(발렛 파킹 $6/4시간, 레스토랑 확인증 필요) 808-440-7910
ruthschris.com/waikiki

한국어로 친절하게 설명된 메뉴

분위기 있는 실내도 굿!

**TIP**

### 스테이크 주문 시 알아두면 좋은 팁

**대표 스테이크 부위**

❶ 필레(Filet), 필레미뇽(Filet Mignon): 안심
❷ 뉴욕 스트립(New York Strip): 채끝
❸ 티본(T-Bone): 뼈를 사이에 둔 안심과 등심
❹ 포터하우스(Porterhouse): 티본에서 안심이 크게 붙은 부위
❺ 립 아이(Rib Eye): 꽃등심 ❻ 립(Rib): 갈비

**굽기 정도**

**A.** How would you like your steak?(스테이크는 어떻게 해드릴까요?)
**B.** Medium rare, please.(미디엄 레어로 주세요.)
※ Well done(완전히 익혀서), Medium well done(중간보다 조금 더 익혀서), Medium(중간 정도 익혀서), Medium rare(중간보다 덜 익혀서), Rare(덜 익혀서)

## 12 락 음악을 테마로 한 즐겁고 신나는 레스토랑

### 하드락 카페 Hard Rock Cafe

전 세계에 180여 개 매장이 있고 마니아도 많은 레스토랑이다. 매장마다 개성 넘치는 인테리어를 자랑한다. 하와이 지점의 천장에는 실제 뮤지션들이 사용했던 200개 이상의 기타가 빽빽하게 장식돼 있다. 인테리어만큼이나 음식도 훌륭한데, 미국의 맛집 가이드 '레스토랑 구루'가 선정한 '2020년 베스트 버거'에도 이름을 올렸다.

어린이를 위한 무료 컬러링 세트

오리지널 레전더리 버거(Original Legendary Burger) $19.99, 카우보이 립 아이(Cowboy Rib Eye) $40.99, 어니언 링 타워(Onion Ring Tower) $8.99, 캘리포니아 스타일 콥 샐러드(California-Style Cobb) $16.95, 딸기 바질 레모네이드(Strawberry Basil lemonade) $6.99 Kalakaua Ave에서 비치 워크 가는 길 초입 280 Beach Walk, Honolulu 일~목 08:00~22:00, 금·토 08:00~23:00 맞은편 뱅크 오브 하와이 주차장($7/4시간, 현금, 레스토랑 확인증 필요) 808-955-7383 hardrock.com

## 13 브루어리 레스토랑의 선구자

### 와이키키 브루잉 컴퍼니 Waikiki Brewing Company

브루어리(양조장) 겸 레스토랑의 붐을 일으킨 선구적인 존재. 펍 안으로 들어가면 맥주 탱크가 줄지어 서 있다. 다른 브루어리 레스토랑에 비해 관광객이 접근하기 좋다는 게 가장 큰 장점! 이곳은 미국 본토에서 크래프트 맥주 붐이 일어나기 전부터 IPA 맥주를 개발, 판매한 곳이다. 그만큼 완성도 높은 맥주를 맛볼 수 있다는 뜻! 맥주 외에도 햄버거, 피자 등도 맛있기로 유명하다.

스키니 진 비어(Skinny Jean beer) $7.50, BBQ 베이컨 치즈 버거(BBQ Bacon Cheeseburger) $21 힐튼 하와이안 빌리지에서 도보 5분 1945 Kalakaua Ave, Honolulu 월~목 10:30~23:00, 금·토 09:00~24:00, 일 08:00~23:00 15:00~17:00, 21:00~마감시간 불가 808-946-6590 waikikibrewing.com

브렉퍼스트 플레이트(Breakfast Plate),
스파이시 아히 포케볼(Spicy Ahi Poke Bowl),
그릴드 치킨 시저 샐러드(Grilled Chicken Caesar Salad)

14 커피 전문점이자 맛집

## 아일랜드 빈티지 커피 Island Vintage Coffee

하와이 커피의 대명사인 코나 커피를 제대로 맛볼 수 있는 곳. 빅 아일랜드에서 자란 최고 품질의 원두를 필요한 양만큼 그때그때 로스팅해 제공하기 때문에 언제나 신선하다. 코코넛이 들어간 아일랜드 라떼도 도전해 보자. 이곳의 아사이 볼은 커피만큼이나 유명하다. 식사 메뉴도 인기가 많다. 현지에서 만든 포르투갈 소시지에 달걀 프라이, 구운 아스파라거스, 파파야가 한 접시에 담긴 아일랜드 플레이트(Island Plate)와 신선한 하와이 참치로 만든 포케 볼(Poke Bowl) 등이 맛있다.

아사이 볼 먹으러 이곳을 찾는 사람도 꽤 많다.

◆ 코나 커피, 꿀, 그래놀라, 컵, 텀블러 등 기념품도 구입할 수 있다.

✕ 100% 코나 커피(Kona Coffee) $6.95, 아사이 볼(Acai Bowl) $15.95, 스파이시 포케 볼(Spicy Poke Bowl) $22.95 🚶 로열 하와이안 센터(Royal Hawaiian Center) B와 C동 사이 2층 📍 2301 Kalakaua Ave #C215, Honolulu 🕒 06:00~22:00 🅟 1시간 무료, 2·3시간째 $2/1시간 이후 $2/20분 ($10 이상 구매 시) 📞 808-926-5662
🏠 islandvintagecoffee.com

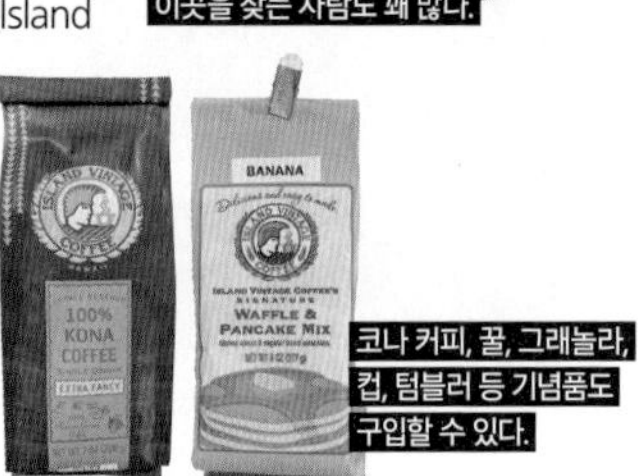


코나 커피, 꿀, 그래놀라, 컵, 텀블러 등 기념품도 구입할 수 있다.

15 오픈에어 공간의 캐주얼 와인 바

## 아일랜드 빈티지 와인 바 Island Vintage Wine Bar

이곳은 바로 옆의 아일랜드 빈티지 커피의 레스토랑이자 바이다. 큰 통창이 있어 로열 하와이안 호텔 정원의 나무와 새소리를 들으며 식사를 즐길 수 있다. 가장 큰 장점은 긴 웨이팅으로 유명한 아일랜드 빈티지 커피에서 판매하는 메뉴를 이곳에서 편하게 주문할 수 있다는 것! 또한 와인 바라는 이름처럼, 와인과 맥주의 종류도 다양하다.

✕ 에그 베네딕트(Eggs Benedict) $21.95, 글라스 와인 $10~25
🚶 로열 하와이안 센터 2층 📍 2301 Kalākaua Ave, Honolulu
🕒 07:00~22:00 🅟 1시간 무료, 2·3시간째 $2/1시간 이후 $2/20분 ($10 이상 구매 시) 📞 808-799-9463
🏠 islandvintagewinebar.com

## 16 가장 신선하고 맛있는 커피

### 호놀룰루 커피 익스피리언스 센터 Honolulu Coffee Experience Center

관광객으로 붐비는 와이키키를 살짝 벗어나 한적한 곳에 자리한 카페. 천장이 높은 돔 형식으로 된 실내 중앙에는 커다란 커피 로스팅 기계가 있어 언제나 진한 커피 향이 실내를 가득 채운다. 커피 외에 팬케이크나 샌드위치, 토스트 등 간단한 식사 메뉴도 있어 커피와 함께 브런치를 즐기기에 좋다. 매장 내에 베이커리가 있어 신선한 빵을 함께 맛볼 수도 있다. 아메리카노도 맛있는 곳이지만 라떼가 더 유명하니 참고하자.

라떼(Latte) $6.05, 하우스 버터밀크 팬케이크(House Butter Milk Pancake) $13.75 알라 와이 운하 부근
1800 Kalakaua Ave, Honolulu
06:30~16:30 P 무료
808-202-2562
honolulucoffee.com

## 17 세련된 유기농 건강식 브런치

### 헤븐리 아일랜드 라이프스타일 Heavenly Island Lifestyle

유기농 건강식을 콘셉트로 하와이와 아시아 요리를 선보인다. 이곳의 시그니처 메뉴인 에그 베네딕트 외에도 100% 하와이산 소고기 패티와 10가지 곡물이 들어간 잡곡밥이 어우러진 헤븐리 스타일의 로코 모코, 시원하고 매콤한 탄탄포도 인기가 많다.

로코 모코(Loco Moco) $23, 로컬 에그 베네딕트(Local Eggs Benedict) $24 342 Seaside Ave, Honolulu 07:00~14:00, 16:00~21:00 H 16:00~18:00 P 하얏트 센트릭 호텔($30 이상 결제 시 할인, 레스토랑 확인증 필요) 808-923-1100 heavenly-waikiki.com

## 18 하와이에서 만난 뉴욕의 아이콘

### 딘 & 델루카 Dean & Deluca

뉴욕 스타일 음식과 간편한 델리 음식을 맛볼 수 있는 곳이다. 잼이나 커피 등 하와이산 식료품과 딘 앤 델루카의 로고가 박힌 감각 있는 기념품도 구입할 수 있다. 계단을 따라 2층으로 올라가면, 와인 바도 있으니 브런치를 먹으며 와인 한잔 해보는 건 어떨까.

코나 커피(Kona Coffee) $4.95, 치킨 베이글 샌드위치(Chicken Bagel Sandwich) $11.95 리츠칼튼 와이키키 1층 383 Kalaimoku St, 1F, Honolulu 07:00~17:00(2층 10:00~14:00) H 15:00~17:00 (일부 와인과 치즈, 살라미 등) P 1시간 무료(구매 확인증 필요) 808-729-9720 deandeluca-hawaii.com

## 19 현지인에게 인기인 곳

### 릴리하 베이커리 와이키키 Liliha Bakery Waikiki

1950년 오픈 이래 현지인은 물론이고 여행자들에게도 꾸준히 사랑받는 곳이다. 빵과 케이크를 판매하고 식사도 가능한 베이커리 겸 다이닝 레스토랑이다. 바삭한 퍼프 속에 고소하고 달콤한 초콜릿 크림이 들어간 코코 퍼프(초콜릿 크림 퍼프), 겉은 바삭하고 속은 부드러운 버터 롤, 육즙 가득한 함박 스테이크가 매력적인 로코 모코 등이 인기이다. 그 외에도 대부분 맛있어서 어떤 걸 주문해도 후회하지 않는다.

코코 퍼프(Coco Puff) $2.99, 버터 롤(Butter Roll) $2.50, 로코 모코(Loco Moco) $19.50 인터내셔널 마켓 플레이스 3층 2330 Kalakaua Ave #326, Honolulu 07:00~22:00 1시간 무료, 2~4시간째 $2/1시간, 이후 $3/30분($25 이상 구매 시) 808-922-2488 lilihabakery.com

버터 롤과 다양한 퍼프

## 20 고집스런 오너의 코나 커피

### 코나 커피 퍼베이어스 Kona Coffee Purveyors

하와이산 코나 커피와 샌프란시스코의 인기 빵을 함께 즐길 수 있는 곳. 커피 원두는 하와이에서 커피 장인으로 이름난 고집스러운 오너가 직접 로스팅하고, 여러 농장이 아닌 한 농장의 원두를 사용한다. 또한 샌프란시스코의 인기 페스트리 숍 비 파티세리(B. Patisserie)의 레시피로 만든 빵과 과자도 있다. 시그니처 메뉴는 퀸 아망과 크루아상.

핸드드립 커피(Filtered Coffee) $5, 퀸 아망(Kouign Amann) $6.75 인터내셔널 마켓 플레이스 1층 2330 Kalakaua Ave #160, Honolulu 07:00~16:00 1시간 무료, 2~4시간째 $2/1시간, 이후 $3/30분 ($25 이상 구매 시) 808-450-2364 konacoffeepurveyors.com

## 21 일본계 슈퍼마켓

### 미츠와 마켓플레이스 Mitsuwa Marketplace

인터내셔널 마켓 플레이스 2층에 위치한 미국 최대의 일본계 슈퍼마켓. 미국 본토의 체인점에 비해 규모는 작지만 일본 식재료뿐만 아니라, 도시락, 덮밥, 생선구이, 초밥, 반찬 등 다양한 음식도 선보이는데 가격마저 착하다. 돈가스 덮밥이 $6.99, 생선구이 도시락은 $10를 넘지 않는다. 가격은 착하지만 맛은 일반 레스토랑에 뒤지지 않는다.

◆ 선물하기 좋은 메이드 인 하와이 제품도 준비돼 있다.

인터내셔널 마켓 플레이스(International Market Place) 2층 2330 Kalakaua Ave #250, Honolulu 10:00~21:00 1시간 무료, 2~4시간째 $2/1시간, 이후 $3/30분($25 이상 구매 시) 808-489-9020 mitsuwa.com/hw

REAL GUIDE

# 찾았다! 맛있고 저렴한 곳,
# 와이키키 푸드 코트

하와이는 미국에서 뉴욕 다음으로 물가가 비싸기로 유명하다.
음식값도 예외는 아니다. 물가 비싼 와이키키에서 부담 없이 먹을 수 있는 곳,
바로 푸드 코트! 와이키키에서 가장 대표적인 푸드 코트 5곳을 소개한다.

## 파이나 라나이 푸드 코트 Paina Lanai Food Court

와이키키 가장 중심부인 로열 하와이안 센터 2층에 위치해 있으며, 아이들에게 인기 폭발인 샤카 모양의 아이스크림을 파는 코코로 카페(Kokoro Cafe), 스테이크 플레이트 등을 판매하는 챔피언스(Champion's), 인기 중식 체인인 판다 익스프레스(Panda Express), 햄버거 맛집 마할로하 버거(Mahaloha Burger) 등 11개의 매장이 있다.

🚶 로열 하와이안 센터 빌딩B 2층 📍 2201 Kalakaua Ave Honolulu 🕙 10:00~21:00

## 와이키키 푸드 홀 컴퍼니 Waikiki Food Hall Co.

캐치 오브 하와이를 테마로 한 푸드 코트. 로열 하와이안 센터 C동 3층에 있으며, 하와이 로컬 맥주와 칵테일, 음료를 판매하는 탭 바(TAP BAR)와 하와이의 대표 음식 갈릭 슈림프를 판매하는 파이브 스타 슈림프(Five Star Shrimp), 파머스 마켓에서 이미 많은 팬을 가지고 있는 호놀룰루 버거 컴퍼니(Honolulu Burger Co.) 등 8개의 매장이 있다.

🚶 로열 하와이안 센터 빌딩C 3층 📍 2301 Kalakaua Ave, Honolulu 🕙 11:00~21:00

## 쿠히오 애비뉴 푸드 홀 Kuhio Avenue Food Hall

인터네셔널 마켓 플레이스 1층 쿠히오 거리 쪽에 위치해 있다. 바비큐 메뉴를 판매하는 치후 BBQ(CHEEHOO BBQ), 신선한 샐러드 플레이트 등 건강한 그리스 요리를 파는 그릭 그로토(Greek Grotto), 멕시코 푸드 전문점인 라 피나 칸티나(La Pina Cantina) 등 10개의 음식점과 3개의 바가 있다.

인터내셔널 마켓 플레이스 1층 2330 Kalakaua Ave #156, Honolulu 08:00~21:00

## 스틱스 아시아 STIX ASIA

와이키키 쇼핑 플라자 지하 1층에 있으며, 한국, 일본, 중국, 싱가포르, 대만 등 아시아 음식을 즐길 수 있는 아시안 푸드 홀이다. 떡볶이, 핫도그 등 한국 길거리 음식을 콘셉트로 한 K 스트리트 푸드(K Street Food)와 나베 전문점인 나베 아이나(Nabe Aina) 등 17개의 점포가 있다. 다른 곳에 비해 다소 가격은 높은 편이다.

와이키키 쇼핑센터 지하 1층 2250 Kalakaua Ave Lower Level 100, Honolulu 11:00~22:00

## 로열 하와이안 다이닝 프라자 Royal Hawaiian Dining Plaza

와이키키 뒷골목에 있는 미니 푸드 코트. 다른 푸드 코트에 비해 점포 수는 적지만 저렴하게 먹을 수 있고 맛도 뛰어나 큰 인기를 얻고 있다. 다양한 도시락 요리를 판매하는 유-키친(U-Kitchen), 인도 요리점인 데이시스 인디언 카레(Desi's Indian Curry), 그리스 요리점인 레오즈 타베르나(Leo's Taverna) 등 6개의 음식점이 있다.

와이키키 로스 포 레스 건너 골목 2239 Waikolu Way, Honolulu 11:00~20:30

22 현지인 추천 포케 맛집

## 마구로 스폿 Maguro Spot

현지인에게 와이키키에서 포케가 맛있는 곳을 물으면, 5성급 호텔의 고급 레스토랑이 아닌 바로 이 작은 곳을 추천한다. 매일 아침 신선한 참치를 구입해 사용하며, 주문받은 후 바로 요리해 판매하기 때문에 신선한 참치를 맛볼 수 있다. 가장 큰 장점은 가격! 신선한 생참치 요리를 저렴하고 맛있게 즐길 수 있다. 주문 줄이 길더라도 메뉴를 고민하다 보면 금방 줄어드니 도전해 보자.

포케 볼(Poke Bowl) $7(S) 2441 Kuhio Ave, Honolulu
10:00~20:30 불가 808-924-7653
instagram.com/maguropspot

23 줄을 서서라도 꼭 맛봐야 할 우동

## 마루가메 우동 Marugame Udon

와이키키 한복판에서 길게 줄을 선 풍경이 보인다면 이곳일 확률이 높다. 일본뿐 아니라 해외에 100개 이상의 점포가 있는 체인점으로, 가장 인기 있는 메뉴는 소고기를 올린 니쿠 우동, 다음은 커리 우동이다.

니쿠 마타 우동(Niku Mata Udon) $10.85(R), 커리 우동(Curry Udon) 8.95(R) Kuhio Ave의 인터내셔널 마켓 플레이스 맞은편 2310 Kuhio Ave #124, Honolulu 10:00~22:00 불가 808-931-6000 marugameudon.com

**TIP**

우동 대신 밥(Rice)을 주문하고 튀김을 골라 얹어 덴푸라 소스(Tensuyu)를 뿌리면 저렴하고 맛있는 튀김 덮밥이 완성된다.

24 좋은 쌀과 식재료로 만든 무스비

## 무스비 카페 이야스미 Musube Cafe Iyasume

하와이 최초의 주먹밥 전문점으로, 다양한 무스비를 판매한다. 좋은 품종의 일본 쌀로 지은 밥과 후쿠오카 하카타산 명란젓, 매실과 다시마, 스팸 등의 재료를 이용해 무스비를 만든다. 피크닉이나 하이킹에서 즐길 간단한 먹거리로 준비해 가기에도 좋다. 무스비 외에도 다양한 도시락을 저렴하게 판매한다.

스팸 무스비(Spam Musube) $2.28 듀크 카하나모쿠 동상에서 Uluniu Ave따라 도보 5분 2427 Kuhio Ave, Honolulu 06:30~21:00 불가 808-921-0168
iyasumehawaii.com

## 25 건강한 수제 시럽의 셰이브 아이스

### 아일랜드 빈티지 셰이브 아이스 Island Vintage Shave Ice

아일랜드 빈티지 커피에서 운영하는 셰이브 아이스 가게. 보존료, 감미료, 착색료를 전혀 사용하지 않은 수제 시럽은 리리코이와 아카이, 파인애플 등 열대 과일의 과즙으로 만든다. 시럽과 토핑 선택이 어렵다면 가게 추천 세트인 '시그니처 셰이브 아이스'를 선택하자. 레귤러 사이즈도 꽤 커서 두세 명이 함께 먹기에도 충분하다.

헤븐리 리리코이(Heavenly Lilikoi) $10.95, 핑크 아일랜드(Pink Island) $10.95 로열 하와이안 센터 B관과 C관 사이 인도 2201 Kalakaua Ave, Honolulu 10:00~22:00 로열 하와이안 센터(1시간 무료, 2·3시간째 $2/1시간, 이후 $2/20분, $10이상 구매시) 808-922-5662 islandvintage coffee.com

## 26 건강한 천연 아이스크림

### 바난 볼스 Banán Bowls

와이키키 비치로 통하는 좁은 길에 자리한 곳으로, 신선한 과일이 듬뿍 올라간 천연 아이스크림을 판매한다. 유제품이나 설탕을 사용하지 않고 만든 아이스크림으로 유명하다. 아이스크림을 사서 와이키키 비치로 향해 보자. 골목 입구는 서핑 보드들이 늘어서 있는 포토 스폿이니 여기에서 사진을 찍는 것도 잊지 말자.

◆ 아이스크림을 컵이나 콘이 아닌 파파야나 파인애플에 올려 먹을 수도 있다.

바나나 바난 컵 사이즈(Banana Banan Cup) $5.15 치즈케이크 팩토리와 코치 사이 작은 길 2301 Kalakaua Ave, Honolulu 08:30~20:00 불가 808-691-9303 banan.com

## 27 30년 전통의 수제 셔벗

### 헨리스 플레이스 Henry's Place

와이키키 중심에 숨어 있는 오랜 전통을 자랑하는 셔벗 가게. 과일을 듬뿍 넣고 갈아 만든 수제 셔벗은 풍미가 좋고 과일 본연의 맛을 진하게 느낄 수 있다. 맛있고 양도 많은 데다 가격도 저렴하다. 냉장고에서 뭘 먹을지 결정하고 계산대에서 주문하면 된다. 과일과 간단히 먹을 수 있는 샌드위치도 판매한다. 냉장고를 열면 혼날 수도 있으니 눈으로만 보자.

망고 셔벗(Mango Sorbet) $8.60, 파인애플 망고 셔벗(Pineaple Mango Sorbet) $8.60(현금만 가능) 엠버시 스위트 맞은편 234 Beach Walk, Honolulu 09:00~21:30 불가

## 28 테라스에서 하와이 스타일로 피맥

### 마우이 브루잉 컴퍼니 Maui Brewing Co.

와이키키를 마음껏 즐기다 시원한 맥주 한 잔이 생각날 때 이곳으로 가자. 가장 번화한 칼라카우아 거리(Kailua Ave)를 걷다보면 쉽게 발견할 수 있다. 거리가 한눈에 보이는 2층 테라스석을 추천한다. 하와이에서 인기 있는 마우이 브루잉 컴퍼니가 운영하는 레스토랑으로 쓴맛이 적고 과일 향이 나는 밀맥주(wheat beer)와 파인애플, 코코넛 등 열대 과일 맛이 나는 맥주, 다른 곳에선 취급하지 않는 희귀한 수제 맥주를 함께 판매한다.

✕ 맥주 $8~9, 더 브루마스터 피자(The Brewmaster Pizza) $21
🚶 인터내셔널 마켓 플레이스(International Market Place) 옆
📍 2300 Kalakaua Ave, Honolulu 🕓 11:00~23:00 Ⓗ 월~금 15:30~16:30, 일~목 21:30~22:30 Ⓟ 불가 📞 808-843-2739
🏠 mbcrestaurants.com

얇고 바삭한 도우는 맥주 안주로 딱!
고춧가루와 파마산 치즈를 따로 요청해
피자 위에 뿌려 먹기를 강추한다.

## 29 하와이에서 만난 캘리포니아 펍

### 야드 하우스 Yard House

야드 하우스는 100가지가 넘는 종류의 맥주와 칵테일을 취급하는 펍으로 유명하다. 그중에서도가장 인기 있는 마우이 마나(Maui Mana) 맥주는 시원하고 깔끔한 맛을 자랑하는데, 하와이의 마우이에서 만들어진 로컬 맥주라 꼭 맛보기를 추천한다. 피자, 파스타, 해산물 메뉴 등의 식사나 안주 메뉴도 다양해, 끼니를 해결하기도 좋다. 해피 아워에는 일부 애피타이저와 피자가 반값이고, 모든 맥주나 칵테일이 $2 할인된다.

✕ 어니언 링 타워(Onion Ring Tower) $10.95, 포케 나초(Poke Nacho) $19.45, 피시 앤 칩스(Fish & Chips) $18.99 🚶 비치 워크(Beach Walk) 1층, Kalakaua Ave 초입 📍 226 Lewers St #L148, Honolulu
🕓 일~목 11:00~01:00, 금·토 11:00~01:20 Ⓗ 월~금 14:00~17:30 Ⓟ 엠버시 스위트 바이 힐튼 와이키키 비치 워크(발렛 파킹 $6/4시간, 레스토랑 확인증 필요)
📞 808-923-9273

모든 맥주는 50cm 높이의
잔에 주문할 수 있다.

30 최고의 맛과 뷰로 매일 가고 싶은 곳

## 오아후 멕시칸 그릴 Oahu Mexican Grill(OMG)

요즘 하와이에서 핫한 건 멕시칸 요리! 그중 손꼽히는 정통 멕시코 음식점이 미국 본토 출신 오너 부부가 운영하는 이 곳이다. 스테로이드와 항생제를 쓰지 않은 하와이산 고기와 채소를 사용하며, 살사와 과카몰리 소스는 필요할 때마다 만들어 항상 신선하다. 이곳의 매력은 다양한 고기와 토핑을 취향에 맞게 골라 먹을 수 있다는 점. 카운터에서 재료를 보며 주문하기 때문에 영어에 자신이 없어도 쉽게 주문할 수 있다.

비프 볼(Beef Bowl) $14, 비프 타코 플레이트(Beef Taco Plate) $14 쿠히오 비치(Kuhio Beach) 앞 버거킹 2층 2520 Kalakaua Ave, 2nd floor, Honolulu 07:00~22:00 불가 808-927-3720 omg.menu

31 도톤보리 유명 철판 요리 전문점

## 오코노미야키 치보 Okonomiyaki Chibo

오사카의 도톤보리에서 줄을 서서 먹는 치보의 하와이점. 일본 본고장의 오코노미야키를 그대로 맛볼 수 있는 곳이다. 이곳은 오코노미야키도 유명하지만, 소고기, 새우 등 신선한 하와이산 식재료를 눈앞에서 구워주는 철판 요리가 매력적이다. 1990년 오픈해 지금까지도 인기가 많은 데는 다 이유가 있지 않을까?

오코노미야키(Okonomuyaki CHIBO) $28 비치 워크 하드락 카페 옆 280 Beach Walk 106, Honolulu 월·화·목~토 11:30~14:00, 17:00~20:30, 일·수 17:00~20:30 H 17:00~18:00 불가 808-922-9722 chibohawaii.com

## 01 쇼핑과 식사 모두가 즐거운 쇼핑센터

# 인터내셔널 마켓 플레이스 International Market Place

칼라카우아 거리에서 오랫동안 사랑받고 있는 쇼핑센터. 160년 넘은 반얀 트리를 둘러싸고 뉴욕의 고급 백화점인 삭스 피프스 애비뉴(Saks Fifth Avenue)부터 앤트로폴로지(Anthropology), 크리스찬 루부탱(Christian Louboutin), 조 말론(Jo Malone) 등 90개 이상의 상점과 레스토랑이 모여 있다.

◆ 쇼핑센터 곳곳에 휴식 공간도 마련되어 있고, 핸드폰 충전과 와이파이(Wi-Fi) 사용도 가능하다.

📍 2330 Kalakaua Ave, Honolulu 🕓 10:00~21:00 Ⓟ 1시간 무료, 2~4시간째 $2/1시간, 이후 $3/30분 ($25 이상 구매 시) 📞 808-921-0536 🏠 shopinternationalmarketplace.com

오래된 반얀 트리를 배경으로 기념사진 찰칵!

## 02 와이키키 최대의 쇼핑몰

# 로열 하와이안 센터 Royal Hawaiian Center

와이키키의 랜드마크 중 하나인 쇼핑센터. 까르띠에(Cartier), 에르메스(Hermes), 펜디(Fendi), 티파니 앤 코(Tiffany & Co.) 등 명품 브랜드 숍과 의류 매장, 유명 레스토랑, 하와이안 주얼리 숍, 하와이안 퀼트 전문점, 그 외 다양한 상점 110여 개가 모여 있다. 2층과 3층에선 와이파이를 사용할 수 있다.

🚶 칼라카우아 거리의 티파니 앤 코에서부터 치즈케이크 팩토리까지 📍 2201 Kalakaua Ave, Honolulu 🕓 10:00~21:00 Ⓟ 1시간 무료, 2·3시간째 $2/1시간, 이후 $2/20분 ($10 이상 구매 시) 📞 808-922-2299 🏠 royalhawaiiancenter.com

**TIP**

로열 하와이안 센터에서는 훌라춤, 마사지, 레이 만들기, 퀼팅 등 다양한 하와이 문화 체험 수업을 무료로 진행한다. 특히 레이 만들기는 강력 추천! 상세한 내용은 홈페이지에서 확인하자. (한국어 안내 제공)

## 03 미국 최대 백화점 그룹

### 메이시스 Macy's

캐주얼 브랜드를 주로 취급하는 쇼핑몰이다. 와이키키뿐 아니라 하와이에 여러 개의 점포가 있다. 항상 세일이 진행되고, 관광객이 물건을 살 경우 일부 상품을 제외하고 10% 할인(International Saving Card)을 해주는 혜택이 있어 즐겁고 가성비 좋게 쇼핑할 수 있다. 밤늦게까지 영업해 관광객들에게는 여러모로 고맙고 편리한 곳이다.

칼라카우아 거리(Kalakaua Ave) 치크케이크 팩토리(Cheesecake Factory) 맞은편 2314 Kalakaua Ave, Honolulu 월~금 10:00~21:00, 토·일 10:00~22:00 1시간 무료, 2~4시간 $2/1시간, 이후 $3/30분($25 이상 구매 시) 808-926-5217 l.macys.com

TIP

해변에서 입을 수영복을 찾고 있다면 이곳에서 구입하자. 수영복의 종류가 꽤 다양하고 할인 상품도 많다. 특히 한국에서 비싼 록시(Roxy) 브랜드를 저렴한 가격에 구입할 수 있다.

## 04 저렴한 아웃렛

### 노드스트롬 랙 와이키키 트레이드 센터 Nordstrom Rack Waikiki Trade Center

와이키키 트레이드 센터 2층에 오픈한 백화점 노드스트롬의 아웃렛 매장이다. 비싼 백화점 상품을 저렴한 가격에 구입할 수 있다. 브랜드별로 정리되어 있지 않아 쇼핑하는 데 시간이 조금 걸리지만, 여행 일정이 짧아 아웃렛 쇼핑을 하러 다른 지역으로 이동하기 힘들다면 이곳에 들러 보자.

2255 Kuhio Ave Suite 200, Honolulu 10:00~21:00 2시간 무료(물건 구입 시) 808-275-2555 stores.nordstromrack.com

## 05 미국 아웃렛 매장계의 선구자

### 로스 드레스 포 레스 Ross Dress for Less

백화점 상품을 정상가의 20~60% 할인해 판매한다. 심지어 그 이상 할인하는 상품도 꽤 있다. 상품 대부분은 백화점에서 판매되는 상품의 재고이거나 시즌에서 빠진 것들이다. 항상 좋은 품질의 제품을 만날 수 있는 것은 아니지만, 꼼꼼하게 찾아보면 득템할 수 있다.

- 이곳에서는 구체적으로 무엇을 사겠다고 생각하면 실패하기 쉽다. 윈도우 쇼핑하러 갔다가 필요한 것을 발견하면 바로 구매한다는 마음으로 가는 게 좋다.
- 카할라 지점이나 알라 모아나 지점은 와이키키에서 크게 멀지 않으면서 붐비지 않고 아이템도 풍부하다.

🚶 와이키키 비즈니스 플라자(Waikiki Business Plaza) 옆 📍 333 Seaside Ave, Honolulu 🕓 월~금 08:00~23:00, 토·일 08:00~22:00 🅿 2시간 무료(물건 구입 시) 📞 808-922-2984 🏠 rossstores.com

## 06 와이키키 대형 슈퍼마켓

### 와이키키 마켓 Waikiki Market

와이키키의 중심, 활기 넘치는 쿠히오 거리에 위치한 슈퍼마켓. 다양한 식재료와 식료품을 구입할 수 있다. 하와이의 다양한 식문화와 전통을 선보이겠다는 목표로 기존 마트의 식료품에 하와이산 식재료와 식품을 많이 도입했다. 그래서 전 세계 관광객에게 하와이의 식문화를 소개하는 역할도 담당하고 있다. 마트 안에는 2개의 레스토랑이 있고, 포케, 피자, 무스비, 말라사다, 도시락 등도 구입할 수 있다.

🚶 쿠히오 거리 동쪽 끝 📍 2380 Kuhio Ave. 2nd Floor, Honolul 🕓 06:00~22:00 🅿 처음 15분 무료, 이후 $4/30분 📞 808-923-2022 🏠 waikikimarkethawaii.com

REAL GUIDE

# 빼놓으면 섭섭하다!
# 하와이 편의점

하와이 최다 점포수를 자랑하는

## ABC 스토어 ABC Store

와이키키에 왔다면 누구나 한 번쯤 들르게 되는 편의점. 하와이에 짐을 들고 오지 않아도 문제 없을 정도로 여행에 필요한 대부분의 상품을 구입할 수 있다. 매장마다 상품 구성이나 할인율이 조금씩 달라 구경하는 재미가 있다. 가는 길에 수시로 보일 만큼 점포 수도 엄청나게 많다.

◆ 하와이에서는 오전 6시에서 새벽 12시까지만 술을 판매한다. 술 구매를 위해서는 신분증이 필요하니 꼭 챙겨 가자.

### 편의점 인기 품목

허니, 와사비, 스팸 등 여러 가지 맛
**마카다미아 너츠**
Macadamia Nuts

언제나 판매 1위
**하와이안 호스트 마카다미아 너츠 초콜렛**
Hawaiian Host Macadamia Nuts Chocolate

작고 귀여워 선물로 제격
**미니 마노아 허니**
Mini Manoa Honey

간식으로 딱!
**돌 드라이드 파인애플**
Dole Dried Pineapple

당도가 높은 마우이 양파로 만든
**하와이안 스위트 마우이 어니언링**
Hawaiian Sweet Maui Onion Rings

하와이 기념품 필수
**코나 커피 버터 스프레드**
Kona Coffee Butter Spread

마우이 유기농 보드카
**오션**
Ocean

맥주를 부르는 하와이 느낌의
**병따개**
Opener

## 07 귀여운 파인애플 모양 쿠키

### 호놀룰루 쿠키 컴퍼니 Honolulu Cookie Company

많은 여행자의 선물 리스트에서 상위에 있을 만큼 인기 있는 쿠키 브랜드. 이유는 '맛이 있어서'다. 현지 공장에서 매일 숙련된 직원들이 하나하나 수작업으로 만드는 쿠키로, 코나 커피 맛이나 마카다미아 맛 쿠키, 초콜릿 딥 쿠키까지 다양한 종류의 쿠키를 골라 담는 재미가 있다. 세트 상품도 좋지만 원하는 맛을 골라 직접 패키지를 만들 수도 있다. 낱개로 포장되어 있어 보관이 용이하다.

◆ 다양한 맛을 시식해 볼 수 있다. 오아후에 10개의 매장이 있으니 가까운 곳에 들러 시식도 하고 선물도 구입해보자.

로열 하와이안 센터 B관 1층(매장이 많으니 가까운 곳을 찾아보자.) 2233 Kalakaua Ave B108, Honolulu 10:00~21:00 1시간 무료, 2~4시간째 $2/1시간, 이후 $2/20분($10 이상 구매 시) 808-931-3330 honolulucookie.com

## 08 지역 신문에 '하와이 No. 1 쿠키'로 선정

### 더 쿠키 코너 The Cookie Corner

'할머니가 만들어주시던 쿠키 맛'으로 현지인의 절대적인 인기를 얻고 있는 쿠키 브랜드. 현지 유명 잡지 〈호놀룰루 애드버타이저〉가 선정하는 '베스트 오브 더 베스트 쿠키' 부문에서 6년 연속 1위의 자리에 오르기도 했다. 치즈케이크 맛, 마카다미아와 초코 칩 쿠키가 인기다. 리리코이 등 '열대과일 바'는 냉장고에 넣었다 먹으면 두 배로 맛있다.

쉐라톤 와이키키(Sheraton Waikiki) 1층(매장이 많으니 가까운 곳을 찾아보자.) 2255 Kalakaua Ave, Honolulu 10:00~21:00 808-926-8100 cookiecorner.com

TIP

**빅 아일랜드 캔디스 (Big Island Candies)**

하와이에서 가장 큰 섬, 빅 아일랜드에 본점을 두고 있는 쿠키 컴퍼니. 40년 이상 여행자뿐 아니라 현지인에게도 큰 사랑을 얻고 있다. 버터와 마카다미아 너츠가 듬뿍 들어가 풍부한 맛을 자랑한다. 초콜릿이 입혀진 쿠키도 인기이지만, 마카다미아 너츠가 통째로 들어간 캐러멜 초콜릿도 많이 찾는 아이템이다. 빅 아일랜드의 힐로 본점에서는 공장 견학을 통해 쿠키를 하나하나 정성들여 만드는 모습을 직접 볼 수 있다. 빅 아일랜드까지 가지 않더라도 알라 모아나 센터 또는 DFS 면세점에서도 판매한다.

## 09 세계적으로 인기 있는 속옷 브랜드

### 빅토리아 시크릿 Victoria's Secret

유명한 섹시 모델 군단 '앤젤스(Angels)'의 화려한 란제리 패션쇼로 주목받는 브랜드. 섹시함과 편리함을 갖춘 것으로 유명하며, 해외 직구로만 구입하던 브랜드를 현지에서 저렴하게 구입할 수 있다. 원 플러스 원이나 할인 이벤트도 많이 진행한다.

와이키키 쇼핑 플라자 1층 2230 Kalakaua Ave, Honolulu 10:00~21:00 $3/30분, $15/10시간(06:30~24:00) 808-922-6565 victoriassecret.com

**TIP**

❶ 특히 브라 사이즈는 우리나라와 많이 다르니 점원에게 사이즈 측정을 요청하자. 디자인마다 핏감이 다를 수도 있으니 입어보는 게 좋다.

❷ 팬티는 한국에서 M사이즈라면 S, S라면 XS을 선택하면 된다.

## 10 여자의 마음을 사로잡는 화장품 천국

### 세포라 Sephora

화장품에 조금이라도 관심이 있는 사람은 다 아는 화장품 전문점. 다양한 해외 브랜드의 화장품을 총집합해 놓은 곳이다. 특히 한국에서 구입할 수 없는 브랜드의 화장품도 많고 세포라 화장품을 테스트해 보고 구입할 수 있어서 좋다. 기초 화장품에서 색조 화장품, 화장 소품, 바디 용품 등 다양한 품목이 갖춰져 있고, 기초 화장품의 경우 샘플을 요구할 수도 있다.

와이키키 쇼핑 플라자(Waikiki Shopping Plaza) 1층 2250 Kalakaua Ave, Honolulu 09:00~22:00 $3/30분, $15/10시간(06:30~24:00) 808-923-3301 sephora.com

## 11 셀럽들이 찾는 티셔츠 숍

### 88 티 88 Tees

88 TEES

이곳의 마스코트, 야야

1988년 하와이에 탄생한 티셔츠 전문 숍이다. 점포 내부에 귀엽고 개성 있는 티셔츠가 가득해 일본의 셀럽들이 자주 찾는다. LA와 뉴욕에서 선별한 아이템도 수시로 들어오며, 호놀룰루에 두 개의 점포가 있다.

칼라마우이 거리(Kalakaua Ave) 서쪽, 롱스 드럭 맞은편 건물 2층 2168 Kalakaua Ave #2, Honolulu 13:00~18:00 불가 808-922-8832 88tees.com

## 12 스트릿 웨어 대표 브랜드

### 스투시 호놀룰루 Stussy Honolulu

스투시는 1980년 남부 캘리포니아에서 시작한 스트릿 웨어 브랜드로, 40여 년에 걸쳐 유명 뮤지션이나 스케이터, 아티스트 등 트렌드 세터들에게 인기를 얻어오고 있다. 하와이에는 와이키키에 있는 스투시 호놀룰루(Stussy Honolulu) 챕터와 카카아코에 있는 스투시 하와이(Stussy Hawaii) 챕터 두 곳이 있고, 매장에서만 구매할 수 있는 한정 아이템이 있어 특별한 기념품을 찾기에 좋다.

로열 하와이안 센터 1층 2233 Kalakaua Ave, Honolulu 10:00~22:00 1시간 무료, 2~3시간째 $2/1시간, 이후 $2/30분($10 이상 구매 시) 808-744-3880

## 13 유명 스타일리스트들이 사랑하는 곳

### 앤트로폴로지 Anthropologie

미국, 캐나다, 유럽을 중심으로 200개 이상의 점포가 있는 편집 숍 브랜드. 전 세계 디자이너와 파트너 계약을 해 항상 새로운 상품을 개발한다. 의류 외에도 가방, 액세서리 등 20~30대 여성들이 좋아할 만한 아이템들이 모여 있다. 테일러 스위프트(Taylor Swift) 등 유명 인사들이 애용하는 것으로 유명하다.

인터내셔널 마켓 플레이스 2층 2330 Kalakaua Ave, Honolulu 10:00~21:00 1시간 무료, 2~4시간째 $2/1시간, 이후 $3/30분 ($25 이상 구매 시) 808-975-9460 anthropologie.com

## 14 와이키키 감성의 셀렉트 숍

### 터키즈 Turquioise

이곳은 캘리포니아의 고급 주택가 맨해튼 비치에 있는 터키즈의 하와이 지점. 하와이뿐만 아니라 제임스 펄스(James Perse), 빈스(Vince), 데미 리(Demy lee)나 먼로우(Monrow) 등 유명 브랜드가 입점해 있다. 여성용은 물론 남성용과 어린이용 의류까지 종류가 폭넓다. 의류 외에도 품목이 다양하고, 이곳에서만 볼 수 있는 유명 브랜드와의 콜라보레이션 아이템도 판매한다.

와이키키의 Ross Dress for Less 건너편 333 Seaside Ave #110, Honolulu 월~토 11:00~20:00, 일 10:00~20:00 불가 808-922-5893 turquoise-shop.com

## 15 감각적인 기념품이 모여 있는 곳

### 코코네네 CocoNene

여행의 즐거움 중 하나는 기념품 쇼핑! 이곳에서는 하와이를 모티브로 한 다양한 기념품을 판매한다. 컵받침, 시계, DIY 장식품, 월 데코, 오너먼트 등 다른 곳에서는 찾아보기 힘든 아이디어 넘치는 제품들이 가득하다. 모두 하와이 현지 예술가가 디자인해 하와이에서 만들어진 아이템으로, 단순한 기념품이 아니라 예술 작품처럼 느껴진다. 소중한 사람에게 혹은 나를 위한 선물로 기념품을 챙겨 가기 좋다.

인터내셔널 마켓 플레이스 2층 2330 Kalakaua Ave #206, Honolulu 10:00~20:00 1시간 무료, 2~4시간째 $2/1시간, 이후 $3/30분($25 이상 구매 시) 808-739-7500 coconene.com

## 16 디즈니×하와이 한정 상품

### 매직 인 파라다이스 Magic in Paradise

쉐라톤 와이키키 호텔의 1층에 있으며, 디즈니와 하와이가 콜라보한 한정 상품들을 만날 수 있다. 알로하 셔츠를 입은 미키마우스, 스티치, 모아나 등을 만날 수 있고, 하와이를 배경으로 디즈니 주인공들이 등장하는 디즈니 파인 아트를 판매하고 있다.

쉐라톤 호텔 1층 모니 쉐라톤(Moni Sheraton) 건너편 2255 Kalakaua Ave #6, Honolulu 10:00~21:00 불가 808-284-5278

## 17 하와이 크리스마스 오너먼트

### 와이키키 크리스마스 스토어 Waikiki Christmas Store

여름처럼 따뜻한 하와이에서 발견한 크리스마스 스토어. 서핑하는 산타크루즈, 파인애플, 야자수, 플루메리아 등 하와이스러운 크리스마스 오너먼트를 판매한다. 화려함과 귀여움에 이끌려 들어가 빈손으로 나올 수 없는 블랙홀 같은 곳이다. 오너먼트를 사면 무료로 이름을 새겨준다.

듀크 카하나모쿠 동상 옆 2365 Kalakaua Ave, Honolulu 09:00~21:30 불가 808-593-2883

## 18 하와이 한정, 햇볕에 그을린 스누피

### 모니 모아나 Moni Moana

그냥 지나칠 수 없는 하와이 버전의 스누피 가게. 미국 미네소타 주 세인트 폴 출신의 스누피와 동료들이 하와이에 와서 햇볕에 그을렸다. 친숙한 하얀 스누피도 귀엽지만, 하와이 한정 그을린 스누피는 왠지 더 귀엽다. 휴대폰 케이스, 볼펜, 스티커 등의 소품과 티셔츠, 토트백 등 귀엽고 실용적인 상품을 취급한다. 칼라카우아 거리 외에 쉐라톤 와이키키에 모니 쉐라톤 지점도 있다.

와이키키 비치 Westin Resort 1층, 반얀트리 옆
2365 KalaKaua Ave, Honolulu 10:00~21:00 불가
808-926-8844 instagram.com/monihonolulu

## 19 셀럽도 반한 하와이 미피

### 키라 앤 미피 Kira × Miffy

샌프란시스코에서 셀럽들에게 인기 있는 키라의 하와이점. 하와이에서는 우리에게도 잘 알려진 미피와 콜라보한 아이템을 판매한다. 미피 외에도 키라 키즈, 키라 케어베어 등이 다양하게 구매 욕구를 자극한다. 특히 키라 키즈의 티셔츠와 수영복 등 아이들을 위한 하와이 특유의 아이템과 레이 꽃을 목에 걸고 훌라 댄스를 추는 하와이안 미피 인형 등 하와이 한정 에디션을 만나면 지갑이 저절로 열리는 수준! 엄마, 아빠는 물론이고 이모, 고모, 삼촌들이 조카 선물을 사기에도 훌륭한 곳이다.

로열 하와이안 센터 1층 2233 Kalakaua Ave B114, Honolulu 10:00~21:00 1시간 무료, 2·3시간째 $2/1시간, 이후 $2/20분($10 이상 구매 시) 808-452-9008
instagram.com/miffyhawaii

©Kira x Miffy

다이아몬드
헤드
BEST 4
01
다이아몬드 헤드
하이킹
02
카이무키 타운
산책
03
말라사다
맛보기
04
홀 푸드 마켓
장보기

AREA 02

# 다이아몬드 헤드

DIAMOND HEAD

와이키키의 어느 곳에서든 잘 보이는 다이아몬드 헤드는 화산 활동으로 만들어진 분화구로, 하와이의 랜드마크 역할을 톡톡히 한다. 자연이 만든 아름다운 분화구 주변으로 형성된 주거지는 오아후에서도 부촌이라 유독 맛집이 많다. 현지인들이 외식을 하러 자주 찾는 카파훌루 거리와 아침 식사 후 디저트를 즐길 수 있는 몬서랫 거리, 오래된 로컬 타운 카이무키 등을 방문해 하와이 현지인의 일상을 경험해 보자.

다이아몬드 헤드
상세 지도
카파훌루 맛집 거리
카페 카일라
Cafe Kaila
08
01
사우스 쇼어 페이퍼리
South Shire Paperie
03
스윗 이즈 카페
Sweet E's Café
06
레오나즈 베이커리
Leonard's Bakery
02
카이마나 팜 카페
Kaimana Farm Cafe
07
와이올라 셰이브 아이스
Waiola Shave Ice
09
오노 시푸드
Ono Seafood
04
지피스
Zippy's
04
스누피스 서프 숍
Snnopy's Surf Shop
02
베일리스 앤티크 앤 알로하 셔츠
Bailey's Antiques and Aloha Shirts
01
레인보우 드라이브 인
Rainbow Drive-In
05
그라울러 하와이
Growler Hawaii
카이무키
Kapalulu Ave
13
사우스 쇼어 그릴
South Shore Grill
11
카페 모레이스
Cafe Morey's
14
ARS 카페 앤 젤라토
ARS Cafe and Gelato
와이키키 레이아
Waikiki Leia
12
10
다이아몬드 헤드 마켓 & 그릴
Diamond Head Market & Grill
02
KCC 파머스 마켓
KCC Farmers' Mar
Monsarrat Ave
15
보가츠 카페
Bofart's Cafe
03
케알로피코
Kealipiko
몬서랫 거리
01
다이아몬드 헤드 트레일
Diamond Head Trail
Diamond Head Rd.
03
다이아몬드 헤드 비치 파크
Diamond Head Beach Park

0 100m
0 200m
17 주시 브루
Juicy Brew
08 더 퍼블릭 펫
The Public Pet
18 머드 헨 워터
Mud Hen Water
Waialae Ave
10 타무라스 파인 와인 & 리쿼
Tamura's Fine Wine & Liquors
16 토크 카이무키
Talk Kaimuki
09 카이무키 드라이 굿즈
Kaimuki Dry Goods
06 에브리 데이 베러 바이 그린 메도스
Every Day Better by Green Meadows
21 파이프라인 베이크숍 & 크리머리
Pipeline Bakeshop & Creamery
05 슈거케인
Sugarcane
23 비아 젤라토
Via Gelato
20 스프라우트 샌드위치 숍
Sprout Sandwich Shop
19 코코 헤드 카페
Koko Head Cafe
22 오또 케이크
Otto Cake`
07 레드 파인애플
Red Pineapple
11 카할라 몰
Kahala Mall
12 홀푸드 마켓 카할라
hole Foods Market, Kahala
25 올리브 트리 카페
Olive Tree Cafe
Kealaolu Ave
05 돌핀 퀘스트 오아후
Dolphin Quest Oahu
24 플루메리아 비치 하우스
Plumeria Beach House
04 카할라 비치
Kahala Beach
Kahala Ave
그릴라 미술관
angri La Museum

**01** 화산이 만들어낸 하와이의 랜드마크

## 다이아몬드 헤드 트레일 Diamond Head Trail

와이키키에서 멀지 않은 곳에 자리한 산책로. 왕복 1시간의 가벼운 하이킹으로 정상에서 환상의 파노라마 뷰를 감상할 수 있는 트레킹 코스다. 아이들은 물론 운동을 즐기지 않는 성인도 어렵지 않게 오를 수 있는 초급 코스이며, 일출 명소이다. 1908년 미 육군의 군사 기지로 사용돼 그 흔적이 그대로 남아 있으며, 시멘트 벙커는 전망대로 쓰인다. 길이 험하지는 않지만 고르지 않으니 편한 운동화를 신고 물과 선크림, 선글라스를 꼭 챙기자.

◆ 그늘이 거의 없으니 햇볕이 강한 시간을 피해서 가자. 오전에 트레킹을 시작하는 걸 추천한다.

🚶 와이키키에서 더 버스 23번을 타고 Diamond Head Opp 18th Ave 정류장에 하차해 연결된 길을 따라 걷다가 카할라 전망대와 Diamond Head Tunnel을 지나 도착. 혹은 트롤리 그린 라인 ⑦ Diamond Head Crater 정류장에서 하차 📍 Diamond Head Rd, Honolulu 🕒 06:00~18:00(16:00 마지막 입장), 홈페이지에서 예약, 결제 후 입장 가능 $ $5/1사람(3세 이하 무료) Ⓟ $10/차1대(신용카드만 가능) 📞 808-587-0300 🏠 gostateparks.hawaii.gov/diamondhead

**TIP**

다이아몬드 헤드는 화산 활동으로 만들어진 분화구이다. 1800년대 후반 영국 선원들이 분화 꼭대기에서 반짝이는 것이 다이아몬드라 생각해서 붙여진 이름이라고 한다.

첫 번째 전망대에서 찰칵

100년 넘은 다이아몬드 헤드 전망대를 찾아 보자!

**02** 하와이 대표 반짝 시장

## KCC 파머스 마켓 KCC Farmers' Market

여행자의 필수 코스 중 하나인 시장. 다이아몬드 헤드 기슭에 있는 카피올라니 대학교 주차장에서 매주 토요일에 열리는 하와이 대표 농산물 직판장이다. 현지 생산자들이 직접 재배한 신선한 농산물을 비교적 저렴하게 제공한다. 현지 인기 레스토랑의 음식과 잼, 꿀, 쿠키, 커피, 차 등 기념품도 판매한다.

◆ 이른 오전 다이아몬드 헤드 트레킹 전후에 방문하는 것을 추천한다. 사람들이 많이 찾는 시장인 만큼 인기 상품이나 음식은 오전 중 완판된다.

📍4303 Diamond Head Rd, Honolulu 🕓토 07:30~11:00 🅟주차장 A·C·E(무료) 📞808-848-2074
🏠hfbf.org/farmers-markets/kcc

**03** 서퍼들의 숨은 해변

## 다이아몬드 헤드 비치 파크 Diamond Head Beach Park

아름다운 집들을 지나 다이아몬드 헤드 등대 부근에 위치한 숨은 해변. 파도가 높은 편이라 서핑과 바디보딩을 하기에 좋아 서핑을 즐기는 서퍼들이 많이 보인다. 주차를 하고 아래로 내려가야 해변에 닿을 수 있다. 해변까지 내려가지 않고 주차장에서 태평양을 내려다보며 잠시 쉬어도 좋다.

🚶와이키키에서 14번 버스 탑승 후 Diamond Head Rd+Diamond Head Light 정류장 하차. 혹은 트롤리 그린라인 ⑥Diamond Head Surf Lookout 정류장 하차 📍3300 Diamond Head Rd, Honolulu 🕓05:00~22:00 🅟무료 📞808-768-3003

와이키키 방면
카할라 방면
0 150m

TIP

### 다이아몬드 헤드 로드의 해안 도로 드라이브

카피올라니 파크(Kapiolani Park)를 빠져나와 카할라(Kahala) 쪽으로 가는 다이아몬드 헤드의 해안 도로인 다이아몬드 헤드 로드(Diamond Head Road)는 해변, 전망대 등 절경 포인트가 많은 도로다. 해안선을 보며 드라이브하는 것도 좋고, 자전거 전용 도로가 나 있어 자전거를 타는 것도 좋다.

## 04 고급 주택가 근처 한적한 해변

### 카할라 비치 Kahala Beach

고급 주택이 즐비한 카할라 지역에 위치한 해변으로, 파도가 잔잔하고 얕아서 어린이들이 물놀이하기에도 좋다. 조용하고 아름다워 스몰 웨딩이나 웨딩 촬영 장소로도 인기 있다. 비치 타월을 깔고 책을 읽으며 휴식을 취하기에도 최적이다.

① 현지인들이 아침 일찍 강아지와 산책을 즐기는 모습을 쉽게 볼 수 있다.
② 카할라 호텔 앞 해변으로 아이들이 즐기기에 좋다.

※ 주차장에 주차 후 해변을 따라 왼쪽으로 쭉 걸어가면 카할라 호텔의 해변 ❷가 나온다. 해변을 따라 오른쪽으로 걸어가면 현지인이 즐겨 찾는 해변 ❶이 나온다.

4925 Kahala Ave, Honolulu 05:00~22:00 P 와이알레 비치 파크 공영주차장(무료)

## 05 돌고래와 교감할 수 있는 곳

### 돌핀 퀘스트 오아후 Dolphin Quest Oahu

카할라 호텔의 넓고 아름다운 라군에서 돌고래와 함께 수영하고 장난치며 잊지 못할 소중한 추억을 만들 수 있다. 호쿠, 카로로, 이호, 로노, 나이노아, 리코 여섯 마리의 돌고래와 즐거운 시간을 함께하자. 돌고래와 놀거나 먹이를 주는 30분~1시간의 프로그램에서부터 하루 혹은 일주일간 트레이너 경험을 할 수 있는 프로그램 등 다양한 체험이 있다.

카할라 호텔 & 리조트 내 라군 5000 Kahala Ave, Honolulu
08:30~17:00 $ $175~ P 4시간 무료(프로그램 참여 시)
808-739-8918 dolphinquest.com

**TIP**

프로그램에 참여하지 않더라도 프로그램 시간에 맞춰 가면 돌고래들의 멋지고 귀여운 재주를 구경할 수 있다. 또, 시간에 상관 없이 라군에서 유유히 수영하는 돌고래들을 항상 볼 수 있다.

## 샹그릴라 미술관 Shangri La Museum

뉴욕의 재벌 상속녀 도리스 듀크(Doris Duke)가 이슬람 전통 문화와 예술에 매료돼 모은 2,500여 점의 이슬람 작품들이 전시돼 있는 곳. 도리스는 하와이 다이아몬드 헤드 아래에 이슬람 건축 양식 저택을 지어 자신만의 '샹그릴라'를 만들었다. 샹그릴라는 제임스 힐튼(James Hilton)의 소설 『잃어버린 지평(Lost Horizon)』에 나오는 히말라야의 유토피아를 칭하는 이름으로, 지금은 '지상의 어딘가에 존재하는 천국'을 가리키는 대명사로 사용된다.

◆ 호놀룰루 미술관(Honolulu Museum of Art)에서만 투어 예약이 가능하며 샹그릴라 투어 시 호놀룰루 미술관 무료입장

4055 Papu Cir, Honolulu 목~토 09:00, 11:00, 13:00, 15:00(투어는 75분간 셀프 투어. 매년 9월은 복원 작업으로 투어가 없음) $ $25(8세 이하 투어 불가)/예약 필수(www.honolulumuseum.org/shangri-ra)이며 호놀룰루 미술관에서 투어 버스를 타고 이동 P 호놀룰루 뮤지엄 예술 학교 주차장($5/ 5시간) 808-734-1941 shangrilahawaii.org

©Doris Duke Foundation for Islanmic Art, Honolulu, Hawai'i

©Doris Duke Foundation for Islanmic Art, Honolulu, Hawai'i

©Doris Duke Foundation for Islanmic Art, Honolulu, Hawai'i

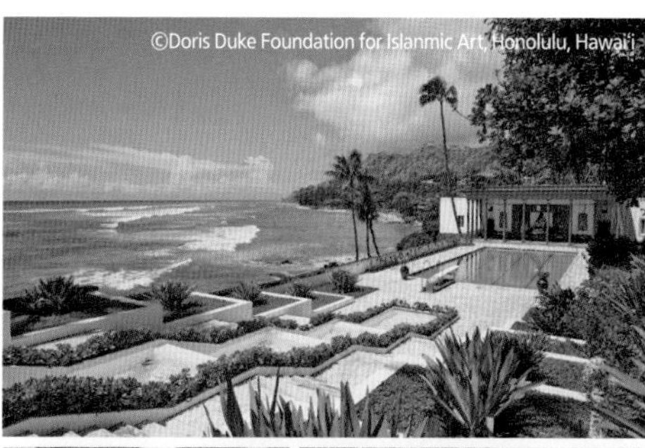

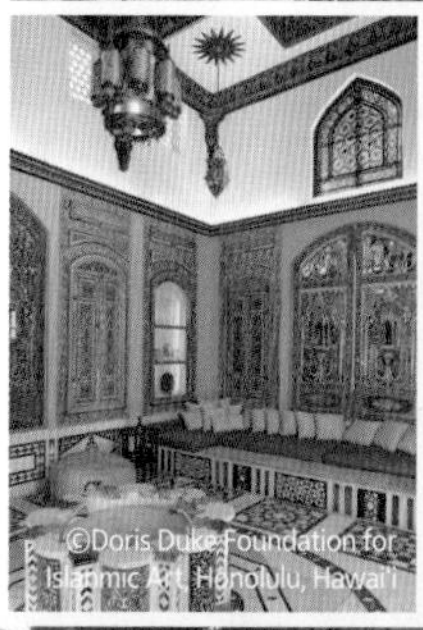

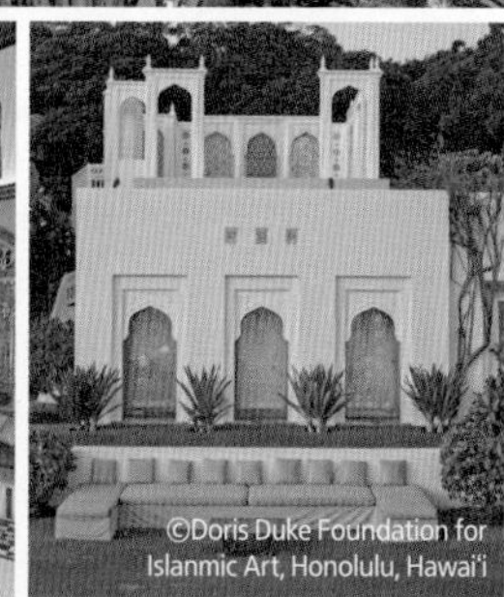

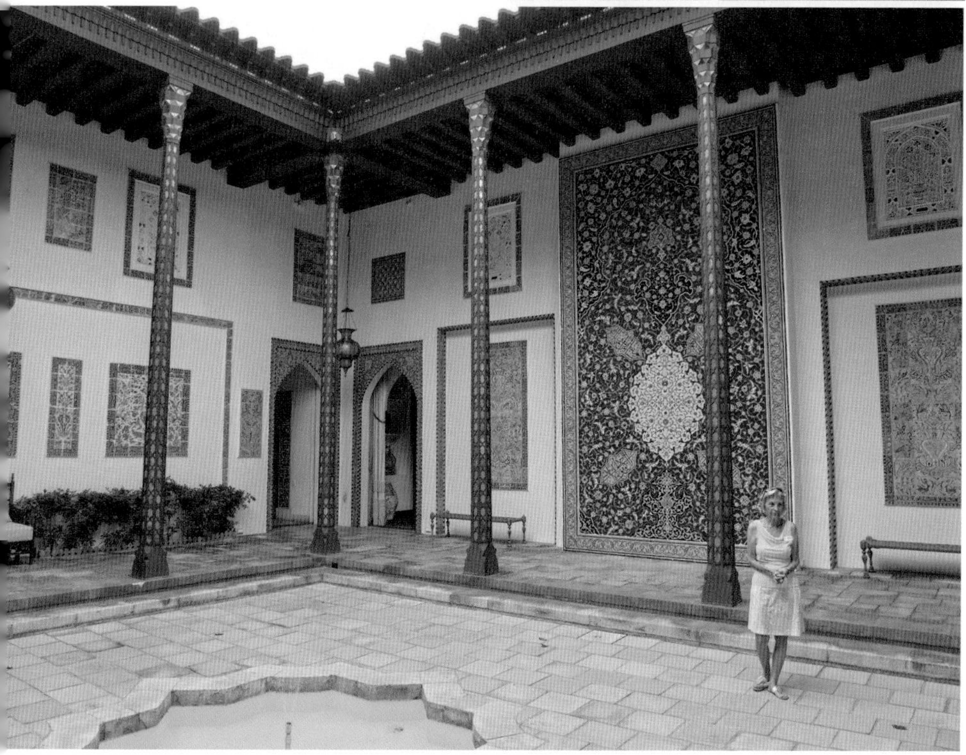

카파훌루 거리는 현지인이 식사나 티타임을 즐기러 오는 지역으로 맛집이 밀집된 거리다. 와이키키에서 도보로 10분 내외면 갈 수 있다.

**01** 오바마의 단골 플레이트 전문점

## 레인보우 드라이브 인 Rainbow Drive-In

1961년부터 저렴한 가격에 배불리 먹을 수 있어 오랫동안 현지인에게 사랑받아 온 레스토랑. 오바마 대통령이 어린 시절부터 즐겨 찾은 가게로 유명하다. 메뉴가 꽤 다양한데, 그중에서도 가장 인기 있는 메뉴는 믹스 플레이트, 로코 모코 플레이트, 칠리 플레이트다. 믹스 플레이트는 소고기 바비큐, 닭고기, 생선 튀김, 마카로니 샐러드, 밥 등이 들어간 풍성한 한 접시로 가격도 저렴해 한 끼 식사로 딱이다. 아침 일찍 산책할 겸 걸어가 아침 식사하는 것을 추천한다.

믹스 플레이트(Mix Plate) $13.50, 로코 모코 플레이트(Loco Moco Plate) $11.75, 칠리 플레이트(Chili Plate) $11 3308 Kanaina Ave, Honolulu 07:00~21:00 무료 808-737-0177
rainbowdrivein.com

**TIP**

항상 주문 줄이 길지만 금방 줄어든다. 원하는 플레이트 메뉴를 선택하고 마카로니 샐러드(Macaroni Salad)와 콜 슬로(Cole Slaw) 중 하나를 선택하면 된다.

**02** 깔끔한 스타일의 유기농 음식

## 카이마나 팜 카페 Kaimana Farm Cafe

일본인 오너가 아이들도 안심하고 데려올 수 있는 가게를 목표로 오픈한 식당. 제철 유기농 재료로 요리해 메뉴도 매번 바뀐다. 분위기도 음식 맛도 좋은 데다 가격도 부담스럽지 않아 브런치를 즐기기에 좋다. 취향에 따라 채식과 글루텐 프리 옵션을 선택할 수 있다. 카운터에서 주문하면 음식을 자리로 가져다 준다.

파워 벤토(Power Bento) $19.25, 플레이트 런치(Plate Lunch) $20.50~ 845 Kapahulu Ave, Honolulu
수~토 08:30~15:00, 17:00~20:00, 일 07:30~15:00
카마아이나 침술원 앞(무료) 808-737-2840
kaimanafarmcafehawaii.com

## 03 달콤한 브런치 카페

### 스윗 이즈 카페 Sweet E's Cafe

카파훌루 거리의 맛집 가운데 현지인들의 압도적인 사랑을 받는 카페로, 특히 하와이 대학교 학생들이 추천하는 맛집이다. 이곳의 시그니처 메뉴는 하와이 전통 돼지고기 요리인 칼루아 포크가 올라간 에그 베네딕트와 빵 사이에 진한 크림치즈가 듬뿍 들어간 프렌치토스트, 과일이 왕창 올라간 팬케이크다. 그리고 미국 서부 개척 시대 덴버 스타일 오믈렛, 일명 웨스턴 오믈렛도 인기가 많다.

에그 베네딕트-칼루아 포크(Eggs Benedict-Kalua Pork) $15.50, 인챈팅 프렌치 토스트(Enchanting French Toast) $11.50
1006 Kapahulu Ave, Honolulu 07:00~14:00 무료, 주말 발렛 파킹 유료 808-737-7771

## 04 하와이 로컬 패밀리 레스토랑

### 지피스 Zippy's

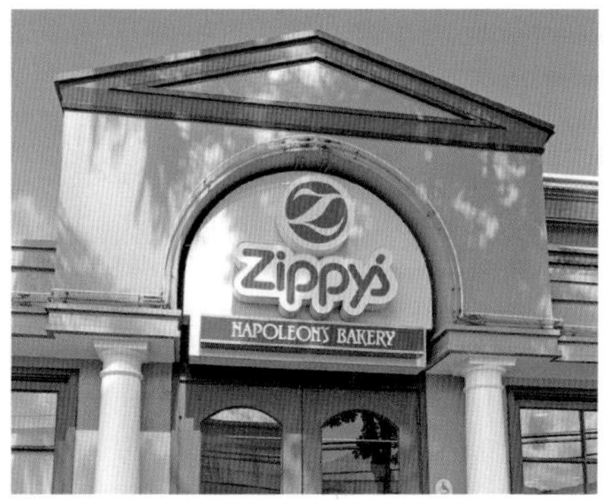


1966년에 하와이에서 시작해 현지의 라이프 스타일이 녹아 있는 레스토랑. 로코 모코, 옥스테일 수프 등 하와이 음식은 물론이고 칠리 라이스, 팬케이크 등 다양한 미국 요리도 맛볼 수 있다. 특히 이곳의 옥스테일 수프는 전문점만큼이나 맛있고, 대표 메뉴 지피스 칠리는 지피스만의 레시피로 만들어져 한 번 먹고나면 자꾸 생각나는 맛이다. 지피 칠리 비건 메뉴도 있으니 걱정 없이 방문해 보자.

칠리 프랭크(Chili Frank) $15.90, 옥스테일 수프(Oxtail Soup) $28.90 601 Kapahulu Ave, Honolulu 06:00~24:00 무료 808-733-3725

## 05 미국 유명 수제 맥주 셀렉션

### 그라울러 하와이 Growler Hawaii

수제 맥주를 콘셉트로 한 펍인 그라울러 USA의 하와이 지점. 미국산 생맥주를 고집하며, 세계에서 유일하게 양조장에서 만든 맥주 본래의 맛 그대로를 제공하는 '트루 투 더 브루(True to the Brew)'라는 시스템을 도입해 질 높은 맥주를 즐길 수 있다. 하와이를 포함한 약 100종의 미국 수제 맥주를 생맥주로 맛볼 수 있고 햄버거, 피자, 샐러드 등 안줏거리도 맛이 일품이다.

칼루아 포크 타코 $14, 생맥주(16oz=473ml) $6~ 와이키키 부근 카파훌루 거리 초입 449 Kapahulu Ave #105, Honolulu 월~목 14:00~22:00, 금 14:00~24:00, 토 11:00~24:00, 일 11:00~22:00 불가 808-600-5869 growlerhawaii.com

06 하와이 전통 도넛, 말라사다 챔피언

## 레오나즈 베이커리 Leonard's Bakery

50년 이상의 역사를 가진 말라사다 전문 베이커리로, 말라사다의 왕이라 불린다. 이곳의 간판과 핑크색 테이크아웃 박스는 하와이의 상징처럼 하와이를 소개할 때면 빠지지 않고 등장한다. 주문과 함께 바로 튀겨낸 말라사다를 맛볼 수 있어 늘 손님들로 북적인다. 기본 말라사다 외에도 속에 초코 크림 등이 들어간 말라사다 퍼프도 종류가 다양하다. 줄이 빨리 줄어들며, 차들이 바로바로 빠지므로 자리가 없어도 잠시 대기해 보자.

◆ 말라사다는 따뜻할 때 100% 코나 커피와 먹으면 가장 맛있다.

말라사다(Malasadas) $1.85, 말라사다 퍼프(Malasadas Puffs) $2.25 933 Kapahulu Ave, Honolulu 05:30~19:00 무료 808-737-5591 leonardshawaii.com

07 눈과 입이 즐거운 셰이브 아이스

## 와이올라 셰이브 아이스 Waiola Shave Ice

1940년에 오픈해 현지인 사이에 명성이 자자한 곳으로, 지역 신문의 베스트 셰이브 아이스 가게로 선정돼 여러 번 상을 받기도 했다. 얼음은 눈처럼 아주 고와서 입에서 스르륵 녹고 시럽을 듬뿍 빨아들여 중독성 있는 맛을 자랑한다. 오바마 대통령도 자주 찾던 가게로 유명하며, 오바마 대통령이 좋아하는 맛으로 만든 오바마스 레인보우(Obama's Rainbow) 메뉴가 있다.

오바마스 레인보우(Obama's Rainbow) $3(S)/$5(L)/$7(Jumbo), 아주키 빈 볼(Azuki Bean Bowl) $7 3113 Mokihana St, Honolulu 수~월 11:00~18:00 무료 808-949-2269 instagram.com/waiolashave

**08** 5년 연속 할레 아이나 금상

## 카페 카일라 Cafe Kaila

늘 완판될 만큼 인기인 에그 베네딕트와 산더미 같은 과일 토핑이 매력적인 팬케이크로 유명한 레스토랑. 호놀룰루 매거진이 독자 투표를 받아 선정하는 베스트 레스토랑에 수차례 뽑힌 곳이라 대기줄은 기본이다. 테이블 대신 바 자리는 대기 시간이 짧으니 참고하자. 따뜻한 커피뿐 아니라 아이스 커피와 아이스티도 무제한 리필이 가능하다.

프리타타 오믈렛(Fritata Omelettes) $14.95, 훈제 연어 에그 베네딕트(Smoked Salmon Eggs Benedict) $16.50
2919 Kapiolani Blvd, Honolulu 07:00~15:30 무료
808-732-3330



**09** 저렴하고 맛있는 포케 전문점

## 오노 시푸드 Ono Seafood

다수의 매거진에서 베스트 포케 매장으로 꼽히는 곳. 작은 가게라 테이블이 만석일 경우가 많으니 포장해 공원이나 호텔에서 맛보는 것도 방법이다. 메뉴는 아히(참치)와 타코(문어) 두 가지로 단순하고 간장, 된장, 하와이 소스, 와사비 등 양념을 선택할 수 있다. 일반 사이즈는 1/3파운드의 포케와 밥, 슈퍼 사이즈는 1/2파운드의 포케와 밥이 제공된다. 50센트를 더 내면 두 종류의 포케를 섞을 수 있다.

포케 볼(Poke Bowl) $17 747 Kapahulu Ave, Honolulu
화~토 09:00~16:00 무료 808-732-4806

TIP

### 포케 주문하는 법

대부분의 포케 전문점은 계산대에서 직접 주문하는 방식이다.

❶ 일단 어떤 포케가 있는지 직접 확인한다.

❷ 포케만 원할 경우, 원하는 포케와 양을 주문하면 된다. 무게는 쿼터 파운드(quarter pound, 113g), 하프 파운드(half pound, 226g), 원 파운드(one pound, 452g)처럼 파운드로 주문한다.

㉮ Can I have quarter pound of Spicy Ahi? (스파이시 아히 1/4 파운드 주세요.)

❸ 밥과 함께 먹고 싶다면 원하는 포케와 양을 말하고, 밥의 종류(white rice 백미/brown rice 현미)를 선택한다. 밥을 1스쿱(스푼) 할지 2스쿱 할지 묻는 곳도 있다.

㉮ Can I get one Poke Plate? A Spicy Ahi Poke and a Hawaiian Tako Poke, please. I want brown rice. (포케 플레이트 하나 주세요. 스파이시 아히 포케랑 하와이안 문어 포케요. 밥은 현미로 할게요.)

## 10 매일 먹고 싶어지는 중독적인 스콘

### 다이아몬드 헤드 마켓 & 그릴 Diamond Head Market & Grill

일류 레스토랑 못지않은 스테이크를 맛볼 수 있는 이곳의 플레이트 런치는 현지인과 여행자 모두에게 인기다. 하지만 무엇보다 이곳은 스콘이 최고! 요일에 따라 스콘의 종류가 달라지는데, 매일 나오는 대표 메뉴인 '블루베리 크림치즈 스콘'은 꼭 맛봐야 한다. 건물의 오른쪽이 플레이트 런치를 파는 외부 계산대이고, 왼쪽 가게 안으로 들어가면 샐러드, 음료, 빵 등을 구매할 수 있다.

✕ 블루베리 크림 치즈 스콘(Blueberry Cream Cheese Scone) $5.65, 믹스드 플레이트(Mixed Plate) $16.50
📍 3158 Monsarrat Ave, Honolulu 🕒 월~금 11:00~20:00, 토·일 10:00~20:00, 마켓 & 베이커리 07:30~20:30 Ⓟ 무료
📞 808-732-0077 🏠 diamondheadmarket.com

## 11 밝은 아메리칸 빈티지풍의 레스토랑

### 카페 모레이스 Cafe Morey's

2018년 오픈하자마자 인기를 끌고 있는 레스토랑. 다이아몬드 헤드의 몬서랫 거리에 위치한 하와이스러운 가게다. 자리를 먼저 잡고 주문대에서 주문을 하는 방식이고, 창가 자리에서는 탁 트인 큰 창으로 다이아몬드 헤드가 보인다. 햄버거, 팬케이크, 볶음밥 등 메뉴가 다양해서 아이와 함께 식사를 하기에도 좋다.

✕ 믹스 과일 팬케이크(Mix Fruits Pancake) $22, 훈제 연어 & 아보 에그 베네딕트(Smoke Salmon & Avo Egg Benedict) $19.75 📍 3106 Monsarrat Ave, Honolulu 🕒 월~금 08:00~14:00 Ⓟ 길거리 주차 📞 808-200-1995 🏠 cafe-moreys.com

## 12 아름다운 정원 레스토랑

### 와이키키 레이아 Waikiki Leia

귀엽고 예쁜 아치형 문을 지나면 채플과 레스토랑이 보인다. 꽃으로 둘러싸인 정원이 매력적인 곳으로, 오래된 저택을 개조해 인테리어에서 여유가 느껴진다. 일년 내내 꽃이 피는 넓은 정원의 테이블이나, 다이아몬드 헤드가 보이는 2층 테라스에서 느긋하게 식사를 즐길 수 있다. 주말 아침, 저렴하게 아침 메뉴를 즐기는 것도 좋다.

✕ 수플레 팬케이크(Souffle Pancakes) $18.50
📍 3050 Monsarrat Ave, Honolulu 🕒 수~일 09:00~11:00, 11:00~13:00, 17:30~20:30 Ⓟ 길거리 주차 📞 808-735-5500 🏠 waikikileia.com

## 13 줄서서 먹는 채소 듬뿍 피시 타코

### 사우스 쇼어 그릴 South Shore Grill

신선한 생선을 사용한 타코와 부리토 등 남부 캘리포니아 스타일의 멕시코 음식을 맛볼 수 있는 곳이다. 샐러드인가 싶을 정도로 채소가 듬뿍 들어가 건강해지는 느낌이 든다. 시그니처 메뉴는 피시 타코. 배를 든든히 채우고 싶다면 립과 BBQ 치킨, 피시 타코가 모두 나오는 SSG 믹스 플레이트를 추천한다.

그릴드 케이준 오노 피시 위드 아이올리(Grilled Cajun Ono Fish with Aioli) $4.80(단품), $14.50(플레이트) 3114 Monsarrat Ave, Honolulu 월·화·목~토 10:30~20:30, 수·일 12:00~20:30 화요일 타코 튜즈데이 $2.75(피시 혹은 치킨 타코) 길거리 주차 808-734-0229 southshoregrill.com

## 14 갤러리와 커피의 만남

### ARS 카페 앤 젤라토 ARS Cafe and Gelato

아늑하고 차분한 모습의 갤러리 카페. 브루클린의 분위기가 감도는 우디한 복고풍 인테리어로 남녀 모두에게 인기 있는 핫한 장소다. 벽에는 지역 예술가들의 예술 작품이 전시돼 있고 주기적으로 작품이 바뀐다. 물론 커피와 음식 모두 훌륭하다. 토스트나 샌드위치, 샐러드에 커피를 곁들여 브런치를 즐기기에도 좋다.

아메리카노(Americano) $4.50, 마우이 커피(Maui Coffee) $5.75, 아보카도 토스트 위드 에그(Avocado Toast w/ egg) $12 3116 Monsarrat Ave, Honolulu 월~토 06:30~16:00, 일 08:00~16:00 불가 ars-cafe.com

## 15 동네 주민도 인정한 아사이 볼 맛집

### 보가츠 카페 Bogart's Cafe

작지만 오랫동안 지역 주민에게 사랑받고 있는 식당. 신문을 들고 아침을 먹으러 온 동네 주민, 방과 후 아사이 볼을 먹으며 수다를 떠는 아이들 등 현지 사람뿐 아니라 여행자들에게도 입소문난 곳이라 늘 북적인다. 이곳의 간판 메뉴는 영양만점의 아사이 볼. 자리가 없다면 포장해서라도 꼭 맛보자. 아침 식사 시간엔 긴 줄을 서야 하므로 식사 시간을 살짝 피해서 방문하는 게 좋다.

아사이 볼(Acai Bowl) $14.50, 크랩 앤 아보카도 오믈렛(Crab & Avocado Omelette) $22 3045 Monsarrat Ave, Honolulu 07:00~15:00 무료 808-739-0999 bogartscafe.com

카이무키는 호놀룰루에서 가장 오래된 동네 중 하나로, 살기 좋은 지역이다. 현지인들이 자주 가는 레스토랑, 커피숍, 빈티지 숍, 만화책 가게, 요가 학원 등이 몰려 있다.

**16** 동네 커피숍에서 현지인처럼 커피 한 잔

## 토크 카이무키 Talk Kaimuki

20년 이상 지역 주민에게 사랑받고 있는 카이무키 타운의 랜드마크와도 같은 곳이다. 혼자 일하거나 공부하는 사람은 물론 친구와 여유롭게 대화를 나누는 현지인을 볼 수 있다. 예술작품이나 네온 조명, 다양한 소품을 이용해 1970년대 미국의 분위기로 꾸며 놓았다. 음료 외에 샌드위치, 스콘, 머핀, 샐러드 등도 인기가 많다. 목~토요일에는 저녁 6시부터 밤마다 칵테일 등의 알코올을 판매한다.

✕ 아메리카노(Americano) $4, 카페모카(Mocha) $6, 키슈(Quiche) $5 ● 3601 Waialae Ave, Honolulu ◷ 월~금 06:00~16:00, 토·일 07:00~16:00(칵테일 판매 목~토 18:00~24:00) Ⓟ 코코 헤드 카페(Koko Head Cafe) 인근 코인 주차장 ☏ 808-737-7444

**17** 비건이 아니라도 깔끔한 채식 한끼

## 주시 브루 Juicy Brew

하와이 채식주의자들에게는 이미 정평이 나 있는 비건 레스토랑. 오너인 두 자매 모두 채식주의자로, 자신들의 지속 가능한 채식 요리와 식생활을 위해 주시 브루를 시작했다. 그런 만큼 맛과 영양에 신경 쓴 다채롭고 훌륭한 맛의 요리를 선보인다. 현지 농장과 협업해 신선한 재료를 사용하고, 동물 식재료뿐만 아니라 화학 조미료도 사용하지 않는 좋은 먹거리를 제공한다.

✕ 히라타 번(HIRATA BUNS) $17, 슈퍼푸드 팔라펠(Superfood Falafel) $16 ● 3392 Waialae Ave, Honolulu ◷ 금~일 10:00~20:00 ☏ 808-797-9177 ⌂ juicybrew.menu

## 머드 헨 워터 Mud Hen Water

하와이의 유명 셰프인 에드 케니가 하와이산, 아시아산 식재료를 함께 사용해 만든 창작 요리를 선보이는 레스토랑. 세련되고 편안한 분위기와 독특하고 맛있는 음식으로 다양한 연령층의 사랑을 받고 있다. 필리핀의 돼지고기 요리, 시시그를 개량한 포크 시시그(Pork Sisig)가 일품인데, 양념과 반숙 달걀을 밥에 슥슥 비벼 먹으면 순식간에 한 그릇 뚝딱하게 된다.

포크 시시그(Pork Sisig) $16, 훈제 고기 카르보나라(Smoke Meat Carbonara) $18 3452 Waialae Ave, Ho nolulu 화~목 11:00~21:00, 금·토 11:00~21:30, 일 09:30~14:00 가게 뒤 주차장(무료) 808-737-6000 mudhen water.com

19 아일랜드 스타일 브런치 하우스

## 코코 헤드 카페 Koko Head Cafe

미식가들이 사랑하는 브런치 카페. 뉴욕 출신의 오너 셰프인 리앤 왕은 미국 TV 요리경연대회 프로그램 〈탑 셰프〉에 출연해 유명해진 요리사로, 이곳에선 그녀가 직접 개발한 글로벌 퓨전 요리를 선보인다. 폭신폭신한 오믈렛이나 현지인도 반한 브렉퍼스트 비빔밥, 로코 모코와 함께 느긋하게 브런치를 즐기자. 유명한 만큼 예약은 필수!

코코 모코(Koko Moco) $25, 브렉퍼스트 비빔밥(Breakfast Bibimbap) $23, 볼케이노 에그(Volcano Eggs) $23 1120 12th Ave, Honolulu 07:00~14:00 인근 코인 주차장 808-732-8920 kokoheadcafe.com

20 현지인이 사랑하는 건강 샌드위치

## 스프라우트 샌드위치 숍 Sprout Sandwich Shop

야외에 3~4명이 앉을 수 있는 테이블이 전부인 작은 가게지만, 점심 때가 되면 샌드위치를 주문하러 온 사람들로 붐빈다. 특히 바삭하게 구운 빵이 일품이고 하와이산 식재료를 주로 사용해 신선한 데다 재료를 아끼지 않고 가득 담아 반쪽만 먹어도 배가 부르다. 아보카도를 좋아한다면 추가하는 걸 강력 추천!

듀크 위드 아보카도(DUKE /w Avocado) $17.50, 빅 카투나(Big Kahtuna) $15.50 1154 Koko Head Ave, Honolulu 10:00~15:00 인근 코인 주차장 sproutsandwich shop.com

## 21 떠오르는 말라사다 가게

### 파이프라인 베이크숍 & 크리머리 Pipeline Bakeshop & Creamery

레오나즈 베이커리의 전 직원이 시작한 베이크숍. 주문과 동시에 만드는 공 모양의 담백한 말라사다는 시간이 지나도 빵이 무너지지 않고 바삭함이 오래간다. 속에 내용물이 들어가지 않은 오리지널 말라사다만 판매하는 것이 특징. 케이크 밤, 바나나 브레드, 아이스크림도 맛있기로 유명하다.

클래식 말라사다(Classic Malasada) $1.95, 딸기 구아바 케이크 밤(Strawberry Guava Cake Bomb) $4.50
3632 Waialae Ave, Honolulu 수·목 08:00~18:00, 금~일 09:00~19:00 Center Street의 Bank of Hawaii 건너편 가게 주차장(1시간 무료) 808-738-8200
pipelinebakeshop.com

## 22 치즈케이크 장인의 맛

### 오또 케이크 Otto Cake

미식가도 감탄할 만한 맛의 치즈케이크 전문점. 현지 식재료를 사용한 홈메이드 치즈케이크를 맛볼 수 있다. 치즈의 맛이 풍부하면서도 많이 달지 않고 부드러워 중독성이 있다. 아래 부분의 구운 치즈와 위의 레어 치즈가 잘 조화되고, 식감이 과하지 않다. 치즈케이크 종류가 다양한데, 오리지널부터 시작해 보자.

오리지널 치즈케이크(Original Cheese Cake) $6(현금만 가능) 1127 12th Ave, Honolulu 월~토 11:00~19:00, 일 11:00~23:00 가게 오른쪽 주차 공간(무료) 808-834-6886 ottocake.com

## 23 하와이 수제 아이스크림

### 비아 젤라토 Via Gelato

푸드 트럭으로 시작해 카이무키에 매장을 낸 하와이 대표 수제 아이스크림 가게. 매일 제철 재료를 사용해 신선한 아이스크림을 만들고, 매주 새로 업데이트한 맛과 기존의 200여 가지 맛 중 20여 가지를 선별해 선보인다. 메뉴가 많다 보니 시식은 필수!

미니(Mini) $5.75, 스몰(Small) $6.75, 미디엄(Medium) $7.25, 라지(Large) $9, 파인트(Pint) $14 1142 12th Ave, Honolulu 일~목 11:00~22:00, 금·토 11:00~23:00 인근 유료 주차장 808-732-2800 viagelatohawaii.com

24 한가로운 해변 전망 레스토랑

## 플루메리아 비치 하우스 Plumeria Beach House

와이키키에서 차로 10분 거리에 위치한 카할라 호텔의 1층에 있으며, 한적한 카할라 비치가 바라다보이는 오션 프론트 레스토랑이다. 날씨가 좋은 날에 테라스 석에 앉아 아름다운 바다와 탁 트인 전망을 보며 여유를 즐기기 좋다. 금, 토요일 저녁(17:00~ 20:30)에는 신선한 해산물 뷔페가 제공되며 미국 기념일에는 특별한 콘셉트의 점심 혹은 저녁 뷔페가 진행되기도 하니 사이트를 참고하자.

카할라 로코 모코(Kahala Loco Moco) $28, 클래식 에그 베네딕트(Classic Eggs Benedict) $24 5000 Kahala Ave, Honolulu 조식 06:30~11:00(뷔페 10:30), 런치 11:30~14:00, 디너 목~월 17:00~20:30 $50 이상 주문시 4시간 무료 808-739-8760 kahalaresort.com/dining/plumeria-beach-house

25 그리스의 맛 그대로

## 올리브 트리 카페 Olive Tree Cafe

부촌 카할라의 주민들이 사랑하는 그리스 음식점. 꼬치구이 고기를 따뜻한 피타(Pita) 빵으로 감싼 수블라키와 화려한 그리스의 여름이 담긴 그릭 샐러드, 두툼한 홍합에 라임, 생강, 허브 소스를 더한 머슬 세비체(Mussels Ceviche), 피타 빵과 함께 나오는 후무스 등 모든 메뉴가 맛있다.

수블라키(Souvlaki) $14.33, 그릭 샐러드(Greek Salad) $8.60, 후무스(Hummus) $4.78 (현금만 가능) 4614 Kilauea Ave, Honolulu 17:00~21:00 무료 808-737-0303

## 01 정신 차려 보면 카드가 손에 한가득

### 사우스 쇼어 페이퍼리 South Shore Paperie

하와이의 핫한 편집 숍에서 볼 수 있는 브래들리 앤 릴리 문구(Bradley & Lily Fine Stationery)의 오너이자 그래픽 디자이너가 운영하는 가게다. 종이로 만든 상품을 파는 전문점으로, 귀엽고 멋진 카드와 엽서, 노트가 셀 수 없이 많아 여행객의 지갑을 가볍게 만든다. 소중한 사람에게 쓸 카드를 골라 보자.

1016 Kapahulu Ave, Honolulu
화~금 09:00~15:00 무료 808-466-5881
instagram.com/southshorepaperie

## 02 하와이 최대 규모의 알로하 셔츠 숍

### 베일리스 앤티크 앤 알로하 셔츠 Bailey's Antiques and Aloha Shirts

숨은 보물을 찾는 재미가 있는 빈티지 숍. 주로 빈티지 알로하 셔츠를 판매한다. 주인이 엄선한 1940~1960년대의 빈티지 알로하 셔츠에서 최신 상품까지 15,000장 이상의 알로하 셔츠가 매장 내 가득하다. 어디서도 못 구하는 레트로한 레어템을 찾아보자. 옷 외에 컵, 자동차 번호판, 인테리어 소품 등 빈티지 잡화도 판매한다.

517 Kapahulu Ave, Honolulu 11:00~17:00
인근 코인 주차 808-734-7628 alohashirts.com

## 03 하와이 모티브의 옷과 소품

### 케알로피코 Kealopiko

몬서랫 애비뉴에서 들어서면 귀여운 발코니와 비치 파라솔이 놓여 있는 노란색 집이 눈에 들어온다. 이곳은 몰로카이, 빅 아일랜드, 마우이 출신의 디자이너들이 하와이의 자연과 문화를 모티브로 다채롭게 디자인한 아이템을 판매하는 디자인 숍이다. 수익의 일부는 하와이 문화와 환경을 보존하는 단체에 기부된다.

3128 B Monsarrat Ave Honolulu 수~토 11:00~18:00, 일 12:00~17:00 인근 코인 주차 808-784-0033
kealopiko.com

## 04 하와이에서 만난 서핑하는 스누피

### 스누피스 서프 숍 Snoopy's Surf Shop

하와이와 스누피의 콜라보레이션, 서핑하는 스누피! 하와이에 스누피 캐릭터의 사용을 허가받은 라이센스 숍은 몇 군데 있지만, 피넛츠(PEANUTS) 공식 숍은 스누피스 서프 숍이 유일하다. 서핑 보드를 안고 있는 스누피의 서핑보드, 스위밍웨어, 티셔츠, 의류, 열쇠고리, 스티커, 립밤, 하와이 메이드 팬케이크 믹스와 초콜릿 등 다양한 잡화를 갖추고 있다.

📍 3302 Campbell Ave, Honolulu 🕓 10:00~16:00 🅿 불가
📞 808-734-3011 🏠 snoopysurf.com

## 05 친환경 라이프스타일 제품이 가득

### 슈거케인 Sugarcane

카이무키에 있는 귀엽고 아기자기한 편집 숍. 자연 친화적인 라이프스타일(Eco Friendly Lifestyle)을 지향하는 부티크로, 하와이 현지 아티스트의 핸드메이드 장식품과 의류 등을 판매한다. '리사이클, 리유즈, 리스타일(ReCycle, ReUse, ReStyle)'의 사랑스러운 빈티지 제품들도 있으니 천천히 구경하며 기념품을 구입해보자.

◆ kaimukihawaii.com에서 카이무키 지역 상점과 레스토랑의 할인 쿠폰을 다운받을 수 있다.

📍 1137 11th Ave #101, Honolulu 🕓 월~수 10:00~16:00, 목·금 10:00~15:00, 17:00~20:00, 토·일 09:00~15:00 🅿 인근 유료 주차장 📞 808-739-2263

## 06 지구를 살리는 제품이 가득

### 에브리 데이 베러 바이 그린 메도스 Every Day Better by Green Meadows

귀엽고 따뜻한 이곳은 플라스틱 없는 생활을 지향하며 다양한 나라의 지속 가능한 제품을 선별해 판매한다. 지속 가능한 제품이란 환경 파괴 없이 지속될 수 있는 제품을 말한다. 환경에 대한 관심이 높아지면서 많은 사람들에게 환영과 사랑을 받고 있다. 자연 분해가 되는 제품, 재활용 제품, 업사이클(새활용) 제품도 다양하다.

📍 1223 Koko Head Ave Suite 2, Honolulu 🕓 화~금 11:00~15:00, 토·일 10:00~15:00 🅿 인근 유료 주차장 📞 808-737-7770 🏠 everydaybetterbygreenmeadows.com

## 레드 파인애플 Red Pineapple

많은 잡지에 소개된 편집 숍. 오프라 윈프리의 '오 리스트(O-List)' 상품 등 세계 각국에서 모인 센스 있는 잡화가 가득해 구석구석 돌아보는 재미가 있다. 일부 스테디셀러를 제외하고 제품이 매번 새롭게 바뀌어 단골이 많다. 에코백, 감각 있는 엽서, 하와이산 팬케이크 믹스와 초콜릿, 소스, 바다 소금, 설탕 등 식품의 종류도 다양하다. $5 안팎의 아이템도 많아 선물을 고르기에 좋다.

◆ 하와이에서 파인애플은 대지와 태양의 기운을 받으며 자란다고 해서 부의 상징이자 환영의 의미를 지닌다.

1153 12th Ave, Honolulu  08:00~17:00  인근 유료 주차장  808-593-2733  redpineapple.net

©Red Pineapple

## 08 펫 러버들의 혼을 쏙 빼놓는 곳

## 더 퍼블릭 펫 The Public Pet

동물을 좋아한다면 카이무키 거리에서 가장 눈에 먼저 들어올 가게. 세련된 인테리어에 개성 넘치는 반려동물 상품들이 준비돼 있다. 오너 매튜 게바라(Matthew Guevara)가 이곳을 '디자인과 강아지, 고양이가 만나는 곳'이라고 묘사할 만큼 세련된 공간으로 여러 잡지에도 소개된 힙한 가게다.

3422 Waialae Ave, Honolulu  화~일 09:00~18:00  길거리 코인 주차  808-737-8887  thepublicpet.com

TIP

### 반려동물의 선물은 여기서!

- **펫코(Petco)** 미국 최대 반려동물 용품 체인점으로, 오아후에는 7개의 점포가 있다. 규모가 일반 마트만큼이나 크고 종류도 다양하다. 특히 원하는 만큼 덜어 담을 수 있는 반려동물 전용 쿠키나 반려동물용 알로하 셔츠는 선물용으로 좋다. 육류가 포함된 간식이나 사료는 한국으로 반입이 금지돼 있으니 주의하자.

  1121 South Beretania St, Honolulu  월~토 09:00~20:00, 일 10:00~19:00  808-593-0934  petco.com

- **캘빈 & 수지(Calvin & Susie)** 가족의 소중한 일원인 반려동물의 건강을 최우선으로 생각하며, 세계 각국에서 엄선한 프리미엄 식품과 장난감 등을 취급한다. 믿을 수 있는 메이드 인 하와이 상품도 풍부하다. 자체 브랜드 상품의 모든 수익은 동물 보호 단체에 기부된다.

  3109 Waialae Ave #108, Honolulu  수~금 10:00~18:00, 토~월 10:00~17:00  808-734-2320  www.calvinandsusie.com

## 카이무키 드라이 굿즈 Kaimuki Dry Goods

카이무키에 있는 원단 가게. 퀼트나 홈패션에 관심 있다면 눈이 휘둥그레지는 곳이다. 하와이안 문양 등 원단의 종류가 다양하고, 높은 품질의 원단을 선별해 판매하기 때문에 구경하는 것만으로도 재밌다. 가게의 안쪽에는 단추, 레이스 등 소품도 진열돼 있다. 퀼트용 자투리 원단도 판매하고 퀼트 레슨도 진행된다. 주문할 때는 구매하려는 원단을 들고 가 원하는 길이(야드, 1yd=0.9144m)를 말하면 된다.

1144 10th Ave #100, Honolulu 월~토 09:00~17:00, 일 10:00~16:00 무료 808-734-2141
kaimukidrygoods.com

TIP

**하와이 추천 원단 판매점**

- **패브릭 마트(Fabric Mart)**: 일본 슈퍼마켓인 돈키호테 부근에 위치한 원단 가게. 방대한 패브릭 종류와 가격이 저렴하기로 유명하다.
- **준 패브릭스(June Fabrics)**: 훌라 원단 등 지역색이 강한 원단 가게. 내부는 창고와 비슷한 분위기로, 판매하는 상품의 가격이 저렴하며 이곳의 원단으로 만든 훌라 스커트도 판매한다.



## 타무라스 파인 와인 & 리쿼 Tamura's Fine Wines & Liquors

하와이에는 직접 술을 가져갈 수 있는(BYOB, Bring Your Own Booze) 레스토랑이 많으므로, 이곳에서 와인을 구매해서 식당에 방문하면 좋다. 와인을 중심으로 맥주, 위스키 등 다양한 가격대의 술을 취급하며, 하와이 최대 규모의 구색을 자랑한다. 와인 선택이 어렵다면 카운터 주변의 특가 세일 와인을 구매해 보자. 가격도 저렴하고 품질도 좋다.

◆ 하와이산 보드카, 럼, 와인 등의 주류도 구입할 수 있다.

3496 Waialae Ave, Honolulu 09:30~20:00 무료
808-735-7100 tamurasfinewine.com

포케 맛집으로도 유명하다.

## 11 고급 주택가의 대형 쇼핑몰

### 카할라 몰 Kahala Mall

카할라 지역에 있는 대형 쇼핑몰. 유기농 슈퍼마켓 홀푸드(Whole Foods), 백화점 메이시스(Macy's), 아웃렛 로스 드레스 포 레스(Ross Dress for Less), 다양한 레스토랑과 패스트푸드점, 약국, 영화관 등 약 90여 개 이상의 상점과 음식점이 모여 있는 주민들의 쇼핑 장소다. 크리스마스나 핼러윈 데이, 추수 감사절 등 명절 전후에는 다양한 행사도 열린다.

4211 Waialae Ave, Honolulu 월~토 10:00~21:00, 일 10:00~18:00 무료 808-732-7736
kahalamallcenter.com

## 12 유기농 슈퍼마켓

### 홀푸드 마켓 카할라 Whole Foods Market Kahala

웰빙을 지향하는 현지인들과 여행자들로 항상 붐비는 유기농 슈퍼마켓. 홀푸드는 '출점지의 현지 기업을 지원한다'는 모토를 가지고 하와이산 식품으로 마켓을 가득 채운다. 지역 특산물 〈러브 로컬(Love Local)〉과 홀푸드만의 레시피로 만든 〈메이드 라잇 히어(Made Right Here)〉, 홀푸드 자체 브랜드 〈365〉 등 건강과 지역을 생각하는 아이디어와 배려가 눈에 들어온다.

카할라 몰 1층 4211 Waialae Ave, Honolulu 07:00~22:00 무료 808-738-0820 wholefoodsmarket.com

- **넛 버터 셀프 코너(정량 판매 코너)** 갓 만든 신선한 견과류 버터, 넛 버터를 맛볼 수 있는 기회! 내가 원하는 만큼, 원하는 견과류를 골라 만들 수 있다. 원하는 버터를 만들고, 상품 ID를 써서 계산대로 가지고 가면 된다.
- **델리 코너** 이곳의 샌드위치는 최고! 주문서에 빵의 종류와 내용물을 작성해서 전달하면 된다. 피자도 조각으로 판매하고, 조개 수프도 맛있다.

REAL GUIDE

# 매일매일 가고 싶은 곳
# 홀푸드 마켓에서 꼭 사야 할 아이템

01
믿고 사는 홀푸드
**자체 브랜드 〈365〉**

02
기념품으로 인기인
**홀푸드 에코백**

03
비단처럼 부드러운
**무살균 유기농 흰 꿀**

04
청정한 마우이산
**설탕**

05
한국에서도 도전!
**하와이 팬케이크 파우더**

06
부드러운 맛과 향의
**마카다미아 오일**

07
직구로만 구할 수 있던 유기농 화장품
**존 마스터 오가닉**

08
100% 내추럴 소재로 만든
**홀푸드 비누**

09
홀푸드 마크가 인쇄된
**하이드로 플라스크 텀블러**

10
진하고 향기로운
**하와이 콜드 브루 커피**

11
이탈리아에서 온
**아마레나 체리**

알라 모아나·
워드 빌리지·
카카아코
BEST 4
01
알라 모아나 비치
파크 해수욕
02
카카아코
그래피티 감상
03
알라 모아나 센터
쇼핑
04
워드 빌리지
아웃렛 쇼핑

AREA

03

# 알라 모아나·워드 빌리지·카카아코

Ala Moana·Ward Village·Kakaako

와이키키의 서쪽으로 쇼핑센터와 상업 지구가 모여 있다. 이 지역은 크게 세 군데로 나뉜다. 와이키키만큼이나 유명한 알라 모아나 센터가 있는 알라 모아나 지역, 쇼핑센터·맛집·영화관 등 문화 시설이 모여 있는 워드 빌리지, 그리고 하와이의 새로운 중심지가 된 카카아코 지역이다. 세련된 쇼핑센터, 시민들의 문화 공간, 젊은 힙스터들의 아지트 등 각기 다른 매력과 개성으로 여행이 즐거워진다.

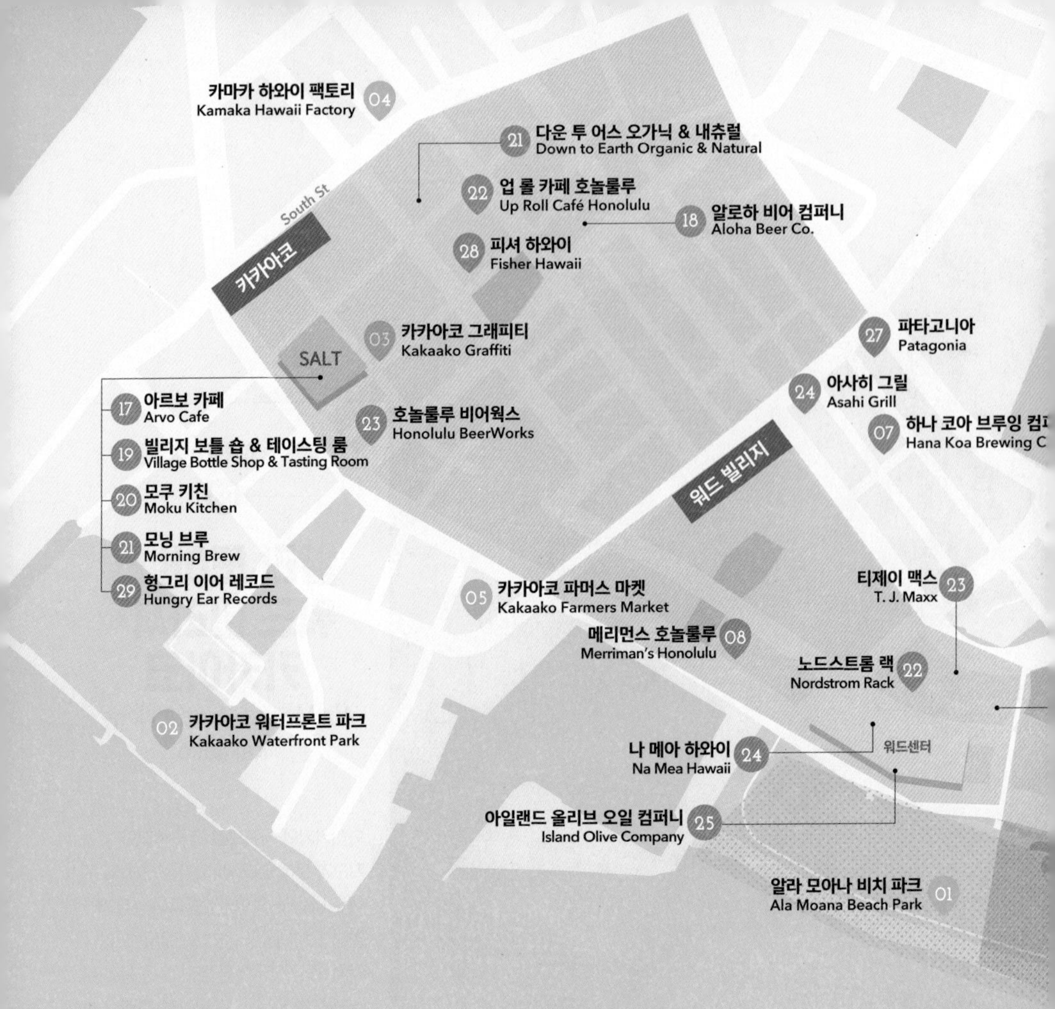

04 카마카 하와이 팩토리
Kamaka Hawaii Factory

21 다운 투 어스 오가닉 & 내츄럴
Down to Earth Organic & Natural

22 업 롤 카페 호놀룰루
Up Roll Café Honolulu

18 알로하 비어 컴퍼니
Aloha Beer Co.

28 피셔 하와이
Fisher Hawaii

South St

카카아코

SALT

03 카카아코 그래피티
Kakaako Graffiti

27 파타고니아
Patagonia

24 아사히 그릴
Asahi Grill

07 하나 코아 브루잉 컴퍼
Hana Koa Brewing C

17 아르보 카페
Arvo Cafe

19 빌리지 보틀 숍 & 테이스팅 룸
Village Bottle Shop & Tasting Room

20 모쿠 키친
Moku Kitchen

21 모닝 브루
Morning Brew

29 헝그리 이어 레코드
Hungry Ear Records

23 호놀룰루 비어웍스
Honolulu BeerWorks

워드 빌리지

05 카카아코 파머스 마켓
Kakaako Farmers Market

08 메리먼스 호놀룰루
Merriman's Honolulu

23 티제이 맥스
T. J. Maxx

22 노드스트롬 랙
Nordstrom Rack

02 카카아코 워터프론트 파크
Kakaako Waterfront Park

24 나 메아 하와이
Na Mea Hawaii

워드센터

25 아일랜드 올리브 오일 컴퍼니
Island Olive Company

01 알라 모아나 비치 파크
Ala Moana Beach Park

# 알라 모아나·워드 빌리지·카카아코 상세 지도

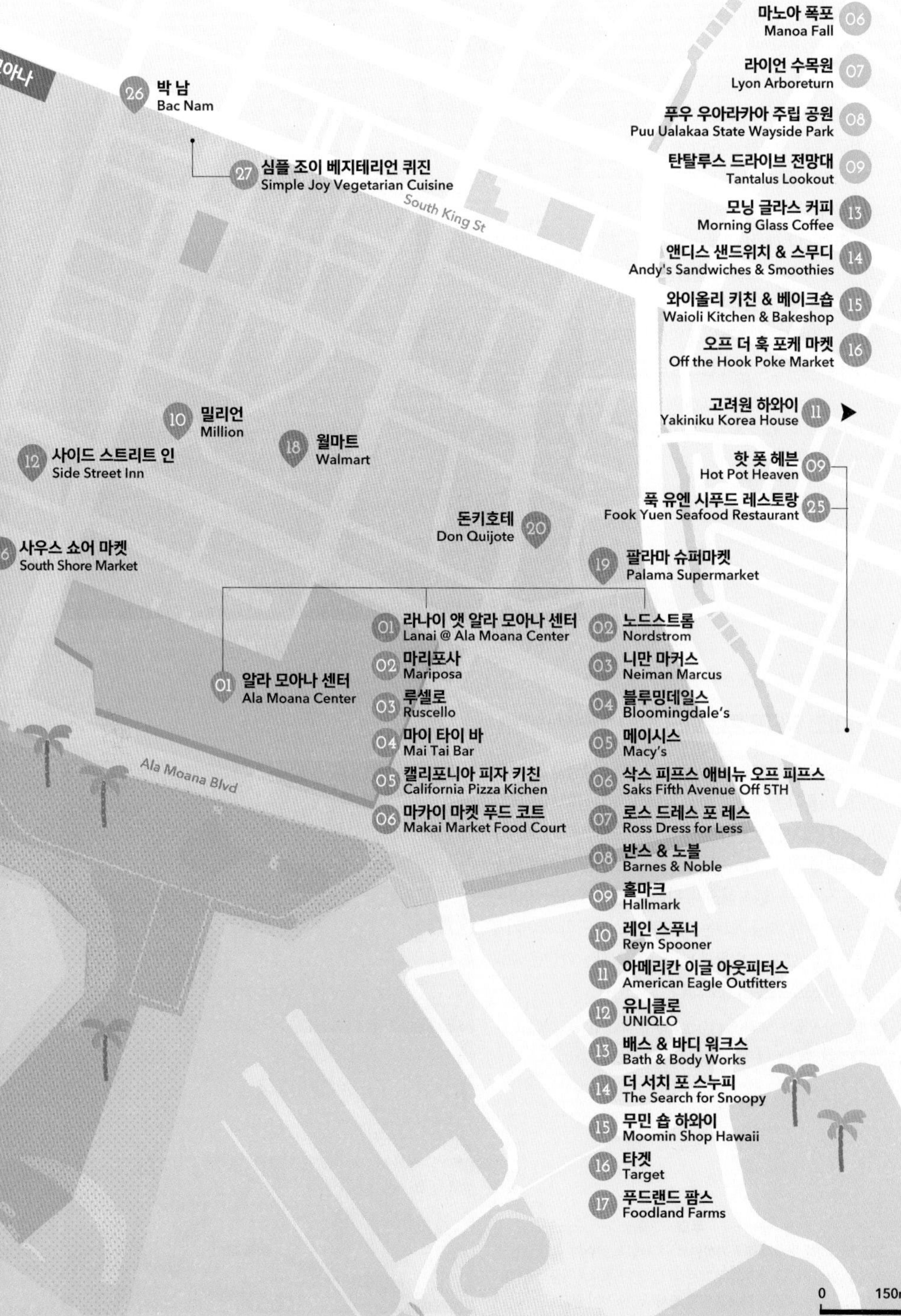
모아나
26 박 남
Bac Nam
27 심플 조이 베지테리언 퀴진
Simple Joy Vegetarian Cuisine
South King St
06 마노아 폭포
Manoa Fall
07 라이언 수목원
Lyon Arboreturn
08 푸우 우아라카아 주립 공원
Puu Ualakaa State Wayside Park
09 탄탈루스 드라이브 전망대
Tantalus Lookout
13 모닝 글라스 커피
Morning Glass Coffee
14 앤디스 샌드위치 & 스무디
Andy's Sandwiches & Smoothies
15 와이올리 키친 & 베이크숍
Waioli Kitchen & Bakeshop
16 오프 더 훅 포케 마켓
Off the Hook Poke Market
11 고려원 하와이
Yakiniku Korea House
10 밀리언
Million
12 사이드 스트리트 인
Side Street Inn
18 월마트
Walmart
09 핫 폿 헤븐
Hot Pot Heaven
25 푹 유엔 시푸드 레스토랑
Fook Yuen Seafood Restaurant
20 돈키호테
Don Quijote
26 사우스 쇼어 마켓
South Shore Market
19 팔라마 슈퍼마켓
Palama Supermarket
01 알라 모아나 센터
Ala Moana Center
01 라나이 앳 알라 모아나 센터
Lanai @ Ala Moana Center
02 마리포사
Mariposa
03 루셀로
Ruscello
04 마이 타이 바
Mai Tai Bar
05 캘리포니아 피자 키친
California Pizza Kichen
06 마카이 마켓 푸드 코트
Makai Market Food Court
02 노드스트롬
Nordstrom
03 니만 마커스
Neiman Marcus
04 블루밍데일스
Bloomingdale's
05 메이시스
Macy's
06 삭스 피프스 애비뉴 오프 피프스
Saks Fifth Avenue Off 5TH
07 로스 드레스 포 레스
Ross Dress for Less
08 반스 & 노블
Barnes & Noble
09 홀마크
Hallmark
10 레인 스푸너
Reyn Spooner
11 아메리칸 이글 아웃피터스
American Eagle Outfitters
12 유니클로
UNIQLO
13 배스 & 바디 워크스
Bath & Body Works
14 더 서치 포 스누피
The Search for Snoopy
15 무민 숍 하와이
Moomin Shop Hawaii
16 타겟
Target
17 푸드랜드 팜스
Foodland Farms
Ala Moana Blvd
0
150m

**01** 호놀룰루 시민들의 휴식처

## 알라 모아나 비치 파크
**Ala Moana Beach Park**

어린이도 안전하게 즐길 수 있는 해변으로, 곳곳에 피크닉 시설과 운동 시설이 있어 가족 혹은 친구들과 모여 시간을 보내기에 가장 좋은 해변이다. 공원에서 요가나 조깅, 산책을 즐기는 시민도 많다. 특히 이른 아침이나 해 질 녘에는 호놀룰루 현지인이 많이 찾아 그들의 일상을 엿볼 수 있다. 주말이면 피크닉을 나온 주민들로 붐빈다. 와이키키에서 가깝고 알라 모아나 센터가 길 건너편에 있어 접근성도 좋다.

📍 1201 Ala Moana Blvd, Honolulu
🕓 04:00~22:00 Ⓟ 무료 📞 808-768-4611
🏠 honolulu.gov/parks

**02** 숨겨진 서핑 & 포토 스폿

## 카카아코 워터프론트 파크 Kakaako Waterfront Park

카카아코 지역의 해안에 있는 공원. 웨딩 촬영을 많이 할 정도로 아름다운 전망이 이곳의 핵심. 주차장에서는 바다가 보이지 않지만, 낮은 언덕을 살짝 넘으면 바다가 보인다. 콘크리트와 암벽으로 이루어진 바닷가에 앉아 태평양을 바라보기만 해도 행복해진다. 왼쪽 길 끝까지 가면 막다른 길이 나오는데, 이곳에서는 다이아몬드 헤드와 와이키키의 빌딩들이 보인다. 이곳과 바다로 이어지는 계단은 서핑 스폿이자 포토 스폿이기도 하다.

📍 102 Ohe St, Honolulu 🕓 06:00~19:00 Ⓟ 무료 📞 808-594-0300 🏠 dbedt.hawaii.gov/hcda

**주의**

최근 하와이에 노숙자가 증가하면서 큰 사회적 이슈가 되고 있는데, 여기도 예외는 아니다. 주차할 때는 차 안에 가방이나 귀중품을 절대 두지 말고, 날이 저물기 전에 공원을 빠져나오는 것이 좋다.

0 200m

REAL GUIDE

# 알라 모아나 비치 파크에서 할 수 있는 것들

알라 모아나 비치 파크

B 알라 모아나 비치

b

a

A 매직 아일랜드 라군 비치

01 공원에는 2개의 해변이 있다. Ⓐ **매직 아일랜드 라군 비치**: 방파제 덕분에 큰 파도가 없고 수심이 얕아서 아이들도 안심하고 물놀이를 즐길 수 있다. Ⓑ **알라 모아나 비치**: 공원의 서쪽, 호놀룰루 시내 방면에 위치한 해변. 매직 아일랜드 비치에 비해 해변의 길이도 길고, 바디보드나 패들보드도 즐길 수 있다.

02 느긋하고 편안한 분위기에서 호놀룰루 시민들과 함께 자전거를 타거나 산책을 즐겨 보자.

03 공원 곳곳에 벤치와 피크닉 테이블이 있어 잠시 쉬기에도 좋고, 쇼핑센터에서 음식을 포장해 즐기기에도 좋다. 벤치에 앉아 멍하니 바다를 보는 것만으로도 힐링이 된다.

04 최고는 아름다운 일몰을 볼 수 있다는 것! 추천 장소는 위 지도의 ⓐ 지점이나 방파제, 혹은 ⓑ 지점 해변이다.

05 매년 5월 28일 메모리얼 데이에 메모리얼 데이 랜턴 플로팅 세레모니(Memorial Day Lantern Floating Ceremony)가 열린다. 나라를 위해 희생한 사람들을 기리기 위해 등불에 메시지를 써서 태평양에 띄우는데, 해가 지면 6천여 개의 등불이 태평양 바다 위를 둥둥 떠 있는 모습이 장관이다. 매년 5만 명 이상의 사람들이 참여한다.

06 7월 4일 독립 기념일에 큰 불꽃놀이 행사가 열린다. 여행 일정과 시기가 맞다면 참석해 보아도 괜찮다.

01

02

03 04

05

03 거리 자체가 미술관

## 카카아코 그래피티 Kakaako Graffiti

카카아코가 인기를 얻은 데는 그래피티가 크게 한몫했다. '파우! 와우! 하와이!(POW! WOW! HAWAII!)' 프로젝트를 통해 매년 1~2월에 이 지역 예술가와 세계적인 그래피티 아티스트 100여 명이 모여 카카아코 지역 공장이나 공공시설의 벽에 그래피티를 그린다. 예술이 생활에 스며들었으면 하는 취지에서 시작해 지금도 매년 진행되고 있다. 다양한 장르의 개성 넘치는 그래피티는 딱 한 해만 볼 수 있는 기간 한정 예술 작품! 그래피티와 함께 인생샷을 남겨 보자.

Ⓟ 길거리 코인 주차 🏠 powwowhawaii.com

TIP

### 미식과 예술, 쇼핑의 카카아코

지금 하와이에서 가장 핫한 카카아코 지역은 예술, 미식, 쇼핑이 가능한 지역이다. 특히 솔트(SALT)와 그 주변으로 힙한 레스토랑이 모여 있고, 그래피티 또한 이곳을 중심으로 길 여기저기 그려져 있다. 그래피티를 보며 산책도 하고 분위기 있는 커피숍에서 커피도 마시며 색다른 하와이 여행을 즐겨 보자. 숍의 자세한 정보는 아래 홈페이지에서 확인할 수 있다.

🏠 saltatkakaako.com

**04** 100년이 넘는 역사의 우쿨렐레 공장

## 카마카 하와이 팩토리 Kamaka Hawaii Factory

창업자 카마카

카마카의 우쿨렐레는 하와이 우쿨렐레 연주가 대부분이 사용할 만큼 인기가 많은 브랜드로, 그 공장이 바로 카카아코에 있다. 외관은 수수하지만 안으로 들어서면 고급스러운 우쿨렐레가 빼곡히 진열돼 있다. 주재료인 하와이산 코아 나무는 고급 목재로, 현재는 종 보호를 위해 하와이 주 정부가 허가한 장소에서만 나무를 베어 사용할 수 있다. 이곳에서는 코아 나무로 만든 고급 우쿨렐레를 구입할 수 있을 뿐 아니라 공장 투어로 제작 과정도 체험할 수 있다.

◆ 투어는 창업자 카마카의 차남인 사무엘이 진행하며 1시간 정도 걸린다. 투어는 영어로만 진행되지만, 제작 모습만 봐도 신기하고 재밌다.

550 South Dr, Honolulu 월~금 08:00~16:00(공장 투어: 화~금요일 10:30부터, 1시간가량 소요) $ 무료 P 무료
808-531-3165 kamakahawaii.com

이곳 우쿨렐레의 아름다운 음색은 하와이산 코아 나무를 수년간 건조시켰기 때문!

**05** 도심 속 시장

## 카카아코 파머스 마켓 Kakaako Farmers' Market

인근 주민들이 장을 보고 식사를 하는 마켓. 이 지역에서 재배한 신선한 채소와 과일, 식재료, 하와이 특산품, 음식 등 다양한 상품을 판매한다. 시원하게 식사할 수 있도록 천막 아래에 테이블이 마련돼 있고 여느 파머스 마켓처럼 라이브 음악 연주도 들을 수 있다. 카카아코나 워드 빌리지와 함께 방문해 보는 것도 좋다.

919 Ala Moana Blvd, Honolulu 토요일 08:00~12:00
P 무료 808-388-9696 farmloversmarkets.com

농장 직송 100% 하와이산 천연 벌꿀을 저렴하게 구입할 수 있다.

## 마노아 폭포 Manoa Fall

와이키키에서 20분 떨어진 열대 정글을 걷다 보면 만나게 되는 폭포. 도심과 가까워 삼림욕도 할 겸 폭포까지 가벼운 하이킹을 즐기는 현지인이 많다. 태양이 쨍쨍 내리쬐는 와이키키와 달리 나무가 그늘을 만들어 주어, 걷는 길이 시원하다. 아이들도 걸을 수 있을 정도로 쉬운, 왕복 2시간 내의 코스다. 나무가 많은 만큼 모기도 많으니 모기 기피제를 꼭 뿌리고 운동화를 신자.

Na Ala Hele, Honolulu 06:00~18:00 $7/차량 1대
hawaiitrails.hawaii.gov/trails

**07** 자연 속 산책 같은 하이킹

## 라이언 수목원 Lyon Arboretum

마노아 폭포 트레일 입구에서 왼쪽으로 가면 하와이 주립대학에서 관리하는 수목원이 나온다. 코스에 따라서 다르지만 왕복 1~2시간이면 충분한 초급 코스다. 하이킹을 하는 동안 신기하고 다양한 식물들을 볼 수 있어 지루하지 않다. 수목원 입구의 비즈니스 센터에 먼저 방문해 지도를 받고 입장을 기록해야 한다.

3860 Manoa Rd, Honolulu 월~금 09:00~15:00 808-988-0456
manoa.hawaii.edu/lyon

## 08 호놀룰루 최고의 뷰포인트

### 푸우 우아라카아 주립 공원 Puu Ualakaa State Wayside Park

탄탈루스 길을 따라 위로 계속 올라가다 보면 언덕 꼭대기(고도 약 320미터)에 있는 푸우 우아라카아 주립 공원이 나온다. 이름이 어렵다 보니 '탄탈루스 공원(Tantalus Park)'이라고도 부른다. 일몰 전에 문을 닫기 때문에 야경을 볼 수는 없지만, 태평양을 배경으로 다이아몬드 헤드, 와이키키, 시내, 진주만까지 이어지는 어마어마한 전망을 볼 수 있다. 전망대에 서는 순간 입이 떡 벌어지며 탄성이 나올 정도.

Nutridge St, 07:00~19:45 무료
808-587-0300

## 09 호놀룰루 전경이 한눈에!

### 탄탈루스 드라이브 전망대 Tantalus Lookout

다이아몬드 헤드와 와이키키 등 호놀룰루를 내려다 볼 수 있는 명소. 낮에는 파랗게 펼쳐진 태평양을 볼 수 있고, 저녁에는 도심의 불빛이 만들어내는 아름다운 야경을 만날 수 있다. '탄탈루스 언덕 야경투어' 여행사 상품이 있을 정도로 낭만적인 볼거리지만, 가로등도 따로 없고 외진 곳이라 치안이 좋지 않으니 오래 머물거나 늦은 시간 방문은 피하자.

2900-3198 Round Top Dr, Honolulu 24시간
길거리 주차

## 라나이 앳 알라 모아나 센터 Lanai @ Ala Moana Center

2017년 10월 오픈한 푸드 코트. 캐주얼하면서도 세련된 분위기이며, 야외 테라스 테이블도 마련돼 있다. 테이블과 의자의 모양도 다양해 마음에 드는 자리를 골라 앉을 수 있다. 카운터 바 자리도 있어 혼자 식사하기에도 부담이 없다. 유아용 의자도 있으니 필요하면 요청하자.

✕ 아히 앤 베지터블의 벤토 $17.50, 서울 믹스 2.0의 마요 불고기 비빔밥 $11.50 🚶 알라 모아나 센터 2층 다이아몬드 헤드 윙, 메이시스 백화점 부근 📍 1450 Ala Moana Blvd, Honolulu 🕙 10:00~20:00 🅿 무료 🏠 alamoanacenter.com

❶ **마할로하 버거 Mahaloha Burger** 항생제와 성장 호르몬을 사용하지 않고 자연 목초를 먹여 키운 하와이산 소고기를 사용하는 버거 가게

❷ **브루그 BRUG** 일본 홋카이도의 빵집. 카레 빵이 인기

❸ **아히 & 베지터블 Ahi & Vegetable** 포케로 유명한 음식점. 매일 아침 수산시장에서 구입한 하와이산 참치로 요리해 신선하다. 생선회, 초밥 등도 판매한다.

❹ **서울 믹스 2.0 Seoul Mix 2.0** 비빔밥을 메인으로 떡볶이, 김밥, 불고기 등 가벼운 한국 음식을 맛볼 수 있는 곳

❺ **무스비 카페 이야스미 MUSUBI CAFE Iyasume** 유명한 무스비 가게의 분점

❻ **어가베 & 바인 Agave & Vine** 데킬라, 와인, 수제 맥주, 칵테일을 즐길 수 있는 펍

## 마리포사 Mariposa

알라 모아나 센터의 고급 백화점 니먼 마커스 3층에 있는 레스토랑. 호놀룰루 매거진이 독자 투표로 하와이 맛집을 선정하는 대회에서 점심 식사 부문 금상을 수상한 바 있다. 천장이 높고 한쪽 전면이 통유리 창이며 넓은 테라스까지 있어 분위기 좋고 맛 또한 훌륭하다. 알라 모아나 비치 파크의 아름다운 경치를 볼 수 있는 테라스 자리(Lanai table)에 앉고 싶다면 늦은 점심시간을 노려보자.

◆ 점심에는 따뜻하고 바삭한 빵, 팝오버(POP-Over)가 서비스로 나온다. 무제한 리필 가능!

칠드 킹 크랩 샐러드(Chilled King Crab Salad) $35, 마리포사 포케(Mariposa Poke) $30
알라 모아나 센터의 Neiman Marcus 백화점 3층 1450 Ala Moana Blvd, Honolulu
월~목 11:00~15:00, 금·토 11:00~15:00, 17:00~19:30, 일 11:00~16:30 무료
808-951-3420

런치에 제공되는 팝오버

## 루셀로 Ruscello

알라 모아나 센터의 노드스트롬 3층에 있는 캐주얼 레스토랑. 지중해와 이탈리아 요리에서 영감을 받아 만든 창작 요리들을 선보인다. 테라스 쪽 자리가 있어 시원한 바닷바람을 맞으며 식사할 수 있다. 테라스에는 지붕이 있어 갑자기 비가 내려도 문제없다. 마리포사보다 바다가 덜 보이는 대신 음식 가격은 조금 더 저렴한 편이다.

와일드 살몬 니수아즈(Wild Salmon Nicoise) $24, 스파이시 와일드 슈림프 포모도로(Spicy Wild Shrimp Pomodoro) $22.50
알라 모아나 센터 에바 윙, 노드스트롬 3층 1450 Ala Moana Blvd, Honolulu 월~토 11:00~20:00, 일 12:00~19:00
무료 808-953-6110

## 04 쇼핑 후 칵테일 한 잔

### 마이 타이 바 Mai Tai Bar

알라 모아나 센터 4층 꼭대기의 개방형 바. 호놀룰루 매거진 및 US투데이가 선정한 베스트 해피아워(Best Happy Hour), 베스트 푸푸스 & 베스트 라이브 뮤직(Best Pupus & Best Live Music)으로 해마다 꼽힌다. 하루에 두 번 라이브 공연(16:00~19:00 편안한 음악, 20:00~23:00 신나는 밴드 연주)이 열린다. 햄버거나 샐러드 등의 요리와 다양한 안주뿐 아니라 칵테일, 맥주, 와인 등 술 종류도 다양하다. 낮부터 당당하게 술을 마시는 것도 휴가 때만 허락되는 작은 즐거움. 쇼핑 후 칵테일이나 맥주 한 잔을 즐기며 바캉스를 만끽해 보자.

- 중요 스포츠 경기가 있는 날에는 경기를 보며 바를 이용하는 현지인들로 분위기가 후끈해진다.
- 저녁 4시 이후는 21세 이상만 입장 가능. 낮에는 나이 제한이 없으므로 아이를 동반한 가족도 이용할 수 있다.

마이 타이(Mai Tai) $11, 갈릭 슈림프(Garlic Shrimp) $23, 치즈 버거(Cheese Burger) $18.50 알라 모아나 센터 4층, 다이아몬드 헤드 윙 1450 Ala Moana Blvd, Honolulu 11:00~24:30
H 16:00~19:00, 20:00~23:00 P 무료 808-941-4400
instagram.com/maitaisalamoana

## 05 미국 피자 패밀리 레스토랑

### 캘리포니아 피자 키친 California Pizza Kitchen

캘리포니아 스타일의 피자를 독창적인 레시피로 만들어 주는 레스토랑. 미국에서 일명 'CPK'라 불리며 사랑을 받고 있다. 피자가 메인이지만, 미국인 취향에 맞춘 파스타와 샐러드, 샌드위치, 디저트 등도 맛볼 수 있다. 내부가 넓어 가족 손님이 다함께 식사를 즐기기에 좋다.

하와이안 피자(Hawaiian Pizza) $20.99 알라 모아나 센터 4층 메이시스 부근 1450 Ala Moana Blvd, Honolulu
일~목 11:00~ 22:00, 금·토 11:00~23:00

## 06 다국적 요리를 한 곳에

### 마카이 마켓 푸드 코트 Makai Market Food Court

다민족이 공존하는 하와이답게 하와이 로컬 푸드를 비롯해 태국, 인도, 미국, 이탈리아, 일본, 중국 등 세계 각국의 요리를 저렴하게 맛볼 수 있다. 좌석 수는 1,500석으로 매우 넓어 쇼핑 중간에 식사와 휴식을 즐기기에 좋다.

싱마 테이(SingMa Tei)의 파인애플 슈림프(Curry Pineapple Shrimp) $15.45, 야미 코리안 BBQ(Yummy Korean BBQ)의 갈비 런치 플레이트(Kal Bi Lunch Plate) $21.95(4가지 반찬 선택)
알라 모아나 센터 1층 중앙 1450 Ala Moana Blvd, Honolulu
월~토 10:00~21:00, 일 10:00~19:00 P 무료

**07** 갓 만들어 시원하고 새로운 하와이 맥주

## 하나 코아 브루잉 컴퍼니 Hana Koa Brewing Co.

캘리포니아의 E.J. 페어 브루잉 컴퍼니(E.J. Phair Brewing Company)에서 최연소 헤드 브루워로 활약한 조슈아 코프(Josh Kopp)가 양조 책임자로 있는 곳으로, 넓은 창고를 양조장으로 개조했다. 바 카운터 뒤편으로 맥주 양조 공간이 있으며, 이곳에서 갓 만들어진 신선한 맥주를 마실 수 있다. 매달 새로운 맥주가 발매되고, 프렌치 프라이, 아히 포케, 피자, 피쉬 앤 칩스 등 식사 메뉴도 다양하다.

언브레이커블 블런드(Unbreakable Blond) $4(10oz)
962 Kawaiahao St, Honolulu 화~목 12:00~22:00, 금·토 11:00~23:00, 일 10:00~21:00 무료 808-591-2337
hanakoabrewing.com

**08** 유명 쉐프의 하와이 지역 퀴진

## 메리먼스 호놀룰루 Merriman's Honolulu

하와이 팜 투 테이블(Farm to Table)의 선구자인 피터 메리먼(Peter Merriman)이 지역 요리를 선보이는 파인 다이닝 레스토랑. 하와이 각지에서 엄선한 재료를 사용해 하와이 음식 문화와 세계 각국의 조리법을 융합한 독창적인 요리를 선보인다. 〈호놀룰루 매거진〉이 주최하는 하와이 미식가 상인 할레 아이나 상을 매년 수상하는 곳이기도 하다.

마카다미아 넛 크러스티드 프레시 피시(Macadamia Nut Crusted Fresh Fish) $44, 무쇠 팬 오가닉 치킨(Cast Iron Organic Chicken) $52 1108 Auahi St #170, Honolulu 11:00~21:00 15:00~17:00 무료(Anaha Parking Garage) 808-215-0022 merrimanshawaii.com

**09** 뜨끈하고 시원한 국물이 생각날 때

## 핫 폿 헤븐 Hot Pot Heaven

하와이 여행 중 얼큰하고 시원한 음식이 먹고 싶은 순간이 온다. 그럴 때 찾으면 딱인 대만식 샤브샤브 전문점. 관광객보다는 현지인에게 인기 높은 곳이다. 김치, 해산물, 태국 스타일 등 기본 육수 베이스를 선택하고 냉장고에 있는 많은 재료 중 먹고 싶은 걸 골라 먹으면 된다. 회전초밥처럼 접시 색마다 가격이 다르다.

육수 $6.99~10.99, 고기 $5.29~6.29, 해산물 $4.29~5.29, 채소 $3.29~4.29 1960 Kapiolani Blvd STE 116, Honolulu 11:00~20:30 808-941-1115 hotpotheaven.com

## 10 한국 요리가 그립다면 이곳

### 밀리언 Million

하와이 한인 교포들이 고향의 맛을 그리워하며 자주 찾는 레스토랑. 한국 음식이 그립거나 연세가 많은 부모님과 함께라면 이곳을 방문하자. 삼겹살, 돼지갈비 외에도 잡채, 해물전, 김치찌개, 된장찌개, 비빔밥, 제육볶음 등 식사류도 다양하다. 특히 반찬이 너무 맛있어 음식이 나오기 전에 밥 한 공기 뚝딱할 정도다. 그래서 반찬을 따로 판매하기도 한다. 저녁에는 고기를 구워 먹는 손님들로 늘 만석이니 예약은 필수!

차돌 김치찌개 $16.95, 갈비 돌솥비빔밥 $16.95 626 Sheridan St, Honolulu 11:00~22:00 무료 808-596-0799

## 11 현지인에게도 통하는 찐 한국맛

### 고려원 하와이 Yakiniku Korea House

하와이 한인들이 인정하고 즐겨 찾는 한식당이다. 한국의 맛 그대로를 맛볼 수 있다. 한국에서처럼 고기를 시키면 된장찌개와 밑반찬이 기본적으로 차려지고 밑반찬으로 나오는 떡볶이는 여러 번 리필할 만큼 맛있다. 낙지 전골, 생갈비 구이, 제육볶음, 차돌박이 구이, 불고기부터 김치찌개, 된장찌개, 물냉면 등 메뉴가 다양하다.

생갈비 $42.95, 물냉면 $15.95 2494 S Beretania St, Honolulu 10:00~22:00 808-944-1122

TIP

#### 한국 음식이 그립다면

- **자갈치 식당(Ja Gal Chi Restaurant)** 가성비 최고의 한식당. 된장찌개, 불고기 등 식사 메뉴도 좋지만 족발, 보쌈, 김치찜 등 요리 메뉴도 아주 훌륭하다.
- **두꺼비집(Frog House Restaurant)** 허름한 숨은 맛집 느낌의 레스토랑. 아귀찜, 청국장, 불고기 등 메뉴가 다양하고 현지인들이 자주 찾는 곳.
- **오킴스(O'Kims)** 아주 작은 레스토랑이지만 제대로 된 한식 메뉴뿐만 아니라 퓨전 한식도 선보인다. 매달 이 달의 메뉴(Monthly Special)를 출시해 창의적이고 독특한 한국 음식을 맛볼 수 있어 SNS에 화제가 되는 곳이기도 하다.
- **윌로우 트리(Wilow Tree)** 오아후의 동쪽에 있는 카일루아 지역에 위치한 한식당. 가격도 저렴하고 음식 맛도 한국 식당보다 맛있다는 평가다. 오아후 동쪽 여행 동선에 넣어도 좋다.

〈오킴스〉

## 사이드 스트리트 인 Side Street Inn

양과 맛, 가격 등 모든 면에서 출중해 현지인에게 인기 있는 레스토랑. 음식의 양이 다른 곳의 곱빼기다. 지갑은 얇지만 맛있는 음식을 먹고 싶다면, 이곳을 방문하자. 테이크아웃해 알라 모아나 비치 파크에서 먹는 것도 좋다. 와이키키 동쪽, 카파훌루 거리에 2호점이 있다.

팬-프라이드 아일랜드 포크찹(Pan-Fried Island Pork Chops) $32, 시그니처 프라이드 라이스(Signature Fried Rice) $24 1225 Hopaka St, Honolulu 화~금 16:00~20:30, 토·일 12:00~20:30 발렛 파킹 $7(현금만) 808-591-0253 sidestreetinn.com

13 매일 하루를 시작하고 싶은 곳

## 모닝 글라스 커피 Morning Glass Coffee

알라 모아나 센터에서 차로 5분 거리에 위치한 마노아(Manoa)의 주택가에 자리한 카페다. 맛있는 음식과 커피로 무척 유명하다. 자연으로 둘러싸인 듯한 편안한 분위기와 훌륭한 커피, 다른 곳에서는 맛볼 수 없는 독창적인 음식이 매력적이다. 현지인뿐 아니라 관광객에게도 입소문이 나 많은 사람들로 붐빈다.

스트라타(Strata) $8, 스콘(Scone) $3.75, 커피 $3.75, 맥 앤 치즈 팬케이크(Mac + Cheese Pancakes) $15 2955 East Manoa Rd, Honolulu 화~금 07:00~14:00, 토·일 08:00~14:00 무료 808-673-0065 morningglass coffee.com

14 하와이 대학교 학생들의 단골집

## 앤디스 샌드위치 & 스무디 Andy's Sandwiches & Smoothies

비가 많이 내려 무지개를 자주 볼 수 있어 '무지개 마을'이라 불리는 마노아에서 1977년부터 사랑받고 있는 샌드위치 가게다. 아침과 점심 시간이 되면 근처 하와이 대학교 학생들과 현지인들이 줄을 선다. 직접 만든 빵에 신선한 채소가 가득해 보기만 해도 건강해지는 느낌이다. 푸짐한 샌드위치를 저렴하게 먹을 수 있다.

핫 터키 머시룸 샌드위치(Hot Turkey Mushroom Sandwich) $10.99, 아히 앤 아보카도 샌드위치(Ahi & Avocado Sandwitch) $9.20 2904 East Manoa Rd, Honolulu 월~금 07:00~16:00 무료 808-988-6161 andyssandwiches.com

## 15 숲속의 오붓한 레스토랑

### 와이올리 키친 & 베이크숍 Waioli Kitchen & Bakeshop

산으로 둘러싸인 마노아 지역에 위치한 숲속 레스토랑. 1922년 와이올리 티 룸(Waioli Tea Room)으로 시작해 2014년까지 영업하다가 2019년 베이커리 키친으로 다시 태어났다. 스콘, 크루아상, 머핀 등 빵이 맛있기로 유명한데, 아침과 점심의 식사 메뉴도 인기다. 푸른 나무를 보며 야외 테라스에서 가볍게 스콘에 커피를 마셔도 좋고, 크로아상 샌드위치나 신선한 샐러드로 아침을 시작해도 좋다. 시간을 두고 천천히 머물다 가고 싶은 곳이다.

◆ 카운터에서 주문과 계산을 먼저하고 자리를 잡아 앉아 있으면 가져다주는 시스템이다.

✕ 에그+치즈 크루아상 샌드위치(Egg+Cheese Croissant Sandwich) $12, 브렉퍼스트 볼(Breakfast Bowl) $13 ⦿ 2950 Manoa Rd, Honolulu ⏲ 화~토 08:00~13:00 Ⓟ 무료 ☏ 808-744-1619 ⌂ waiolikitchen.com

## 16 인스타 핫플 포케 맛집

### 오프 더 훅 포케 마켓 Off the Hook Poke Market

하와이 대학, 마노아 폭포가 있는 마노아 지역에 위치한 포케 전문점. 항상 긴 줄이 늘어서 있는 인기 음식점이다. '그날 새벽 4시에 시장에서 구입한 갓 잡은 생선만을 사용한다.'를 모토로 신선한 포케를 제공하고 있다. 인스타 인증샷 핫플로 유명한 민트색 스타벅스 옆에 위치해 있으니 포케도 먹고 스타벅스 인증샷도 찍어 보자.

✕ 레귤러 사이즈(Regular) $18.99~ ⦿ 2908 E Manoa Rd, Honolulu ⏲ 월~토 10:00~18:00 Ⓟ 무료 ☏ 808-800-6865 ⌂ offthehookpokemarket.com

## 17 자꾸 사진 찍고 싶어지는 곳

### 아르보 카페 Arvo Cafe

하와이에서는 보기 드문 호주 스타일의 카페. 카카아코 솔트(SALT)의 탁 트인 공간에 위치한 트레일러풍의 이곳은 오랫동안 힙한 분위기와 맛뿐만 아니라 포토제닉한 음식과 음료로 큰 사랑을 받고 있다. 토스트 위에 신선한 재료들이 올라간 오픈 토스트와 라벤더 라떼, 차콜 라떼, 벨벳 아이스 모카 등 개성 있는 음료, 그리고 블루베리, 딸기, 바나나, 키위와 녹차 휘핑크림을 올린 치아시드 푸딩 등이 인기다. 야외의 파라솔 자리에 앉아 하와이 스타일의 브런치나 커피 타임을 즐기기에 좋다.

라떼(Latte) $4.50, 로디도 아보카도 토스트(Loaded Avocado Toast) $12.50, 훈제 연어 토스트(Smoked Salmon Toast) $12.50 324 Coral St, Honolulu 08:00~14:00 1시간 무료, $1/2시간째, $2/3시간째, $4/4시간째(레스토랑 확인증 필요) 808-537-2021 arvocafe.com

## 18 이것이 진짜 현지 맥주 맛

### 알로하 비어 컴퍼니 Aloha Beer Co.

하와이의 젊은 감성 가득한 카카아코 지역에 있는 브루어리 레스토랑. 오픈에어로 개방된 분위기의 맥주 양조공장이자 레스토랑으로, '알로하 비어 컴퍼니는 하와이에서, 하와이를 위해 맥주를 만든다.'를 모토로 로컬보다 더 로컬스러운 스타일의 수제 맥주를 개발하고 있다는 평가를 받고 있다. 청량감 넘치는 라거부터 과일 맛과 향이 나는 에일 맥주 등 다양한 수제 맥주를 판매한다.

플루트 루페스(Froot Lupes) $8.95(1파운드), 피시 앤 칩스(Fish & Chips) $20 700 Queen St, Honolulu 일~목 11:00~22:00, 금·토 11:00~23:00 H 일~목 14:00~18:00, 금·토 22:00~ 무료(발렛파킹 $4) 808-544-1605 alohabeer.com

## 19 편안한 보틀 비어 숍

### 빌리지 보틀 숍 & 테이스팅 룸 Village Bottle Shop & Tasting Room

18종의 수제 맥주와 500종 이상의 병맥주, 캔맥주를 즐길 수 있는 곳. 카운터에서 맥주나 와인을 주문하고 계산한 후 원하는 자리에서 마시면 된다. 팝콘이나 파이 등 작은 안주(푸푸)도 판매한다. 외부 음식 반입도 가능한 BYOF(Bring Your Own Food) 식당이니, 맛집의 음식을 포장해 가져가서 맛있는 맥주와 함께 즐겨 보자.

맥주 $6~$13/16온스, 치킨 팟(Chicken Pot) $6 675 Auahi St, Honolulu 일~수 12:00~21:00, 목~토 12:00~23:00 1시간 무료, $1/2시간째, $2/3시간째, $4/4시간째(레스토랑 확인증 필요) 808-369-0688

## 모쿠 키친 Moku Kitchen

하와이 지역 요리를 연구하는 요리사인 피터 메리먼(Peter Merriman)의 캐주얼 레스토랑. 유기농 채소와 방목으로 키운 육류를 고집하며 엄선된 재료로 요리한다. 라이브 음악과 편안한 분위기 때문에 가족이나 커플, 나홀로 여행자 등 폭 넓은 사람들에게 사랑받고 있다. 어린이 메뉴도 있고, 3세 이하 어린이에게는 파스타를 무료 제공한다. 멍키포드 키친(Monkeypod Kitchen) P.252의 캐주얼 버전으로, 합리적인 가격에 고급 레스토랑의 음식을 맛볼 수 있다.

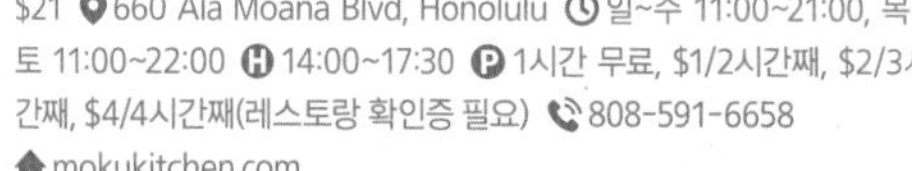

하마쿠아 와일드 머시룸 피자(Hamakua Wild Mushroom Pizza) $21 660 Ala Moana Blvd, Honolulu 일~수 11:00~21:00, 목~토 11:00~22:00 H 14:00~17:30 P 1시간 무료, $1/2시간째, $2/3시간째, $4/4시간째(레스토랑 확인증 필요) 808-591-6658 mokukitchen.com

갈릭 트러플 오일 프라이

2층은 노트북으로 작업하거나
여유롭게 대화를 나누기에 딱이다.

21 지역 주민이 사랑하는 로컬 숍

## 모닝 브루 Morning Brew

스타벅스가 하와이에 들어오기 전부터 지금까지 주민의 사랑을 받고 있는 카페. 천장이 높고 세련된 2층 로프트 자리도 있는 편안하고 멋진 장소다. 귀여운 라떼 아트가 인기이며 와플, 파니니에서 샐러드, 샌드위치 등 다양한 메뉴가 있 있다. 비건, 글루텐 프리 등 옵션도 기호에 맞게 선택할 수 있고 커피도 저렴한 편이다.

100% 코나 커피(100% Kona Coffee) $5.60, 아보카도 앤 에그 토스트(Avocado & Egg Toast) $11.50, 브랙퍼스트 부리토(Breakfast Burrito) $11 685 Auahi St, Honolulu 월~금 07:00~14:00, 토·일 07:00~16:00 1시간 무료, $1/2시간째, $2/3시간째, $4/4시간째(레스토랑 확인증 필요) 808-369-3444 morningbrewhawaii.com

TIP

**솔트(SALT) 주차 정보**

카페와 숍들이 모여 있는 솔트 앳 아워 카카아코(SALT at our Kakaako)는 이곳과 바로 연결되는 주차장(Keave St)과, 다른 주차장(440 Keave St 또는 Pohukaina St)을 이용한다.

**주차요금**: 1시간 무료, $1/2시간째, $2/3시간째, $4/4시간째

※ 숍이나 레스토랑에서 주차 확인증을 받아야 할인된 가격을 적용받을 수 있다.

22 신선한 채소가 가득 든 스시롤

## 업 롤 카페 호놀룰루 Up Roll Cafe Honolulu

일본인 오너의 웰빙 초밥집. 초밥을 주문할 때 롤 또는 볼 중에 고를 수 있는데, 볼 샐러드를 주문하면 채소가 산더미처럼 나오고 롤도 한입에 다 먹기 힘들 정도로 크다. 주문은 내가 원하는 것을 조합해 만드는 방식(Build Your Own)으로, 주문지에 원하는 것을 체크해서 건내면 된다.

아히 러버 아보카도(Ahi Lover Avocado) $14.75 665 Halekauwila St, Honolulu 월~금 10:00~19:00, 토·일 10:00~16:00 인근 코인 주차 808-743-3476 uprollcafe.com

## 23 창고를 개조한 펍

### 호놀룰루 비어웍스 Honolulu Beerworks

자꾸만 걷고 싶은 카카아코 거리에 자리한 세련된 창고에서 맥주 한잔! 창고를 재단장해 천장이 높고 공간이 넓다. 10종 이상의 맥주를 직접 만드는 소규모 양조장이 있는 펍이다. 수제 맥주펍의 묘미는 다양한 맛의 맥주를 맛볼 수 있다는 것. 4온스의 작은 잔에 6가지의 샘플을 맛볼 수 있는 비어 플라이트(Beer Flight)를 주문해 보자. 오너가 할레 쿨라니 호텔의 라메르 레스토랑에서 일한 주방장이었던 만큼 점심이나 저녁 식사를 겸해 맥주 한잔하기에도 부족함이 없다.

- **비어 플라이트 주문 방법** 비어 플라이트(BEER FLIGHT)라고 적힌 주문용 종이에 이름과 마시고 싶은 맥주를 쓰고 웨이터에게 전달하면 된다. 테스터 1잔당 $3부터이다.
- 대부분 미국의 펍은 어린이 동반이 가능하다.

맥주 $8~$12/16온스, 사우스 스트리트 파스트라미 루번 샌드위치(South Street Pastrami Reuben Sandwich) $18, 비어메이드 맥 앤 치즈(Beermade Mac & Cheese) $15 328 Cooke St, Honolulu 월~목 12:00~22:00, 금·토 12:00~24:00 15:00~17:00 길거리 코인 주차 808-589-2337
honolulubeerworks.com

## 24 옥스테일 수프의 명가

### 아사히 그릴 Asahi Grill

소의 꼬리고기가 듬뿍 들어간 옥스테일 수프를 합리적인 가격에 맛볼 수 있는 레스토랑이다. 옥스테일 수프에는 고수가 많이 들어가므로 고수를 먹지 못한다면 빼 달라고 요청하자. 기호에 따라 생강을 더 넣어 먹는 게 포인트! 작은 접시에 생강과 간장을 부어 고기를 찍어 먹기도 한다. 옥스테일 수프에는 쌀밥이 나오는데 추가 요금을 내면 볶음밥으로 바꿀 수 있다. 옥스테일 수프의 양은 세 종류인데 혼자라면 스몰, 두 사람이라면 레귤러를 시켜 나눠 먹는 것도 좋다.

옥스테일 수프(Oxtail Soup),
스파이시 아히동(Spicy Ahi Don), 볶음밥

- 카이무키에도 지점(Asahi Grill Kaimuki)이 있다.

옥스테일 수프(Oxtail Soup) 19.95(S), 스파이시 아히동(Spicy Ahi Don) $14.50, 김치볶음밥(Kimchee Fried Rice) $10.50(S) 515 Ward Ave, Honolulu 일~목 07:30~20:30, 금·토 07:30~21:00 무료 808-593-2800

## 25 저렴하고 맛있는 중식당

### 폭 유엔 시푸드 레스토랑 Fook Yuen Seafood Restaurant

합리적인 가격에 맛있는 중국요리를 맛볼 수 있는 가성비 맛집으로 하와이 현지인들에게 오랫동안 사랑받고 있는 곳이다. 물가가 비싼 하와이에서 저렴하게 고퀄리티의 중식 요리를 접할 수 있다. 마늘과 버터로 양념한 랍스터 요리와 새우 요리 등 다양한 해산물 요리뿐만 아니라 베이징 덕을 비롯한 다른 요리도 훌륭하다. 음료를 가져갈 수 있는 BYOB(Bring Your Own Bottle) 레스토랑이라 음료 값을 아껴 더 저렴하게 즐길 수 있다.

✕ 랍스터 1마리(Live Maine Lobster) $23.99, 베이징 덕(Peking Duck) $53 ⊙ 1960 Kapiolani Blvd, Honolulu ⓒ 11:00~14:00, 17:00~22:00 Ⓟ 무료 ☎ 808-973-0168 ⌂ fookyuenrestaurant.com

## 26 게살 듬뿍 카레 맛집

### 박 남 Bắc Nam

작은 맛집들이 숨어 있는 사우스 킹 스트리트(South King St.)에 위치한, 베트남 출신 부부가 운영하는 베트남 음식점이다. 이곳에서 가장 인기인 메뉴는 게살이 듬뿍 들어간 카레. 바게트를 찍어 먹기도 하고 파기름이 살짝 뿌려진 쌀밥에 비벼 먹기도 한다. 카레는 물론 춘권, 파파야 샐러드 등 베트남 음식도 일품이다. 주류는 BYOB(Bring Your Own Bottle)이며 현지인들의 맛집인 만큼 붐비는 시간대에는 예약하는 게 좋다.

✕ 게살 카레(Crabmeat Curry) $29.95, 스프링롤(Spring Roll) $12.95, 그린 파파야 샐러드(Green Papaya Salad) $12.95 ⊙ 1117 S King St, Honolulu ⓒ 월~토 11:00~14:30, 17:00~20:00 Ⓟ 무료 ☎ 808-597-8201

## 27 건강 채식 요리 전문점

### 심플 조이 베지테리언 퀴진 Simple Joy Vegetarian Cuisine

가족이 운영하는 작은 맛집으로 고기와 생선을 유기농 채식 식재료로 대체해 만드는 채식 요리 전문점이다. 채식 요리는 맛있기 어렵다는 기존의 생각을 바꾸어주는 맛있고 건강한 음식을 제공한다. 몸이 가벼워지는 건강한 식사를 맛보고 싶다면 이곳이 제격이다.

✕ 반쎄오(Ban Xeo) $14.95, 바나나꽃 샐러드(Banana Flower Salad) $11.50 ⊙ 1145 S King St #B, Honolulu ⓒ 10:30~14:30, 17:00~21:00 Ⓟ 무료 ☎ 808-591-9919

## 알라 모아나 센터 Ala Moana Center

쇼핑을 좋아하는 사람이라면 하와이 최대 쇼핑센터인 알라 모아나 센터를 꼭 방문하자. 이곳에는 5개의 백화점과 명품 브랜드 부티크, 현지 브랜드 매장, 편집 숍, 대형 슈퍼마켓 등 350여 개의 점포와 다양한 종류의 레스토랑이 모여 있다. "알라 모아나 센터에는 하와이에서 사고자 하는 것이 다 있다."라고 할 정도로 넓고 방대해 준비와 계획 없이 돌아다니기는 비효율적이다.

1450 Ala Moana Blvd, Honolulu 10:00~20:00 무료
808-955-9517 alamoanacenter.com

### 알라 모아나 센터 개념도

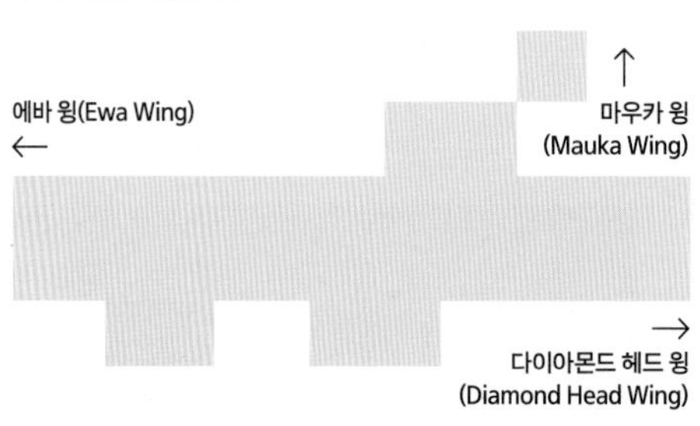


TIP

**효율적인 쇼핑을 위한 팁**

1. 가기 전 방문할 매장을 정해 둔다. 워낙 넓다 보니 무엇을 사고 싶은지, 어떤 가게에 갈 건지 미리 생각해 두는 것이 좋다. 미국 브랜드는 한국보다 싸게 구입할 수 있으니 빠뜨리지 말고 체크해 두자.
2. 지도를 미리 살펴보자. 어디에 어떤 가게가 있는지 파악해 두면 이동의 피로를 최소화 할 수 있다.
3. 사이즈 차이를 알아 두자. 미국 사이즈는 한국보다 큰 편이다. 한국에 없는 사이즈가 있기 때문에 미리 알아 두면 쇼핑 시간을 줄일 수 있다.
4. 쇼핑에 어려움이 있다면 고객 서비스를 활용하자. 센터 중앙의 2층에 고객 서비스 센터(Guest Services)를 비롯해 5개의 안내소가 있다. 한국어 소통이 가능한 직원도 있다. 시설이나 점포 안내, 유실물 취급, 셔틀 버스 티켓 판매, 휠체어 무료 대여 등 다양한 서비스를 이용할 수 있다.
5. 1층 고객 서비스 센터에서 할인 쿠폰북을 받을 수 있다.
6. 홈페이지를 통해 매장의 세일 정보나 할인권 등을 확인하자.
7. 알라 모아나 센터의 날개(윙)를 기억해 두자. 이곳에는 마우카 윙(북쪽), 에바 윙(서쪽), 다이아몬드 헤드 윙(동쪽)의 3개의 날개가 있다. 실제 위치를 설명할 때 건물 내에서 쉽게 듣고 보게 되니 방향을 찾을 때 도움이 된다.(*마우카는 쇼핑센터의 북쪽에 있는 산, 에바는 오아후의 서쪽 지역, 다이아몬드 헤드는 쇼핑센터의 동쪽에 있어 붙여진 이름이다.)

## 02 신발 사려면 이곳

### 노드스트롬 Nordstrom

하와이 쇼핑의 달인은 '노드스트롬에서는 신발을 보라'고 조언한다. 토리 버치(Tory Burch)와 페라가모(Ferragamo) 등 명품 신발부터 저렴하고 실용적인 신발까지 선택의 폭이 넓고, 한국에서 구입하는 것보다 저렴한 브랜드도 많다. 노드스트롬은 원래 신발 전문점으로 시작한 백화점이기 때문에 지금도 그 영향을 받아 신발 품목에 경쟁력이 있다. 1층에는 하와이 로컬 상품, 수영복, 화장품, 패션 잡화 매장이 있고 2층에는 여성복, 3층에는 남성복, 키즈, 홈웨어 매장이 있다.

- 니만 마커스와 중복되는 브랜드도 있는데, 이곳이 조금 더 저렴한 편이다. 꼭 비교하고 구매하자.
- 2층으로 에스컬레이터를 타고 올라가면 우편함처럼 생긴 휴대폰 충전기가 있다. 비밀번호로 문을 잠글 수 있어서 도난 걱정도 없다.
- 쉬고 싶다면 2층 휴식 공간에서 편하게 쉴 수 있다.

알라 모아나 센터 에바 윙 1~3층 · 1450 Ala Moana Blvd, Honolulu · 10:00~21:00 · 무료 · 808-953-6100 · shop.nordstrom.com

## 03 미국 셀럽들의 단골 백화점

### 니만 마커스 Neiman Marcus

세계적인 고급 브랜드와 제품을 취급하는 최고급 백화점으로, 미국의 연예인들이 좋아하는 백화점으로 정평이 나 있다. 가끔 깜짝 세일을 하기도 하니 들러 보자. 몽클레어(Moncler) 등 한국인에게 인기 있는 몇몇 매장의 경우 한국어를 구사하는 점원이 있다. 또한 한국 미발매 제품과 이곳에서만 살 수 있는 프리미엄 브랜드의 제품도 여럿 갖추고 있다.

- 3층에는 하와이 쿠키, 초콜릿, 하와이산 조미료 등 니만 마커스가 선정한 하와이 상품들이 모여 있다. 니만 마커스의 안목으로 고른 기념품을 사고 싶다면 들러 보자.

알라 모아나 센터 중앙 2~3층 · 1450 Ala Moana Blvd, Honolulu · 월~토 11:00~19:00, 일 11:00~18:00 · 무료 · 808-951-8887 · kr.neimanmarcushawaii.com

팬케이크 믹스
하와이 쿠키
하와이 소금

## 04 뉴욕 출신의 백화점

### 블루밍데일스 Bloomingdale's

뉴욕에 본점이 있는 백화점으로, 하와이에 있지만 왠지 뉴욕의 분위기가 느껴진다. 고급 브랜드는 물론 합리적인 가격대의 브랜드와 백화점 자체 브랜드, 하와이 로컬 디자이너의 브랜드도 입점해 있다. 1층에는 화장품, 신발, 가방, 시계, 액세서리, 블루밍데일스의 오리지널 상품 매장, 2층에는 여성용 의류와 아동복 매장, 3층에는 남성용 의류와 인테리어 용품, 주방용품 매장이 있다.

◆ 웰컴 센터(Welcome Center)에서 회원 등록을 하면(무료) 15% 할인권을 받을 수 있다.

알라 모아나 센터 에바 윙 1~3층 1450 Ala Moana Blvd, Hono lulu 월~토 11:00~20:00, 일 11:00~18:00 무료 808-664-7511 bloomingdales.com

이곳의 로고가 찍힌 토트백은 하와이 기념품으로 인기

## 05 문턱이 낮은 편안한 백화점

### 메이시스 Macy's

메이시스는 미국 최대 백화점 그룹으로, 캐주얼 브랜드를 취급하는 게 특징이다. 알라 모아나 센터뿐 아니라 와이키키 등 하와이에 여러 개의 점포를 운영한다. 항상 할인이 진행돼 즐겁게 쇼핑할 수 있다. 물건을 살 경우 일부 상품을 제외하고 10% 할인 혜택을 주는 인터내셔널 세이빙 카드를 발급, 이용할 수 있다. 밤늦게까지 영업하기 때문에 여행자들에게는 고마운 곳이다.

◆ 4층 메이시스 서비스센터(Macy's Services)에서 인터내셔널 세이빙 카드(International Saving Card)를 발급받을 수 있다. 주소는 머무르는 호텔을 얘기하면 된다.

알라 모아나 센터 다이아몬드 헤드 윙 1~3층 1450 Ala Moana Blvd, Honolulu 월~목 09:30~20:00, 금 09:30~21:00, 토 09:30~22:00, 일 10:00~20:00 무료 808-941-2345 macys.com

## 06 명품 브랜드 아웃렛

# 삭스 피프스 애비뉴 오프 피프스 Saks Fifth Avenue Off 5th

삭스 피프스 애비뉴(Saks Fifth Avenue)의 아웃렛 매장. 평균 30~70% 할인되고 80% 이상 할인되는 상품도 있다. 유명 백화점의 아웃렛이다 보니 베르사체(Versace), 비씨비지 막스 아즈리아(BCBG Max Azria), 알렉산더 맥퀸(Alexander McQueen), 생 로랑(Saint Laurent) 등 디자이너 브랜드가 많다. 명품 브랜드의 아웃렛이라 할인된 가격도 높은 편이지만, 30만 원대에 명품 브랜드를 구입할 수 있으니 여행 찬스로 구매해 보는 것도 좋다.

◆ 홈페이지에서 메일 매거진(Mail Magazine)을 구독하면 $20 할인 쿠폰도 함께 받을 수 있다.

알라 모아나 센터 마우카 윙 1층 1450 Ala Moana Blvd, Honolulu 월~토 10:00~20:00, 일 10:00~19:00 무료 808-450-3785 saksoff5th.com

## 07 사이즈만 있으면 바로 픽

# 로스 드레스 포 레스 Ross Dress for Less

미국 아웃렛 스토어계의 선구자적 존재로, 하와이에서도 매장을 쉽게 찾을 수 있다. 알라 모아나에만 두 개의 매장이 있는데, 이곳보다 쇼핑센터 인근 케에아우모쿠 거리(Keeaumoku St)의 알라 모아나 지점이 넓은 편이니 시간이 허락한다면 들러 보자. 알라 모아나 지점은 여성 의류가 많고, 와이키키 지점에 비해 인테리어나 생활 용품도 훨씬 많다.

◆ 매주 화요일은 시니어 할인 데이로 55세 이상은 10% 추가 할인된다. 해당된다면 여권을 지참하자.

알라 모아나 센터 중앙 1층 1450 Ala Moana Blvd, Honolulu 월~목 09:00~21:30, 금·토 08:30~21:30, 일 09:00~21:00 무료 808-951-9938 rossstores.com

**TIP**

**로스에서 노려야 할 제품** 여성복(DKNY, 캘빈 클라인, 나이키, 폴로 랄프 로렌 등), 비치 샌들(브랜드 비치 샌들이 $20 내외), 인테리어 잡화(우리나라에서는 보기 드문 인테리어 용품을 매우 저렴하게 구입 가능), 유아복(케이터스, 캘빈 클라인, 나우티카, 타미 힐피거 등), 수건(미국의 수건은 호텔 수건처럼 두툼함), 브랜드의 고급 침구류, 장난감, 가방(여행용 트렁크, 샘소나이트, TUMI)

**08** 미국 최대 서점 체인의 하와이 지점

## 반스 & 노블 Barnes & Noble

반스 & 노블은 미국의 가장 큰 대형 체인 서점 중 하나다. 하와이에서는 가장 큰 서점이지만, 한국 서점들에 비하면 규모가 작다. 맘에 드는 책 몇 권을 집어, 서점 내에 있는 커피숍에서 커피 한잔 마시며 읽다 보면 현지인이 된 듯한 기분이 든다. 책뿐 아니라 장난감이나 게임, 문구류 등도 있어 아이와 함께 들러 보는 것도 좋다.

◆ 어린이들을 위한 공간에서 아이와 함께 책을 읽거나, 무료 스토리텔링 프로그램 등에 참여해도 좋다.

🚶 알라 모아나 센터 다이아몬드 헤드 윙 1층 📍 1450 Ala Moana Blvd, Honolulu 🕓 월~토 10:00~21:00, 일 10:00 ~20:00 🅟 무료 📞 808-949-7307 🏠 barnesandnoble.com

**09** '카드' 하면 떠오르는 곳

## 홀마크 Hallmark

1910년 미국에서 시작해 110년 이상의 역사와 전통을 자랑하는 기업이다. 주력 상품인 홀마크 카드는 전 세계에서 판매되고 있다. 지금은 카드뿐 아니라 생활 잡화, 인테리어 소품, 인형, 포장지 등 다양한 아이템을 판매한다. 특히 미키마우스, 스누피 등의 캐릭터 오너먼트는 수집가들의 지갑을 열어젖힌다. 이곳 알라 모아나 센터의 홀마크에는 스누피와 찰리 브라운의 캐릭터 상품이 다양하게 갖춰져 있으며, 하와이 메이드 상품도 취급한다.

🚶 알라 모아나 센터 에바 윙 3층 📍 1450 Ala Moana Blvd, Center Ste 3004 🕓 10:00~20:00 🅟 무료 📞 808-949-2413

**10** 하와이 비즈니스맨에게 인기

## 레인 스푸너 Reyn Spooner

1956년부터 높은 품질을 고집하며 하와이안 스타일 셔츠를 만들어온 전통 알로하 웨어 브랜드. 캐주얼뿐만 아니라 공식적인 자리에도 맵시 있게 입을 수 있는 알로하 셔츠도 판매한다. '스푸너 크로스'라는 독자적으로 개발한 직조 방식으로 만든 원단은 부드럽고 통풍이 잘 되며 튼튼하다. 화려한 색상과 무늬가 아닌 고급스럽고 세련된 색상과 패턴이 이 가게에서 판매하는 셔츠들의 특징이다. 가격은 $100 내외다.

🚶 알라 모아나 센터 다이아몬드 헤드 윙 2층 📍 1450 Ala Moana Blvd, Honolulu 🕓 월~토 10:00~20:00, 일 10:00~19:00 🅟 무료 📞 808-949-5929 🏠 reynspooner.com

## 11 합리적인 가격의 젊은 브랜드

### 아메리칸 이글 아웃피터스 American Eagle Outfitters

미국 10~20대 사이에서 큰 인기를 끌고 있는 캐주얼 브랜드. 저렴한 가격에 편하게 입을 수 있는 가성비 데일리 룩을 찾을 수 있어 매력적이다. 특히 청바지를 비롯한 데님 의류가 인기다. 남성에게 건넬 선물로도 손색 없을 정도!

알라 모아나 센터 에바 윙 3층 1450 Ala Moana Blvd, Honolulu 10:00~20:00 무료 808-947-2008 storelocations.ae.com

## 12 하와이 유일의 유니클로

### 유니클로 UNIQLO

저렴하고 실용적인 제품으로 인기인 유니클로가 하와이 지점을 오픈했다. 알로하 셔츠, 알로하 드레스 등 하와이에서만 구매할 수 있는 하와이 한정 컬렉션을 만날 수 있다. 여행 중 쌀쌀한 저녁 날씨에 따뜻한 이너 웨어가 필요하다면 유니클로의 히트텍만 한 게 없다. 그 외에도 다운재킷, 수영복, 선글라스 등 전 계절 아이템이 모두 준비돼 있다.

알라 모아나 센터 에바 윙 2~3층 1450 Ala Moana Blvd, Honolulu 10:00~20:00 무료 808-600-3831 uniqlo.com/us/en/hawaii

## 13 하와이 여행 선물로 추천

### 배스 & 바디 워크스 Bath & Body Works

미국 전역에서 큰 인기를 얻고 있는 브랜드로 합리적인 가격으로 바디케어 상품을 판매한다. 이름처럼 바디 워시, 바디 로션, 핸드 로션, 손 소독제 등도 취급한다. 하와이 하면 떠오르는 망고, 코코넛, 히비스커스 등 열대 꽃과 과일 향을 골라 친구에게 여행 선물로 준비하기 좋다. 특히 미니 사이즈의 손 소독제는 가방에 달 수 있고 가격도 $1~2로 저렴해서 코로나19 이후로 더 큰 인기를 얻고 있다.

알라 모아나 센터 다이아몬드 헤드 윙 2층 1450 Ala Moana Blvd, Honolulu 10:00~20:00 무료 808-946-8020 bathandbodyworks.com

## 14 찾았다 하와이 스누피!

### 더 서치 포 스누피 The Search for Snoopy

알라 모아나 센터 4층에 위치한 스누피 숍. 다양한 스누피 아이템과 하와이 한정 굿즈 등 다양한 상품을 판매하고 있다. 와이키키의 스누피 숍과 아이템이 겹치지 않고 가격도 더 합리적이다. 알라 모아나 센터에 들렀다면 특별한 기념품을 찾으러 방문해보자.

알라 모아나 센터 마우카 윙 4층 1450 Ala Moana Blvd, Honolulu 11:00~20:00 무료 searchforsnoopy.com

## 15 핀란드에서 하와이로 놀러 온 무민

### 무민 숍 하와이 Moomin Shop Hawaii

캐릭터 무민의 하와이 숍으로, 호놀룰루 지점은 미국 최초의 무민 매장이다. 입구에서부터 수영복 차림의 무민이 야자수 아래서 반겨준다. 빨간 비키니를 입은 스노크 메이든, 해변의 스너프킨 등 하와이 한정 상품도 있다. 휴대폰 케이스, 문구류 등 귀여워서 자꾸 만지작거리게 되는 상품들로 가득하다.

알라 모아나 센터 에바 윙 3층 1450 Ala Moana Blvd, Honolulu 10:00~20:00 무료 808-945-9707 moomin.com

## 16 선물과 기념품을 저렴하게 구입

### 타겟 Target

미국 미네소타에 거점을 둔 대형 프랜차이즈, 타겟. 가격이 아주 저렴하기로 유명하다. 유명 디자이너와 합작해 만든 자체 브랜드도 있어 구경하는 재미도 쏠쏠하다. 2017년 입점한 타겟의 알라 모아나 지점은 다른 지점보다 상품의 종류가 많다. 하와이산 제품을 저렴하게 파는 '알로하 숍' 코너와 하와이풍 의류, 장난감, 그리고 와인 코너를 추천한다. 이곳에서 기념품과 지인 선물을 저렴하게 마련해 보자.

◆ 앱을 다운받으면 온라인 가격으로 결제할 수 있다.

알라 모아나 센터 마우카 윙 2~3층
1450 Ala Moana Blvd, Honolulu
08:00~22:00 무료
808-206-7162 target.com

## 푸드랜드 팜스 Foodland Farms

이곳의 콘셉트는 '식료품점(Grocery Store)'과 '레스토랑(Restaurant)'이 합쳐진 '그로스토랑(Grostaurant)'이다. 입구 오른쪽에는 채소 코너, 안쪽으로 푸드 코너가 있으며, 구입한 음식을 최상의 상태로 즐길 수 있도록 확 트인 테이블이 설치돼 있다. 다른 매장에는 없는 다양한 델리 코너에서 방금 튀긴 프라이드치킨, 신선한 칠리 볼 등을 구입해 그 자리에서 먹을 수 있다. 하와이산 상품이 많고 하와이 기념품 코너도 따로 구성돼 있어서 선물을 사기에 좋다.

1. 화제의 건강 음료 콤부차 스탠드
2. 푸드랜드 팜스의 대표 음식 포케
3. 알 필드 와인 컴퍼니(R. FIELD WINE COMPANY)의 카운터 바에 앉아 와인이나 맥주를 햄이나 치즈와 함께 즐길 수 있다. 이탈리아 직송 프로슈토와 살라미, 프랑스의 샤퀴테리 등 고급 햄을 구입할 수 있다.
4. 다른 매장에는 없는 다양한 델리 코너
5. 하와이산 아이템과 음식이 많다.

알라 모아나 센터 에바 윙 1층 1450 Ala Moana Blvd, Honolulu 06:00~22:00 무료 808-949-5044
foodlandalamoana.com

## 18 세계 최대의 마트 프랜차이즈

### 월마트 Walmart

여행 기념품을 사기 좋은 곳. 월마트는 '매일 저렴한 가격(Every Day Low Price)'을 슬로건으로 낮은 가격에 상품을 판매하는 대형 할인 마트다. 의류, 식품, 생활용품, 화장품, 취미 잡화 등 생활에 필요한 물건을 다양하게 취급한다. 장점은 뭐니 뭐니 해도 싸다는 것. 이 지점은 다른 지점에 비해 여행자들을 위한 상품이 더 많이 구비돼 있으므로 기념품을 저렴하게 구입하기 좋다. 할인 폭이 큰 물건이 많으니 잘 찾아보자.

◆ 주류는 주류 코너에서 따로 계산해야 한다.

700 Keeaumoku St, Honolulu 06:00~23:00 무료
808-955-8441 walmart.com

## 19 대형 한국 마트

### 팔라마 슈퍼마켓 Palama Supermarket

한국 식재료와 반찬을 판매하는 대형 마트. 한국 요리를 저렴한 가격에 원하는 만큼 구입할 수 있다. 또, 푸드 코트에서는 다양한 한식 메뉴를 푸짐하게 맛볼 수 있다. 컵라면과 김치가 간절하거나 따뜻한 즉석 밥에 고추장을 슥슥 비벼먹고 싶은 날이라면 이곳에 들러 보자.

1670 Makaloa St, Honolulu 08:00~21:00 무료
808-447-7777

**TIP**

오아후에는 팔라마 슈퍼마켓과 함께 대표적인 한국 마트로 꼽히는 H 마트(H Mart)와 맛있고 정갈한 반찬을 판매하는 미스터 김치 리(Mr Kim Chee Lee)도 있다.

## 20 없는 게 없는 일본 마트

### 돈키호테 Don Quijote

일본 주요 도시 어디서나 눈에 들어오는 대형 할인점 돈키호테가 하와이에도 있다. 생활 잡화나 가전, 현지 식재료뿐 아니라 일본에서 수입한 식품도 많아 구경하는 재미도 쏠쏠하다. 그래서 현지인, 여행자 모두에게 인기가 많다. 주차장도 넓고, 마트 밖으로는 오사카 야키 가게인 '야마짱(Yama-chan)' 등 인기 일본 음식점들이 늘어서 있다.

◆ 매주 화요일에 60세 이상 고객은 할인을 받을 수 있다. 할인 대상이라면 여권을 챙겨 가자.

801 Kaheka St, Honolulu 24시간 무료
808-973-4800 donquijotehawaii.com

## 다운 투 어스 오가닉 & 내츄럴 Down to Earth Organic & Natural

1977년 마우이섬에서 시작된 슈퍼마켓 체인으로, 하와이 주에 6개의 매장이 있다. 하와이만의 건강한 라이프 스타일을 목표로 현지에서 생산되는 신선한 식재료를 판매한다. 유기농과 채식 라이프 스타일에 맞는 식료품과 식재료도 다양하게 갖춰져 있다. 식품 관련 상품 외에도 유기농 영양제, 화장품 등도 있어 기념품을 찾아보기에도 좋다.

500 Keawe St, Honolulu 07:00~22:00 2시간 무료(구매 확인), 2시간 이후 $3/30분 808-465-2512
downtoearth.org

어마어마한 종류의 정량 판매 코너

❶ 신선한 하와이 과일과 야채가 가득

❷ 수많은 상을 수상한 델리 코너에서는 매일 만든 신선한 채식 요리와 샐러드를 판매한다.

❸ 인기 아이템인 장바구니

❹ 다양한 친환경 제품

❺ 유기농 영양제

## 노드스트롬 랙 Nordstrom Rack

노드스트롬의 아웃렛 매장인 노드스트롬 랙. 하이 브랜드인 마크 제이콥스(Marc Jacobs), 콜한(Cole Haan), 3.1 필립 림(3.1 Phillip Lim) 등이 입점해 있다. 브랜드별로 정리돼 있지 않고 신발, 의류, 잡화 등 품목별로 크게 나뉘어 있어 맘에 드는 물건을 찾는 데 시간이 꽤 걸린다. 옷걸이에 마구 걸려 있어 언뜻 보면 저가의 옷만 있는 것 같아 보이지만 구석구석 고가 브랜드의 상품을 파격적으로 할인하니 잘 찾아 보자.

◆ 미국의 백화점은 팔리지 않은 상품을 반품하는 위탁 판매가 아니라 상품을 매입해서 판매하는 매입 판매 시스템이다. 그래서 재고를 싸게 파는 백화점 이름의 아웃렛들(Nordstrom Rack, Saks OFF 5TH 등)이 생겨난 것! 그러니 아웃렛 상품으로 따로 만들어진 게 아닐까 염려 말고 구입해도 된다.

1170 Auahi St, Honolulu 월~토 10:00~21:00, 일 10:00~19:00 무료 808-589-2060
stores.nordstromrack.com

TIP

### 워드 빌리지 개념도

현지인들이 쇼핑, 외식, 엔터테인먼트를 즐기기 위해 모여드는 장소, 워드 빌리지(Ward Village). 각각의 개성에 맞게 워드 빌리지 숍, 워드 센터, 워드 게이트웨이 센터, 워드 엔터테인먼트 센터 네 곳으로 나뉘며, 100여 개 이상의 숍과 40여 개 이상의 레스토랑, 극장 등 편의시설이 모여 있다.

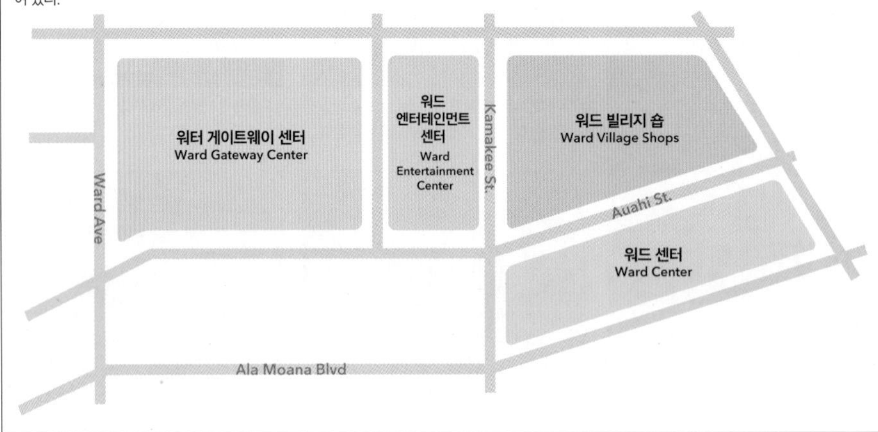

## 23 캐주얼한 브랜드의 아웃렛

# 티제이 맥스 T.J. Maxx

시즌이 지났거나 샘플로 썼던 제품을 싸게 파는 곳. 노드스트롬 랙과 같은 건물에 있으며 노드스트롬 랙보다는 캐주얼한 브랜드가 많고, 인테리어 용품, 욕실 용품도 종류가 훨씬 다양하다. 할인 가격에서 추가 할인되는 상품도 많아 파격가로 구입할 수 있다. 발렌티노(Valentino)와 클로에(Chloé) 등의 고급 브랜드와 저렴한 상품이 뒤죽박죽 섞여 있기 때문에 쇼핑하는 데 인내가 필요하다.

1170 Auahi St, Honolulu 월~토 09:30~21:30, 일 10:00~20:00 무료 808-593-1820 tjx.com

## 24 하와이 문화와 역사가 담긴 갤러리 숍

# 나 메아 하와이 Na Mea Hawaii

하와이의 전통 문화를 피부로 느낄 수 있는 갤러리 숍. 소품, 잡화, 의류, 책, 식품까지 한곳에서 만날 수 있다. 하와이에 거주하는 아티스트들이 하와이의 전통과 문화를 지키고 전파하기 위해 시작했다. 좀처럼 만나기 어려운 전통 악기와 공예품도 판매한다. 메이드 인 하와이를 찾는 사람이라면 망설이지 말고 방문하자. 하와이 공예 수업도 있으므로 관심이 있다면 미리 확인하고 신청하자.

1200 Ala Moana Blvd #270, Honolulu 월~목 10:00~18:00, 금·토 10:00~19:00, 일 10:00~17:00 무료 808-596-8885 nameahawaii.com

## 25 올리브 오일 전문점

# 아일랜드 올리브 오일 컴퍼니 Island Olive Oil Company

전 세계에서 엄선한 트렌디하고 품질 좋은 올리브 오일과 발사믹 식초를 판매한다. 특히 바질, 로즈마리 등의 향신료를 첨가한 올리브 오일이 주를 이루는데 종류도 다양하고 모두 시음이 가능하다. 모두 보존료와 착색제가 들어가지 않은 건강한 제품이다. 레스토랑에 납품되는 고급 올리브 오일부터 트러플, 버터, 스모크 우드 등 독특한 향이 느껴지는 올리브 오일까지 그 종류가 무려 50여 가지가 넘는다.

1200 Ala Moana Blvd #112, Honolulu 11:00~18:00 무료 808-518-6625 islandiliveoil.com

## 사우스 쇼어 마켓 South Shore Market

창조적인 현지 디자이너와 아티스트 상점, 세련된 레스토랑과 카페 등 18여 개의 점포가 입점해 있다. 그중 빠트리지 말고 둘러 보면 좋은 매장들을 소개한다.

**❶ 에덴 인 러브 Eden in Love**
매월 LA에서 의류와 잡화를 가져온다는 편집 숍. 현지인들에게 인기 있는 매장이다.

**❷ 라 뮤즈 La Muse**
파리, 뉴욕, 이탈리아, 인도 등 전 세계에서 선별해서 온 의류와 액세서리 소품 등을 판매한다. 품질이 좋고 희귀한 아이템인 만큼 가격대가 높은 편이다.

**❸ 플롯샘 앤 코 Flotsom & Co.**
다이버인 오너가 직접 채취한 조개와 해변 유리를 사용한 수제 주얼리를 판매하는 곳이다. 해변 느낌의 독특한 하와이산 아이템도 판매한다. 작은 숍이지만 멋진 상품이 많다.

**❹ 모리 바이 아트 앤 플리 MORI by Art + Flea**
세련된 현지 아티스트의 갤러리 느낌이 물씬 풍기는 매장으로 3개월마다 주목받는 현지 디자이너의 상품을 선별해 판매한다. 의류를 비롯해 개성 있고 희귀한 보석, 소품을 다양하게 갖추고 있다.

📍 1170 Auahi St, Honolulu Ⓟ 무료 🕓 월~목 10:00~20:00, 금·토 10:00~21:00, 일 10:00~18:00

1

2

3

4

## 파타고니아 Patagonia

파타고니아는 미국의 스포츠 브랜드로, '우리는 우리의 터전, 지구를 되살리기 위해 사업 한다.'는 사명으로, 생산 과정에서도 지구 환경과 노동자를 배려한 상품을 생산하고 100% 유기농 코튼을 사용하거나 리사이클 소재 100%로 옷을 만드는 등 환경을 고려한 제품을 판매한다. 이런 기업 이념과 세련된 디자인, 좋은 품질로 미국은 물론 세계적으로도 큰 인기를 얻고 있다. 하와이의 파타고니아에서는 하와이 한정의 '파타로하(Pataloha, Patagonia+Aloha)' 로고의 티셔츠와 토트백, 모자 등을 구입할 수 있다.

535 Ward Ave, Honolulu 월~토 10:00~19:00, 일 10:00~18:00 무료 808-593-7502 patagonia.com

## 피셔 하와이 Fisher Hawaii

문구, 사무용품, 파티용품, 스티커 등을 전문으로 취급하는 창고형 점포. 하와이에서 오피스 용품 매장은 미국 전국 체인인 오피스 맥스나 오피스 디포보다는 피셔 하와이가 더 유명한데, 피셔 하외이는 천장부터 바닥까지 창고형으로 상당한 수의 물건들을 저렴하게 구입할 수 있기 때문이다.

690 Pohukaina St, Honolulu 월~금 08:30~18:00, 토 08:30~17:00, 일 10:00~15:00 무료 808-356-1800 fisherhawaii.biz

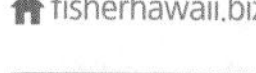

## 헝그리 이어 레코드 Hungry Ear Record

솔트(SALT) 2층에 위치한 이곳은 오아후에서 가장 오래된 레코드 숍으로 하와이에서 레코드를 좋아하는 사람이라면 이곳을 모르는 사람이 없다. 팝에서 마니아용 레코드까지 다양하고, 중고부터 신제품까지 모두 판매한다. 하와이 음악의 중고 레코드도 많이 갖추고 있는 게 특징이다.

675 Auahi St Suite e3-200, Honolulu 10:00~18:00 1시간 무료, $1/2시간째, $2/3시간째, $4/4시간째(주차 확인증 필요) 808-262-2175 hungryearrecords.com

다운타운·
차이나타운
**BEST 3**

**01**
이올라니 궁전 방문

**02**
호놀룰루 미술관 관람

**03**
차이나타운 산책

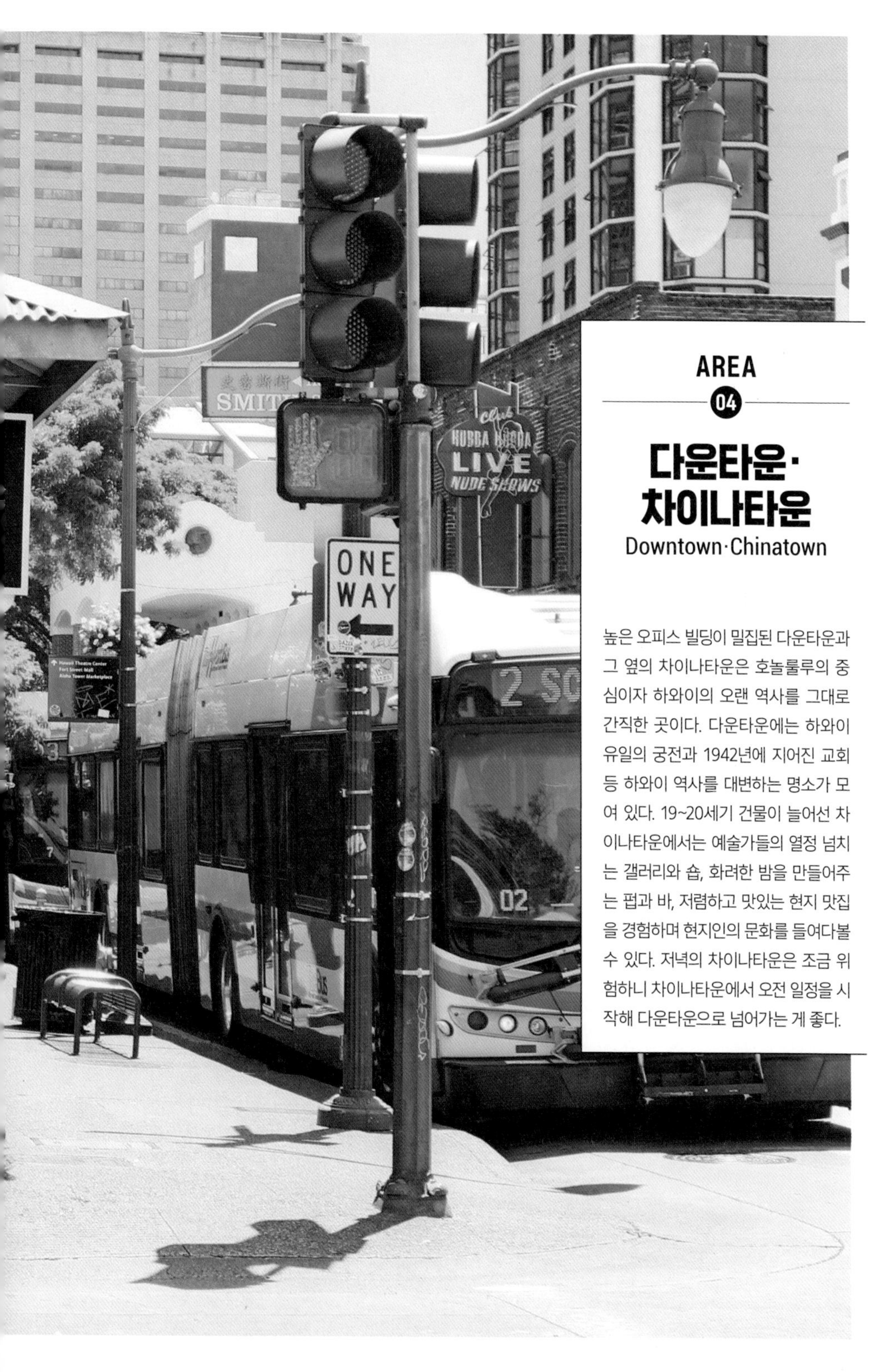


AREA 04

# 다운타운·차이나타운

## Downtown·Chinatown

높은 오피스 빌딩이 밀집된 다운타운과 그 옆의 차이나타운은 호놀룰루의 중심이자 하와이의 오랜 역사를 그대로 간직한 곳이다. 다운타운에는 하와이 유일의 궁전과 1942년에 지어진 교회 등 하와이 역사를 대변하는 명소가 모여 있다. 19~20세기 건물이 늘어선 차이나타운에서는 예술가들의 열정 넘치는 갤러리와 숍, 화려한 밤을 만들어주는 펍과 바, 저렴하고 맛있는 현지 맛집을 경험하며 현지인의 문화를 들여다볼 수 있다. 저녁의 차이나타운은 조금 위험하니 차이나타운에서 오전 일정을 시작해 다운타운으로 넘어가는 게 좋다.

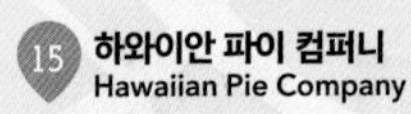

# 다운타운·차이나타운
## 상세 지도

15 하와이안 파이 컴퍼니
Hawaiian Pie Company
13 영스 피시 마켓
Young's Fish Market
14 카메하메하 베이커리
Kamehameha Bakery
비숍 박물관 13
Bishop Museum
팰리스 사이민 10
Palace Saimin
헬레나스 하와이안 푸드 11
Helena's Hawaiian Food
코스트코 홀세일 10
Costco Wholesale
12 니코스 피어 38
Nico's Pier 38
파티 시티 09
Party City
N Nimitz Hwy
알로하 타워 11
Aloha Tower
Ala Moana

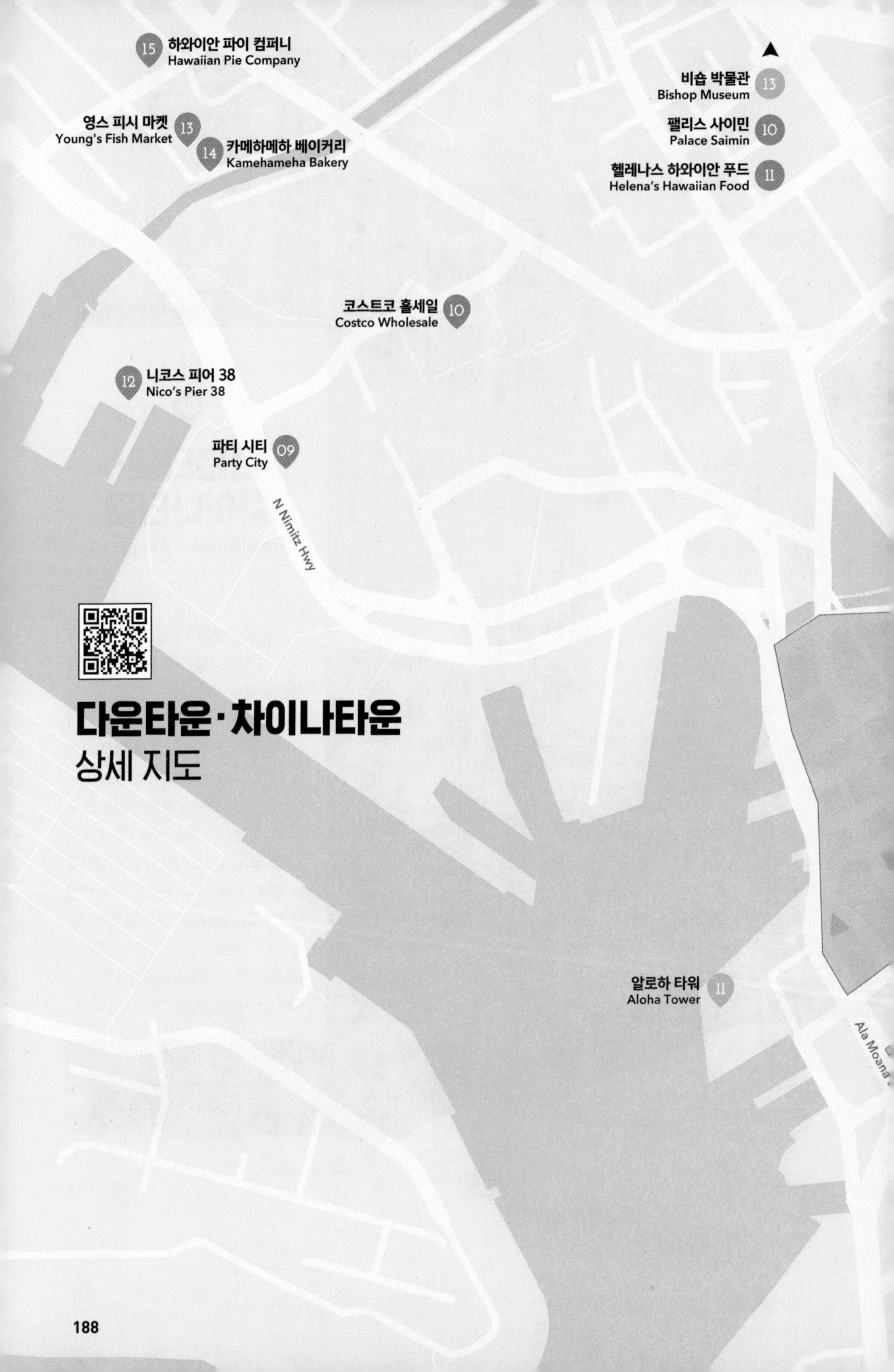

퀸 엠마 여름 궁전
Queen Emma Summer Palace
15
고빈다스 레스토랑
ovinda's Restaurant
09
차이나타운 확대 지도
포 투 차우 레스토랑
Pho To Chau Restaurant
06
05
레전드 시푸드 레스토랑
Legend Seafood Restaurant
N Beretania St
S Hotel St
02
마우나케아 마켓플레이스
Maunakea Marketplace
오아후 마켓
Oahu Market
01
07
하운드 앤 퀘일
Hound & Quail
라이브스톡 태번
Livestock Tavern
02
09
네이티브 북스 앳 아트 & 레터
Native Book at Art & Letters
더 피그 앤 더 레이디
The Pig and the Lady
04
더 데일리
The DALEY
03
10
퍼스트 프라이데이 아트 나이트
First Friday Art Night
로컬 조
Local Joe
07
06
Nuuanu Ave
12
01
제이 돌란스
J. Dolan's
05
틴 칸 메일맨
Tin Can Mailman
파이팅 일
Fighting Eel
하와이 시어터 센터
Hawaii Theatre Center
06
포스터 보태니컬 가든
Foster Botanical Garden
로베르타 오크스 하와이
Roberta Oaks Hawaii
04
N King St
Fort Street Mall
03
진저 13
Ginger 13
0
100m
국립 태평양 기념묘지
National Memorial Cemetery of the Pacific
14
차이나타운
다운타운
08
하와이 주립 미술관
Hawaii State Art Museum
Richard St
04
하와이 주 의사당
Hawaii State Capitol
01
이올라니 궁전
Iolani Palace
02
05
하와이 주립 도서관
Hawaii State Library
킹 카메하메하 동상
King Kamehameha Statue
03
카와이아하오 교회
Kawaiahao Church
호놀룰루 미술관
Honolulu Museum of Art
07
호놀룰루 미술관 카페
Honolulu Museum of Art Cafe
08
하버스 빈티지
Harbors Vintage
08
S King St

## 01 미국 유일의 궁전

# 이올라니 궁전 Iolani Palace

1882년 하와이 왕조의 칼라카우아 왕(King Kalakaua)이 세운 미국 유일의 궁전으로, 1893년 하와이의 마지막 여왕인 릴리우오칼라니(Queen Liliuokalani)는 제위에서 물러날 때까지 이곳에서 살았다. 서구 문물과 과학에 관심이 많았던 왕은 미국의 수도인 워싱턴 D.C.보다 전기를 빨리 들여왔고 서재에 벽걸이 전화를 설치하기도 했다. 거기에 더해 수세식 변기와 온수 시설까지 갖췄던 궁전의 모습에서 매우 진보적이고 발전적이었던 하와이의 역사를 확인할 수 있다. 궁전 내부는 투어로만 볼 수 있으며, 별동인 이올라니 바락스(Iolani Barracks)에서 입장권을 구입할 수 있다.

1

2

3

4

① 사방 4개의 출입문에 걸려 있는 왕조의 문양에는 '땅의 생명은 정의에 의해 영원히 유지된다(UA MAU KE KA O KA AINA I KA PONO)'고 적혀 있다. 이 문구는 하와이 주의 모토로 25센트 동전에도 새겨져 있다.

② 궁전의 넓은 안뜰에는 1883년 칼라카우아 왕의 대관식 무대가 된 돔 형태의 스탠드가 있다.

③ 매주 금요일 정오부터 13시까지 35인조 로열 하와이안 밴드(Royal Hawaiian Band)의 연주가 열린다. 정확한 일정은 홈페이지에서 확인하자.

④ 오디오 투어와 가이드 투어 두 가지가 있다. 홈페이지에서 사전 예약으로만 신청이 가능하며, 들어갈 수 있는 인원이 제한돼 있어 미리 예약하는 것이 좋다.
- 오디오 투어: 화~일(60분)
- 가이드 투어: 수·목·토(60분)

364 S King St, Honolulu 화~토 09:00~16:00 $ 예약제 [셀프 오디오 투어] 성인 $26.95, 13~17세 $21.95, 5~12세 $11.95, 5세 미만 무료, [가이드 투어] 성인 $32.95, 13~17세 $29.95, 5~12세 $14.95, 5세 미만 무료 P 궁전 뒤 유료 주차장($4/2시간) 808-522-0822 iolanipalace.org

**02** 하와이를 통일한 왕

## 킹 카메하메하 동상 King Kamehameha Statue

1795년 수십 개의 섬이었던 하와이 제도를 하나로 통일시킨 카메하메하 1세의 동상으로 하와이를 대표하는 상징물이다. 하와이 주화에도 새겨져 있는 카메하메하 왕은 하와이 사람에게 우상과도 같은 존재다. 매년 6월 11일은 그를 기념하는 공식 공휴일로 하와이 전역에서 전통문화 축제가 열린다. 10미터에 이르는 수십 개의 레이를 거는 헌화식과 화려한 퍼레이드는 꼭 챙겨볼 만하다.

- 이 동상은 1870년 쿡 선장의 하와이 발견 100주년을 기념해 제작되었다. 프랑스에서 채색까지 마치고 운반 중 배가 침몰해 다시 제작한 것이 지금의 동상이며 어느 어부에 의해 발견된 처음의 동상은 카메하메하 왕의 고향인 빅아일랜드에 세워져 있다.

447 S King St, Honolulu 월~금 09:00~17:00 $ 무료 
P 인근 유료 주차장

**03** 하와이에서 가장 오래된 건축물

## 카와이아하오 교회 Kawaiahao Church

'죽기 전에 꼭 가봐야 할 세계 역사 유산 1001'에 선정된 건축물. 뉴잉글랜드 고딕 양식으로 1842년에 건축된 이 교회는 교회와 뜰이 미국 국립 사적지(National Register of Historic Places)이다. 해변에서 공수한 1만 4천여 개의 산호 블록으로 만들어져 교회가 회색 외관을 띠고 있다. 오아후 수중 암초에서 산호 블록을 채집하는 데만 4년이 걸렸다고 한다. 이곳의 시계탑은 1850년 카메하메하 3세에게 기증받은 것으로 여전히 정확한 시간을 가리키고 있다.

- 위층 회랑에는 21명의 하와이 왕족들과 그의 가족들의 초상화가 걸려 있다.
- 교회 뒤로 선교사들과 초기 신자들의 묘지(Missionary's Cemetery)가 있다.
- 아직도 이곳에서 예배와 결혼식이 열린다. 누구나 들어가 예배에 참여할 수 있다.

957 Punchbowl St, Honolulu 월~금 07:00~16:00, 토 07:00~17:00, 일 07:00~15:00 $ 무료 P 인근 유료 주차장 
808-469-3000 kawaiahao.org

**04** 자연을 담은 주 의사당

## 하와이 주 의사당 Hawaii State Capitol

1969년에 완공된 바우하우스 양식(Bauhaus Style)의 하와이 주 의사당. 이 건물은 하와이의 자연에서 영감을 받아 만들어졌다. 외형은 화산을, 건물 주변을 둘러싸고 있는 연못은 태평양을 상징하며 거대한 기둥은 야자수 모양으로 되어 있다. 건물 중앙의 뜰은 대자연인 해, 비, 바람이 모두 드나들 수 있도록 천장이 없는 개방형으로 세워졌다.

415 S Beretania St, Honolulu
월~금 07:00~17:00 $ 무료
불가 808-974-4000
capitol.hawaii.gov

건물 뒤로는 하와이의 마지막 왕족인 릴리우오칼라니 여왕이 자신이 작곡한 '알로하 오에' 악보를 손에 들고 있는 동상이 서 있다.

건물 정면에는 몰로카이에서 나병 환자를 위해 생애를 바친 데미안 신부의 동상이 있다.

**05** 하와이 최대 규모의 도서관

## 하와이 주립 도서관 Hawaii State Library

따뜻하고 아늑한 중정(건물 중앙의 정원)이 있어 아름다운 도서관. 굳이 책을 읽지 않더라도 하와이 도심 속 도서관의 작은 정원에서 또 다른 하와이를 느끼며 편안한 시간을 보낼 수 있다. 차분하고 따뜻한 분위기의 하와이 도서관이 궁금하다면 들러 보자. 아이와 함께라면 2층의 어린이 섹션(Children Section), 초중등 섹션(Middle Reader Room)에서 현지 아이들이 읽는 책도 살펴보자.

478 S King St, Honolulu 월~수·토 09:00~16:00, 목 09:00~19:00, 금 11:00~16:00 이올라니 궁전 유료 주차장($4/2시간) 808-586-3500 librarieshawaii.org

**TIP**

**도서관 카드 발급** 현지인이 아니라도 책이나 오디오북, CD, DVD를 대여할 수 있는 도서관 카드를 만들 수 있다. 발급비는 $10(3개월 이용), $25(5년 이용). 여권도 지참하자.

## 포스터 보태니컬 가든 Foster Botanical Garden

도심 한가운데서 만난 열대 식물원. 1853년에 만들어진 이 식물원은 수령 100년이 넘는 열대수목 43여 종과 난을 비롯해 세계 열대 지역에서 수집한 진귀한 식물들로 가득하다. 짧은 여행이라면 스케줄에 넣기 애매하겠지만, 식물에 관심이 많은 사람이라면 방문해 보자.

◆ 모기가 많으니 모기 기피제는 필수!

180 N Vineyard Blvd, Honolulu 09:00~16:00(10:30 무료 가이드 투어) $ 성인 $5, 6~12세 $1, 5세 이하 무료 P 무료 808-768-7135

1. **레인보우 유칼립투스 Rainbow Eucalyptus**
   하와이와 가장 잘 어울리는 무지개색 유칼립투스. 연두색, 파란색, 보라색, 오렌지색, 갈색 등이 섞여 있는 나무의 껍질이 마치 무지개 같다고 해서 붙여진 이름이다.
2. **헬리코니아 꽃 Heliconia Flower**
   하와이에서 어렵지 않게 볼 수 있는 꽃. 랍스터 집게발처럼 생겨서 '랍스터 집게발 꽃'이라고도 부른다.
3. **타이탄 아룸 Titan Arum**
   세계에서 가장 큰 꽃. 가지 없이 바로 꽃이 피고 높이가 약 3미터에 달한다
4. **여행자 나무 Traveler's Tree**
   잎으로 모아진 빗물이 여행자의 목을 축여주었다는 나무.
5. **바오밥 나무 Baobab Tree**
   『어린 왕자』에 등장하는 바로 그 나무!

## 07 전 세계 예술 작품이 모여 있는 곳

### 호놀룰루 미술관 Honolulu Museum of Art

5만여 개 이상의 소장품을 갖춘 하와이 최대 박물관. 하와이를 비롯한 폴리네시아, 아시아, 미국, 유럽 등 전 세계에서 수집한 미술품을 전시한다. 무심히 들렀다 모네와 고흐의 작품에 매료되고 따뜻한 중정의 햇살이 해변보다 좋아 다시 찾게 되는, 조용히 마음을 충전하게 되는 장소다. 뒤러, 렘브란트, 고흐, 모네, 피카소, 모딜리아니, 고갱, 세잔, 메리 카사트, 조지아 오키프 등 거장들의 작품이 전시돼 있다. 셋째 일요일 무료 입장, 매주 화요일 한국어 투어 등의 이벤트가 있으니 정확한 일정과 내용을 홈페이지에서 확인하고 방문하자.

900 S Beretania St, Honolulu 수·목·일 10:00~18:00, 금·토 10:00~21:00 $ 성인 $25, 18세 이하 무료(셋째 주 일요일 무료) P 호놀룰루 뮤지엄 예술 학교 주차장($5/5시간) 808-532-8700 honolulumuseum.org

**TIP**

매주 금요일과 토요일은 저녁 9시까지 문을 여는데, 금요일엔 오후 5:30~8:30분, 토요일엔 오후 6시~8:30분까지 라이브 음악을 즐길 수 있다. 미술관 카페에서 칵테일과 맥주 와인 등을 구입해 마실 수 있으니 미술관 중정 뜰에서 음악을 들으며 시간을 보내는 것도 좋다. 아이와 함께라면 금요일 오후 5시~8시 사이에 방문해 아트 체험에 참여해 보는 건 어떨까. 자세한 내용은 홈페이지에서 확인할 수 있다.

## 08 현대 미술 작품이 가득한 곳

### 하와이 주립 미술관 Hawaii State Art Museum

1928년 스페인의 교회 건축양식으로 만들어진 유서 깊은 건물이 2002년 미술관으로 재탄생했다. 입장료 없이 편하게 미술 작품을 감상할 수 있어 매력적이다. 규모는 크지 않지만 다양한 전시가 열리며 아이들을 위한 어린이 섹션도 있어 가족이 함께 방문하기 좋다. 무료 아트 액티비티도 운영되니 여행지에서의 특별한 경험을 원한다면 확인해 보자.

250 South Hotel St, Honolulu 월~토 10:00~16:00 $ 무료 P 인근 유료 주차장 808-586-0900 hisam.hawaii.gov

**TIP**

- 첫 번째 금요일(18:00~21:00) 아트 앤 뮤직 이벤트 개최
- 두 번째 토요일(11:00~15:00) 아트 액티비티(무료) 진행

09 하와이 문화를 지켜 나가는 서점

## 네이티브 북스 앳 아트 & 레터 Native Books at Arts & Letters

하와이와 문학에 중점을 둔 독립서점이자 출판사. 네이티브 북스는 하와이 어, 하와이 문화와 전통에 관심 있는 사람들에게 정보를 공유하자는 취지로, 1990년에 설립되었다. 하와이와 관련된 절판 도서나 희귀 간행물을 재출간하고 하와이의 문화 예술에 관한 전문 서적을 출간하는 출판사이기도 하다. 현지 작가의 그림책이나 하와이 동식물과 관련된 책 등 어린이 도서 큐레이션도 다양해 아이와 함께 방문하는 것도 좋다. 지역 예술가의 전시회도 주최하고 있다.

1164 Nuuanu Ave, Hono lulu 수~토 09:30~17:30, 일 11:00~16:00
인근 코인 주차 808-548-5554 artsandlettersnuuanu.org

10 금요일 밤 갤러리 이벤트

## 퍼스트 프라이데이 아트 나이트 First Friday Art Night

밤이 찾아오면 차이나타운은 대부분의 상점이 문을 닫고 사람도 거의 없어 치안이 좋지 않은 편이다. 하지만 매월 첫째 금요일만큼은 다르다. 오후 5시에서 9시까지 차이나타운의 30여 개 레스토랑과 갤러리에서 퍼스트 프라이데이 아트 나이트 행사가 열리기 때문. 평소 갤러리의 모습과는 달리 음악과 와인 등을 즐기며 작품에 대한 이야기를 나눈다. 홈페이지를 통해서 참여하는 갤러리와 레스토랑을 확인하자.

디 아츠 앳 마크스 개러지(The ARTS at Mark's Garage) 인근 1159 Nuuanu Ave, Honolulu 매월 첫째 금요일, 행사마다 시간 다름(홈페이지 확인)
인근 유료 주차장 808-739-9797
firstfriday hawaii.com

TIP

**누우아누 거리 갤러리 투어** 차이나타운에는 예술가들의 갤러리가 모여 있다. 2~30여 개의 아트 갤러리가 하와이 극장(Hawaii Theatre) 2블록 반경 안에 있으며 특히 누우아누 거리(Nuuanu Ave)에 The ARTS at Mark's Garage를 비롯해 대여섯 갤러리가 모여 있으니 예술에 관심이 있다면 갤러리 투어를 떠나 보자.

## 11 호놀룰루 항구의 역사적 상징물

# 알로하 타워 Aloha Tower

호놀룰루 국제공항이 생기기 전, 하와이의 유일한 관문이었던 이곳은 호놀룰루 항구를 이용하는 여객선과 컨테이너선의 컨트롤 타워였다. 55.2미터 높이로 1926년 건축 당시 가장 높은 건물이었으며 현재는 미국 국립 사적지로 등록된 역사적인 건축물이다. 9층은 박물관, 10층은 전망대로 개방돼 있다. 10층 전망대에서는 다운타운과 항구가 한눈에 내려다보인다. 지금도 배가 오가는 항구 역할을 하고 있다.

📍1 Aloha Tower Dr, Honolulu 🕒09:00~17:00, 마켓 플레이스 08:00~22:00 $무료 Ⓟ$3/30분 (마켓 확인증 제출 시 1시간 무료, $2/2~6시간째, $10/12시간) 📞808-544-1453 🏠alohatower.com

## 12 100여 년의 역사를 가진 극장

# 하와이 시어터 센터 Hawaii Theatre Center

100여 년의 역사를 가진 이 건물은 아르 데코(Art Deco) 풍의 심플한 외관과 달리 내부는 20세기 초 미국에서 유행했던 보자르(Beaux-Arts) 양식으로 꾸며져 있어 입이 떡 벌어진다. 제2차 세계대전 때도 운영되었으며 1980년대 초 수백만 달러를 들여 복원했다. 1,400석을 갖춘 공연장에서는 지금도 콘서트, 연극, 댄스 퍼포먼스, 영화 등 특색 있는 공연이 열린다.

📍1130 Bethel St, Honolulu 🕒박스 오피스 10:00~16:00 Ⓟ인근 유료 주차장 📞808-528-0506 🏠hawaiitheatre.com

**TIP**

이곳은 역사가 느껴지는 클래식한 외관 때문에 인기 포토 스폿이다. 웨딩 드레스를 입고 스냅 촬영을 하기도 한다. 해변이 아닌 조금은 특별한 스냅 촬영을 원한다면 이곳을 추천한다.

REAL GUIDE

# 옛 하와이 건축물 투어

호놀룰루 항구와 맞닿아 있는 차이나타운은 과거부터 교통과 물류, 상업의 요충지였다. 130여 년 전의 무역회사, 은행 등의 건물이 그대로 보존돼 있다. 특히 머천트 거리(Merchant St)에는 옛 건물이 여럿 모여 있다. 오래된 건물의 아름다운 모습을 그대로 보존하며 요가 학원, 커피숍, 사무실로 사용하는 모습에서 옛것을 소중히 여기는 하와이 사람들의 마음을 느낄 수 있다.

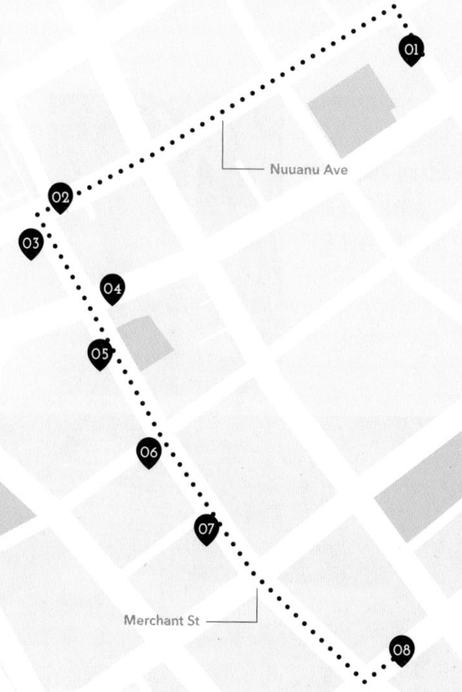


**01 하와이 시어터 센터 Hawaii Theatre Center**

**02 로열 설룬 빌딩 Royal Saloon Building**

1890년 펍 로열 설룬의 자리였던 곳으로 지금은 머푸스 바 앤 그릴(Murphu's Bar and Grill)이 들어섰다.

2 Merchant St, Honolulu

**03 호놀룰루 경찰서 Honolulu Police Station**

1931년 호놀룰루 경찰서로 사용되었다. 하와이 왕국은 세계에서 가장 빨리 경찰 제도를 시행했다고 한다. 이곳은 킹 카메하메하 3세 때 만들어졌다.

842 Bethel St, Honolulu

**04 카메하메하 5세 우체국 Kamehameha V Post Office**

하와이에서 최초로 철근과 콘크리트를 사용해 지은 유서 깊은 건물이다. 지금은 쿠무 카후아 시어터(Kumu Kahua Theater)로 쓰이고 있다.

46 Merchant St, Honolulu

**05 비숍 에스테이트 & 비숍 뱅크 Bishop Estate & Bishop Bank**

르네상스 양식의 비숍 뱅크(1877)와 라처드슨 로마네스크 양식의 비숍 에스테이트(1896)가 나란히 붙어 있다. 20년 간격을 두고 유행하는 건축 양식이 달랐기 때문.

63 Merchant St, Honolulu

**06 주드 빌딩 Judd Building**

1861년에 세운 이 건물은 당시 하와이에서 제일 높은 건물이었고 하와이 최초로 승객용 엘리베이터가 설치되었다. 2~4층은 처음 지어질 때의 모습이 그대로 보존돼 있다.

851 Fort Street Mall # 200, Honolulu

**07 알렉산더 & 볼드윈 빌딩 Alexander & Baldwin Building**

1929년에 지어진 이 건물은 머천트 거리에 크고 당당하게 서 있다. 서구식 건물에 동양의 기와와 처마를 얹어 동서양의 조화를 보여준다.

141 Merchant St, Honolulu

**08 포드모어 빌딩 Podmore Building**

영국의 한 선원이 임대용으로 세운 건물로, 1902년 검은 화산석을 이용해 튼튼하고 실용적으로 지었다. 이후 차이나타운의 많은 건물들이 비슷한 양식으로 지어졌다.

206 Merchant St, Honolulu

13 하와이 최대 박물관

## 비숍 박물관 Bishop Museum

진짜 하와이가 궁금하다면 가봐야 할 박물관. 킹 카메하메하의 자손이자 마지막 왕녀인 파우아히(Pauahi) 공주를 추모하기 위해 남편인 찰스 리드 비숍(Charles Reed Bishop)이 1899년에 설립했다. 하와이의 전통 문화와 태평양 폴리네시아 지역의 자연과 역사, 문화에 대한 전시가 주를 이룬다. 세계적으로 가치가 높은 컬렉션을 포함해 2,500만 개 이상의 소장품이 있다. 하와이의 화산 활동이나 해양 생태계에 대한 자연 전시관과 천문관도 있어 아이들 교육 장소로도 인기다.

1525 Bernice St, Honolulu 09:00~17:00 $ 성인 $33.95, 4~17세 $25.95, 65세 이상 $30.95, 3세 이하 무료(온라인 예약 시 기프트 코드 Bishop5 적용 $5 할인) P 주간 $5/차량 1대, 야간 $3/차량 1대, 멤버십 회원 무료 808-847-3511 bishopmuseum.org

과학 어드벤쳐 센터

TIP

### 박물관 부지에 있는 4개의 건물

❶ **하와이안 홀** 비숍 박물관의 핵심인 본관. 19세기 후반에 유행한 리처드슨 로마네스크 양식의 건물로 미국 국립 사적지로 지정돼 있다. 총 3층으로, 각 층마다 하와이와 폴리네시아 문화를 전시한다.

❷ **캐슬 기념관** 특별 전시관으로, 다양한 전시회를 개최한다. 홈페이지에서 자세한 전시 일정을 확인할 수 있다.

❸ **천문관** 나침반도 없이 별을 보며 하와이로 건너온 폴리네시아인들의 항해술 등 별자리와 관련된 영상이 상영된다. 25분의 단편 영화나 천문 관련 영상을 볼 수 있다.

❹ **과학 어드벤처 센터** 하와이의 자연을 테마로 화산과 바다, 바람, 동식물 등 다양한 하와이의 자연을 소개한다. 아이들의 눈높이에 맞춘 체험도 다양하다.

하와이안 홀

## 14 전사들이 잠들어 있는 분화구

### 국립 태평양 기념묘지 National Memorial Cemetery of the Pacific

약 10만 년 전에 만들어진 거대한 분화구 안에 조성된 국립묘지로, 제1차 세계대전, 제2차 세계대전, 한국전쟁, 베트남전쟁 등에서 전사한 5만여 명의 군인들과 그의 가족들이 잠들어 있다. 분화구 모양이 화채 그릇을 뜻하는 펀치 볼(Punch Bowl)을 닮아 '펀치 볼'이라고 불린다. 이 언덕은 카메하메하 왕이 하와이섬을 통일할 당시에는 전쟁터이기도 했다. 정문에서 왼쪽 길을 따라 올라가면 각 나라에서 헌정한 추념석이 놓인 길이 나온다. 길 끝 전망대에서는 호놀룰루 시내가 한눈에 보인다.

2177 Puowaina Dr, Honolulu 08:00~18:00 $ 무료
Ⓟ 무료 808-532-3720

한국에서 헌정한 추념비

## 15 추억을 품고 있는 왕비의 여름 별장

### 퀸 엠마 여름 궁전 Queen Emma Summer Palace

카메하메하 4세의 아내 엠마 왕비의 여름 별장으로 사용되었던 궁전. 카메하메하 4세, 엠마 왕비, 알버트 에드워드 왕자 가족의 행복한 추억을 품고 있는 별장이다. 왕비 가족의 유품과 왕족의 고대 미술품, 장신구 등이 전시 중이다. 빅토리아 양식과 하와이 양식이 혼합된 독특한 건축물로, 미국 역사 건축물로 지정돼 있다. 훌라, 하와이안 퀼트 등의 수업도 진행되며 다양한 이벤트도 열린다(상세한 일정은 홈페이지 참고). 따로 날을 잡아 갈 만큼은 아니지만 팔리 전망대 가는 길에 잠깐 들러보는 것도 좋다.

**엠마 왕비의 슬픈 이야기**

부부의 하나뿐인 아들, 알버트 왕자가 4세 때 갑자기 세상을 떠나고 남편마저 1년 후 세상을 등진다. 27세에 홀로된 엠마 왕비는 49세에 생을 다할 때까지 재혼도 하지 않고 하와이 국민을 위해 살았다고 한다. 그중 호놀룰루 최대 자선 병원인 퀸스 메디컬 센터 설립이 가장 유명한 업적이다.

2913 Pali Hwy, Honolulu 수~토 10:00~15:30
$ 성인 $20, 5세~12세 $12, 4세 이하 $3, 62세 이상 $16(홈페이지에서 사전 예약으로만 가능) Ⓟ 무료 808-595-3167
daughtersofhawaii.org

## 01 하와이 피자의 대명사

### 제이 돌란스 J. Dolan's

피자를 맛볼 수 있는 레스토랑은 많지만 하와이에서 피자 하면 이곳이라고 칭찬하는 현지인이 많다. 미국 TV 드라마 〈하와이 파이브-오〉의 촬영지로도 알려져 있다. 밝은 느낌의 피자 가게가 아닌 다소 어두운 입구에 망설여질 수도 있지만 과감하게 들어가자! 낮부터 고소하고 토핑이 듬뿍 올라간 피자에 맥주 한잔하러 들른 현지인들 사이에서 피맥을 즐겨 보자.

하프 앤 하프 - 스피내치 앤 갈릭+더 자코모(Spinach & Galic+The Giacomo) $23.50 1147 Bethel St, Honolulu 월~목 11:00~24:00, 금·토 11:00~02:00, 일 11:00~22:00 불가 808-537-4992 instagram.com/jdolans

## 02 푸짐하고 품위 있는 버거

### 라이브스톡 태번 Livestock Tavern

점심식사 장소로 인기 있는 레스토랑. 저녁 시간의 스테이크도 훌륭하지만 점심의 버거로 더 유명하다. 브리오슈(Brioche) 빵을 사용한 이 고급 버거는 지역 매거진에서 '베스트 버거 오브 오아후(Best Burger of Oahu)'에 들 만큼 맛있다. 버거 외에도 계절마다 바뀌는 메뉴로 방문할 때마다 매번 다른 요리를 즐길 수 있으며, 매장 인테리어도 세련미 넘친다.

메인 랍스터 롤(Main Lobster Roll) $30, 태번 버거(Tavern Burger) $25 49 N Hotel St, Honolulu 월~금 17:00~22:00, 토·일 10:00~14:00 & 17:00~22:00 불가 808-537-2577 livestocktavern.com

## 03 이것이 진짜 미국식 버거

### 더 데일리 The DALEY

요즘 미국에서 유행하는 스매시(smash) 패티 버거로 유명한 곳. 스매시 패티는 100% 소고기를 달궈진 그릴에 짓눌러 익혀 만드는데, 그래서 겉은 바삭하고 속은 육즙 가득 촉촉한 맛이 일품이다. 버거에 패티와 치즈, 구운 양파가 전부지만 맛은 최고다. 패티가 맛있는 만큼 더블 패티를 추천한다. 바삭하고 포슬포슬한 감자튀김도 맛있으니 버거와 감자튀김, 맥주를 함께 곁들여 먹어도 좋다.

데일리 버거(Daley Burger) $8.5, 프라이(Fries) $5 1110 Nuuanu Ave, Honolulu 월 11:00~16:00, 화~토 11:00~20:00, 일 11:00~18:00 불가 thedaleyburger.com

## 04 하와이에서 성사된 베트남과 프랑스의 조화

### 더 피그 앤 더 레이디 The Pig and The Lady

하와이 추천 레스토랑으로 항상 거론되는 베트남 음식 레스토랑. 매년 할레 아이나 상을 놓치지 않는 곳으로, 현지인에게 인기 있는 맛집이다. 맛뿐 아니라 차이나타운이 맞나 싶을 정도로 세련되고 멋진 인테리어에 기분이 좋아진다. 낮에는 베트남 요리, 밤에는 프랑스 요리를 선보인다. KCC 파머스 마켓, 카일루아 파머스 마켓에서도 일부 메뉴를 저렴하게 만나볼 수 있다.

포 프렌치 딥 반미(Pho French Dip Banh Mi) $19 83 N King St, Honolulu 화~토 11:30~14:30 & 17:30~21:30 불가 808-585-8255 thepigandthelady.com

## 05 웨이팅이 끊이지 않는 딤섬 레스토랑

### 레전드 시푸드 레스토랑 Legend Seafood Restaurant

맛있는 홍콩 정통 딤섬을 저렴하게 즐길 수 있어 인기인 곳. 딤섬을 실은 수레를 세우고 원하는 걸 선택하면 된다. 딤섬의 가격은 접시마다 다른데, 양이 아니라 요리에 따라 다르다. 딤섬 외에 볶음면, 스프링 롤 등 직접 주문하는 메뉴들도 있다. 오픈 시간에 도착해 아침 겸 점심을 먹고 차이나타운을 둘러보는 것도 좋다.

시푸드 덤플링(Seafood Dumpling) $5.45, 딥 프라이드 크리스피 스프링 롤(Deep Fried Crispy Spring Roll) $8.95, 팬 프라이 누들 시푸드(Pan Fried Noodle with Seafood) $11.95 100 N Beretania St. #108, Honolulu 08:00~14:00 & 17:00~21:00 불가 808-532-1868 legendseafood honolulu.com

## 06 하와이 공식 쌀국수 맛집

### 포 투 차우 레스토랑 Pho To Chau Restaurant

차이나타운의 끝쪽 강을 끼고 있는 이 레스토랑은 언제나 사람들로 붐빈다. 허브를 듬뿍 넣어 먹는 베트남 본연의 맛으로, 국물 한 숟가락 먹는 순간 인기의 이유를 알게 된다. 붐비는 피크 타임을 피해 가면 여유롭게 먹을 수 있다. 결제는 현금으로만 가능하다.

- 쌀국수는 볼의 크기에 따라 세 종류로 나뉜다. 사이즈를 선택하고 원하는 콤비네이션을 정하면 끝! 얇게 썬 레어 스테이크(Rare Steak)를 샤브샤브처럼 포 국물에 담가 먹어 보자.

미디엄 볼-레어 스테이크(Medium Bowl-Rare Steak) $12.99, 스프링 롤(Spring Roll) $11.99 1007 River St, Honolulu 09:30~14:30 불가 808-533-4549

## 07 알로하 타워가 보이는 로컬 핫스폿

### 로컬 조 Local Joe

차이나타운의 바다 쪽 거리에 있으며 로컬이 추천하는 카페이다. 20년 이상 커피 로스팅을 해온 오너가 매일 커피를 볶는데 모두 100% 하와이 커피다. 라떼는 우유 대신 오트 밀크, 마카다미아 넛 밀크, 코코넛 밀크, 아몬드 밀크, 소이 밀크, 고트 밀크 등으로 변경할 수 있다. 커피 맛집으로 유명하지만, 샌드위치와 샐러드 등 점심 메뉴도 다양해서 맛있는 커피와 브런치를 즐기기에도 좋다.

라떼(Latte) $5.35, 베지 파워 랩(Veggie Power Wraps) $11.50, ABC 베이글(ABC Bagel) $10.50 110 Marin St, Honolulu 월~금 06:30~14:00, 토·일 08:00~13:00 가게 앞 유료 주차장 808-536-7700 localjoehi.com/menu

## 08 미술관에서 즐기는 브런치

### 호놀룰루 미술관 카페 Honolulu Museum of Art Cafe

박물관의 안뜰에 있는 카페로, 브런치를 즐기는 현지인들에게 인기가 좋다. 지중해 요리, 아시아 요리, 양식 등 다양한 메뉴가 있고, 신선한 재료로 음식을 만든다. 미술 감상과 건강한 점심을 즐기며 작은 사치를 누려 보자.

◆ 카페만 이용할 경우 미술관 입장료를 내지 않아도 된다.

허브 그릴드 치킨 브레스트 샌드위치(Herb-Grilled Chicken Breast Sandwich) $22, 그릴 슈림프 샐러드(Grilled Shrimp Salad) $25 900 S Beretania St, Honolulu 수·목·일 11:00~14:00, 금·토 11:00~14:00 & 17:00~20:30 호놀룰루 뮤지엄 예술 학교 주차장($5/5시간) 808-532-8734 honolulumuseum.org

## 09 사원 속 비건 레스토랑

### 고빈다스 레스토랑 Govinda's Restaurant

인도 사원 내에 있는 비건 레스토랑. 레스토랑 입구에서 접시를 받아, 먹고 싶은 음식을 직접 담은 후 용량에 따라 가격을 매기는 시스템이다. 메뉴는 달걀과 우유까지도 철저하게 배제된 완전 채식이며 대부분 유기농 재료를 사용한다. 이곳의 가장 큰 매력은 레스토랑 뒤 큰 반얀트리 아래에서 식사를 할 수 있다는 것! 앉아서 식사하는 것만으로도 치유가 되는 느낌이다.

$11.20/1파운드, $0.70/1온스 51 Coelho Way, Honolulu 월~금 11:00~14:30 무료 808-595-4913 iskconhawaii.com/menu

## 팰리스 사이민 Palace Saimin

1946년 오픈한 이곳은 옛날 하와이의 농장 노동자들이 즐겨 먹던 면 요리인 사이민을 당시 맛 그대로 지켜오고 있는 식당이다. 여기를 모르는 현지인이 없을 정도로 사람들의 발길이 끊이지 않는다. 모르면 지나치기 쉬운 작은 가게로, 와이키키에서는 차로 20분 정도 가야 한다.

- 오리지널 사이민도 맛있지만 돼지고기 속이 든 부드러운 완탕과 사이민이 합쳐진 완탕면(Won Ton Min)도 인기다. 여기에 바비큐 스틱을 추가하면 최고의 조합!

사이민(Saimin) $6.50(S), 완탕면(Won Ton Min) $8.75(S), 바비큐 스틱(Barbeque Stick) $3.75 1256 N King St, Honolulu 화~토 10:00~20:00 무료 808-841-9983

## 헬레나스 하와이안 푸드 Helena's Hawaiian Food

진정한 하와이안 푸드를 맛보고 싶어 여러 현지인들에게 물어 찾아간 식당. 1946년 제2차 세계대전이 끝난 이듬해부터 문을 연 이곳은 전통적인 하와이 음식을 충실히 재현하는 것을 모토로, 변함 없이 정통 하와이 음식의 맛을 지키며 사랑받고 있다. 하와이 전통 요리가 소량씩 단품으로 나오기 때문에 여러 가지를 주문해 맛볼 수 있다. 주문이 어렵다면 콤비네이션을 선택해도 좋다. 하와이 음식의 대명사인 돼지 요리, 칼루아 피그 말고도 갈비를 살짝 건조시켜 구운 피피카울라(Pipikaula)는 꼭 맛보길 바란다.

칼루아 피그(Kalua Pig) $5.25(S), 쇼트 립스 피피카울라(Short Ribs Pipikaula) $14.50(S), 프라이드 버터피시 칼러(Fried Butterfish Collar) $8.75 1240 N School St, Honolulu 화~금 10:00~19:30 무료 808-845-8044 helenashawaiianfood.com

**TIP**

하와이 전통 요리 하면 이곳 헬레나스이다 보니, 늘 사람들로 붐빈다. 그에 비해 주차 공간이 협소해 늘 만차! 그럴 때는 온라인으로 주문하고 바로 픽업하는 것도 방법이다. 기다림과 수고가 많지만, 감수하고 먹을 만한 가치가 있다.

12 어시장 옆 레스토랑

## 니코스 피어 38 Nico's Pier 38

어시장에 인접해 있어 신선한 참치와 연어 등을 맛볼 수 있다. 참치에 후리카케를 뿌려 겉을 살짝 구운 후리카케 팬 시어드 아히(Furikake Pan Seared Ahi)가 인기 메뉴다. 안쪽의 작은 마켓에서 신선한 생선회와 포케 등을 구입해 식당에서 먹을 수도 있다. 신선한 해산물 요리를 부두의 시원한 바람이 솔솔 부는 테라스 자리에서 즐겨 보자.

◆ 아히 주문 시 굽기의 정도를 물어보는데, 레어(Rare)를 추천한다.

✕ 후리카케 팬 시어드 아히(Furikake Pan Seared Ahi) $18.50, 스파이시 아히 포케(Spicy Ahi Poke) $19.95/파운드(시가) 📍 1129 N Nimitz Hwy, Honolulu 🕓 월~토 06:30~21:00(피시 마켓 06:30~17:00), 일 10:00~21:00(피시 마켓 10:00~16:00) Ⓗ 월~일 16:00~18:00, 16:00~17:00(바 테이블) Ⓟ 무료 📞 808-540-1377 🏠 nicospier38.com

TIP

**주문 방법** 보통은 테이블에서 주문하지만 점심시간(10:00~16:00)에는 카운터(Order Here)에서 직접 주문하고 진동벨이 울리면 픽업(Pick-up) 카운터에서 음식을 가져오면 된다.

13 70여 년 현지인 단골집

## 영스 피시 마켓 Young's Fish Market

수상 경력도 많은 이 가게는 1951년 오픈해 하와이 요리와 중국 요리를 가정식으로 즐길 수 있는 곳이다. 하와이 전통 음식인 라우라우, 칼루아 피그, 포케 등부터 소고기 스튜, 중국식 구운 돼지고기 등을 맛볼 수 있다. 오픈 당시에는 생선 가게였던 만큼 포케 등의 생선 요리가 특히 신선하다.

✕ 빅 알스 하와이안 벤토(Big Al's Hawaiian Bento) $15.75, 비프 스튜(Beef Stew) $16.75/파운드, 아히 쇼유 포케(Ahi Shoyu Poke) 시가 📍 1286 Kalani St, Honolulu 🕓 월~금 09:30~19:00, 토 09:30~16:00 Ⓟ 무료 📞 808-841-4885
🏠 youngsfishmarket.com

## 14 타로가 들어간 보라색 말라사다

### 카메하메하 베이커리 Kamehameha Bakery

현지인이 입을 모아 강력히 추천하는 말라사다 가게. 이곳의 말라사다(포이 글레이즈)는 하와이 원주민의 주식이었던 타로가 들어가 보라색을 띤다. 겉은 바삭하게 튀겨 갈색이지만 속은 예쁜 보라색이다. 여행자들보다는 현지인에게 잘 알려진 곳이다. 바로 튀겨주는 만큼 따뜻할 때 그 자리에서 맛보자.

하우피아 말라사다(Haupia Malasada) $1.15, 포이 글레이즈(Poi Glaze) $1.15 1284 Kalani St, Honolulu 월~금 02:00~16:00, 토·일 03:00~16:00 무료 808-845-5831 kamehamehabakeryhi.com

보라색 말라사다인 포이 글레이즈는 이곳의 시그니처

## 15 4대가 지켜온 정통 수제 파이의 맛

### 하와이안 파이 컴퍼니 Hawaiian Pie Company

90년 동안 맛을 지키며 4대째 이어온 정통 수제 파이 전문점. 매일 갓 구워낸 파이를 판매하는 이 아담한 가게 안에는 달콤한 향기가 감돈다. 다양한 맛을 날마다 바꿔서 판매한다. 버터 풍미가 진한 바삭바삭한 파이 반죽 위에 달콤한 과일 필링이 듬뿍 들어가 있어 계속 먹어도 질리지 않는다. 미니 사이즈 파이도 있어서 여러 가지 맛을 시도하기 좋다.

◆ 푸드랜드(Foodland)에서도 구매 가능하다.

미니 블루 파인애플 파이(Mini Blue Pineapple Pie) $7.50, 미니 하와이안 패션 피어 파이(Mini Hawaiian Passion Pear Pie) $7.50 508 Waiakamilo Rd, Honolulu 수~금 09:00~16:00, 토 10:00~16:00 무료 808-988-7828 hawaiianpieco.com

01 장을 보는 현지인들로 붐비는 곳

## 오아후 마켓 Oahu Market

차이나타운에서 빨간 지붕과 가림막이 눈에 띄어 사진을 찍게 만드는 곳이다. 1904년에 지어진 이 마켓은 열대 과일, 채소, 다양한 중국 식자재 등도 취급하지만, 주로 신선한 생선과 고기를 판매한다. 실제로 많은 식당에서 식재료를 구입해 간다. 중국 식재료 외에도 태국, 베트남 등의 아시아 식재료를 구할 수 있다. 오아후 마켓 주변으로, 특히 케카우리케 거리(Kekaulike St.)를 따라 여러 개의 큰 마켓이 줄지어 있다.

◆ 주로 오전에 장이 활발히 열리고 오후 2시경이면 문을 닫는 가게가 많으니 참고하자.

145 N King St, Honolulu 06:00~17:00 P 불가
808-536-6307

02 리틀 차이나 느낌이 물씬

## 마우나케아 마켓플레이스 Maunakea Marketplace

오전의 차이나타운은 채소나 과일, 식재료를 구입하러 오는 주민들로 붐빈다. 다른 대형 마켓에 비해 신선한 재료를 저렴하게 살 수 있어서다. 하지만 이곳이 인기인 진짜 이유는 푸드코트 때문! 현지인들의 점심 식사 장소로 유명하다. 다소 허름하고 어둡지만 가격도 저렴하고 맛있다. 중국요리 외에도 필리핀, 베트남, 말레이시아 등지의 아시아 요리를 맛볼 수 있다.

1120 Maunakea St 200, Honolulu 07:00~15:30
P 불가 808-524-3409

## 03 하와이를 본뜬 주얼리 컬렉션

### 진저 13 Ginger 13

주얼리 아티스트가 운영하는 핸드메이드 숍. 이곳의 모든 주얼리는 오너 디자이너가 디자인하고 제작한다. 하와이의 아름다운 하늘과 바다, 산, 무지개 등 하와이 풍경을 모티브로 한 제품들이다. 하와이 대학교에서 미술을 전공하고 뉴욕에서 메탈 아트를 배우며 다양한 활동을 한 디자이너의 경력이 아름답고 독특한 주얼리에 녹아 있다. 주얼리 외에도 오너가 선별한 소품과 엽서, 식물 등도 판매한다.

📍 22 S Pauahi St, Honolulu 🕓 화~금 11:00~17:00, 토 11:00~16:00 🅿 불가 📞 808-531-5311 🏠 ginger13.com

## 04 감각적인 알로하 셔츠 브랜드

### 로베르타 오크스 하와이 Roberta Oaks Hawaii

전미에서 인기 있는 하와이 로컬 브랜드의 숍. 오너인 로베르타가 직접 디자인한 옷(알로하 셔츠와 원피스 등)과 로컬 아티스트의 핸드메이드 상품 등을 취급한다. 원단도 모두 환경을 고려한 대나무 소재를 사용해 부드럽고 촉감이 좋은 것이 특징이다. 하와이에서 만들어진 제품들도 많아서 선물을 찾기에도 좋다.

📍 1152 Nuuanu Ave, Honolulu 🕓 월~토 11:00~18:00 🅿 불가 📞 808-526-1111 🏠 robertaoaks.com

## 05 하와이 대표 패션 브랜드

### 파이팅 일 Fighting Eel

두 명의 현지 디자이너가 시작해, 유행을 한 발 앞서가는 라이프스타일 의류를 판매하는 숍이다. '섹시함과 심플함의 조화'를 주제로 리조트 스타일에 딱 맞는 탱크톱, 여름 드레스, 티셔츠 등 다양한 스타일의 의류를 선보이며 할리우드와 전 세계 셀럽을 팬으로 두고 있다. 제품은 모두 호놀룰루에서 생산하며, 대부분 자체 브랜드지만 하와이에서 활동하는 디자이너의 상품도 판매한다. 카할라 몰, 카일루아에도 매장이 있다.

📍 1133 Bethel St, Honolulu 🕓 월~토 10:00~17:00, 일 10:00~16:00 🅿 불가 📞 808-738-9300 🏠 fightingeel.com

## 06 타임머신을 타고 순간이동

### 틴 칸 메일맨 Tin Can Mailman

하와이안 빈티지를 판매하는 소품점. 이미 여러 잡지나 매스컴에 소개된 인기 빈티지 숍이다. 천장까지 쌓아올린 하와이안 빈티지의 수많은 수집품은 주인이 수년 동안 세계 각국에서 모은 것이라고 한다. 20세기 주얼리, 우쿨렐레, 레코드판, 희귀한 인쇄물, 인테리어 소품, 옛 홍보물, 빈티지 그릇, 옛 하와이 서적 등 컬렉션이 아주 다양하다. 빈티지한 디자인을 좋아하거나 옛 하와이의 분위기를 느껴보고 싶다면 꼭 방문해 보자.

1026 Nuuanu Ave, Honolulu 화~금 11:00~16:30, 토 12:00~16:00 불가 808-524-3009
tincanmailman.net

빈티지 엽서

## 07 수집가의 서재 같은 앤티크 숍

### 하운드 & 퀘일 Hound & Quail

차이나타운에 위치한 앤티크 숍. 오래된 트로피와 19~20세기 사진기, 약병, 박제 소품, 중세의 가구 등 희귀하고 특이한 앤티크 소품들로 수집가의 서재처럼 꾸민 멋진 공간이다. 진열된 상품을 구경하는 것만으로도 즐겁다.

1156 Nuuanu Ave, Honolulu 수~토 11:00~17:00 불가 808-779-8436 houndandquail.com

## 08 저스틴 비버도 사랑하는 빈티지숍

### 하버스 빈티지 Harbors Vintage

세계 빈티지 마니아와 로컬 모두에게 인기 있는 빈티지 웨어 전문점. 알로하 셔츠부터 80~90년대 하와이 기념품, 스투시, 슈프림 등의 스트리트 웨어 브랜드 등 셀렉션이 풍부하게 갖추어져 있다.

1269 S Beretania St, Honolulu 화~토 12:00~18:00, 일 12:00~17:00 불가 808-466-9486 harbors-vintage.myshopify.com

## 파티 시티 Party City

전 세계 950여 개의 체인을 가지고 있는 미국 최대 파티 용품 전문점. 가게 이름만 들어도 이미 즐거워지는 이곳은 들어서는 순간 빼곡히 모여 있는 크고 작은 풍선이 시선을 빼앗는다. 결혼식, 생일, 피크닉, 졸업식, 핼러윈 데이 등 각종 행사에 필요한 모든 파티 용품들이 모여 있다고 해도 과언이 아니다. 어마어마한 종류의 코스프레 소품에서부터 파티 장식품, 파티 식기까지 3만 종이 넘는 상품을 취급한다. 파티를 좋아하는 미국인들의 특색 있는 파티 용품을 구경해 보자.

888 N Nimitz Hwy, Honolulu 월~토 10:00~18:00, 일 10:00~17:00 무료 808-599-7591
stores.partycity.com

핼로윈 코스튬



## 코스트코 홀세일 Costco Wholesale

우리에게도 낯설지 않은 회원제 창고형 매장인 코스트코. 물가가 비싼 하와이에서 없어서는 안 될 이곳은 오아후에만 4개의 점포가 있다. 기념품이나 선물을 다른 곳보다 저렴하게 구입할 수 있으니 한 번쯤 들러 보자. 하와이 꿀, 하와이안 호스트 마카다미아 초콜릿, 하와이 커피, 알로하 셔츠, 비타민 등의 영양제, 하와이산 스피룰리나 같은 건강 보조 식품을 저렴하게 판매한다.

◆ 한국에서 코스트코 회원이라면 이곳에서도 쇼핑이 가능하다. 이곳에서 쇼핑을 계획하고 있다면 회원카드를 챙겨 가자. 단, 결제는 비자(VISA)카드와 현금으로만 가능하다.

525 Alakawa St, Honolulu 월~금 09:00~20:30, 토·일 09:00~19:00 무료 808-526-6100
costco.com

하와이 커피
680g이 $28

오아후 동부
BEST 5
01
동쪽 해안
드라이브
02
와이마날로 베이
비치 파크
서핑
03
라니카이 필박스
하이크 하이킹
04
하나우마 베이
일광욕
05
카일루아 타운
산책

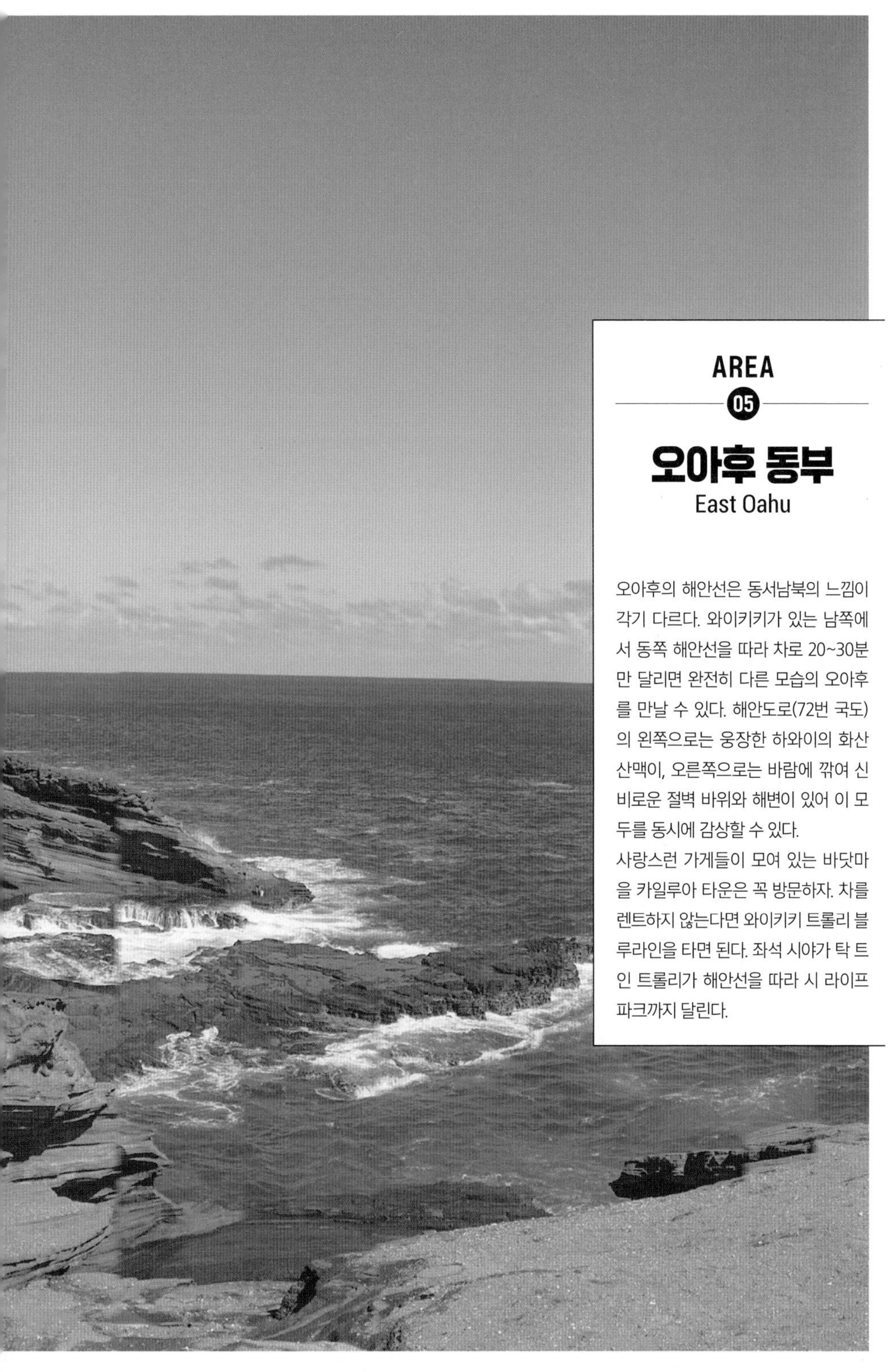

AREA

05

# 오아후 동부

## East Oahu

오아후의 해안선은 동서남북의 느낌이 각기 다르다. 와이키키가 있는 남쪽에서 동쪽 해안선을 따라 차로 20~30분만 달리면 완전히 다른 모습의 오아후를 만날 수 있다. 해안도로(72번 국도)의 왼쪽으로는 웅장한 하와이의 화산 산맥이, 오른쪽으로는 바람에 깎여 신비로운 절벽 바위와 해변이 있어 이 모두를 동시에 감상할 수 있다.

사랑스런 가게들이 모여 있는 바닷마을 카일루아 타운은 꼭 방문하자. 차를 렌트하지 않는다면 와이키키 트롤리 블루라인을 타면 된다. 좌석 시야가 탁 트인 트롤리가 해안선을 따라 시 라이프 파크까지 달린다.

# 오아후 동부
## 상세 지도

20 쿠알로아 랜치 Kualoa Ranch
06 쿠알로아 리저널 파크 Kualoa Regional Park
08 야미 훌리 훌리 치킨 Yumi Huli Huli Chicken
09 트로피컬 팜스 마카다미아 넛츠 Tropical Farms Macadamia Nuts
15 뵤도인 사원 The Byodo-In Temple
12 카네오헤 베이 샌드바 Kaneohe Bay Sandbar
04 카일루아 비치 파크 Kailua Beach Park
12 아일랜드 스노우 하와이 Island Snow Hawaii
14 호오말루히아 보태니컬 가든 Hoomaluhia Botanical Garden
22 카일루아 타운 파머스 마켓 Kailua Town Farmers' Market
19 누우아누 팔리 전망대 Nuuanu Pali Lookout
13 하와이안 아일랜드 카페 Hawaiian Island Cafe
10 쿨리오우오우 리지 트레일 Kuliouou Ridge Trail
01 코나 브루잉 컴퍼니 Kona Brewing Co.
04 아일랜드 브루 커피하우스 Island Brew Coffeehouse
05 테디스 비거 버거스 Teddy's Bigger Burgers
11 엉클 클레이스 하오스 오브 퓨어 알로하 Uncle Clay's House of Pure Aloha

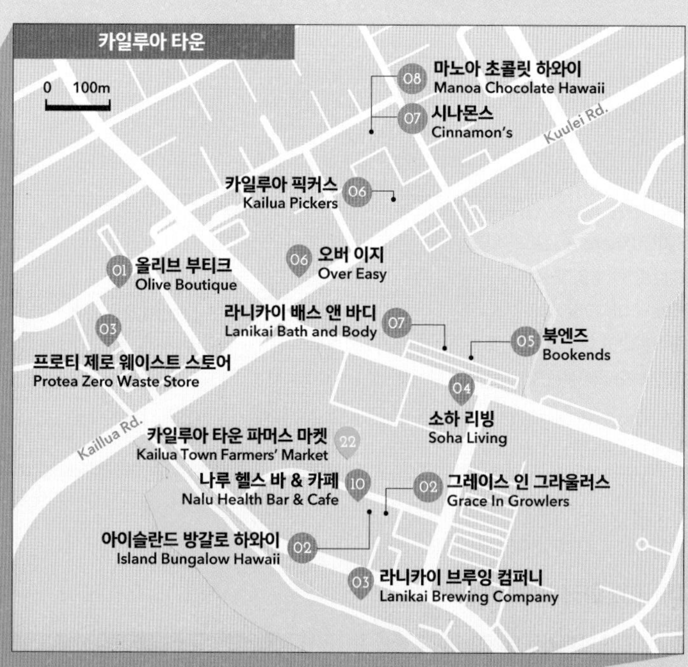


05 라니카이 비치
Lanikai Beach

09 라니카이 필박스 하이크
Lanikai Pillbox Hike

09 오노 스테이크 앤 슈림프 쉑
Ono Steaks and Shrimp Shack

03 와이마날로 베이 비치 파크
Waimanalo Bay Beach Park

마카푸우 비치 파크
Makapuu Beach Park

시 라이프 파크 21
Sea Life Park

02

18 마카푸우 전망대
Makapu'u Point

코코 크레이터
보태니컬 가든
Koko Crater
Botanical Garden

08 마카푸우 포인트 라이트하우스 트레일
Makapuu Point Lighthouse Trail

13

코코 헤드 트레일
Koko Head Trail

01 샌디 비치 파크
Sandy Beach Park

07

17

16

할로나 블로우홀 전망대
Halona Blowhole Lookout

11

라나이 전망대
Lanai Lookout

하나우마 베이
Hanauma Bay

0 1.5km

## 01 바디보드를 즐기려면 여기가 최고

### 샌디 비치 파크 Sandy Beach Park

이곳의 별명은 브레이크 넥 비치(Break Neck Beach)다. 목을 꺾어 버릴 정도로 파도가 크다는 의미로, 그만큼 거세고 높은 파도가 연달아 밀려온다. 강력한 쇼어 브레이크(Shore Break)와 파도 때문에 안전을 위해 바디보드 외 수영과 서핑은 원칙적으로 금지돼 있다. 바디보딩 마니아로 알려진 오바마 전 대통령도 이곳을 좋아한다고 한다. 거친 파도와 바디보더의 모습을 구경만 해도 즐거운 곳이니 들러 보자.

8801 Kalanianaole Hwy, Honolulu 07:00~22:00
무료 808-373-8013

## 02 몸과 마음, 영혼이 치유되는 곳

### 마카푸우 비치 파크 Makapuu Beach Park

이곳 또한 바디보드의 메카로 알려진 곳이다. 해변 주변에는 헤이아우(Heiau)라는 고대 성전이 있는데, 고대에는 이 일대가 심신을 치유하는 장소였다고 한다. 파도가 높아 수영하기에 적합하지는 않지만 수려한 바다를 배경으로 사진도 찍고 간단한 도시락을 먹기에도 좋다. 토끼섬과 거북이섬을 배경으로 멋진 기념사진도 남겨 보자.

41-95 Kalanianaole Hwy, Waimanalo 24시간
무료 808-768-8980

## 03 오아후에서 가장 긴 해변

### 와이마날로 베이 비치 파크 Waimanalo Bay Beach Park

고운 모래와 아름다운 바다색으로 닥터 비치(Dr. Beach)로 불리는 스티븐 레더먼 교수가 꼽은 '2015년 미국 최고의 해변'에 선정된 해변. 와이마날로 베이 주립 휴양 공원(Waimanalo Bay State Recreation Park)에서 길을 따라 들어가면 나오는 해안가로, 가족 단위의 현지인들이 주말 피크닉을 즐기고 웨딩 사진을 촬영하는 곳으로도 인기가 많다. 한가로이 바다를 바라보는 것도 좋고 여유롭게 수영을 즐겨도 좋다.

41-1062 Kalaniaole Hwy, Waimanalo
05:00~22:00 무료 808-259-8774

## 04 가족을 위한 최고의 해변

### 카일루아 비치 파크 Kailua Beach Park

아름다운 해변을 산책하는 것만으로도 기분이 좋아지는 곳으로, 하와이 해변 중에서도 인기가 높다. 다른 비치 파크에 비해서 정비가 잘 되어 있고, 모래가 부드럽고 수심이 얕아 특히 아이를 동반한 가족에게 좋다. 해변 뒤로 피크닉 테이블과 잔디밭이 있어 간단히 점심을 먹기에도 괜찮다. 윈드서핑, 카이트 서핑, 카약 등 다양한 해양 스포츠도 즐길 수 있다.

526 Kawailoa Rd, Kailua 05:00~22:00 P 무료
768-8980

## 05 숨겨진 천국의 해변

### 라니카이 비치 Lanikai Beach

'천국의 해변'이라는 뜻의 이름처럼 아름다운 곳. 고급 주택가 사이 작은 골목(Ocean Access)을 지나면 나온다. 모래 입자가 와이키키와 비교가 안 될 정도로 부드러워 맨발로 걸으면 감촉이 좋다. 이곳을 상징하는 두 개의 섬이 있는데, 큰 섬이 모쿠 누이(Moku Nui), 작은 섬이 모쿠 이키(Moku Iki)다. 카약을 타고 모쿠 누이섬까지 갈 수도 있다(편도 약 2km).

944 Mokulua Dr, Kailua 24시간 $ 무료 P 불가
808-261-2727

## 06 산과 섬, 해변 전경을 한눈에!

### 쿠알로아 리저널 파크 Kualoa Regional Park

해변 뒤로 펼쳐진 장엄한 코올라우산맥에 입이 쩍 벌어지는 해변. 중국인 모자(Chinaman's Hat)라 불리는 모코리이(Mokolii)섬이 이곳의 상징이다. 불의 여신 펠레의 여동생이 큰 도마뱀을 퇴치하면서 잘려나간 꼬리가 바다에 빠져 생긴 섬이라는 전설이 있을 만큼 신성한 땅으로 여겨진다.

◆ 해변의 폭이 좁고 자갈이 많아 해수욕을 하기에는 적절하지 않다. 대신 모코리이섬까지 카약을 타거나 공원에서 피크닉을 즐기는 현지인이 많다.

49-479 Kamehameha Hwy, Kaneohe 07:00~20:00 P 무료 808-768-8974

중국인 모자를 머리에 얹고 사진을 찍어 보자.

**07** 360도 파노라마의 환상적인 절경

## 코코 헤드 트레일 Koko Head Trail

해발 368미터의 높지 않은 분화구지만, 제2차 세계대전 때 꼭대기의 통신 기지로 물자를 운반하던 경로를 그대로 살려 만든 코스라 경사가 가파르고 쉽지 않은 편이다. 1,048개의 계단을 오르는 게 쉽지 않지만, 초급자도 천천히 오르면 도전할 만하다.

- 왕복 2시간 정도 소요되나, 다음날 걷기 힘들 수도 있으므로 여행 후반부 일정으로 넣자.

7604 Koko Head Park Rd, Honolulu 06:30~23:00 무료 alltrails.com

**08** 초급 코스지만 경치는 최고

## 마카푸우 포인트 라이트하우스 트레일 Makapuu Point Lighthouse Trail

정식 이름은 카이위 시닉 쇼어라인(Kaiwi Scenic Shoreline)으로, 정상까지 도로가 포장돼 있어 아이들도 쉽게 올라갈 수 있다. 멋진 바다를 보며 해안선을 따라 걸어가다 보면 30~40분만에 도착할 수 있다. 그늘이 없으니 모자와 선크림, 선글라스, 물은 필수다.

- 12~3월에는 멀리 혹등고래가 점프하는 모습을 볼 수 있다.
- 빨간 지붕의 마카푸우 등대는 영화 〈첫 키스만 50번째〉의 키스신 촬영지로 유명하다.
- 전망대에서는 토끼섬과 거북이섬, 멀리 코올라우산맥과 광활한 태평양이 한눈에!
- 트레일 끝의 전망대 건너편에는 벙커가 있다.

Makapuu Lighthouse Rd, Waimanalo
07:00~18:45 무료 dlnr.hawaii.gov

## 라니카이 필박스 하이크 Lanikai Pillbox Hike

숨막히는 절경을 볼 수 있는 초중급 하이킹 코스. 정식 이름은 카이와 리지 트레일(Kaiwa Ridge Trail)이다. 왕복 1시간 반~2시간 정도 걸리며, 초반의 급경사만 지나면 정상의 능선을 따라 걷는다. 능선 위에서 바라보는 태평양은 또 다른 느낌! 총 3개의 벙커 중 세 번째 벙커가 가장 아름답다. 산맥의 능선과 지나온 벙커들이 한눈에 보이고 눈 아래로는 라니카이 비치와 섬들이 내려다보인다.

◆ 첫 번째 벙커에서 두 번째 벙커까지는 10분, 거기서 다시 세 번째 벙커까지는 20분가량 소요된다.

📍 265 Kaelepulu Dr, Kailua 🕒 06:00~20:00 $ 무료

TIP

### 하이킹 시 주의사항

- 비가 온 전후에는 가파른 경사가 상당히 미끄러울 수 있으니 조심해야 한다.
- 아무리 멋진 풍경이더라도 사진을 찍으며 한눈 팔면 안 된다. 안전 요원도 없고 안전 장치도 설치되지 않은 자연 그대로의 하이킹 코스이므로 안전은 스스로 챙겨야 한다.

## 쿨리오우오우 리지 트레일 Kuliouou Ridge Trail

초중급 난이도의 코스. 앞서 소개한 다른 코스들과 달리 숲길을 따라 올라가는데, 정상에 오르면 탄성이 절로 나오는 오션 뷰가 펼쳐진다. 왕복 8km로 소요 시간은 3시간 정도 걸린다. 꽤 왔다 싶을 즈음 잠시 쉴 수 있는 의자가 나오는데, 여기서부터 20분 더 가면 정점에 이른다. 산 정상 도착 전 가파른 계단이 있지만 길지 않아 무리 없이 오를 수 있다.

◆ 입구에 체크 스테이션이 있다. 안전을 위해 체크인과 체크아웃 시간을 기록하자.

📍 775 Kalaau Pl, Honolulu 🕒 24시간, 어두운 시간대는 피할 것. Ⓟ 불가(주택가 주차 가능한 곳에 거리 주차) ☎ 808-291-6697 🏠 hawaiitrails.hawaii.gov

## 하나우마 베이 Hanauma Bay

3만 2,000여 년 전 화산활동으로 생긴 분화구의 한쪽이 침식돼 생긴 만이다. 하와이 왕조 당시에는 특별하고 신성한 장소로 여겨 일반인의 출입을 금지했었다. 맑고 얕은 바다에 산호가 퍼져 있고 수많은 열대어가 헤엄쳐 마치 거대한 자연 수족관 같다. 호놀룰루시에서 자연 보호 구역으로 지정해 정해진 인원만 해변으로 입장할 수 있다. 오후보다 오전에 물이 깨끗하니 일찍 방문하는 것이 좋다.

◆ 예약을 해야만 입장할 수 있다. 홈페이지(honolulu.gov/parks-hbay/home.html)를 통해서 원하는 날짜 2일 전에 사전 예약할 수 있다.

📍 100 Hanauma Bay Rd, Honolulu 🕓 수~일 06:45~16:00(13:30 이후 입장 불가) $ $25, 12세 이하 무료 (예약 필수, 예약 시 9분의 환경보호 비디오 관람) Ⓟ $3/차량1대(현금만 가능) ☏ 808-768-6861 🏠 hanaumabaystatepark.com

**TIP**

- 하나우마 베이만 보고 싶다면 주차장의 전망대에서 기념촬영을 하면 된다.
- 매표소에서 해변까지 약 200미터 정도 언덕길을 내려가야 한다. 걷기 힘들거나 짐이 많다면 트램을 타자.
- 자연 보호를 위해 산호를 건드리면 안 되고, 화학 성분의 선크림과 오일을 사용할 수 없다.

12 잠시 경험하는 천국의 바다

## 카네오헤 베이 샌드바 Kaneohe Bay Sandbar

바닷속을 거닐며 물고기와 노는 시워크(Sea walk)

바다 한가운데에 펼쳐지는 아름답고 신기한 백사장. 썰물 때 해면 위로 섬처럼 솟아나 모습을 드러내는 새하얀 모래사장이 바로 '샌드바'다. 약 1억 년 전에 분화구가 지진으로 융기한 후 오랜 세월에 걸쳐 모래와 산호가 퇴적돼 생겼다. 샌드바 위를 걸으면 바다, 하늘, 산이 어우러진 절경이 펼쳐져 360도 어디를 봐도 행복한 기분이 든다. 샌드바 주변의 산호초에서 다양한 색과 종류의 물고기는 물론 거북이도 볼 수 있어 스노클링하기에도 딱이다.

◆ 투어업체를 통해서 체험할 수 있다. 추천하는 업체는 아래 두 곳이다.

1. Captain Bob's Kaneohe Bay Sandbar
2. Kaneohe Bay Ocean Sports

📍 46-499 Kamehameha Hwy, Kaneohe Ⓟ 7시간 무료

**TIP**

계절이나 시간에 따라 조수의 높이가 달라지므로 미리 홈페이지를 방문해 확인 후 예약하자. 조수가 높은 날(High Tide)은 허리까지 물이 차기도 하므로 조수가 낮은 날과 시간대를 선택해야 한다.

🏠 usharbors.com/harbor/hawaii/waimanalo-hi

## 13 코코 헤드 분화구 속 식물원

# 코코 크레이터 보태니컬 가든

**Koko Crater Botanical Garden**

하와이의 독특한 자연의 모습을 보고 싶다면 이곳으로 가자. 산책로를 따라 하와이의 상징인 플루메리아와 히비스커스는 물론이고 여러 국가의 멸종 위기종 혹은 희귀한 식물들을 볼 수 있다. 재밌는 식물도 많기 때문에 1시간 정도 지루하지 않게 산책할 수 있다. 그중에서도 거대 선인장이 가장 인기인데, 이국적인 선인장을 배경으로 인생 사진 한 장 찍어 보자.

📍7491 Kokonani St, Honolulu 🕓07:00~18:00 $ 무료
Ⓟ 무료 📞808-522-7060

**TIP**

- 입구 우편함에 지도가 있다. 가지고 갔다가 나올 때 다시 두고 오면 된다.
- 플루메리아는 5월경에 만개한다.

## 14 오아후 최대의 식물원

# 호오말루히아 보태니컬 가든

**Hoomaluhia Botanical Garden**

깎아지르는 절벽에 위치한 유명 식물원으로, 1.6㎢의 면적을 자랑한다. 트레킹 코스, 캠핑장이 있고 호수에서는 낚시도 가능하다. 방문객 센터에서 낚싯대를 무료로 빌려 정해진 장소에서 낚시를 하면 된다. 아이와 함께 코올라우 산맥을 바라보며 여유를 즐겨 보자.

◆ 식물원이 넓으니 우선 방문자 센터에 들러 공원 지도를 받자.

📍45-680 Luluku Rd, Kaneohe 🕓09:00~16:00(낚시: 토·일 10:00~14:00 방문자 센터에서 체크인 필요) Ⓟ 무료 📞808-233-7323

## 15 코올라우산맥이 품은 일본 사원

# 뵤도인 사원

**The Byodo-In Temple**

코올라우산맥을 병풍처럼 두르고 있어 멋스러운 불교 사원. 일본 교토에 있는 세계 문화 유산 뵤도인을 아주 정교하게 축소 복제한 것으로, 일본의 하와이 이민 100주년을 기념해 1986년 건립됐다. 사찰 내에 있는 범종을 치면 꿈이 이뤄지고 행복해진다고 한다. 영화 〈진주만〉, 드라마 〈로스트〉, 〈하와이-50〉의 촬영지이기도 하다.

📍47-200 Kahekili Hwy, Kaneohe 🕓08:30~16:30 $ 성인 $5, 2~12세 $2, 65세 이상 $4(신용카드만 가능) Ⓟ 무료 📞808-239-8811 🏠byodo-in.com

16 기념촬영 필수인 포토 스폿

## 라나이 전망대 Lanai Lookout

맑은 날에는 멀리 하와이의 여섯 번째로 큰 섬 라나이를 볼 수 있어 이름도 라나이 전망대. 오아후 동쪽 해안선의 인상적인 용암 바위와 절벽, 거친 파도, 에메랄드빛 바다가 절경이다. 이 기이한 자연 경관을 배경으로 사진 촬영은 필수! 아무렇게나 찍어도 인생 사진이 된다. 12~3월에는 혹등고래가 보이기도 한다.

- 영화 〈캐리비안의 해적〉과 미국드라마 〈로스트〉의 촬영지이기도 하다.

8102 Kalanianaole Hwy, Honolulu 24시간 무료

17 굉음과 함께 솟아오르는 물기둥

## 할로나 블로우홀 전망대 Halona Blowhole Lookout

라나이 전망대에서 해안도로를 따라 조금만 내려가면 나오는 또 다른 전망대. 수천 년 전 화산 폭발로 만들어진 용암 동굴 사이로 바닷물이 솟아오르는 지형인 블로우홀을 볼 수 있다. 수면과 파도의 세기에 따라 물기둥이 최고 10미터 높이로 솟아오르기도 한다. 이곳에서는 겨울철 찾아오는 혹등 고래도 만날 수 있고, 바다 너머로 라나이와 몰로카이의 모습도 볼 수 있다. 전망대 바닥에 그려진 하와이 지도를 보고 라나이와 몰로카이를 찾아보자.

- 이곳은 일출 명소이기도 하다.
- 전망대 오른쪽으로 비밀의 해변이 있다.

8483 Highway 72, Ho nolulu
24시간 무료 808-768-3003

18 토끼와 거북이섬이 눈 아래에

## 마카푸우 전망대 Makapuu Lookout

72번 해안선의 동쪽 끝에 있는 곳에 위치한 전망대. 같은 해안선인데도 라니카이 전망대나 할로나 블로우홀 전망대와는 또 다른 해안 풍경을 볼 수 있다. 동북쪽 해안선과 토끼섬, 거북이섬을 내려다볼 수 있어서 인기다. 절벽 아래로는 마카푸우 비치 파크가 보인다. 이곳에서도 혹등고래를 볼 수 있는데, 12~3월 토끼섬 주변으로 혹등고래가 자주 출몰한다.

10036-10038 Highway 72, Waimanalo 07:00~18:30 무료

19 하와이 통일의 역사적 장소

## 누우아누 팔리 전망대 Nuuanu Pali Lookout

코올라우산맥의 해발 300미터 높이에 위치한 전망대로, 웅장한 산맥과 동쪽 해안을 조망할 수 있다. 1795년 카메하메하 왕이 하와이 제도를 통일하기 위해 오아후 군과 싸운 마지막 전쟁터로, 격렬한 전투에서 오아후 병사들은 도망갈 곳이 없어 이 절벽 아래로 몸을 던졌다고 한다. 절벽 끝에 세워진 전망대인 만큼 고도가 높고 코올라우산맥 사이에 있어 항상 강풍이 분다. 모자가 날아가지 않도록 주의하자.

Nuuanu Pali Dr, Kaneohe 06:00~18:00 $7/차량1대 808-464-2924

TIP
주차 후, 주차요금 정산기에서 요금 정산을 먼저 해야 한다. 지불 후 영수증을 차량 대시보드 위에 올려놓으면 된다.

## 쿠알로아 랜치 Kualoa Ranch

웅장한 산맥과 초원, 전용 해변을 포함해 16㎢ 면적을 자랑하는 액티비티 명소. 〈쥬라기 공원〉, 〈첫 키스만 50번째〉, 〈로스트〉, 〈고질라〉 등 할리우드 영화와 광고 촬영지이자, 〈한끼줍쇼〉, 〈뭉쳐야 뜬다〉, 〈슈퍼맨이 돌아왔다〉, 〈나 혼자 산다〉 등의 한국 예능 프로그램과 EXO 화보 촬영장, BTS, IKON 등 셀럽들의 여행지로도 유명하다. 장엄한 하와이의 대자연을 만끽할 수 있는 이곳은 고대에는 왕족만 출입할 수 있었던 신성한 곳으로 수많은 신화가 전해진다. 이 웅장한 대자연 속에서 ATV, 승마, 집라인, 영화 촬영지 투어 등 다양한 액티비티를 즐길 수 있다.

◆ '쿠알로아 랜치' 카카오톡 오픈 채팅을 통해 한국어로 예약과 문의를 쉽게 할 수 있다.

49-560 Kamehameha Hwy, Kaneohe 08:00~18:00
무료 808-237-7321 kualoa.com

TIP

### 투어 & 액티비티

- **UTV 랩터 투어** 2시간 $149.95
- **말타기** 2시간 $149.95
- **정글 지프 투어** 90분 $54.95
- **집라인** 2시간 30분 $179.95
- **영화 촬영지 투어** 90분 $51.95
- **항해 투어** 90분 $54.95
- **전기 산악자전거** 2시간 $124.95

## 시 라이프 파크 Sea Life Park

오아후 동쪽 해안이 내려다보이는 고지대에 위치해 하와이의 아름다운 경치와 해양 동물을 함께 만날 수 있는 마린 테마 파크. 상어가 헤엄치는 1,136톤의 거대한 수족관에서 잠수하고, 바다사자와 함께 놀고, 하와이 가오리와 스노클링 하는 등 흥미로운 해양 프로그램을 즐길 수 있다. 새를 좋아한다면 200여 마리의 새에게 먹이를 주는 체험도 가능하다.

41-202 Kalanianaole Hwy, Waimanalo 10:00~16:00
$ 성인 $44.99(14일 전 예약 $39.99), 4세 이하 무료 P 무료
808-259-2500 sealifeparkhawaii.com

새와 물고기 먹이주기 체험

## 카일루아 타운 파머스 마켓 Kailua Town Farmers' Market

카일루아 지역에는 두 개의 파머스 마켓이 있는데, 이곳은 그중 하나로 매주 일요일 오전에 마켓이 열린다. 점포 수도 많고 다른 파머스 마켓에서 보지 못한 부스들도 보인다. 여행자는 비교적 적고 현지인이 많으며, 아이들이 장난감이나 색칠 놀이를 할 수 있는 어린이(Keiki) 코너도 있다.

- 이곳에서 음식을 포장해 카일루아 비치나 라니카이 비치 파크로 향하는 것도 좋다.

640 Ulukahiki St, Kailua 일 08:00~12:00
P 무료 808-388-9696 farmloversmarkets.com

## 01 요트 하버를 보며 마시는 신선한 맥주

### 코나 브루잉 컴퍼니 Kona Brewing Co.

하와이 맥주의 대명사이자 우리에게 롱보드 라거(Long board Larger)로 잘 알려진 코나 브루잉 컴퍼니에서 직영하는 펍이다. 와이키키에서는 조금 떨어져 있지만, 요트 하버가 보이는 테라스에서 하와이 바닷바람을 맞으며 맥주 한 잔 마시면 오길 잘했다는 생각이 든다. 맥주 외에 두툼한 아메리칸 스타일 피자도 맛있기로 유명하다.

맥주 1파인트(Pint, 473㎖) $7.50, 맥주 글라스(Glass, 300㎖) $6, 맥주 샘플러 세트(Beer Flight) $15(5온스X4), 캡틴 피자(The Captain Pizza) $22.99 7192 Kalanianole Highway, Honolulu 11:00~22:00 H 월~금 15:00~18:00 P 무료 808-396-5662 konabrewingco.com

## 02 맥주도 먹고 기부도 하는 세련된 BYOF 펍

### 그레이스 인 그라울러스 Grace In Growlers

카일루아 타운에 위치한 멋진 생맥주 전문점. 비영리 단체에서 운영하며 수익은 개발도상국의 아이들에게 기부된다. 하와이, 미국 본토, 유럽 맥주까지 15종의 생맥주를 즐길 수 있다. 음식을 가져갈 수 있는 BYOF(Bring Your Own Food) 펍이니 근처 맛집에서 음식을 포장해 맥주와 함께 즐겨도 좋다. 계산은 신용카드로만 가능하다.

- **주문방법** ① 계산대에서 신분증과 신용카드를 내면 전용 팔찌를 준다. ② 팔찌를 원하는 맥주의 로고 부분에 대고 레버를 당겨 맥주를 따른다. ③ 나갈 때 계산대에서 한꺼번에 지불한다.

맥주 $0.60~1.50/온스 143 Hekili St, Kailua 화~목 17:00~21:00, 금 17:00~22:00, 토 12:00~22:00, 일 12:00~19:00 P 무료 808-975-9317 instagram.com/graceingrowlers

## 03 개성 넘치는 맛의 동네 맥주

### 라니카이 브루잉 컴퍼니 Lanikai Brewing Company

카일루아 타운에 위치한 소규모 양조장으로, 하와이 현지의 제철 과일과 꽃을 첨가해 배럴 숙성한다. 피카케 꽃이 첨가된 맛이 쌉싸름한 모쿠 임페리얼 IPA(Moku Imperial IPA), 히비스커스 꽃과 오히아 레후아 꿀이 첨가된 붉은 빛의 루트 70(Route 70), 바닐라 맛이 첨가되어 단맛과 쓴맛이 절묘하게 어우러진 필박스 포터(Pillbox Porter) 등 한정 맥주가 유명하다.

모쿠 임페리얼 IPA(MOKU IMPERIAL IPA) $8.50/12온스 $3.50/4온스 167 Hamakua Dr, Kailua 월~금 12:00~22:00, 토·일 11:00~22:00 P 불가 lanikaibrewing.com

**04** 에메랄드빛 마리나 전망 카페

## 아일랜드 브루 커피하우스 Island Brew Coffeehouse

와이키키에서 차로 15분 거리에 있는 이곳은 에메랄드색의 마리나가 펼쳐져 보이는 아름다운 카페다. 분위기와 뷰도 좋지만, 수많은 상을 수상한 빅 아일랜드의 커피 농원 '러스티즈 하와이안(RUSTY'S HAWAIIAN)'의 100% 하와이산 커피와 신선한 현지 과일을 사용한 스무디 등 다양한 음료 메뉴와 샌드위치, 로코 모코, 에그 베네딕트, 아사이 볼 등 식사 메뉴도 훌륭하다. 근처에 대형 쇼핑몰도 여럿 있어 식사 전후로 쇼핑도 즐길 수 있다.

아메리카노 $4.95, 에그 베네딕트(Egg Bennedict) $19.95 · 377 Keahole St, Honolulu · 06:00~18:00 · 무료 · 808-394-8770 · islandbrewcoffeehouse.com

**05** 하와이 No. 1 수제버거 체인점

## 테디스 비거 버거스 Teddy's Bigger Burgers

지역 매거진에서 '하와이 베스트 버거'로 자주 꼽히는 곳으로, '하와이 햄버거'라고 검색하면 빠지지 않고 등장한다. 맛의 비결은 신선한 미국산 소고기 100%를 사용해 다양한 향신료와 허브로 양념한 두꺼운 패티다. 패티의 크기에 따라 1/3파운드(151g), 1/3파운드(227g), 1파운드(454g) 중 선택할 수 있고 굽는 정도도 선택이 가능하다.

◆ 와이키키 매장은 다른 매장과 메뉴나 가격이 조금 다르다.

싱글 카네오헤 콤보(Single Kaneohe Combo) $19.98 · 7192 Kalaniande Hwy E124, Honolulu · 10:00~21:00 · 무료 · 808-394-9100 · teddysbb.com

## 06 핫한 브런치 레스토랑

### 오버 이지 Over Easy

이른 아침 서둘러 올 만큼 맛있고, 신선하고 재밌는 요리가 많은 식당. 인기 메뉴인 크리스피 팬케이크는 겉은 바삭, 속은 촉촉하고 과일과 크림치즈가 들어가 있다. 또 다른 시그니처 메뉴인 카일루아 에그는 밥 위에 포르투갈 소시지, 계란 등이 올려져 있고, 베이컨과 양배추를 우려 만든 국물을 부어 먹는 요리로, 한국인 입맛에 딱이다.

포테이토 엔'에그스(Potato N'Eggs) $19, 카일루아 에그(Kailua Egg) $16, 크리스피 팬케이크 위드 프루트 앤 크림치즈(Crispy Pancakes w/ Fruit & Cream Cheese) $14 418 Kuulei Rd #103, Kailua 수~금 07:00~13:00, 토·일 07:00~13:30 불가 808-260-1732 easyquehi.com

## 07 30년 넘은 된 현지인 맛집

### 시나몬스 Cinnamon's

1985년에 오픈해 현지인의 사랑을 받으며 할레 아이나 어워드에서 '베스트 브랙퍼스트(Best Breakfast)' 금상을 여러 차례 수상했다. 이곳만의 독특한 구아바 쉬폰 팬케이크와 레드 벨벳 팬케이크가 인기다. 팬케이크는 2장, 4장 중 선택할 수 있으며 에그 베네딕트, 오믈렛도 훌륭하다. 올드 아메리칸 스타일의 로컬 분위기 속에서 현지인처럼 느긋하게 식사해 보자.

구아바 쉬폰 팬케이크(Guava Chiffon Pancakes) $12(2장), 하와이안 오믈렛(Hawaiian Omelets) $20.75 315 Uluniu St, Kailua 일~수 07:00~14:00, 목~토 07:00~14:00, 17:30~20:30 건물 뒤 코인 주차장 808-261-8724 cinnamons808.com

## 08 숯불향 가득한 치킨

### 야미 훌리 훌리 치킨 Yummy Huli Huli Chicken

숯불 향 가득한 하와이 스타일의 치킨 요리. 훌리 훌리 치킨(Huli Huli Chicken)의 훌리(Huli)는 하와이 어로 '돌다'라는 의미인데, 가게 마다의 특제 훌리 훌리 소스를 닭고기에 발라 하와이에서 나는 키아베 나무로 만든 숯불 위에서 빙글빙글 돌려가며 구워내는 하와이식 치킨 요리다. 생긴 건 우리의 전기 구이 통닭과 비슷해 보이지만 향과 맛이 전혀 다르니 꼭 도전해 보기를 추천한다.

훌리 훌리 치킨 플레이트(Huli Huli Chicken Plate) $16.95 49-132 Kamehameha Hwy, Kaneohe 10:00~16:00 무료 808-376-4110

09 현지 스타일의 로컬 맛집

## 오노 스테이크 앤 슈림프 쉑 Ono Steaks and Shrimp Shack

오아후의 동쪽 해안 도로인 72번 도로를 쭉 따라 달리다 보면 만나게 되는 스테이크 & 시푸드 플레이트 맛집. 원래는 푸드 트럭으로 시작해 큰 인기를 얻으면서 지금의 자리에 둥지를 틀었다. 저렴하고 양이 많은데다 맛까지 있는 곳으로 유명하다. 가게 이름처럼 스테이크와 새우 요리가 제일 유명하지만, 그 외에도 타코, 햄버거 등 20여 가지의 메뉴가 있어 입맛에 따라 골라 먹을 수 있다. 와이마날로 비치 바로 옆에 위치해 있어서 포장해 해변에서 먹는 것도 좋다.

갈릭 슈림프 & 스테이크(Garlic Shrimp & 4 oz. steak) $12 41-037 Wailea St, Waimanalo 수~월 10:30~17:00 무료 808-259-0808

10 100% 아사이 베리 볼

## 나루 헬스 바 & 카페 Nalu Health Bar & Cafe

건강한 식자재를 고집하는 부티크 분위기의 카페. 하와이산 유기농 과일과 채소로 신선한 주스와 스무디, 샌드위치 등을 만들어 판매한다. 특히 인기 있는 메뉴는 아사이 볼! 우유나 다른 첨가물을 섞지 않고 100% 아사이 베리로 만들어 다른 곳의 아사이 볼보다 색과 맛이 진하다.

나루 볼(Nalu Bowl) $14.75(M), 아히 튜나 샌드위치(Ahi Tuna Sandwich) $17.45 131 Hekili St #109, Kailua 09:00~18:00
무료 808-263-6258
naluhealthbar.com

## 11 아이에게도 안심인 셰이브 아이스

### 엉클 클레이스 하오스 오브 퓨어 알로하 Uncle Clay's House of Pure Aloha

오랫동안 현지인과 여행자들에게 사랑받아 온 셰이브 아이스 가게. 방부제나 인공 감미료, 인공 색소 등 식품 첨가제를 사용하지 않은 수제 천연 시럽과 하와이에서 공수한 재료만을 사용한다. 과일 고유의 맛을 살린 시럽은 너무 달지 않아 좋다. 유명한 로컬 브랜드 트로피컬 드림즈(Tropical Dreams)와 콜라보로 만든 아이스크림을 토핑으로 올려 먹는 것도 굿!

✕ 클래식 레인보우(Classic Rainbow) $9.95(S) ⊙ 820 W Hind Dr. #116, Honolulu ◷ 월~금 13:00~18:00, 토·일 10:30~19:45 Ⓟ 무료 ☏ 808-373-5111 ⌂ houseofpurealoha.com

## 12 오바마의 단골 셰이브 가게

### 아일랜드 스노우 하와이 Island Snow Hawaii

카일루아 비치 센터 내에 있는 유명 서핑 전문점 아일랜드 스노우 하우스의 숍 인 숍. 오바마 전 대통령이 좋아하는 가게로도 잘 알려져 있다. 오바마 전 대통령은 여름 휴가나 크리스마스 휴가 때 하와이에 오면 가족과 함께 이곳을 방문한다고 한다. 일반 셰이브 아이스와 천연 시럽(All Natural) 셰이브 아이스 중 취향에 따라 고르면 된다.

✕ 올 내츄럴 스트로베리+망고+리치(All Natural Strawberry+Mango+Lychee) $6.25(L) ⊙ 130 Kailua Rd, Kailua ◷ 월~목 10:00~18:00, 금~일 10:00~19:00 Ⓟ 무료 ☏ 808-263-6339

## 13 알로하 감성 넘치는 로컬 맛집

### 하와이안 아일랜드 카페 Hawaiian Island Cafe

와이마날로 베이 비치 파크 옆에 위치한 작은 카페. 여행객보다는 현지인에게 더 인기 있는 곳으로, 맛은 물론이고 양도 많고 가격도 저렴하다. 하와이 현지 분위기 가득한 카페에서 생크림 가득 올려진 달달한 와플에 커피 한잔으로 개운하게 하루를 시작해 보자.

✕ 날로 선라이즈 와플(Nalo Sunrise Waffle) $13, BLT 크루아상(BLT Croissan) $11 ⊙ 41-1537 Kalaniana'ole Hwy, Waimanalo ◷ 화~토 08:00~16:00 Ⓟ 무료 ☏ 808-312-4006

REAL GUIDE

# 하와이 배경 영화 & 드라마
MOVIE & DRAMA

여행 전 영화와 드라마를 통해 먼저 하와이를 만나보자!

❶ **하와이 파이브오** Hawaii Five-O / 2010~2020년 / 드라마
하와이를 넘어 전 세계적으로 사랑을 받았던 범죄 수사물

❷ **로스트** Lost / 2004~2010년 / 드라마
남태평양 미지의 섬에 추락한 생존자들의 이야기를 다룬 미국 드라마로, 배우 김윤진이 출연해 화제가 됐다.

❸ **디센던트** The Descendants / 2011년 / 영화
조지 클루니 주연. 하와이의 문화와 하와이안의 삶을 엿볼 수 있는 영화. 오아후와 카우아이의 아름다운 모습이 담겨 있다.

❹ **첫 키스만 50번째** 50 First Dates / 2004년 / 영화
아담 샌들러와 드류 베리모어가 주연한 하와이 배경의 유쾌한 로맨틱 코미디. 쿠알로아 랜치, 마카푸우 등대, 시 라이프 파크 등 오아후의 자연 환경 때문에 더 낭만적인 영화다.

❺ **모아나** Moana / 2016년 / 영화
하와이를 배경으로 폴리네시안 문화와 신화를 담아낸 디즈니 애니메이션. 모아나 역의 아우이 크라발호(Auli'i Cravalho)는 하와이 출신 배우다.

❻ **진주만** Pearl Harbor / 2001년 / 영화
펄 하버에서 일어난 진주만 공습을 다룬 영화. 다소 영화적인 요소도 있지만 진주만 공습을 이해하는 데 좋은 영화로, 진주만을 방문할 계획이 있다면 챙겨 보자.

❼ **쥬라기 공원** Jurassic Park / 1993, 2015, 2018년 / 영화
스티븐 스필버그 감독의 영화로, 더 이상 설명이 필요 없는 영화다. 오아후의 쿠알로아 랜치가 〈쥬라기 공원〉 촬영지로 유명하다.

❽ **하와이언 레시피** Honokaa Boy / 2009년 / 영화
하와이의 빅아일랜드를 배경으로 한 일본 영화. 음식과 사람 사는 이야기는 일본 특유의 감성과 느낌, 색감으로 표현되는데, 하와이와 참 잘 어울린다.

❾ **아바타** Avatar / 2009년 / 영화
카우아이는 칼랄라우 밸리, 나팔리 코스트 등 울창한 대자연의 모습이 그대로 보존돼 있는 곳이다. 그래서 신비한 세계를 다룬 아바타의 촬영지로 낙점되었다. 이외에도 〈캐리비안의 해적〉 등 유명 영화의 촬영지이기도 하다.

## 01 여심 자극 편집 숍

### 올리브 부티크 Olive Boutique

카일루아에서 나고 자란 오너 앨리 맥마헌(Ali McMahon)이 남편과 함께 하와이와 LA의 의류와 소품을 선별해 판매하는 숍이다. 소비자의 마음을 자극하는 하와이안 라인업으로 TV와 잡지 등 다양한 매체에 소개된 힙한 곳이다.

◆ 바로 옆에는 남성을 위한 편집 숍, 올리버 멘스 숍(Oliver Men's Shop)도 있다.

43 Kihapai St, Kailua 10:00~17:00 P 불가
808-263-9919 oliveandoliverhawaii.com

## 02 보헤미안과 하와이의 믹스 매치

### 아이슬란드 방갈로 하와이 Island Bungalow Hawaii

카일루아 타운을 산책하다 보면 작고 귀여운 가게들이 많이 보인다. 그중에서도 눈에 띄는 이곳은 인도와 우즈베키스탄 등 각국에서 수집한 보헤미안 느낌의 수공예 인테리어 잡화와 알로하 셔츠, 비치 반바지, 액세서리 등 하와이 느낌이 나는 상품들이 멋지게 믹스 매치돼 있다. 가격은 조금 높은 편이다.

◆ DIY 가방, 스탬프, 레이 등 만들기 워크숍도 진행된다. 자세한 스케줄과 수업료는 홈페이지에서 확인하자.

131 Hekili St, Kailua 10:00~17:00 P 무료
808-536-4543 islandbungalowhawaii.com

## 03 환경을 생각하는 여행

### 프로티 제로 웨이스트 스토어 Protea Zero Waste Store

하와이 대학에서 환경학을 전공한 롤리 말리니(Lori Mallini)가 운영하는 제로 웨이스트 숍. 제로 웨이스트는 환경을 위해 쓰레기의 양을 최대한 줄여 재활용, 재사용하는 것으로, 이름에 붙은 그 취지처럼 용기에 샴푸 등 소모품을 필요한 만큼 담아가는 정량 판매를 메인으로 하는 숍이다. 정량 판매 외에도 밀랍으로 만든 푸드 랩, 비닐봉투 대용인 넷 마르쉐 백 등 친환경 제품을 판매하고 있다.

35 Kainehe St #102, Kailua 월~금 10:00~15:00, 토·일 10:00~16:00 무료 808-744-0184
proteazerowaste.com

## 04 하와이 브랜드의 명품 멀티숍

### 소하 리빙 Soha Living

아일랜드 스타일의 잡화를 취급하는 하와이 브랜드의 멀티숍. 세련된 주방용품, 생활 잡화, 로컬 브랜드 의류, 어린이 용품, 주얼리, 카일루아, 라니카이 로고가 들어간 아이템 등 상품이 풍부해서 구경만으로도 즐거워진다. 입구부터 자리잡은 세련된 제품들에 발길을 옮기기 어려울 정도. 카일루아 빌리지 숍에 소하 리빙의 어린이 잡화를 취급하는 소하 케이키(SoHa Keiki)도 있으니 아이가 있다면 체크해 두자!

© Soha Living

Kailua Village Shops, 539 Kailua Rd #106, Kailua
09:30~19:00 무료 808-772-4805
sohaliving.com

## 05 오래된 책 향기가 좋은 서점

### 북엔즈 Bookends

카일루아에 오면 항상 빼놓지 않고 들르게 되는 서점. 외관은 아담하지만 안으로 들어서면 책이 바닥부터 천장까지 빽빽하게 쌓여있다. 독특한 건 절판된 도서나 아주 오래된 고서가 신간 도서들과 섞여 있다는 것! 입구에서 왼쪽이 어린이 섹션으로, 그림책 등 다양한 어린이 도서를 갖췄다. 오래된 책 향기를 맡으며 바닥에 앉아 책을 읽어도 좋고, 예쁜 책을 한 권 사서 근처 카페에서 차 한잔하며 읽어보는 것도 좋다.

600 Kailua Rd. #126 Kailua 월~토 09:00~20:00, 일 09:00~17:00 무료 808-261-1996

## 카일루아 픽커스 Kailua Pickers

카일루아가 인기 있고 이유는 아름다운 해변뿐 아니라 센스 있고 작은 가게들이 곳곳에 있어 여유롭게 걸어 다니며 쇼핑할 수 있기 때문이다. 그런 가게 중 하나인 이곳은 희귀한 빈티지 물건이 가득한 보물창고다. 1950~1960년대 파이어 킹(Fire King) 브랜드도 다양하게 갖췄고 미키마우스나 스누피 컵, 각종 소품, 하와이안 빈티지 상품 등 귀한 물건들도 많다. 시간을 잊고 보물찾기를 하게 되는 마법 같은 곳이다.

326-3 Kuulei Rd, Kailua 월~토 10:00~16:00
가게 앞 코인 주차장 808-392-8831
instagram.com/kailuapickers1

궁금한 거 있으면
뭐든 물어보세요.



## 라니카이 배스 앤 바디 Lanikai Bath and Body

천국의 해변, 라니카이의 이름을 딴 천연 바디케어 전문점. 대량 생산을 하지 않고 수작업으로 만든 신선한 제품을 제공하는 것을 원칙으로 한다. 100% 천연을 고집하고 하와이에서 자란 허브와 식물, 꽃을 사용한다. 방부제 등 화학 성분을 사용하지 않고 동물 실험도 하지 않는 착한 브랜드라 어른도 아이도 안심하고 사용할 수 있다.

600 Kailua Rd #119, Kailua 월~토 10:00~17:00, 일 10:00~16:00 무료 808-262-3260 lanikaibathandbody.com

TIP

### 알아두면 좋은 하와이 식물 재료

- **아와푸히(Awapuhi)** 하와이 생강. 머리카락을 부드럽게 하고 윤기를 낸다고 해서 예부터 샴푸 대신 사용한다.
- **노니(Noni)** 면역력을 높여줘 다양한 질병의 치료제로 이용되는 기적의 식물.
- **쿠쿠이 넛 오일(Kukui Nut Oil)** 하와이 태생의 만능 오일. 염증이나 벌레 물린 곳 등에 진정 효과가 크다.
- **하와이안 슈가케인(Hawaiian Sugarcane)** 하와이산 사탕수수에서 추출한 미네랄은 피부에 수분을 제공한다.

**08** 하와이산 초콜릿 쇼핑

## 마노아 초콜릿 하와이 Manoa Chocolate Hawaii

지금 하와이에서 붐을 일으키고 있는 '빈 투 바(Bean to Bar, 코코아 열매에서 초콜릿 바를 직접 만드는 것)' 공예 초콜릿의 중심에 있는 마노아 초콜릿. 카카오 산지별, 농도별로 다양한 제품이 준비돼 있다. 모든 초콜릿은 무료로 시식해 볼 수 있다. 많이 사면 할인율이 높아 선물로도 좋다. 카일루아 매장에서는 공장 견학도 가능해 수작업으로 초콜릿을 만드는 과정을 구경할 수 있다.

333 Uluniu St #203, Kailua 수·목 10:00~21:00, 금·토 09:00~21:00, 일 09:00~17:00
건물 뒤 코인 주차장 808-263-6292 manoachocolate.com

TIP
**초콜릿 공장 투어**

월요일~토요일 오후 2시에 유료 투어($25, 60~90분 소요)를 진행한다. 홈페이지나 전화로 사전 예약해야 하고, 12세 이하 어린이는 참여할 수 없다.

**09** 하와이산 마카다미아 쇼핑

## 트로피컬 팜스 마카다미아 넛츠 Tropical Farms Macadamia Nuts

하와이 특산품 중 빠질 수 없는 마카다미아의 농장 겸 판매점. 2~3일마다 마카다미아를 볶기 때문에 다른 곳에 비해 신선한 마카다미아를 구입할 수 있다. 캐러멜, 꿀, 시나몬, 코나 커피, 양파, 소금 등이 코팅된 다양한 맛의 마카다미아가 구비돼 있고, 모든 마카다미아와 100% 코나 커피, 마카다미아 커피를 맛볼 수 있다. 매장 뒤편에서 마카다미아 넛을 직접 깨보는 체험도 할 수 있다.

49-227 Kameha eha Hwy #A, Kaneohe 09:00~17:30
무료 808-237-1960 macnutfarm.com

오아후 서북부
BEST 5
01
할레이바 타운
산책
02
라니아케아 비치
바다거북 감상
03
카에나 포인트
주립 공원
트레킹
04
폴리네시안 컬처
센터 공연 감상
05
슈림프 플레이트
맛보기

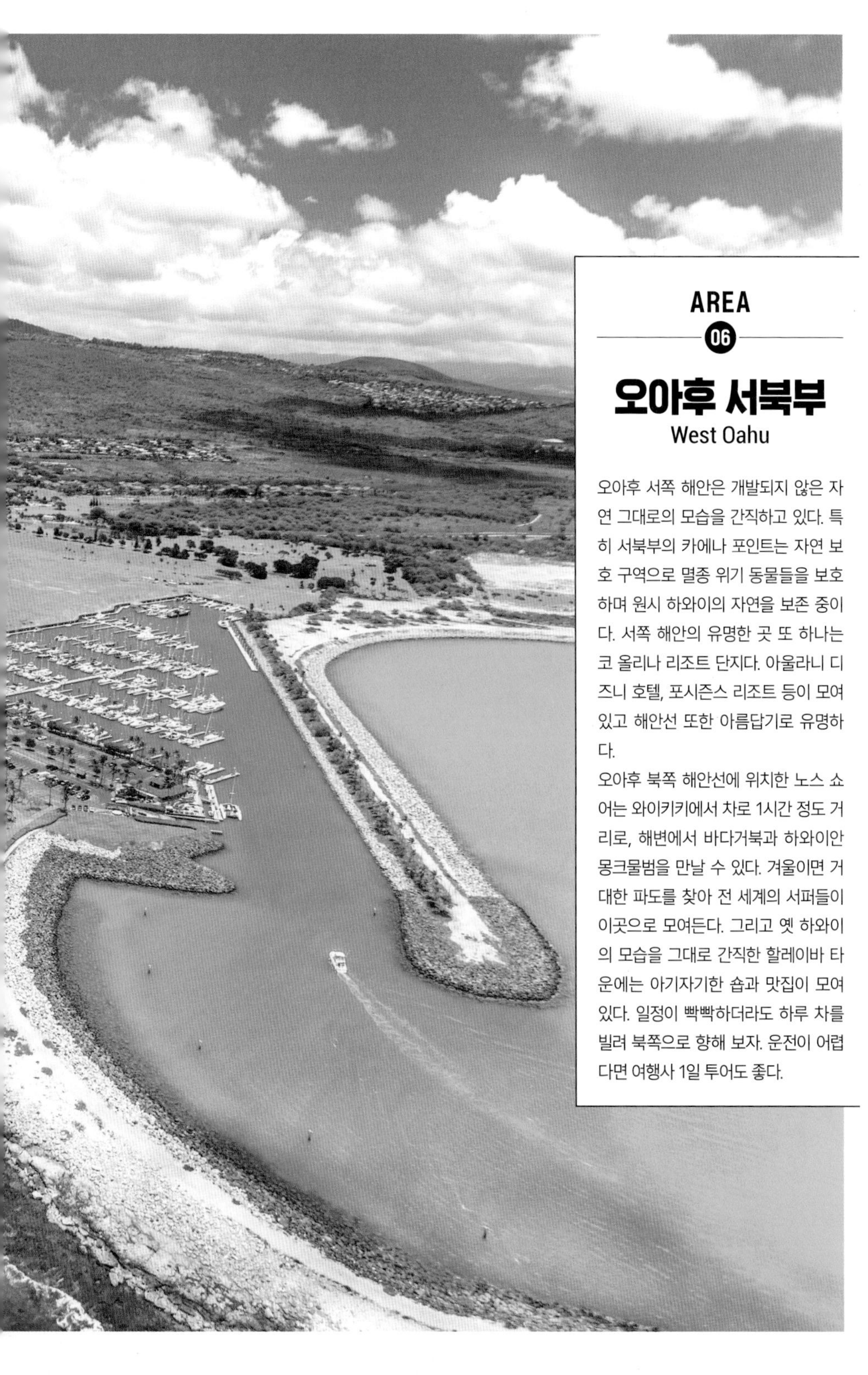

AREA
06

# 오아후 서북부
West Oahu

오아후 서쪽 해안은 개발되지 않은 자연 그대로의 모습을 간직하고 있다. 특히 서북부의 카에나 포인트는 자연 보호 구역으로 멸종 위기 동물들을 보호하며 원시 하와이의 자연을 보존 중이다. 서쪽 해안의 유명한 곳 또 하나는 코 올리나 리조트 단지다. 아울라니 디즈니 호텔, 포시즌스 리조트 등이 모여 있고 해안선 또한 아름답기로 유명하다.

오아후 북쪽 해안선에 위치한 노스 쇼어는 와이키키에서 차로 1시간 정도 거리로, 해변에서 바다거북과 하와이안 몽크물범을 만날 수 있다. 겨울이면 거대한 파도를 찾아 전 세계의 서퍼들이 이곳으로 모여든다. 그리고 옛 하와이의 모습을 그대로 간직한 할레이바 타운에는 아기자기한 숍과 맛집이 모여 있다. 일정이 빡빡하더라도 하루 차를 빌려 북쪽으로 향해 보자. 운전이 어렵다면 여행사 1일 투어도 좋다.

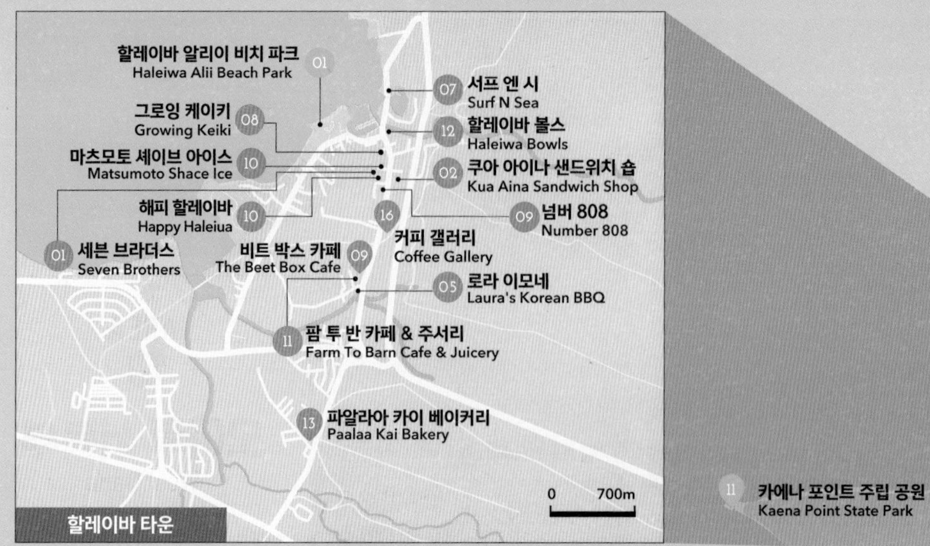


케아바울라 비치
Keawaula Beach
06

# 오아후 서북부
## 상세 지도

마카하 비치 파크
Makaha Beach Park
09

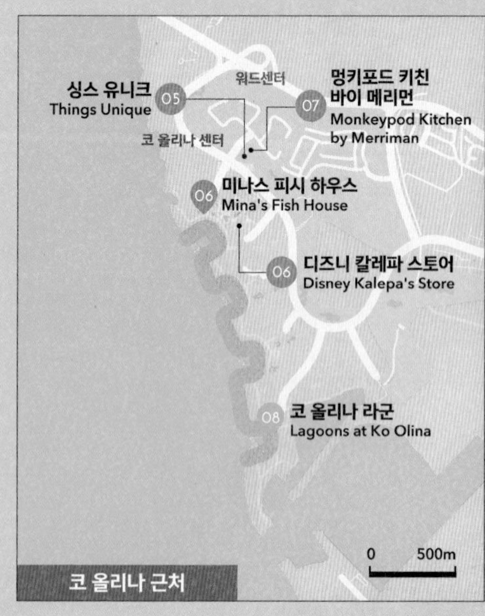


0 2.5km

05 쿠일리마 코브
Kuilima Cove

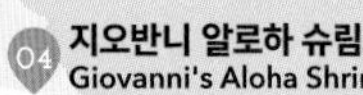

03 로미스 카후쿠 프론스 & 슈림프
Romy's Kahuku Prawns & Shrimp

04 지오반니 알로하 슈림프
Giovanni's Aloha Shrimp

04 선셋 비치 파크
Sunset Beach Park

14 에후카이 필박스 하이크
Ehukai Pillbox Hike

13 라이에 포인트 스테이트 웨이사이드
Laie Point State Wayside

12 샤크스 코브
Shark's Cove

03 와이메아 베이 비치 파크
Waimea Bay Beach Park

15 와이메아 밸리
Waimea Valley

20 폴리네시안 컬처럴 센터
Polynesian Cultural Center

02 라니아케아 비치
Laniakea Beach

21 할레이바 타운

19 돌 플랜테이션
Dole Plantation

15 그린 월드 커피 팜스
Green World Coffee Farms

16 와히아와 보태니컬 가든
Wahiawa Botanical Garden

14 우버 팩토리
Uber Factory

17 코하나 럼 양조장
KoHana Distillers

19 파라다이스 사이다
Paradise Cider

08 카후마나 오가닉 팜 & 카페
Kahumana Organic Farm & Cafe

01 와이켈레 프리미엄 아웃렛
Waikele Premium Outlets

22 하와이 플랜테이션 빌리지
Hawaii's Plantation Village

18 시로스 사이민 헤이븐
Shiro's Saimin Haven

02 펄리지 센터
Pearlridge Center

17 디 앨리 앳 아이아 볼
The Alley at 'Aiea Bowl

04 알로하 스타디움 스왑 미트
Aloha Stadium Swap Meet

23 펄 하버
Pearl Habor

07 하와이안 일렉트릭 비치 파크
Hawaiian Electric Beach Park

03 카 마카나 알리이
Ka Makana Alii

18 라이언 커피 팩토리
Lion Coffee Factory

10 화이트 플레인스 비치
White Plains Beach

01 고수들의 서핑 포인트

## 할레이바 알리이 비치 파크 Haleiwa Alii Beach Park

노스 쇼어의 할레이바 타운 부근, 수많은 서핑 대회가 열리는 유명한 서핑 비치. 파도가 가장 거친 겨울에는 수영이 금지될 때도 많다. 파도와 해변, 바다거북, 서퍼들을 멍하니 보고 있으면 시간이 천천히 흘러가는 듯하다. 느긋하게 하와이의 시간을 즐기고 싶을 때 찾아보자.

◆ 바다거북이 해변에서 낮잠을 자는 시간인 오전과 이른 오후, 특히 햇볕이 가장 강한 1~2시쯤엔 바다거북을 쉽게 볼 수 있다.

📍66-167 Haleiwa Rd, Haleiwa 🕓05:00~22:00 🅟무료 📞808-637-5051

02 바다거북을 보고 싶다면 이곳으로!

## 라니아케아 비치 Laniakea Beach

바다거북을 만날 수 있어 '터틀 비치'라는 별명을 가진 곳. 연중 큰 거북이가 해변에서 일광욕을 즐기며 쉬는 곳으로, 해변에서 보이지 않으면 바다에서 해조류를 먹고 있을지도 모른다. 운이 좋다면 바다거북과 함께 수영할 수도 있다. 와이키키에서 차로 1시간 정도 떨어져 있어, 가까운 거리는 아니지만 눈앞에서 바다거북을 볼 수 있으니 충분히 가 볼 만한 가치가 있다.

📍574, 61-574 Pohaku Loa Way, Haleiwa 🕓24시간
🅟불가(길거리 주차)

TIP

**그 외 바다거북을 쉽게 볼 수 있는 해변**

- 할레이바 알리이 비치 파크 P.238
- 파파이로아 비치(Papailoa Beach)

## 03 태평양 바다로 점프!

### 와이메아 베이 비치 파크 Waimea Bay Beach Park

겨울에는 파도가 거센 서핑 명소지만, 봄부터 가을까지는 파도가 잔잔해 느긋하게 수영을 즐기기 좋은 아름다운 해변이다. 단, 조류가 강하고 수심이 갑자기 깊어지니 주의해야 한다. 해변 왼쪽의 큰 바위에서 즐겁게 다이빙하는 사람들의 모습 또한 볼거리. 인기 있는 해변인 만큼 주차장이 만차일 때가 많다.

◆ 겨울(12~2월)에는 파도가 12미터 이상일 때만 개최된다는 퀵실버 서핑 대회가 열리기도 한다.

📍 61-31 Kamehameha Hwy, Haleiwa 🕔 05:00~22:00
Ⓟ 무료

## 04 석양이 아름다운 낭만적인 해변

### 선셋 비치 파크 Sunset Beach Park

아름답고 낭만적인 해변. 이름 그대로 아름다운 석양을 볼 수 있는 장소로 유명하다. 오아후에서 가장 긴 해변(3.2km)으로, 끝없이 긴 해변에서 겨울이면 서핑 대회가 열린다. 해변에 피크닉 공간도 있으니 음료와 음식을 가져와 바다와 석양을 바라보며 한가롭게 늦은 피크닉을 즐기는 것도 좋다.

📍 59-144 Kamehameha Hwy, Haleiwa
🕔 05:00~22:00 Ⓟ 무료

## 05 스노클링 명소

### 쿠일리마 코브 Kuilima Cove

터틀 베이 리조트(Turtle Bay Resort) 앞 쿠일리마 코브의 작은 해변. 터틀 베이 리조트의 선베드가 놓여 있는 한적한 이곳은 스노클링 명소다. 수심이 얕고 잔잔해 스노클링 외에 아이들이 물놀이를 즐기기에도 좋다. 운이 좋다면 해변에서 낮잠을 자고 있는 하와이 물개를 만날 수도 있다.

📍 57-35 Kuilima Dr, Kahuku
🕔 24시간 Ⓟ 터틀 베이 리조트 주차장(무료)

## 06 자연 그대로의 아름다운 비치

### 케아바울라 비치 Keawaula Beach

오아후 서쪽 끝에 위치한 해변으로, 사람의 손을 덜 타 자연 그대로의 모습을 지키고 있다. 93번 도로를 타고 바다를 보며 드라이브를 즐기다 보면 도로의 가장 끝 지점에서 현지인들에게 인기 있는 해변을 만날 수 있다. 겨울에는 각종 서핑 대회가 열리고 파도가 잔잔할 때는 스노클링 명소로 인기다. 운이 좋으면 돌고래도 볼 수 있다.

H1-93 Farrington Hwy, Waialua 24시간
무료 808-587-0300

## 07 발전소 옆이 유명 해변

### 하와이안 일렉트릭 비치 파크 Hawaiian Electric Beach Park

하와이의 다이빙 명소 중 하나로 다이빙은 물론 스노클링을 하기에도 꽤 멋진 곳이다. 해변 이름처럼 근처에 발전소가 있는데, 발전소의 큰 온수 배출구 부근에 열대어가 많다. 열대어 외에도 돌고래나 바다거북과 함께 수영하는 행운을 기대해볼 수도 있다. 단, 수심이 깊어 스노클링 초보자에게는 조금 위험하다. 스노클링을 하지 않더라도 벤치에 앉아 평온하고 넓은 해안선을 바라보는 것만으로도 좋다.

◆ 주차장 오른쪽으로 걸어가면 작은 해변이 나온다.

92-201 Farrington Hwy, Kapolei 05:00~22:00 무료

TIP

**해변 관광열차 탑승 방법**

고속도로와 해변 사이에 옛날 사탕수수를 운반하던 기차의 선로가 있다. 지금도 관광열차를 운행하고 있는데, 매주 토요일과 일요일 오후 1시와 3시 하와이 철도청(Hawaiian Railway)에서 운영하며 승차 요금은 $18, 어린이는 $13로, 운행시간은 약 90분이다. 상세한 내용은 홈페이지를 참고하자.

hawaiianrailway.com

## 코 올리나 라군 Ko Olina Lagoons

하와이어로 '행복으로 가득 찬'이라는 의미의 코 올리나 지역은 고대 하와이 왕이 몸과 마음을 치유하기 위해 휴양차 방문하던 곳이었다. 지금은 아울라니 디즈니 리조트 앤 스파P.324와 포시즌스 리조트P.323 등 고급 호텔과 골프클럽 등이 있는 대규모 리조트 단지로 변모했다. 약 3.2km의 긴 해안선을 따라 4개의 아름다운 라군과 해안 산책로가 있고, 파도가 잔잔해서 아이들이 안전하게 놀기에 최적이다. 안전 요원이 상주하지는 않지만, 샤워 시설과 화장실, 주차장 등의 편의시설이 있다. 주말에는 가족과 함께 피크닉 온 현지인들로 북적인다.

- 라군을 기준으로 리조트 호텔들이 늘어서 있고 북쪽에서부터 라군 1이 시작된다. 각 라군에는 공용 주차장이 있지만 아주 협소하다. 그중 라군 1과 4가 다른 곳에 비해 큰 편이다.
- 라군 1의 경우 포시즌스 리조트와 아울라니 디즈니 호텔 사잇길로 가면 공용주차장(Teeny Tiny Public Lot)이 나온다.

92-107 Waipahe Pl, Kapolei · 24시간 · 무료
koolina.com/destination/lagoons

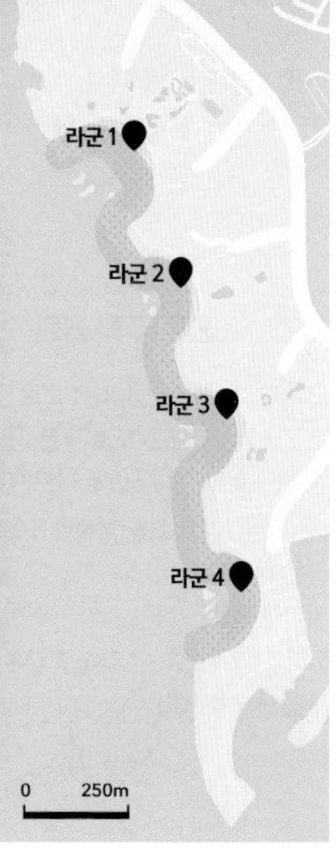

## 09 서쪽 해안에서 제일 유명한 해변

### 마카하 비치 파크 Makaha Beach Park

현지인이 가장 좋아하는 해변 중 하나로, 겨울에는 파도가 높아 서퍼들로 북적이지만 여름에는 사람이 적어 조용하다. 해변 뒤로는 병풍처럼 높은 산이 솟아 있고, 산호 군락이 펼쳐진 스노클링 명소이기도 하다. 아름다운 해변에서 도시락을 먹으며 느긋이 일광욕을 즐기거나 서퍼들을 구경하는 것도 좋다.

◆ 돌고래 떼와 함께 수영을 할 수 있는 곳. 해변에서 바다로 조금 나가야 하므로 투어를 추천한다.

84-369 Farrington Hwy, Waianae 24시간 P 무료

## 10 현지인들의 숨겨진 핫 스폿

### 화이트 플레인스 비치 White Plains Beach

서남쪽에 위치한 해변으로, 주말에는 주차할 자리가 없을 만큼 현지인들로 붐빈다. 해군 기지의 서쪽에 있으며, 과거에는 군인 가족만 사용할 수 있었지만 지금은 모든 사람에게 개방돼 있다. 소풍을 나온 듯 편안하게 오래 머물고 싶은 해변을 찾는다면 이곳을 추천한다. 잔잔한 파도에 안전 요원도 상주하고, 도시락을 먹을 수 있는 테이블과 벤치도 있어 아이를 동반한 가족 여행자에게 딱이다.

◆ 하와이 물개도 자주 출몰한다.

White Plains, Ewa Beach 09:00~16:30 P 무료
808-682-4925

## 11 섬의 최서북단에서 시작되는 하이킹 트레일

### 카에나 포인트 주립 공원 Kaena Point State Park

오아후에는 해안선을 따라 도로가 나 있지만 이곳에서 도로가 끊긴다. 포장도로가 끝나면 도보 또는 자전거로만 접근할 수 있다. 카에나 포인트 하이킹 트레일이 바로 그 지점이다. 섬의 북서단 도로 끝에서 시작되는 이 길은 아름다운 바다와 하늘에 둘러싸여 있으며 멸종위기 종을 보호하기 위한 자연 보호 구역으로 지정돼 있다. 그래서 편도 약 4km로 걷는 동안 다양한 야생 동물을 만날 수 있다.

Farrington Hwy 끝지점 06:00~18:45 P 무료

## 12 하와이 천연 수족관

### 샤크스 코브 Shark's Cove

전 세계 베스트 쇼어 다이브 리스트에서 항상 랭킹 안에 들어가는 스노클링 스폿이다. 여름(4~9월) 스노클링을 위한 최고의 장소로, 여름 방문객 중 하나우마 베이 예약에 실패했다면 이곳에서 스노클링을 즐기는 것 추천한다. 물고기 떼는 물론 거북이도 자주 출몰한다. 물이 투명하고 물고기 수와 종류도 많아 하나우마 베이보다 좋다는 평가를 받기도 한다. 단, 라이프 가드가 없기 때문에 주의가 필요하다. 바위가 많기 때문에 아쿠아 슈즈 착용을 권한다.

📍59-727 Kamehameha Hwy. Haleiwa 🕓06:30~22:00
🅟무료

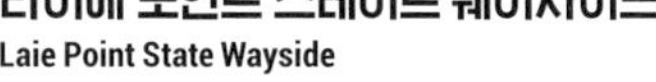

## 13 초자연의 힘을 가진 바다의 수호신

### 라이에 포인트 스테이트 웨이사이드
**Laie Point State Wayside**

전설의 땅 하와이의 태곳적 모습이 이랬을까? 라이에 포인트는 화산 활동으로 만들어진 변화무쌍한 지형과 파도에 의한 침식으로 만들어진 아름다운 절경을 자랑한다. 그중에서도 쿠쿠이호오루아섬(Kukuihoolua)의 아치형 구멍 사이로 파도가 빠져나오는 광경은 압권이다. 이 섬을 포함해 크고 작은 5개의 섬들은 고대부터 전하는 전설을 가진 바다의 수호신이다.

📍Maupaka St 끝지점 🕓24시간 🅟무료 📞808-587-0300

## 14 노스 쇼어 라인의 환상적인 뷰

### 에후카이 필박스 하이크 Ehukai Pillbox Hike

오아후의 북쪽, 노스 쇼어의 필박스 트레일(Pillbox Trail)에서 하이킹을 즐겨 보자. 필박스는 제2차 세계대전 때 군인들이 망을 보던 사격 진지(Pillbox)를 뜻하는데, 아이러니하게도 지금은 환상적인 전망으로 어디서 사진을 찍어도 그림이 되는 관광지가 되었다. 필박스로 가는 숲길은 그늘이 많아 걷는 길이 쾌적하다. 그리 힘들지 않게 40분 내외 오르면 멋진 경치를 볼 수 있다.

◆ 선셋 비치 초등학교 주차장 옆으로 트레일 입구가 있다.

📍59-178 Ke Nui Rd, Haleiwa 🕓24시간 🅟선셋 비치 초등학교(Sunset Beach Elementary) 무료 주차장 또는 에후카이 비치 파크(Ehukai Beach Park) 무료 주차장

**TIP**

**오아후 3대 필박스 하이크**

- 에후카이 필박스 하이크(Ehukai Pillbox Hike) P.243
- 라니카이 필박스 하이크(Lanikai Pillbox Hike) P.217
- 마일리 필박스 하이크(Maili Pillbox Hike)

15 고대 하와이의 역사와 대자연

## 와이메아 밸리 Waimea Valley

하와이 4대 신 중 하나인 풍요의 신, 로노(Lono)를 모시고 있는 이곳은 광대한 자연과 폭포가 있는 7.6㎢ 면적의 공원이다. 그중 1.2㎢가 식물원(Waimea Botanical Garden)인데 5,000여 종의 하와이 고유종 식물과 폴리네시안 식물들을 보호하고 있다. 와이메아 폭포로 가는 트레일 코스가 잘 정비돼 있어 어렵지 않게 도착할 수 있다.

◆ '와이메아'는 하와이어로 '붉은 물'. 화산의 철분이 포함된 붉은 흙이 빗물에 흘러나오는 모습에서 지어진 이름이다. 부근 노스 쇼어의 파인애플이나 사탕수수 밭이 많은 것은 붉은 흙의 땅이 비옥하고 배수가 잘되기 때문이다.

59-864 Kamehameha Hwy, Haleiwa 09:00~16:00 $ 성인 $25, 4~12세 $14, 학생(학생증 소지) $18, 62세 이상 $18(밸리 내 셔틀 편도 $10, 한국어 오디어 투어 $5, 보태니컬 투어 무료 / 12:30 시작 P 무료 808-638-7766 waimeavalley.net

16 '열대의 보석'이라는 별명의 정원

## 와히아와 보태니컬 가든 Wahiawa Botanical Garden

하와이에서 꼭 방문하길 권하는 장소가 바로 식물원. 열대 식물 속에서 삼림욕을 하거나 벤치에 앉아 새소리를 듣는 것만으로도 힐링이 된다. 이곳은 그 이름처럼 올드 타운인 와히아와에 위치해 있는데, 그래서인지 식물원도 마치 시간이 멈춘 듯 옛 모습을 그대로 담고 있다. 거기에 작은 정글 같기도 하고 부잣집 정원 같기도 한, 묘한 매력까지 느낄 수 있다. 전체는 아니지만 장애인이나 유모차도 편하게 다닐 수 있도록 대부분의 길이 잘 정비돼 있다.

1396 California Ave, Wahiawa 09:00~16:00 $ 무료 P 무료 808-621-5463 friendsofhonolulubotanicalgardens.com

TIP

### 오아후의 5대 식물원

- 포스터 보태니컬 가든 P.193
- 릴리우오칼라니 보태니컬 가든
- 와히아와 보태니컬 가든 P.244
- 코코 크레이터 보태니컬 가든 P.219
- 호오말루히아 보태니컬 가든 P.219

17 하와이 전통 럼 양조장

## 코하나 럼 양조장 Kohana Rum Distiilers

광대한 사탕수수밭이었던 곳에 자리한 럼 양조장. 하와이 전통 품종의 사탕수수를 재배해 럼주를 생산하고 판매한다. 하와이어로 'Ko'는 '사탕수수', 'Hana'는 '일'이라는 의미로, '사탕수수가 좋은 일을 하면 맛있는 럼이 생긴다'는 재치 있는 이름이다. 이곳의 럼은 하와이 일류 레스토랑과 칵테일 바에서 사용할 만큼 높은 품질을 인정받고 있다. 사탕수수 주스 한 잔을 마시며 시작하는 시음 투어도 꽤 인기가 많다. 홈페이지에서 예약 가능하다.

92-1770 Kunia Rd #227, Kunia Camp 목~화 11:00~17:00, 수 10:00~17:00 무료 808-649-0830
kohanarum.com

18 하와이의 대표 커피

## 라이언 커피 팩토리 Lion Coffee Factory

하와이 여행 선물로 인기인 라이언 커피는 1864년 미국 오하이오 주에서 설립해 1979년 하와이로 거점을 옮긴, 당대 미국에서 가장 큰 커피 회사였다. 2000년에 로열 코나 커피(Royal Kona Coffee)와 파트너십을 맺고 '하와이 커피 컴퍼니'라는 고급 하와이 원두 브랜드를 론칭해, 마트에서도 쉽게 찾아볼 수 있다. 원두 로스팅과 커피 포장 공장을 견학할 수 있으니 커피에 관심이 있다면 참여해 보자.

1555 Kalani St, Honolulu 06:30~15:00 무료
808-843-4294 lioncoffee.com

19 하와이 하면 떠오르는 파인애플 농장

## 돌 플랜테이션 Dole Plantation

노스 쇼어를 오가는 길목에 있어 빠트리지 않고 들르는 관광 명소다. 옛스러운 기관차 파인애플 익스프레스를 타고 20분가량 농장을 둘러보거나 기념품점에서 파인애플을 모티브로 한 다양한 상품과 인형, 티셔츠 등을 구입할 수 있다. 이곳에 왔다면 파인애플 소프트 아이스크림은 빼놓지 말고 맛봐야 한다.

◆ 기네스북에 등재된 세계 최대의 미로는 아이들에게도 인기.

64-1550 Kamehameha Hwy, Wahiawa 09:30~17:30
무료 808-621-8408 doleplantation.com

## 폴리네시안 컬처럴 센터 Polynesian Cultural Center

약 5만 평의 부지에 폴리네시아 6개 섬(타히티, 통가, 하와이, 피지, 사모아, 아오테아로아)의 마을을 재현해 폴리네시아의 전통과 문화를 체험할 수 있게 만든 테마파크다. 수익금 전액은 이곳의 운영과 폴리네시아섬들의 원주민 학생들을 지원하는 데 사용된다. 특히 총 제작비 300만 달러, 100여 명의 댄서와 음악 연주자들이 펼치는 세계 최대 폴리네시안 이브닝 쇼 〈하: 브레스 오브 라이프(HA: Breath of Life)〉는 놓치지 말고 감상하자.

55-370 Kamehameha Hwy, Laie 월~화·목~토 12:30~21:00 $ 기본 입장권 성인 $79.95, 4~11세 $63.96 무료 800-367-7060 polynesia.com

TIP

### 예약 팁

❶ 홈페이지를 통해서 10일 전 예약 시 10% 할인을 받을 수 있다. 기타 할인 프로모션 정보는 홈페이지에서 찾아보고 방문하자.

❷ 워낙 넓은 데다 보고 체험할 프로그램이 많아서 가이드가 있는 패키지를 추천한다. 한국어 가이드도 있다.

❸ **게이트웨이 뷔페 패키지 Gateway Buffet Package**
$ 성인 $144.95, 4~11세 $115.96, 셀프 투어+게이트웨이 뷔페+이브닝 쇼(실버 자리 제공)

❹ **알리이 루아우 패키지 Alii Luau Package**
$ 성인 $194.95, 4~11세 $155.96, 스몰 그룹 가이드+루아우 쇼 뷔페+이브닝 쇼(골드 자리 제공)

❺ **슈퍼 앰버서더 루아우 패키지 Super Ambassador Luau Package**
$ 성인 $289.95, 4~11세 $231.96, 개인 가이드+루아우 쇼 뷔페+이브닝 쇼(플래티넘 자리 제공)

©Polynesian Cultural Center

## 21 올드 하와이가 느껴지는 작은 마을

### 할레이바 타운 Haleiwa Town

노스 쇼어에 있는 서퍼의 마을로도 유명한 할레이바 타운은 와이키키의 세련된 분위기와는 완전히 다른 옛 하와이의 모습이 아직 남아 있는 작은 시골 마을이다. 높은 건물이 전혀 없고 옛 건물 그대로 보존돼 있다. 지역 주민들의 삶의 중심지이자 여행자들의 필수 여행지로 두 분위기가 오묘하게 섞여 발길을 멈추게 만든다. 300미터 정도의 길지 않은 길을 따라 형성된 작은 시골 마을이지만 아기자기한 숍과 레스토랑, 갤러리 등 볼거리가 많다.

📍 66-145 Kamehameha Hwy. 🏠 haleiwatown.com

아치형 입구가 인상적인 릴리우오칼라니 프로테스탄트 교회

## 22 지상 낙원 하와이의 이면

### 하와이 플랜테이션 빌리지 Hawaii's Plantation Village

하와이 사탕수수 산업의 전성기였던 20세기 초 농장으로 이주한 한국, 일본, 중국, 필리핀, 포르투갈 등의 이민자들이 살았던 거주지를 복원해 그들의 삶을 엿볼 수 있도록 만들어 놓은 곳이다. 당시 조선에서 이곳으로 이민 온 노동자들은 뜨거운 햇볕 아래 하루 10시간 노동으로 고작 50~80센트를 받으며 근근이 생활했다. 거주 환경은 열악했고 인종 차별도 심했다. 그렇게 힘들게 번 돈을 대한민국 임시 정부의 독립운동 자금으로 후원했다고 한다.

📍 94-695 Waipahu St, Waipahu 🕒 월~토 09:00~14:00
$ 성인 $17, 4세~11세 $8, 3세 이하 무료, 62세 이상(신분증 지참) $11 🅿 무료 📞 808-677-0110
🏠 hawaiiplantationvillage.org

한국인 거주지의 모습

## 23 제2차 세계대전의 상흔

# 펄 하버 Pearl Harbor

19세기 이전까지 진주 굴(Pearl Oyster)이 많이 나서 진주만이라고 불리는 이곳은, 1908년 미국 해군기지와 조선소가 만들어지면서 지금까지도 세계에서 가장 큰 규모의 해군기지가 있는 곳이다. 하지만 한 해 150만 명 이상이 이곳을 찾는 이유는 1941년 진주만 공습의 현장이기 때문이다.

◆ 카메라나 핸드폰, 지갑 등을 제외하고는 가방을 가지고 들어갈 수 없다. 짐 보관소(Baggage Storage)에 맡길 수 있는데 이용료는 $6이다.

📍 1 Arizona Memorial Pl, Honolulu 🕓 07:00~17:00
$ 공원 입장 무료 (예약 불필요), USS Arizona Memorial 무료(티켓 필요, 예약 추천), Passport to Pearl Harbor(패키지) $89.99, Battleship Missouri $34.99, Pearl Harbor Aviation Museum $25.99, Pacific Fleet Submarine Museum Tour $21.99
Ⓟ 무료 📞 808-422-3399
🏠 예약 recreation.org, pearlharborhistoricsites.org, 한국어 공식 블로그 blog.naver.com/pacifichistoricparks

**TIP**

### 진주만 공습

- 1941년 12월 7일 평화로운 주말 아침, 펄 하버를 일본군이 불시에 공습해 USS 애리조나를 격파하고 21개 전함과 188대의 전투함을 파괴한다. 이 공습으로 인한 미군 측의 사망자는 삼천여 명에 이르렀고, 이에 분노한 미국이 본격적으로 제2차 세계대전에 참전하는 계기가 된다.
- 미국은 히로시마와 나가사키에 원자폭탄을 떨어뜨려 일왕으로부터 항복을 받아내고, 제2차 세계대전은 끝이 난다. 이로써 우리나라도 일본으로부터 해방을 맞이한다.

## USS 애리조나 기념관 USS Arizona Memorial

진주만 공습 당시 침몰한 애리조나 전함과 전함에 승선해 있던 해군 천여 명이 잠들어 있는 가슴 먹먹해지는 장소다. 매일 오전 7시부터 선착순 1,300명만 한정 관람이 가능하고 홈페이지에서 사전 예약할 수 있다($1). 15분가량 진주만 공습 당시의 다큐멘터리를 감상하고, 페리를 타고 애리조나 기념관으로 이동한다. 기념관 아래로는 애리조나 전함이 가라앉아 있다. 침몰한 선체에는 아직도 약 200만 리터의 유류가 남아 있어 지금도 조금씩 흘러나오고 있는 모습을 볼 수 있는데, 이를 '검은 눈물'이라고 부른다.

## USS 미주리 기념관 USS Missouri Memorial

무료 셔틀버스를 타고 포드섬까지 15분가량 이동하면 거대한 미주리 전함을 마주하게 된다. 축구장 3개 크기에 14층 건물 높이의 엄청난 크기다. 제2차 세계대전과 한국전쟁, 걸프전 등 20세기 역사의 주요한 전장을 누볐던 전함이다. 특히, 1945년 일본군이 제2차 세계대전에 항복한다는 선언문에 서명하며 전쟁이 끝난 역사의 현장이다. 전함 이곳저곳 전쟁의 흔적이 그대로 남겨져 있다.

- 갑판 바닥에 동그란 기념 동판이 눈에 띈다. 이곳은 바로 일본 외무상이 일왕을 대신해 전쟁의 항복 문서에 서명한 곳이다.
- 미주리 전함에서 통역 가이드 안내를 받을 수 있는데 한국인 통역 가이드도 있다. 투어는 2~3시간 정도 걸리고 전함 구석구석을 보며 전문가의 설명을 들을 수 있어 더 의미 있다.

## 태평양 항공 박물관 Pacific Aviation Museum

이 박물관은 진주만 공습 당시 사용되었던 전투기 격납고로, 진주만 공습과 제2차 세계대전에 참전했던 전투기들을 실제로 볼 수 있다.

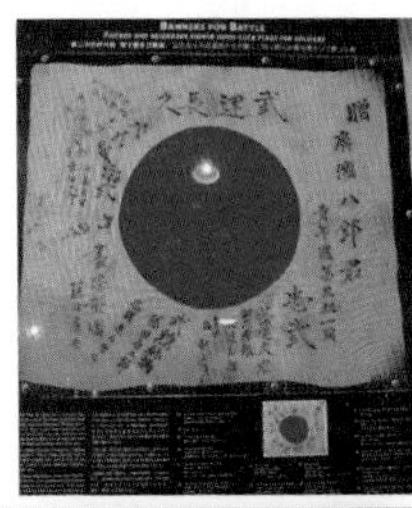

## USS 보우핀 잠수함 USS Bowfin Submarine

일본의 진주만 공습 이후 만들어져 제2차 세계대전에서 일본군의 전함을 44대나 침몰시킨 진주만의 영웅으로, '진주만 복수자'라는 별명을 가지고 있다. 한국전쟁의 '인천상륙작전'에도 참전한 잠수함이다. 내부로 들어가 관람을 할 수 있다. 안전상의 이유로 만 4세 미만은 입장이 불가하다. 맞은편 USS 보우핀 박물관(USS Bowfin Museum)에서 진주만의 역사를 쉽게 이해할 수 있도록 전시돼 있으니 빠트리지 말자.

## 01 일곱 형제가 운영하는 하와이 최고 수제 버거

### 세븐 브라더스 Seven Brothers

현지인의 절대적인 인기를 끌고 있는 세븐 브라더스의 할레이바 지점. 바다와 서핑을 좋아하는 일곱 형제들의 사진이 벽에 걸려 있다. 두툼하고 육즙 가득한 패티와 홈메이드 소스에 치즈가 듬뿍 올라간 버거는 맛도 좋고 크기도 크다. 버거에 $6.50를 추가하면 생감자를 투박하게 썰어 튀겨낸 프렌치프라이와 음료를 함께 맛볼 수 있다. 노스 쇼어 드라이브 계획이 있다면 꼭 들러 보자.

파니올로 버거(Paniolo Burger) $14, 코코넛 맥넛 슈림프(Coconut Mac Nut Shrimp) $21 66-197 Kamehameha Hwy, Laie 월~토 11:00~20:00 P 무료 808-744-6440 sevenbrothersburgers.com

할레이바 지점은 코코넛 새우 요리 등 햄버거 외 식사 메뉴도 있다.

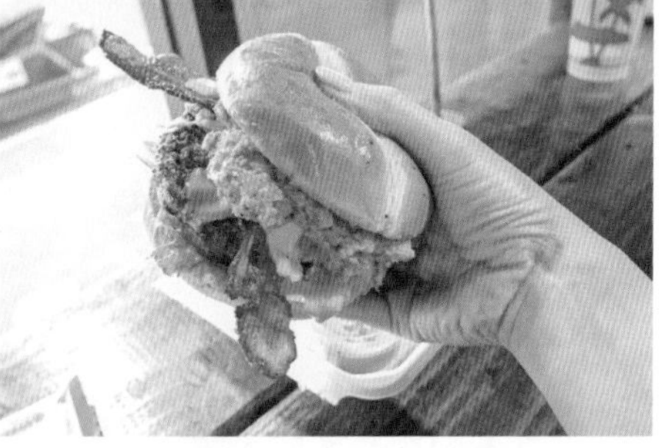

## 02 할레이바 타운의 유명 버거

### 쿠아 아이나 샌드위치 숍 Kua Aina Sandwich Shop

1975년 노스 쇼어의 시골 마을, 할레이바에서 탄생한 햄버거와 샌드위치 가게. 현지 서퍼들의 지지를 받으며 입소문이 나기 시작해 지금은 햄버거 맛집으로 늘 꼽히며 런던, 일본 등 해외 지점까지 열었다. 100% 프리미엄 소고기를 사용한 패티를 용암 바위로 만든 석쇠에 구운 정통 하와이안 버거로, 패티 크기는 1/3파운드와 1/2파운드 중 선택할 수 있다. 추천 메뉴는 먹기 버거울 만큼 큰 아보카도가 들어간 아보카도 버거.

아보카도 버거(Avocado Burger) 1/3파운드 $12.10, 프렌치프라이(French Fries) $4 66-160 Kamehameha Hwy, Haleiwa 11:00~20:00 P 무료 808-637-6067 kua-ainahawaii.com

**TIP**

일반적으로 소고기 패티를 사용한 경우에는 버거(Burger), 그 외 생선이나 치킨 등 다른 재료가 패티로 사용된 경우에는 빵의 모양이나 종류와 상관없이 샌드위치(Sandwich)라고 한다.

## 03 갓 잡은 생새우의 싱싱한 맛

### 로미스 카후쿠 프론스 & 슈림프 Romy's Kahuku Prawns & Shrimp

새우 양식장이 모여 있는 카후쿠(Kahuku) 타운에는 유명한 슈림프 플레이트 가게들이 많다. 대부분의 가게는 냉동 새우를 사용하는데, 이곳은 가게 뒤 양식장에서 잡은 신선한 새우를 사용한다. 가장 인기가 많은 메뉴는 갈릭 버터 슈림프. 남은 마늘 소스에 밥을 비벼 먹으면 엄지가 척 올라오는 맛이다. 단, 이곳은 웨이팅이 길다. 기본 30분, 혼잡한 시간대에는 1시간 이상도 기다려야 한다.

버터 갈릭 슈림프 플레이트(Butter Garlic Shrimp Plate) $18.95 콤보(Combo) $24.95(현금만 가능) 56-1030 Kamehameha Hwy, Kahuku 일~화 10:30~17:00, 금·토 10:00~17:00 무료 808-232-2202

## 04 노스 쇼어 대표 슈림프 트럭

### 지오반니 알로하 슈림프 Giovanni's Aloha Shrimp

노스 쇼어에서 슈림프 트럭하면 대표적으로 떠오르는 곳. 낙서가 가득한 하얀 트럭이 이곳의 트레이드 마크다. 메뉴는 네 가지로 비교적 단순한데, 마늘과 올리브 오일, 버터 등에 새우를 구운 슈림프 스캠피가 기본 메뉴다. 껍질에 양념이 맛있게 스며 있으니 껍질을 벗기지 않고 먹어도 좋다. 이곳 카후쿠 본점과 할레이바 직영점이 있다.

스캠피(Scampi) $16(현금만 가능) 56-505 Kamehameha Hwy, Kahuku 10:30~18:30 무료 808-293-1839 giovannisshrimptruck.com

## 05 매운 새우 요리는 여기가 최고

### 로라 이모네 Laura's Korean BBQ

로라 이모가 반갑게 반겨주는 푸드트럭. 하와이에서 제대로 매운 요리를 찾기란 쉽지 않다. 다행히도 이곳의 매운 새우 요리는 하와이에서 제일 맛있게 매운맛을 자랑한다. 메뉴판에는 구체적으로 적혀 있지 않지만 '매운 새우'를 달라고 주문하면 된다. 새우 요리 외에도 갈비 등 다양한 메뉴가 있어서 여러 가지를 주문해 맛볼 수 있다. 트럭 뒤로 그늘막이 쳐진 테이블도 준비돼 있다.

매운 새우 플레이트 $16, 갈비 플레이트 $19.90 66-541 Kamehameha Hwy, Haleiwa 월~토 10:30~19:00 무료 808-694-0974

## 06 유명 셰프와 리조트의 콜라보

### 미나스 피시 하우스 Mina's Fish House

세계적으로 유명한 요리사 마이클 미나(Michael Mina)가 포시즌스 리조트 오아후 앳 코 올리나(Four Seasons Resort Oahu at Ko Olina)와 손잡고 오픈한 레스토랑. 마이클 미나는 낚시광으로 유명하고, 그 유명세답게 레스토랑 메뉴도 신선한 해산물 중심이다. 코나 랍스터, 카우아이 새우, 빅 아일랜드 전복, 태평양 굴 등 하와이와 미국 서해안에서 잡은 해산물로 최고급 요리를 만든다. 스테이크, 닭고기 등 육류 요리도 있어 해산물을 싫어하는 사람도 문제 없다. 파스타도 있어 예산이 부담스러운 사람에게도 안심. 하루쯤은 해변을 바라보며 로맨틱하게 세계 최고 요리사의 음식을 맛보는 작은 사치를 즐겨 보길 추천한다.

✕ 차 브로일드 셸피시 플래터(Cha-Broiled Shellfish Platter) $125, 미나스 랍스터 팟 파이(Mina's Lobster Pot Pie) $115, 로미 로미 옥토퍼스(Lomi Lomi Octopus) $20, 와일드 팬 시어드 머쉬룸(Wild Pan Seared Mushrooms) $17, 이프 캔, 캔(If Can, Can) $19 📍92-1001 Olani St, Kapolei 🕓16:00~21:00 Ⓗ15:00~17:00 Ⓟ무료 📞808-679-0079 🏠minasfishhouse.com

오너 셰프

## 07 메리맨즈의 맛을 저렴하게

### 멍키포드 키친 바이 메리먼 Monkeypod Kitchen by Merriman

빅 아일랜드와 마우이에서 10년 넘게 최고의 레스토랑으로 선정된 메리먼스(Merriman's)의 유명 오너 셰프인 피터 메리먼(Peter Merriman)이 운영하는 캐주얼 레스토랑이다. 메리먼즈 전통의 맛을 저렴하게 경험할 수 있다. 신선한 요리를 만들기 위해 현지에서 생산된 유기농 채소와 고기만을 재료로 사용한다. 특히 버거 종류가 유명하다.

✕ 빅아일랜드 치즈 버거(Big Island Cheese Burger) $19, 프레시 아일랜드 피시 샌드위치(Fresh Island Fish Sandwich) $25, 피터스 피시 앤 칩스(Peter's Fish & Chips) $27 📍92-1048 Olani St, Kapolei(Ko Olina Center) 🕓11:00~22:00 Ⓗ15:30~17:00 Ⓟ무료 📞808-380-4086 🏠monkeypodkitchen.com

08 유기농 농장 속 레스토랑

## 카후마나 오가닉 팜 & 카페 Kahumana Organic Farm & Cafe

농장에서 바로 수확한 신선한 채소와 달걀, 목초를 먹고 자란 하와이산 소고기 등 건강한 식재료만을 사용한다. 소박한 시골 풍경을 보며 자연에 둘러싸여 느긋하게 식사를 즐겨 보자. 요리의 간이 심심한가 싶지만 먹을수록 재료의 풍미가 느껴지고 먹고 나면 또 먹고 싶어진다. 무엇보다 속이 편하고 건강해지는 느낌이다. 로지(Lodge)풍의 숙박 시설과 농장 투어도 참여 가능하다. 투어에 가지 않고 카페 주변을 산책하는 것만으로도 하와이 자연이 피부로 느껴지는 곳이다.

마카다미아 페스토 파스타(Macadamia Pesto Pasta) $16, 코코넛 베지 렌틸 커리(Coconut Veg Dahl lentil Curry) $16 86-660 Lualualei Homestead Rd, Waianae 화~금 10:00~14:30, 토 09:00~13:00, 17:00~20:00 무료 808-696-8844 kahumana.org

09 매일 가고 싶은 채식 레스토랑

## 비트 박스 카페 The Beet Box Cafe

몸과 환경에 좋은 것만을 사용한다는 캐치프레이즈로, 지역에서 생산된 좋은 재료만을 고집하는 채식 레스토랑이다. 〈푸드 앤 와인〉, 〈뉴욕 타임스〉 등 다양한 매체에서 베스트 음식점으로 선정한, 건강하고 맛있는 채식 레스토랑으로 유명하다. '고기가 안 들어가서 아쉽다'는 생각이 전혀 들지 않을 만큼 맛있는 곳이다. 채식 메뉴 외에 달걀과 치즈를 사용하는 메뉴도 다수 있다. 어떤 메뉴를 먹어도 다 맛있으니 편하게 주문하자. 아침이라면 간단하게 아보카도 토스트에 커피 한 잔도 좋다.

비트 박스 부리토(Beet Box Burrito) $16, 아보카도 토스트(Avocado Toast) $10.50, 그린 주스(Green Juice) $7.50 66-437 Kamehameha Hwy #104, Haleiwa 09:00~15:00 무료 808-637-3000 thebeetboxcafe.com

TIP

**Vegan과 Vegetarian 뭐가 달라?**

메뉴를 보면 VG(비건)와 V(베지테리언)로 구분돼 표기된 곳이 있다. 베지테리언은 육류는 먹지 않지만 달걀, 유제품, 꿀 등은 섭취한다. 비건은 고기는 물론, 동물성 식품도 전혀 먹지 않는다.

## 마츠모토 셰이브 아이스 Matsumoto Shave Ice

노스 쇼어 할레이바 타운에 위치한 유명 셰이브 아이스 가게. 1951년 개업 이후 가족이 계속 운영하며 맛과 인기를 유지하고 있다. 입소문 난 인기 가게인 만큼 긴 줄은 각오해야 한다. 사이즈는 스몰(S)과 라지(L) 두 가지로, 40여 종류의 시럽 중 3개를 선택하면 된다. 딸기, 레몬, 파인애플 시럽의 조합인 레인보우가 가장 인기다. 연유와 떡을 토핑으로 추가할 수도 있다. 가게 내에 하와이 커피, 티셔츠, 셰이브 아이스크림 인형과 소품 등도 판매해 기념품도 함께 구입할 수 있다.

레인보우(Rainbow) $4.25(L) 66-111 Kamehameha Hwy, Haleiwa 10:00~18:00 무료 808-637-4827 matsumotoshaveice.com

## 팜 투 반 카페 & 주서리 Farm To Barn Cafe & Juicery

농장의 창고처럼 생긴 빨간 건물과 건물 앞 파라솔이 놓여 있는 평온한 야외 정원이 인상적인 레스토랑이다. 카페 뒤가 농장인데, 이 농장에서 딴 신선한 채소와 과일을 사용한 메뉴를 판매한다. 빨간 건물에서 주문을 하고, 야외 정원에서 피크닉을 즐기듯 식사하면 된다. 탁 트인 전망과 함께 맛있고 건강한 음식을 즐기다 보면 저절로 힐링이 된다. 글루텐 프리, 비건 메뉴도 다양하고 어린이용 메뉴도 준비돼 있다.

BLT 베이글 $12, 팔레오 스크램블 $13.50
66-320 Kame ha meha Hwy, Haleiwa
09:00~15:00 무료 808-354-5903
farmtobarncafe.com

## 12 현지 서퍼들이 인정하는 아사이 볼

### 할레이바 볼스 Haleiwa Bowls

하와이에서 매일 먹어도 질리지 않는 것 중 하나가 아사이 볼. 맛도 좋고 건강에도 좋은데 한 끼를 대신할 수 있을 만큼 든든하다. 꽤 많은 아사이 볼 전문점 중에서도 할레이바 타운의 이곳은 현지 서퍼들도 인정한 맛집으로, 서핑하다가 체력을 충전하기 위해 많이 찾는다. 할레이바 다리 바로 옆에 자리하고 있는데, 큰 길에서는 간판이 잘 보이지 않으나 서행하며 찾아보면 어렵지 않게 찾을 수 있다.

하파 볼(HAPA Bowl) $13(S), 과일 등 토핑 추가 $1
66-030 Kamehameha Hwy, Haleiwa
07:30~18:00 무료 haleiwabowls.com

## 13 빵순이라면 놓쳐선 안 될 곳

### 파알라아 카이 베이커리 Paalaa Kai Bakery

노스 쇼어에 사는 현지인 중에는 모르는 사람이 거의 없는 인기 빵집으로, 50여 년 전통을 자랑한다. 크루아상, 파이, 말라사다, 쿠키 등 종류가 다양한데 가장 인기 있는 건 바삭바삭한 파이 크러스트 안에 커스터드 크림이 들어간 스노우 퍼피. 보기보다 달지 않다. 여행자들보다는 현지인 손님이 더 많고, 인기 제품은 일찍 품절되기도 한다. 몇 개 포장해 호텔에서 커피와 함께 먹어도 좋다.

스노우 퍼피스(Snow Puffies) $3 66-935 Kaukonahua Rd, Waialua 06:00~18:00 무료 808-637-9795 pkbsweets.com

## 14 임팩트 있는 보라색 타르트

### 우버 팩토리 Uber Factory

보라색 인테리어가 인상적인 타르트 가게. 보라색 타르트의 맛을 궁금해 하며 한입 베어 무는 순간, 부드럽고 고소한 맛에 깜짝 놀란다. 보라색은 인공 색소가 아닌 자색 고구마로 내니 걱정하지 말자. 우버 타르트는 냉장고에 차갑게 넣어뒀다가 먹는 게 최고이며, 냉동실에 넣어 아이스크림처럼 먹어도 맛있다.

◆ ABC 스토어, 딘 앤 델루카, 호놀룰루의 타무라 등에서도 구입할 수 있다.

우버 타르트(Uber Tart) $12/8개(현금만 가능)
71 S Kame hameha Hwy, Wahiawa 수·금·토 09:00~14:00 무료 instagram.com/UberFactory

## 15 노스 쇼어산 원두커피 맛이 궁금하다면

### 그린 월드 커피 팜스 Green World Coffee Farms

과거 사탕수수 산업으로 번성했던 노스 쇼어의 와이아루아(Waialua)에 위치한 커피 농장이다. 신선하고 품질 좋은 하와이 원두를 시내보다 저렴하게 구입할 수 있어 원두가 필요할 때 들르면 좋다. 오아후, 빅 아일랜드, 카우아이, 몰로카이 등 다양한 하와이산 커피를 판매하며, 노스 쇼어 와이아루아산 커피도 있으니 꼭 시음해 보자. 원두커피 외에 기념품도 구입할 수 있다. 건물 밖으로 커피나무가 있어 둘러보는 것도 가능하다.

✕ 100% 카우(Kau) 원두 $68.95/454g, 100% 마우이(Maui) 원두 $48.95/454g ⊙ 71-101 Kamehameha Hwy, Wahiawa ⊙ 월~금 07:00~17:00, 토·일 07:00~18:00 Ⓟ 무료 ☏ 808-622-2326 ⌂ greenworldcoffeefarm.com

## 16 커피와 스콘, 책이 어울리는 카페

### 커피 갤러리 Coffee Gallery

노스 쇼어 할레이바 타운에 있는 30년 넘은 커피 전문점. 하와이산 커피 외에 전 세계의 품질 좋은 커피를 엄선해 판매한다. 가게 입구에는 원두커피가 진열돼 있고 내부로 들어가면 커피와 케이크 등을 주문할 수 있다. 내부 자리도 넓어서 한가로이 책을 읽거나 노트북을 펴고 공부하는 사람들도 눈에 띈다. 이곳에서 선물용 원두도 사고, 커피에 스콘을 먹으며 다음 여행지를 찾아보는 것도 좋다.

✕ 100% 코나(Kona) 원두 $54.50/226g, 카푸치노 프리즈(Cappuccino Freeze) $7.95 ⊙ 66-250 Kamehameha Hwy C106, Haleiwa ⊙ 06:30~19:00 Ⓟ 무료 ☏ 808-824-0368 ⌂ coffee-gallery.com

## 17 볼링장 속 맛집

### 디 앨리 앳 아이아 볼 The Alley at 'Aiea Bowl

독특하게 볼링장 내에 있는 레스토랑. 맛, 가격, 양 모두 훌륭해 현지인에게는 이미 유명한 곳이다. 미국의 백종원 가이 피에리(Guy Fieri)의 방송에 소개돼 그의 극찬을 받았다. 가장 인기 있는 메뉴는 옥스테일 스프와 테이스티 치킨! 그 외에 다른 메뉴도 모두 맛있고, 케이크 맛집이기도 하다. 아무리 배가 불러도 크런치 케이크 종류는 꼭 맛봐야 한다.

옥스테일 스프(Oxtail Soup) $22.95, 테이스티 치킨(Tasty Chicken) $13.95 99-115 Aiea Heights Dr #310, Aiea 10:00~21:00 무료 808-488-6854 aieabowl.com/restaurant

## 18 오리지널 사이민 맛집

### 시로스 사이민 헤이븐 Shiro's Saimin Haven

매년 하와이 베스트 사이민 레스토랑 순위에 오르는 사이민 맛집이다. 1969년 오픈 후 3대째 이어오고 있는 노포로, 사이민의 종류만 60여 가지다. 현지인에게는 어릴 때부터 가족과 함께 다니는 추억의 장소이기도 하다. 오믈렛, 로코 모코, 볶음밥 등 아침 메뉴와 하와이안 스타일의 비프 스튜, 샌드위치, 스테이크 등 다양한 로컬 외식 메뉴를 저렴하게 맛볼 수 있다.

로스트 비프 사이민 (Roast Beef Saimin) $12.60, 로컬 보이 비프 스튜(Local Boy Beef Stew) $13.60 98-020 Kamehameha Hwy #109, Aiea 07:00~21:00 무료 808-689-0999 shiros-saimin.com

## 19 힙한 하드 사이다 펍

### 파라다이스 사이다 Paradise Ciders

미국 MZ 사이에서 인기인 하드 사이다(과일을 발효시켜 만든 술)를 제조, 판매하는 곳이다. 하드 사이다 종류에 따라 다르지만 진한 단맛이 아니라 과일의 은은한 단맛과 맥주의 쌉싸름한 맛이 함께 돌아 매력적이다. 펍 내에 타코, 피자 등을 판매하는 푸드 트럭이 있어 음식을 따로 주문해야 한다.

◆ 일부 펍에서 파라다이스 사이다의 제품을 캔으로 만날 수 있다.

구아바 라바(Guava Lava) $9.99, 비리아 타코(Birria Taco) $4.50 95-221 Kipapa Dr C1, Mililani 화~목·일 11:00~22:00, 금·토 11:00~24:00 무료 808-312-1260 paradiseciders.com

01 쇼핑을 좋아한다면 머스트 고

## 와이켈레 프리미엄 아웃렛 Waikele Premium Outlets

오아후 서쪽 조용하고 아름다운 주택가에 위치한 아웃렛. 뉴욕 태생의 코치를 비롯해 마이클 코어스, 타미 바하마, 폴로 랄프 로렌, 아르마니 익스체인지, 토리버치 등 세계적으로 사랑받는 50여 개의 브랜드 매장이 모여 있다. 정상가의 25~70% 할인은 기본. 짐보리, 카터스, 오시코시 비고시 등 유명 아동복과 유아복 매장들과 미국 백화점의 아웃렛 매장인 삭스 피프스 애비뉴 오브 피프스도 있으니 꼭 하나 득템해 보자. 와이키키에서 유료 셔틀 버스를 이용해 어렵지 않게 방문할 수 있다.

❶ 인포메이션 센터에서 JCB, 삼성카드 등 신용카드를 보여주면 무료 쿠폰북을 받을 수 있다.
❷ SIMON 어플 설치, 로그인 후 와이켈레 프리미엄 아울렛을 주로 가는 매장으로 설정하면 VIP 쿠폰을 받을 수 있다.

94-790 Lumiaina St, Waipahu 월~목 10:00~19:00, 금·토 10:00~20:00, 일 11:00~18:00 P 무료 808-676-5656 premiumoutlets.com

TIP

### 아웃렛 입점 브랜드

아웃렛에서 한층 더 저렴하게 득템할 수 있는 미국 브랜드를 놓치지 말자. 이곳에 입점한 미국 브랜드는 다음과 같다.
코치(Coach), 케이트 스페이드 뉴욕(Kate Spade New York), 바나나 리퍼블릭 팩토리(Banana Republic Factory), 바니스 뉴욕 웨어하우스(Barneys New York Warehouse), 캘빈 클라인(Calvin Klein), 도나 카란 뉴욕(DKNY), 게스 팩토리 스토어(Guess Factory Store), 마이클 코어스(Michael Kors), 투미(TUMI), 리바이스(LEVI'S), 트루 릴리전(True Religion), 폴로 랄프 로렌(Polo Ralph Lauren), 타미 힐피거(Tommy Hilfiger), 샘소나이트(Samsonite), 타미 바하마(Tommy Bahama), 레스포삭 (LeSportsac), 반스(VANS), 스케쳐스(Skechers), 크록스(Crocs), 컨버스(Converse) 등.

## 펄리지 센터 Pearlridge Center

대형 쇼핑센터 중에서는 알라 모아나 센터가 가장 유명하지만, 펄 시티에 있는 이곳도 큰 규모를 자랑하는 쇼핑센터다. 지역 밀착형 쇼핑센터로 여행자보다는 현지 주민이 쇼핑과 여가를 즐기는 곳이다. 메이시스(Macy's)가 있는 '업타운'과 시어스(Sears)가 있는 '다운타운' 두 개의 건물이 있고, 두 건물은 모노레일(Sky CAB)로 연결돼 있다. 영화관, 푸드 코트, 게임 센터 등도 있어 아침부터 밤까지 시간을 보내기에 충분하다.

- 이곳의 세포라 매장에서는 알라 모아나나 와이키키 매장에서 품절인 아이템을 구할 수 있기도 하다.
- 와이켈레 아웃렛과 가까우므로 쇼핑데이라면 두 곳을 함께 방문해 보는 것도 좋다.

98-1005 Moanalua Rd, Aiea 월~토 10:00~20:00, 일 10:00~18:00 무료 808-488-0981 pearlridgeonline.com

03 신흥 개발 지역의 신상 쇼핑몰

## 카 마카나 알리이 Ka Makana Alii

도시 개발이 한창인 카폴레이 지역에 2016년 오픈한 쇼핑몰로, 100여 개의 매장과 레스토랑, 영화관뿐만 아니라 호텔도 있다. 이곳의 장점은 크게 붐비지 않아 편하게 쇼핑할 수 있고 다른 쇼핑몰에 비해 제품의 사이즈와 종류가 다양하다는 점이다. 30여 개 이상의 레스토랑과 카페는 쇼핑 중 허기진 배를 채워주기에 충분하다. 쇼핑몰에서 운행하는 무료 셔틀버스도 있으니 사이트를 참고하자.

- 카폴레이 지역은 하와이 왕족 쿠히오 왕자 개인 소유의 토지였는데, 국가에 기부하는 대신 토지 사용료를 받아 하와이 원주민을 위해 사용하도록 했다.

91-5431 Kapolei Pkwy, Kapolei 월~토 10:00~21:00, 일 10:00~18:00 무료 808-628-4800 kamakanaalii.com

아이들을 위한 꼬마 기차

## 04 부담없이 구경하다 득템

## 알로하 스타디움 스왑 미트 Aloha Stadium Swap Meet

미식축구 경기장인 알로하 스타디움의 주차장에서 열리는 대규모 야외 장터. 농산물 시장과 달리 의류나 액세서리, 지역 공예품 등 다양한 기념품을 판매한다. 새 상품을 판매하는 부스들과 빈티지를 판매하는 벼룩시장이 분리돼 있어 쇼핑하기에도 편하고 구경하다 마음에 드는 걸 부담 없이 살 수 있다. 400여 개 부스로 규모가 꽤 크니 편안한 신발을 신고 가자.

99-500 Salt Lake Blvd, Honolulu $ 성인 $2/1명, 11세 이하 무료 수·토 08:00~15:00, 일 06:30~15:00 P 무료 808-486-6704 alohastadiumswapmeet.net

플루메리아 헤어핀도 저렴하게 득템!

## 05 여행의 추억을 파는 가게

## 싱스 유니크 Things Unique

코 올리나 센터는 깨끗한 바다와 가족 친화적인 분위기로 인기를 끄는 코 올리나의 리조트에 인접한 쇼핑몰이다. 유명 레스토랑과 커피숍, 슈퍼마켓, 편집 숍 등 상점 수는 적지만 종류가 다양하고 알차다. 그중 이곳은 하와이에서 만든 핸드 크래프트 제품을 파는 싱스 유니크는 하와이 여행의 추억이 될 만한 기념품을 구입할 수 있다.

92 Olani St, Kapolei (Ko Olina Center) 09:00~20:00 P 무료 808-347-9182

## 06 하와이 스타일의 디즈니 캐릭터

## 디즈니 칼레파 스토어 Disney Kalepa's Store

코 올리나에 위치한 아울라니 디즈니 리조트P.324의 디즈니 스토어. 디즈니 캐릭터를 모티브로 한 티셔츠, 장난감, 과자 등을 판매한다. 우쿨렐레 연주하는 미키, 스노클링 하는 미니 등 하와이 한정 상품도 취급한다.

92 Ali'inui Dr, Kapolei 08:00~21:00 P 1시간째 $15, 2~4시간째 $5/30분, 이후 $40 866-443-4763 disneyaulani.com

## 07 서핑의 메카에 자리한 오래된 서핑 숍

### 서프 엔 시 Surf N Sea

1965년 오픈한 전통 있는 서핑 숍. 서핑의 메카 노스 쇼어의 할레이바 타운에 위치한 이 숍은 서핑 장비와 용품 외에도 티셔츠나 수영복, 비치 용품, 귀여운 소품 등 다양한 상품을 갖췄다. 특히 이곳의 로고인 서퍼 싱(Surfer Xing)이 프린트된 상품도 인기다. 서핑 레슨과 서핑 보드 등 장비 렌트도 가능하고 그 외 스쿠버 다이빙, 스노클링, 카야킹 등 해양 액티비티도 다양하다.

62-595 Kamehameha Hwy, Haleiwa 09:00~19:00 무료
800-899-7873 surfnsea.com

## 08 하와이 스타일의 어린이 용품 전문점

### 그로잉 케이키 Growing Keiki

하와이어로 케이키(Keiki)는 '어린이'를 의미한다. 1987년에 문을 연 이곳 어린이 용품 전문점은 그때부터 지금까지 현지인의 사랑을 받고 있다. 신생아부터 초등학생까지 다양한 연령대를 위한 의류, 책, 장난감, 물놀이 용품 등 귀엽고 아기자기한 하와이풍 물건들이 가득하다. 선물용 아이 용품을 찾고 있다면 강력 추천한다.

66-051 Kamehameha Hwy, Haleiwa 월~토 10:30~17:30, 일 11:00~17:00 무료 808-637-4544 instagram.com/thegrowingkeiki

## 넘버 808 Number 808

노스 쇼어의 세련되고 개성 있는 숍들 가운데서도 넓은 매장에 서핑, 빈티지, 보헤미안, 에스닉 풍 상품들이 믹스된 감각적인 가게다. 퀄리티 피플(Quality People) 브랜드 디자이너이자 오너인 존(John)과 노스 쇼어에서 나고 자란 캐피(Cappy) 부부가 운영하는 곳으로, 흔한 물건이 아니라 오너 자신의 철학과 개성이 담긴 물건들을 선별해 판매한다. 하와이 현지 크리에이터와 디자이너의 현지 브랜드도 많이 취급한다.

◆ 808은 하와이 지역 번호를 뜻한다.

66-165 Kamehameha Hwy, Haleiwa  11:00~17:00
무료  808-312-1579  number808.com

TIP

### 남성 쇼퍼도 즐거운 숍

- **레더 솔(Leather Soul)** 가죽 아이템들이 즐비해 신발을 좋아하는 전 세계 남성들에게 주목받고 있는 인기 브랜드다. 30여 종 이상의 알덴(Alden) 슈즈가 한국보다 저렴한 가격으로 판매된다. 옛 미국 스타일을 고집하는 고급 신발을 볼 수 있다.
- **풀인(pull-in)** 와이키키 비치 워크(Waikiki Beach Walk)에 있는 숍으로, 남성 속옷이 많다.
- **알로하 비치 클럽(Aloha Beach Club)** 세련된 남성 의류를 파는 숍. 미국 샌디에이고와 하와이 카일루아에 직영점이 있으며, 티셔츠는 물론 알로하 셔츠도 멋스럽고 세련된 상품이 많다. 이곳에 있는 옷은 전부 메이드 인 아메리카 혹은 메이드 인 하와이이다.
- **넘버 808(NUMBER 808)** 노스 쇼어에 위치한 남성 의류 숍. 오너가 전 세계를 돌아다니며 찾아낸 아이템과 매장 오리지널 상품 등 다양한 남성 의류가 구비돼 있다.



## 해피 할레이바 Happy Haleiwa

양 갈래 머리에 주근깨가 있는 귀여운 캐릭터 해피(Happy)에게 이끌려 가게로 들어가면 해피를 캐릭터로 한 인형, 티셔츠, 에코백, 커피, 캔디 등을 만날 수 있다. 하와이 느낌이 나면서도 귀여운 선물로도 좋다. 해피를 몸에 지니면 행복해진다는 소문이 사야 할 핑계를 만들어 줘 감사할 뿐이다. 특히 탈의하면 수영복이 짠 하고 나오는 마스코트 인형을 보면 지갑이 저절로 열린다.

66-145 Kamehameha Hwy, Haleiwa  11:00~17:00
808-637-9713  무료
happyhaleiwa.net

REAL GUIDE

# 하와이 음악
HAWAIIAN MUSIC

여행에 배경음악을 깔아 보자.
사실 하와이에서는 어떤 음악도 멋지게 느껴지지만,
하와이의 편안한 감성이 온전히 담긴
음악을 들으면 여행이 더욱 풍성해진다.

## 유명 하와이 음악가는 누구?

**❶ 이즈라엘 카마카위올레 Israel Kamakawiwo'ole**

하와이의 국민 가수이자 우쿨렐레 연주가. 2005년 하와이안 뮤직 앨범 최초로 백만 장 이상 팔리면서 국제적인 찬사를 받았다.

• 대표곡: 〈Somewhere Over the Rainbow〉

**❷ 칼라니 페아 Kalani Pea**

그래미 상을 수차례 수상했다.

• 대표곡: 〈Kuu Poliahu〉, 〈Hilo March〉

**❸ 나 레오 필리메하나 Na Leo Pilimehana**

• 대표곡: 〈North Shore Serenade〉, 〈The Rest of Your Life〉

**❹ 케알리이 레이첼 Kealii Reichel**

• 대표곡: 〈E O Mai〉, 〈Kauanoeanuhea〉, 〈Maunaleo〉

## 드라이브할 때 필수! 하와이 라디오 채널

❶ 105.1 FM / KINE - Contemporary Hawaiian Music

❷ 104.3 FM / KPHW - Hawaii's Hip Hop and R&B Hits

REAL PLUS

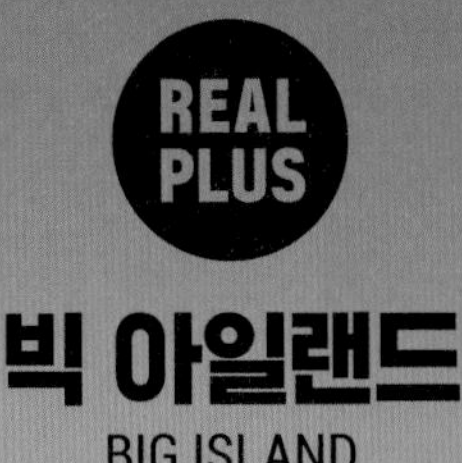

# 빅 아일랜드

BIG ISLAND

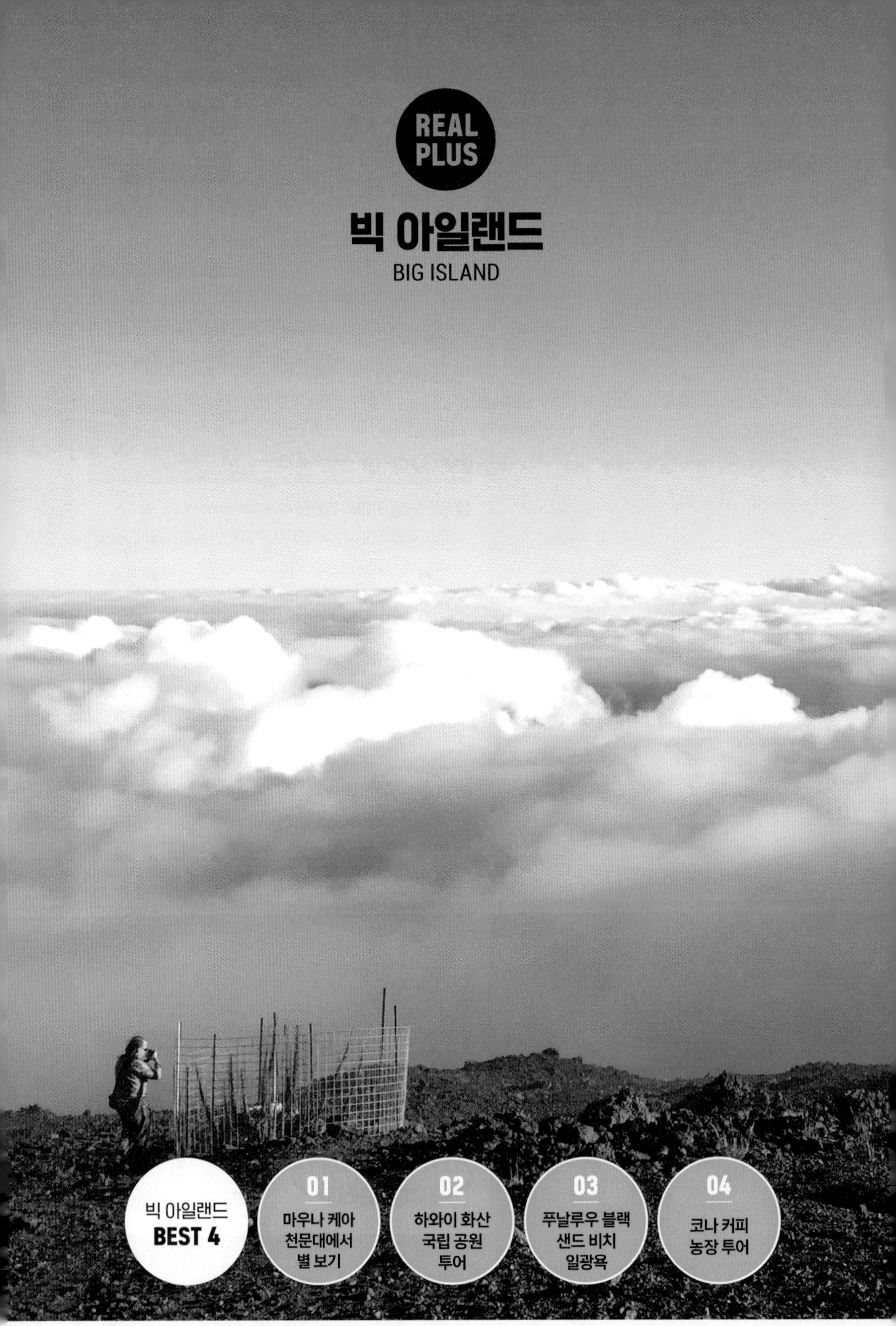

빅 아일랜드 **BEST 4**

01 마우나 케아 천문대에서 별 보기

02 하와이 화산 국립 공원 투어

03 푸날루우 블랙 샌드 비치 일광욕

04 코나 커피 농장 투어

## 알로하 넘치는
## **준의 PICK**

알로하! 캘리포니아 라호야(La Jolla, CA)에서 하와이로 온 지 40년이 되어가는 준 딜린저(June Dillinger)예요. 저는 하와이에서 'I Do Hawaiian Weddings'라는 웨딩 비지니스를 하고 있어요. 제가 제안하는 빅 아일랜드 일정은 서쪽의 코나(Kona)로 들어가 동쪽 힐로(Hilo)로 나오는 경로로, 각각의 개성을 다 맛볼 수 있답니다. 하지만 취향에 따라 코나나 힐로 둘 중 하나를 선택해 집중하는 것도 좋아요.

와이피오 밸리 전망대
호노카아 타운
텍스 드라이브 인
하푸나 비치 주립 공원
마우나 케아 비치 호텔, 오토그래프 컬렉션
웨스틴 하푸나 비치 리조트
페어몬트 오키드
마우나 라니 베이 호텔 앤 방갈로
힐튼 와이콜로아 빌리지
와이콜로아 비치 매리어트 리조트 앤 스파
포시즌스 리조트 후알라라이
마니니오왈리 비치
마우나 케아 천문대
코나 공항
하버 하우스 레스토랑
빅 아일랜드 그릴
코나 브루잉 컴퍼니
다 포케 쉑
마이 하와이 호스텔
코나 커피 농장
애스턴 코나 바이 더 시
카페 플로리안
더 커피 쉑
Kona Coast
코나 코스트
하와이 화산 국립 공원
푸우호누아 오 호나우나우
볼케이노 하우스 레스토랑
체인 오브 크레이터 로드
푸날루우 블랙 샌드 비치
0 10km
렌트카 주행 불가

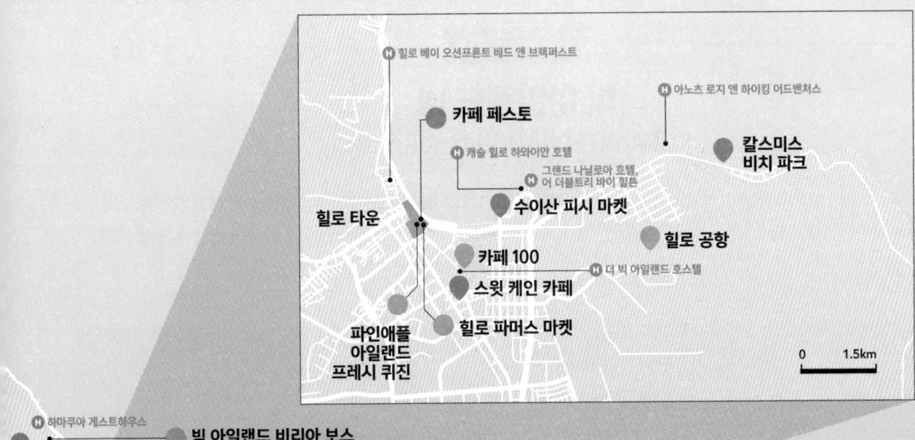

# 빅 아일랜드
## 상세 지도

빅 아일랜드에는 두 개의 큰 도시가 있어요. 관광객이 가장 많이 찾는 빅 아일랜드 서쪽의 카일루아-코나(Kailua-Kona), 주민이 가장 많이 살고 있는 행정 수도인 동쪽 힐로입니다. 이 두 도시 사이로 마우나 케아(Mauna Kea)와 하와이 화산 국립 공원이 있어요.

DAY 1 01

# 빅 아일랜드 IN

## KONA INTERNATIONAL AIRPORT

알로하! 에 코모 마이(Aloha! e komo mai, 안녕하세요. 환영합니다.) 빅 아일랜드의 코나 공항에 도착했습니다. 아주 아담한 공항이에요. 건물 사방이 뚫려 있는 오픈 에어(Open Air) 터미널에 시원한 바람이 솔솔 들어옵니다.

**공항** 한국에서 빅 아일랜드까지 가는 직항은 없고, 오아후에서 주내선으로 갈아타고 이동해야 해요. 빅 아일랜드에는 서쪽의 코나 공항과 동쪽의 힐로 공항 두 개의 공항이 있어요. 여행지에 따라 공항을 선택하면 됩니다.

**섬 정보** 하와이에서 가장 큰 섬이에요. 공식 이름인 아일랜드 오브 하와이(Island of Hawaii)보다 빅 아일랜드(Big Island)라고 더 많이 불리는 이유도 이 때문이죠. 이 섬은 여전히 화산 활동이 진행 중이에요. 화산 활동으로 만들어진 신비로운 자연의 모습을 볼 수 있어 더욱 매력적이죠.

◆ 동쪽과 서쪽의 대조적인 기후: 섬의 동쪽 힐로는 매년 3000mm 이상의 강우량을 기록하는 열대 우림 기후인 반면, 서쪽 코나 지역은 강우량이 127mm 밖에 되지 않아요.

**공항에서 숙소로 이동** 스피디 셔틀같은 유료 셔틀버스나 택시를 이용해 이동해요. 코나 공항에서 카일루아-코나 지역까지 $25~30(팁 미포함)에 이동할 수 있어요(힐로는 $15~$20 내외). 하지만 렌터카가 단연 편리한 선택입니다.

🏠 스피디 셔틀 speedishuttle.com

**대중교통** 섬의 전 지역을 연결하는 헬레온 버스(Hele-On Bus)가 있어요. 하지만 운행 횟수가 많지 않아요. 요금은 편도 1회 $2(2시간 내 환승 가능), 4세 이하는 무료입니다. 택시를 이용해 가고 싶다면 전화로 택시를 불러야 해요. 호텔 컨시어지나 식당에 택시를 불러달라고 요청하면 됩니다. 코나 지역 내에서는 케아우호우 리조트 트롤리(Keauhou Resort Trolley)를 이용할 수 있어요. 카일루아-코나 빌리지의 다양한 장소를 오가는 트롤리로, 요금은 1회 $2이며 오전 7시에서 오후 8시까지 운행됩니다.

**렌터카** 빅 아일랜드에서는 렌터카 이용을 추천합니다. 코나 공항에서 셔틀을 타고 렌터카 사무소로 이동해 차를 픽업하면 됩니다(힐로 공항은 공항 내 사무소). 빅 아일랜드의 도로는 교통량이 많지 않아 운전하기 어렵지 않지만, 좁은 도로가 많고 제한 속도가 낮은 편이라 속도위반에 주의해야 해요. 빅 아일랜드는 자동차 보험이 적용되지 않는 구역이 있어요. 운전하기 어렵고 험한 지역이니 렌터카를 몰고 무리해서 가는 일이 없도록 합시다. 만약 가게 된다면 근처에 주유소가 많지 않으므로 주유를 꼭 하고 가야 해요.

◆ 코나에서 픽업해 힐로에서 반납할 수 있어요.

◆ 운전을 할 수 없다면 데일리 투어로 즐기는 것도 충분합니다. 여행사에서 숙소로 픽업하러 오거든요.

# 점심 식사는 현지인처럼
## LUNCH

빅 아일랜드에서의 첫 식사!
아무거나 먹지 말고 현지인이 인정한 맛집을 찾아가 봅시다.

### Ⓐ 빅 아일랜드 그릴 Big Island Grill

여행자보다 현지인으로 붐비는 캐주얼한 레스토랑이에요. 칼루아 포크, 로코 모코, 사이민 등 하와이 로컬 푸드와 팬케이크, 햄버거 같은 아메리칸 퀴진, 코리안 BBQ 갈비 스테이크를 비롯한 아시아 요리까지 메뉴가 매우 다양합니다. 채식 메뉴와 글루텐 프리 메뉴도 있어요. 모든 요리가 맛있고 양도 많고, 가격까지 저렴한 편입니다.

칼루아 포크 앤 캐비지(Kalua Pork & Cabbage) $18, 로코 모코(Loco Moco) $17 75-5702 Kuakini Hwy, Kailua 화~수 08:00~17:00, 금·토 08:00~14:00 무료 808-326-1153

### Ⓑ 다 포케 쉑 Da Poke Shack

맛집 소개 전문 앱 옐프(Yelp)에서 포케 부문 1위를 차지한, 미국에서 가장 인기 있는 포케 플레이트 가게입니다. 명성에 비해 가게 크기는 아주 작아요. 이곳의 포케는 매일 먹어도 질리지 않을 정도로 맛있답니다. 식사 메뉴로는 포케 플레이트(네 종류 포케 선택, 사이드 두 가지, 밥 두 스쿱)와 포케 볼(두 종류 포케 선택, 사이드 한 가지, 밥 한 스쿱)이 있어요. 그날 들어오는 참치에 따라 포케의 종류와 가격이 바뀌기도 합니다. 포케를 고르기 어려우면 먼저 맛을 보고 고를 수 있어요.

포케 볼(Poke Bowls) $18.25(시가), 포케 플레이트(Poke Plates) $35(시가) 76-6246 Alii Drive, Kailua 10:00~16:00 무료 808-329-7653 dapokeshack.com

DAY 1 03

# 마우나 케아 천문대에서 별 보기

## MAUNA KEA SUMMIT

이곳에서 보는 일몰과 별은 죽기 전에 꼭 한 번 감상해야 할 멋진 장관입니다.

세계에서 하늘과 가장 가까운 산, 마우나 케아는 높이 4,205미터로 전 세계 11개국 연구기관이 세운 13개의 천문대가 있어요. 하와이에서 유일하게 눈을 볼 수 있는 곳이기도 합니다. 마우나 케아 정상에 오르면 구름이 발밑에 있어요. 구름 밑으로 모습을 감추는 태양의 모습을 보면 소름이 끼칠 정도로 아름다워요. 하지만 일몰보다 더 말도 못하게 멋진 건 바로 별이에요. 사방이 쏟아지는 별이 천문대를 휘감으며 장관을 이루거든요.

TIP

**추천 투어 업체**

**아노츠 로지 앤 하이킹 어드벤쳐**
**Arnott's Lodge & Hiking Adventures**
98 Apapane Rd, Hilo 877-867-7433
$ $240 arnottslodge.com

**하와이 포레스트 앤 트레일**
**Hawaii Forest & Trail**
224 Kamehameha Ave #101, Hilo / 73-5593 A Olowalu St, Kailua 808-331-8505 $ $295~
hawaii-forest.com

### 마우나 케아 정상으로 가는 길

❶ 마우나 케아 정상으로 올라가는 길은 험하고 위험해 렌터카 보험을 적용받을 수 없어요. 오니즈카 비지터 센터(Onizuka Center for International Astronomy Visitor Information Station)까지만 렌터카 보험 적용이 가능해요. 제대로 된 마우나 케아를 보기 위해 정상까지 가고 싶다면 투어 상품을 이용하는 게 좋습니다.

❷ 마우나 케아 투어 상품은 일출과 일몰 두 가지예요. 일몰을 보고 별 관측까지 할 수 있는 일몰 투어를 추천합니다. 투어 시간은 보통 오후 2시에서 저녁 9시 30분까지이고 대부분 간단한 저녁 식사와 방한복이 제공됩니다. 제공되지 않을 경우에 대비해 두꺼운 다운재킷과 간단한 식사는 챙겨 갑시다. 비지터 센터에 따뜻한 물과 종이컵, 스푼 등이 비치되어 있어요.

❸ 고도가 높다보니 30분~1시간가량 방문자 센터에서 쉬면서 기압에 적응을 해야 합니다.

❹ 16세 이하의 어린이와 임산부는 정상까지 갈 수 없어요.

Mauna Kea Access Rd, Hilo 방문자 센터 12:00~22:00
무료 808-935-6268

DAY 2 01

# 코나 커피 농장 투어

## KONA COFFEE FARM TOUR

코나 커피 농장에서 모닝커피를 마시고 빅 아일랜드 서남쪽의 검은 모래 해변으로 이동해 봅시다.

세계 3대 커피 중 하나인 코나 커피를 재배하는 농장을 쉽게 방문할 수 있어요. 카일루아-코나 지역에 커피 농장이 모여 있는데, 커피에 관심이 없는 사람에게도 추천하고 싶어요. 대부분의 농장이 바다를 바라보는 해발 500미터 지점 고지대에 있어서 경치가 끝내주게 멋지거든요. 농장에서 무료로 제공하거나 저렴하게 판매하는 커피를 마시며 커피나무와 태평양이 한눈에 보이는 멋진 풍경을 감상해 보세요. ▸▸ 하와이 커피 P.064

- 대부분 커피 투어는 홈페이지를 통해 사전 예약을 받아요.
- 대부분이 소규모 농장이라 커피 원두 수확량이 많지 않다 보니 회원에게만 판매하거나 농장에서 직판하는 곳이 많아요. 마트에선 찾아보기 힘든 품질 좋고 신선한 원두를 직접 구매해 보세요.
- 커피 농장 투어가 가능한 대표 농장: 헤븐리 하와이안 코나 커피 팜(Heavenly Hawaiian Kona Coffee Farm), 훌라 대디 코나 커피(Hula Daddy Kona Coffee), 코나 조 커피(Kona Joe Coffee), 그린 웰 팜(Green Well Farms)

TIP

**추천 농장**

**헤븐리 하와이안 코나 커피 팜**
**Heavenly Hawaiian Kona Coffee Farm**
78-1136 Bishop Rd, Holualoa 월~토 09:00~17:00 무료 808-322-7720
heavenlyhawaiian.com

DAY 2 02

# 농장 부근 고산 지역의 맛집

LUNCH

커피 농장에서 본 경치가 아직 눈에 밟히나요?
커피 농장의 감동을 그대로 이어 브런치를 즐겨봅시다.

## Ⓐ 더 커피 쉑 The Coffee Shack

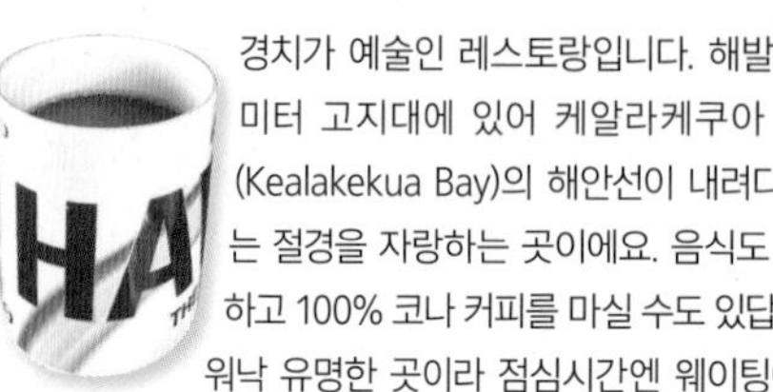

경치가 예술인 레스토랑입니다. 해발 500미터 고지대에 있어 케알라케쿠아 베이(Kealakekua Bay)의 해안선이 내려다보이는 절경을 자랑하는 곳이에요. 음식도 훌륭하고 100% 코나 커피를 마실 수도 있답니다. 워낙 유명한 곳이라 점심시간엔 웨이팅이 길 수도 있어요. 입구 쪽 화장실로 가는 오픈 에어 통로에서 보는 경치는 더 끝내줍니다. 일부러라도 화장실에 꼭 다녀오세요!

◆ 가게 안쪽에도 공간이 있어요.

✂ 핫 루벤 샌드위치(Hot Ruben Sandwich) $18, 페퍼로니 피자(Peperoni Pizza) $16, 믹스 베지 오믈렛(Mixed Veggie Omelet) $18 📍 83-5799 Mamalahoa Hwy, Captain Cook 🕓 목~화 07:00~15:30 🅟 무료 📞 808-328-9555 🏠 coffeeshack.com

## Ⓑ 카페 플로리안 Caffe Florian

이탈리아 출신의 오너가 직접 빵을 굽고, 원두를 로스팅하고 요리를 해요. 신선한 채소와 재료 사용을 가장 중요하게 생각하고 깐깐하게 지켜오고 있다고 하네요. 그러니 모든 게 신선하고 맛있을 수밖에 없지요. 실내 자리도 좋지만 실외 발코니에서 보는 오션 뷰는 너무나 멋지답니다. 고소하게 내린 커피에 신선한 채소 가득 담긴 샌드위치로 힐링이 되는 브런치는 어떠신가요?

✂ 100% 코나 커피(100% Kona Coffee) $2.75, 베지 샌드위치(Veggie Sandwich) $9.95 📍 81-6637 Mamalahoa Hwy, Kealakekua 🕓 월~금 06:30~14:00, 토 07:00~13:30 🅟 무료 📞 808-238-0861

DAY 2 03

# 신성한 장소, 푸우호누아 오 호나우나우
## PUUHONUA O HONAUNAU

하와이의 역사가 고스란히 보존되어 있는 국립 역사공원이에요. 11세기까지는 왕실의 거주지로, 그 이후 19세기까지는 도망쳐 온 범죄자들의 성역이었다고 해요. 그래서 이름도 '피난인의 장소(Place of Refuge)'로 불리죠. 700㎡의 넓은 유적지에 하와이 원주민의 생활을 엿볼 수 있는 유적들이 있어 하와이의 역사와 문화를 체험할 수 있습니다.

- 23인의 알리이(al'i)라 불리는 족장의유골을 보관 중인 사원
- 바로 옆 투 스텝 비치(Two Step Beach)는 스노클링 명소

State Hwy 160, Honaunau 08:30~16:30
$ $20/차량 1대 (7일 동안 입장 가능) $10/1명(도보 이용객) P 무료 808-328-2326 nps.gov/puho

DAY 2 04

# 화산섬의 진면목, 푸날루우 블랙 샌드 비치
## PUNALUU BLACK SAND BEACH

용암의 섬, 빅 아일랜드의 상징적인 해변이에요. 굳은 용암이 잘게 부서져 만들어진 검은 모래 때문에 백사장이 아닌 흑사장이랍니다. 빅 아일랜드의 남동쪽에는 검은 모래 해변이 꽤 있는데, 그중에서도 이 해변이 유명한 이유는 바로 바다거북의 서식지이기 때문이에요. 해변에 올라와 일광욕을 즐기는 바다거북을 어렵지 않게 볼 수 있습니다. 주로 오후 시간대에 볼 수 있고 흐리거나 비 오는 날엔 바다거북들이 일광욕을 즐기지 않으니 참고하세요.

Ninole Loop Rd, Naalehu 06:00~23:00 P 무료
808-961-8311

# 코나 생맥주를 곁들인 저녁 식사
DINNER

코나 맥주의 발상지에서 맥주를 안 마실 수 없죠.
하루를 마무리하며 마시는 맥주는 여행의 피로를 풀어줍니다.

## Ⓐ 코나 브루잉 컴퍼니 Kona Brewing Co.

하와이는 맥주 투어를 해도 좋을 만큼 맛있는 맥주를 주조하는 양조장이 많아요. 많은 종류의 맥주 중 뭐니뭐니해도 코나 맥주가 가장 유명하죠. 코나 맥주의 본점이 바로 이곳에 있어요. 맥주 양조장과 레스토랑이 함께 있어서, 식사를 하면서 바로 옆 양조장에서 만든 신선한 생맥주를 마실 수 있답니다.

◆ 맥주 공장 투어도 있어요. 공장에서 맥주가 생산되는 과정을 보고 시음도 가능합니다. (투어 10:30, 12:00, 13:30, 15:00, 16:30, 18:00) 투어 후 샘플 맥주 네 잔을 맛볼 수 있어 참가비($25)가 아깝지 않아요. 온라인으로 예약 가능하고 참여 시 신분증을 제시해야 하니 여권을 챙기세요.

맥주 16온스 $7.25, 소유 치킨 앤 라이스(Soyu Chicken & Rice) $10, 마나 그릴(Mana Grill) $29 74-5612 Pawai Pl, Kailua 10:00~21:00 Ⓗ 월~금 15:00~17:00 Ⓟ 무료 808-334-2739 konabrewingco.com

## Ⓑ 하버 하우스 레스토랑 Harbor House Restaurant

하와이안 푸드에 맥주를 곁들일 수 있어 퇴근 후 즐기러 온 로컬들로 붐비는 인기 레스토랑이에요. 탁 트인 개방형 공간으로 요트 하버가 보이는 자리에서 석양을 바라보며 저녁 식사를 할 수 있어 더 낭만적입니다. 현지인들에게 20년 이상 사랑을 받아온 레스토랑에서 여유 있게 하루를 마무리해 보세요.

프레시 그릴드 피시 샌드위치(Fresh Grilled Fish Sandwich) $18 (시가), 피시 앤 칩스(Fish & Chips) $18.95 74-425 Kealakehe Pkwy, Kailua 월~토 11:00~19:00, 일 11:00~18:00 Ⓗ 15:00~19:00 Ⓟ 무료 808-326-4166 harborhouserestaurantkona.com

DAY 3 01

# 빅 아일랜드의 아름다운 해변
BEACHES

코나에서 힐로로 이동하며 태평양의 여유와 아름다움을 만끽해 보아요.

## Ⓐ 마니니오왈리 비치
Maniniowali Beach

백사장과 에메랄드빛 바다, 파란 하늘에 하얀 구름의 색 조합이 너무나 아름다운 해변이에요. 규모가 그리 크지는 않지만 바다가 깨끗하고 모래가 고와 많은 사람이 찾습니다. 운이 좋으면 바다에서 점프하는 돌고래를 볼 수도 있어요. 특히 아침 풍경이 아름다우니 오전에 일찍 들러 보세요. 화장실과 샤워시설은 있지만 그늘이 없으니 참고하세요.

723990 Mamalahoa Hwy, Kailua
08:00~19:00 Ⓟ 무료
808-961-8288

## Ⓑ 하푸나 비치 주립 공원
Hapuna Beach State Park

섬의 서쪽 리조트 지역인 코할라 코스트(Kohala Coast)에 위치한 해변으로, 빅 아일랜드에서 최고의 해변으로 꼽힙니다. 주립 공원으로 지정되어 잘 정비된 해변이라 주차장도 넓고 화장실, 샤워 시설에 안전 요원도 있어요. 넓은 잔디밭에는 벤치와 테이블이 놓여 있어 피크닉을 즐기기에도 좋아요. 음식을 포장해 왔다면 이곳에서 즐겨 보세요.

◆ 주차장 안쪽으로 간단한 음식과 음료를 파는 매점과 비치 파라솔, 비치 체어 등 비치 용품을 빌려주는 대여점이 있어요.

Hapuna Beach Rd, Waimea 07:00~18:45
$ $5(3세 이하 무료, 신용카드만 가능) Ⓟ $10/차량 1대 808-961-9540

DAY 3 02

# 거대한 계곡, 와이피오 밸리 전망대
WAIPIO VALLEY LOOKOUT

바다에 인접한 단층 절벽으로 둘러쌓인 높이 600m, 길이 9km, 폭 1.6km의 거대한 계곡으로, 전망대에서 와이피오 계곡의 압도적인 모습을 볼 수 있어요. 이곳은 한때 하와이 왕의 거주지였던 신성한 장소였어요. 전망대 아래로 내려가면 계곡으로 들어갈 수 있지만, 사륜구동 차량만 통과할 수 있는 데다 렌터카 보험 제외 지역이라, 승마나 마차 투어 등을 이용하거나 반나절의 트레킹으로 장엄한 계곡을 둘러보는 게 더 좋아요.

48-5546 Waipio Valley Rd, Waimea  24시간  무료
808-961-8311  마차 투어 waipiovalleywagontours.com

DAY 3 03

# 영화 속 주인공 되어 보기
HONOKAA BOY

### Ⓐ 호노카아 타운 Honokaa Town

호노카아 타운은 중심 시내가 수백 미터밖에 되지 않는 작은 마을이지만, 소박하고 예스러운 건물이 그대로 남아 있어 타임머신을 타고 과거로 온 듯한 기분이 듭니다. 일본 영화 〈하와이언 레시피(Honokaa Boy)〉의 배경이 되면서 조금 더 유명해졌어요.

◆ 영화의 주요 배경이 된 복고풍 건물인 호노카아 피플 극장은 지금도 영화를 상영하고 공연을 올리고 있어요.

45-3574 Mamane St, Honokaa  길거리 주차
피플 극장 honokaa people.com

### Ⓑ 텍스 드라이브 인 Tex Drive-In

1969년 포르투갈의 헥세이라(Rexeira) 가족이 시작한 말라사다 전문점입니다. 이곳은 커다란 사각형 말라사다로 유명하죠. 영화 〈하와이언 레시피〉에 나오는 네모 모양의 말라사다는 이곳의 말라사다를 모티브로 했다고 해요. 19번 도로를 따라 운전하다가 쉴 장소로도 좋으니, 들러서 겉은 바삭하고 속은 쫄깃한 말라사다를 맛보세요.

말라사다(Malasada) $1.75  45-690 Pakalana St, Honokaa
06:00~18:00  무료  808-775-0598
texdriveinhawaii.com

# 힐로 타운에서 가볍게 점심 식사
LUNCH



## Ⓐ 수이산 피시 마켓 Suisan Fish Market

포케라고하면 바로 이곳이 떠오를 정도로 포케로 유명한 곳이에요. 수이산 피시 마켓은 1907년 시작해 현재 빅 아일랜드 전체에 신선한 해산물을 유통하고 있답니다. 포케 외에도 참치 회나 싱싱한 해산물을 구입할 수 있어요.

포케 볼 한 종류(Poke Bowl 1 Choice) $15.50, 포케 볼 두 종류(Poke Bowl 2 Choices) $16.50, 포케 나초(Poke Nachos) $17.50
93 Lihiwai St, Hilo 목~토, 월·화 09:00~15:00 Ⓟ 무료
808-935-9349 suisan.com

**TIP**

**수이산에서 판매하는 포케 메뉴**

❶ **포케만 구입**: 1/2파운드 혹은 1파운드 등 무게로 구입
❷ **포케 볼**: 밥 + 한 종류 포케(1 Choice) or 두 종류 포케(2 Choices)
❸ **포케 플레이트**: 밥 + 두 종류 포케 + 두 종류 사이드 메뉴

## Ⓑ 빅 아일랜드 비리아 보스 Big Island Birria Boss

아카카 폭포 부근 작고 아름다운 마을에 위치한 멕시코 음식점. 현지인들뿐만 아니라 여행객들에게도 최고의 멕시코 음식점으로 호평을 받고 있는 곳이다. 카페 이름처럼 이곳의 대표 메뉴는 비리아 타코다. 24시간 이상 끓여 만든 소고기와 치즈 등을 푸짐하게 넣어 만든 타코를 묽은 소스에 푹 찍어 먹는 새콤, 달콤, 매콤, 촉촉한 매력적인 맛이다. 플레이트 메뉴는 타코와 함께 볶음밥, 콩샐러드가 함께 제공돼 든든한 한끼로도 손색이 없다. 작은 음식점이지만 실내뿐 아니라 야외 피크닉 테이블도 있어 여유 있게 식사를 즐길 수 있고, 테이크아웃도 가능하다.



퀘사비리아 타코 플레이트(Quesabirria Taco Plate) $18, 나초(Nacho) $18 28-1692 Old Mamalahoa Hwy Unit 3, Honomu
월·화·금 11:00~16:00, 토·일 10:00~17:00 Ⓟ 무료
808-460-6396 instagram.com/big_island_birria_boss

DAY 3 05

# 컨디션이 괜찮다면 이곳으로 고고!

## ANOTHER PLACE

코나에서 힐로까지 장거리 이동으로 피곤하다면 숙소에서 휴식을 취해요.
하지만 그러기에는 시간도 이르고 컨디션이 좋다면 일정을 조금 더 소화해 볼까요?

### Ⓐ 아카카 폭포 주립 공원 Akaka Falls State Park

높이가 134미터에 달하는, 하와이에서 가장 큰 폭포예요. 하와이에는 이 폭포를 소재로 한 신화와 노래가 있을 정도로 유명하답니다. 느긋한 웅장함이 느껴지는 묘한 매력이 있어요. 공원 입구에서 잘 포장된 열대 우림의 산책로를 따라 10분쯤 걸어가면 폭포가 나타납니다. 30분이면 왕복이 가능한 이 산책 코스는 몬스테라, 바나나, 히비스커스, 생강 등 이국적인 열대 식물이 무성해 꽃향기와 풀 냄새를 맡으며 걸을 수 있어서 좋아요. 시간이 된다면 호노무 마을의 작은 갤러리와 카페도 구경하세요.

Akaka Falls Rd, Honomu · 08:30~17:00 · $10/차량1대, $5/1명(도보 이용객), 신용카드만 가능 · 무료 · 808-961-9540

### Ⓑ 칼스미스 비치 파크 Carlsmith Beach Park

마우나 케아의 녹은 눈이 솟아나는 매우 특별한 해변. 해수와 담수가 만나는 곳이라 바다의 색이 더욱 아름다워요. 힐로 주민들이 가장 사랑하는 이 해변 앞 바다는 물이 깊지 않고 잔잔해 수영하기에 좋고, 바다거북을 볼 수도 있답니다. 야자나무가 우거진 잔디밭을 끼고 있어 피크닉을 즐기는 현지인도 많아요.

◆ 바다거북을 손으로 만지면 절대 안 됩니다.

1815 Kalanianaole Ave, Hilo · 07:00~20:00 · 무료 · 808-961-8311

# 세련된 카페에서 저녁 식사
## DINNER

힐로에서 첫째 날 저녁 식사는 사람들로 붐비는 힐로 타운도 좋고 주민들이 사는 동네의 소문난 맛집도 좋아요. 어디든 기분 좋은 시간이 될 거예요.



### Ⓐ 카페 페스토 Cafe Pesto

1988년 작은 피자 가게로 오픈했지만 지금은 지역을 대표하는 명성 높은 레스토랑이 되었어요. 음식 평론가와 현지 미식가들 사이에서도 호평받고 있지요. 이탈리아와 프랑스 요리를 기본으로 태평양 지역의 조리법을 가미한 독창적인 메뉴를 맛볼 수 있습니다. 피자와 파스타 모두 훌륭해요.

훈제 연어 알프레도 파스타(Smoked Salmon Alfredo Pasta) $26, 빅 아일랜드 비엘티 피자(Big Island B.L.T. Pizza) $18
308 Kamehameha Ave #101, Hilo
11:00~20:30 Ⓟ 근처 무료 주차장
808-969-6640 cafepesto.com

### Ⓑ 스윗 케인 카페 Sweet Cane Cafe

이곳은 현지 친구의 소개로 알게 되었고, 방문하고서 팬이 된 비건 카페입니다. 유기농 농장을 경영하는 카페 오너가 직접 키운 신선한 재료를 사용해 요리합니다. 농원에서 사탕수수를 바로 따와서 내린 주스, 채소를 듬뿍 넣은 버거와 글루텐 프리 파스타, 우유와 달걀을 사용하지 않은 케이크 등 맛있고 영양도 풍부한 건강 메뉴를 맛볼 수 있어요. 모든 메뉴가 맛있으니 한번 먹어 보세요.

헝그리 파머 샐러드(Hungry Farmer Salad) $24, 타로 버거(Taro Burgers) $16 48 Kamana St, Hilo 09:00~16:00 Ⓟ 무료
808-934-0002 sweetcanecafe.com

DAY 4 01

# 현지인처럼 힐로 타운 구경

HILO TOWN

아침 일찍 파머스 마켓에 들렀다가 힐로 타운을 산책할 거예요. 화산 국립 공원에서 가능한 오래 머물고 싶다면 힐로 타운 산책은 생략하고 파머스 마켓에서 간단한 간식을 사서 바로 이동하세요.

## Ⓐ 힐로 파머스 마켓

Hilo Farmers Market

힐로 타운에는 매일 파머스 마켓이 열려요. 빅아일랜드에서 재배한 채소와 과일, 집에서 만든 잼과 소스, 빵, 꽃 등을 파는 사람들과 장바구니를 든 현지인 사이에서 기웃거리는 재미가 아주 쏠쏠합니다. 매일 열리지만 수요일과 토요일에는 약 200여 판매상이 참여하는 큰 장이 섭니다. 오후 2시 30분이 되면 판매상들이 물건을 슬슬 정리하기 때문에 오전에 일찍 들르는 게 좋아요.

◆ 파머스 마켓 옆에 공예품을 파는 곳이 따로 있어요.

Mamo St. + Kamehameha Ave
07:00~15:00 Ⓟ 무료 808-933-1000
hilofarmersmarket.com

## Ⓑ 힐로 타운 산책하기

올드 하와이를 즐길 수 있는 도시 힐로! 그중에서도 가장 예스러운 분위기를 만끽할 수 있는 곳이 바로 힐로 타운이에요. 1930년대 복고풍 목조 건물들이 그대로 남아 있답니다. 아주 작은 시내라 1시간이면 충분히 산책할 수 있어요. 힐로 베이에 접해 있는 카메하메하 거리엔 파머스 마켓을 비롯해 음식점과 선물가게가 모여 있어요. 이곳을 시작으로 좀 더 타운 깊은 곳까지 들어가 보세요. 예술 활동이 활발한 지역답게 세련된 갤러리와 상점, 빈티지 숍이 많답니다.

# 활화산 투어
VOLCANOES TOUR

힐로에서 하와이 화산 국립 공원으로 이동합니다. 분화구에서 뿜어져 나오는 증기를 보며 점심 식사를 해요. 든든히 배를 채우고 본격적으로 화산 투어를 시작합니다.

## Ⓐ 볼케이노 하우스 레스토랑
Volcano House Restaurant

해발 1,200미터의 화산에 위치한 이 레스토랑은 활화산의 분화구를 보며 특별한 식사를 할 수 있는 장소예요. 더군다나 1846년 오픈해 긴 역사를 지닌 호텔 볼케이노 하우스(Volcano House)에 있어 아주 고즈넉하답니다. 레스토랑(The Rim)의 큰 창문 밖으로 증기를 내뿜는 할레마우마우 분화구를 볼 수 있어요. 창가 자리는 미리 예약하는 게 좋아요.

볼케이노 하우스 버거(Volcano House Burger) $15.99 1 Crater Rim Drive, Hawaii Volcanoes National Park 11:00~21:30 무료 808-930-6910 hawaiivolcanohouse.com/dining

## Ⓑ 하와이 화산 국립 공원
Hawaii Volcanoes National Park

1987년 유네스코 세계자연유산으로 지정된 국립 공원으로, 지금도 화산 활동을 하고 있는 활화산입니다. 이곳은 용암의 점도가 낮고 화산 활동이 격렬하지 않아 안전한 활화산이에요. 덕분에 어디에서도 경험하지 못할 분화구 트레킹과 용암이 흘러내린 곳을 차로 이동하며 드라이브할 수 있는 코스가 있답니다.

Hawaii Volcanoes National Park 24시간(방문자 센터 09:00~17:00) $30/차량1대, $25/오토바이1대, $15 도보 이용객 (7일간 유효) 무료 808-985-6000 nps.gov/havo

체인 오브 크레이터 로드

## 하와이 화산 국립 공원 어떻게 갈까?

- 투어 프로그램으로 편하게 갈 수도 있고, 렌터카를 타고 이동할 수도 있어요. 운전이 어렵거나 위험한 지역은 아닙니다.
- 입구에서 입장료를 내고 조금만 올라가면 킬라우에아 방문자 센터(Kilauea Visitor Center)가 나와요. 반드시 이곳에 들러 지도를 챙기고 현재 화산의 상태와 통행이 금지된 지역 등 공원의 상황을 확인해야 합니다. 트레일 코스가 그때그때 상황에 따라 닫히기도 하거든요.
- 활발하게 활동하는 붉은 용암은 시기에 따라 볼 수 없기도 해요. 방문자 센터에서 액티브 몰튼 라바(Active Molten Lava)를 볼 수 있는지 먼저 확인하세요. 만약 볼 수 있는 날이라면 저녁 때 붉게 일렁이는 용암을 꼭 보세요. 물론 용암을 볼 수 없더라도 충분히 멋진 경험일 테니 걱정 마세요!

- 출입 금지 구역과 안전 펜스를 절대 넘어가면 안 됩니다. 이것만 지켜도 안전하게 여행할 수 있어요.
- 화산 때문에 빅 아일랜드 여행이 위험하지 않을까 걱정하는 사람도 있어요. 하지만 2018년의 화산 폭발의 경우도 빅 아일랜드의 일부 지역에 불과했고, 위험한 곳은 접근을 금지하는 등 조치를 취하니 안심하고 빅 아일랜드를 여행해도 된다고 말하고 싶어요.

## 어떤 순서로 돌아봐야 할까?

### ❶ 스팀 벤츠 Steam Vents

불의 여신 펠레(Pele)의 신성한 숨을 느껴볼까요? 이곳에서는 킬라우에아 화산의 갈라진 틈에서 나오는 뜨거운 증기를 직접 느낄 수 있어요. 하와이 사람들은 이 증기를 펠레의 숨이라고 불러요. 스팀 벤츠에서 분화구 쪽으로 걸어가면 나오는 분화구 전망대에서는 킬라우에아 화산의 거대한 칼데라를 볼 수 있어요. 2018년 화산폭발로 인해 칼데라(Caldera)가 더 넓어지고 깊어졌어요. 참고로 크레이터(Crater)는 분화구, 칼데라는 화산 폭발로 꺼진 곳을 말해요.

화산 하이킹

**❷ 킬라우에아 이키 크레이터 Kilauea Iki Crater**

1959년 약 580미터에 달하는 용암 분수가 나와 용암 호수를 이루었던 곳이에요. 분화구의 크기가 무려 914.4미터에 깊이는 약 122미터입니다.

**❸ 크레이터 림 드라이브 Crater Rim Drive**

킬라우에아 칼데라 주위를 한 바퀴 도는 도로가 크레이터 림 드라이브예요. 2018년 화산 폭발로 절반 이상이 손상돼 폐쇄됐고 지금은 일부만 걸어서 접근할 수 있어요. 거대한 할레마우마우 분화구를 가까이 볼 수 있도록 된 구간이 있으니 시간이 된다면 꼭 한번 가보세요. 하와이 전설에 따르면 이 분화구는 펠레가 살고 있는 곳이라고 해요. 데바스테이션 트레일(Devastation Trail)에 주차하고 이동하면 됩니다. 왕복 1시간 정도 걸려요.

**❹ 체인 오브 크레이터 로드 Chain of Crater Road**

해안선 아래로 내려가는 길이 바로 체인 오브 크레이터 로드입니다. 이 길이 정말 장관이에요. 용암이 바다로 흘러 내려간 흔적을 따라 도로가 나 있어서 마치 다른 행성 같은 기이한 풍경이 펼쳐집니다. 스케일이 어마어마해서 대자연의 매력을 온몸으로 느낄 수 있답니다. 갈림길 없이 쭉 따라 내려가면 되고 길 끝에서 다시 돌아오는 코스로 왕복 3시간 정도 걸려요.

**화산을 볼 수 있는 웹캠**

🏠 nps.gov/havo/learn/photosmultimedia

붉은 오히아 레후아 꽃.
하와이 고유 품종의 나무로,
화산지대에 주로 서식해요.

**TIP**

**입장료가 무료인 날**

- **1월 3번째 주 월요일** 마틴 루터 킹 탄생일
- **4월 3번째 주 월요일** 국립 공원 주간
- **8월 25일** 국립공원청 설립일
- **9월 3번째 주 토요일** 국가 공유지의 날
- **11월 11일** 재향군인의 날

# 현지인 사이에서 마지막 저녁 식사
DINNER

## Ⓐ 카페 100 Cafe 100

빅 아일랜드에서 이곳을 빠트리면 섭섭하죠. 하와이 로컬 푸드인 로코 모코를 처음 선보인 가게입니다. 1946년에 오픈해 지금도 현지인과 여행객에게 인기가 많아요. 가격도 저렴하고 양도 많고, 무엇보다 맛이 끝내주거든요. 아침 일찍부터 밤늦게까지 영업해서 여행자에겐 참 고마운 식당이에요.

로코 모코(Loco Moco) $8.80, 슈퍼 로코(Super Loco) $17.60, 칠리 도그 스페셜(Chili Dog Special) $15.15 969 Kilauea Ave, Hilo 월~금 11:00~18:00, 일 10:00~15:00 무료 808-935-8683 cafe100.com

## Ⓑ 파인애플 아일랜드 프레시 퀴진 Pineapples Island Fresh Cuisine

힐로 타운에서 손님들로 늘 붐비는 레스토랑으로, 세련된 분위기에 파인애플을 모티프로 한 인테리어가 지나가는 사람의 시선을 끌어요. 창문 없는 오픈 에어 레스토랑이라 힐로 베이의 시원한 바닷바람을 맞으며 식사를 즐길 수 있어요. 메뉴는 햄버거, 파스타, 스테이크 등 아메리칸 퀴진이며 수요일에서 일요일 저녁 여섯 시 반에는 하와이안 로컬 뮤지션의 라이브 공연도 있습니다.

코코넛 크러스트 프레쉬 캐치(Coconut-Crusted Fresh Catch) $29, 파인애플 파우(Pineapple Pow) $16, 파인애플 버거(Pineapple Burger) $18 332 Keawe St, Hilo 화~목·일 11:00~21:00, 금·토 11:00~21:30 Ⓗ 15:00~17:00 길거리 주차 808-238-5324 pineapplehilo.worldpress.com

DAY 5 01

# 힐로 OUT

## HILO AIRPORT

마우나 케아 천문대와 화산 국립 공원만으로도 빅 아일랜드에 꼭 와야 할 이유가 충분해요. 인생에서 놓쳐서는 안 될 여행지, 빅 아일랜드의 여행을 마무리하며 호놀룰루로 가는 주내선을 타러 갑니다. 다시 만날 때까지 마할로~!

**렌터카 반납**

❶ 반납하기 전 차의 연료를 가득 채워요. 연료 무료 요금제로 예약했다면 그냥 반납해도 괜찮아요.

❷ 공항의 반납 주차장(Return)에 주차를 하면 직원이 차량 확인 후 반납 영수증을 줍니다. 추가된 금액은 없는지 영수증을 확인 후 공항으로 이동합니다.

HOTEL

# 준의 추천 호텔

빅 아일랜드의 서쪽인 카일루아-코나와 서북부의 코할라 코스트, 동쪽의 힐로에 주요 호텔이 모여 있어요. 그중에서도 코할라 코스트에 가장 큰 리조트 단지가 조성돼 있답니다. 코나 공항에서 카일루아-코나는 차로 15~20분, 코할라 코스트는 30분 거리에 있어요. 빅 아일랜드 리조트의 특징은 오아후의 호텔에 비해 호텔 부지가 넓고 룸과 편의 시설도 넉넉하다는 점입니다. 대부분 오션프론트로 해변을 끼고 있고요. 빅 아일랜드는 호스텔이나 게스트 하우스도 다른 섬에 비해 많고 시설이 비교적 좋아 젊은 백패커들이 여행하기에도 좋답니다.

## 준의 빅 아일랜드 호텔 가이드

❶ **서쪽 코할라 코스트(와이콜로아 리조트)** 대부분의 리조트가 이곳에 있어요. 코나 공항에서 30~40분 정도 거리로 힐튼, 메리어트, 웨스턴 페어몬트 오키드 등의 호텔이 있답니다. 리조트 단지라 쇼핑센터와 레스토랑 등의 편의시설을 잘 갖췄어요. 단, 화산 국립 공원과는 거리가 좀 멀어요.

❷ **카일루아-코나** 코나 공항에서 15~20분 거리로, 카일루아-코나 코스트를 따라 호텔과 콘도가 늘어서 있어요. 걸어서 마을까지 갈 수 있고요.

❸ **힐로** 힐로 공항에서 10분 내외면 도착해요. 힐로 베이 인근에 몇 개의 호텔이 있지만, 비치 리조트 분위기는 아니에요.

## 호텔 리스트

| 등급 | 호텔명 | 호텔명 영문 | 위치 | 가격대 |
|---|---|---|---|---|
| **5성급** | 포시즌스 리조트 후알라라이 | Four Seasons Resort Hualalai | Kohala Coast | 140만 원대~ |
| **5성급** | 페어몬트 오키드 | Fairmont Orchid | Kohala Coast | 80만 원대~ |
| **4성급** | 마우나 케아 비치 호텔, 오토그래프 컬렉션 | Mauna Kea Beach Hotel, Autograph Collection | Kohala Coast | 100만 원대~ |
| **4성급** | 힐튼 와이콜로아 빌리지 | Hilton Waikoloa Village | Kohala Coast | 60만 원대~ |
| **4성급** | 마우나 라니 베이 호텔 앤 방갈로 | Mauna Lani Bay Hotel & Bungalows | Kohala Coast | 70만 원대~ |
| **4성급** | 와이콜로아 비치 매리어트 리조트 앤 스파 | Waikoloa Beach Marriott Resort & Spa | Kohala Coast | 70만 원대~ |
| **4성급** | 웨스틴 하푸나 비치 리조트 | Westin Hapuna Beach Resort | Kohala Coast | 90만 원대~ |
| **4성급** | 그랜드 나닐로아 호텔, 어 더블트리 바이 힐튼 | Grand Naniloa Hotel – A Doubletree by Hilton | Hilo | 30만 원대~ |
| **5성급** | 힐로 베이 오션프론트 베드 앤 브렉퍼스트 | Hilo Bay Oceanfront Bed and Breakfast | Hilo | 30만 원대~ |
| **4성급** | 캐슬 힐로 하와이안 호텔 | Castle Hilo Hawaiian Hotel | Hilo | 30만 원대~ |
| **2성급** | 아노츠 로지 앤 하이킹 어드벤처스 | Arnott's Lodge & Hiking Adventures | Hilo | 20만 원대~ |
| **2성급** | 하마쿠아 게스트하우스 | Hamakua Guesthouse | Hilo | 10만 원대~ |
| **호스텔** | 더 빅 아일랜드 호스텔 | The Big Island Hostel | Hilo | 7만 원대~ |
| **2성급** | 애스턴 코나 바이 더 시 | Aston Kona by the Sea | Kailua Kona | 30만 원대~ |
| **호스텔** | 마이 하와이 호스텔 | My Hawaii Hostel | Kailua Kona | 6만 원대~ |

아픔에서 다시 피어날
환상의 섬

# 마우이
# MAUI

23년 8월, 걷잡을 수 없는 불길이 마우이 섬을 덮치는 비극이 일어났다.
하와이의 옛모습과 천혜의 원시 자연이 그대로 남아 있던 섬 마우이.
마우이가 본래의 아름다움을 빠르게 되찾기를, 아픔에서 얼른 회복하기를 간곡히 기원한다.

라하이나 타운

아웃렛 오브 마우이

파이아 타운

라하이나 반얀 트리

웨일 와칭

몰로키니섬

몰로키니 스노클링

몰로키니 스노클링

STAY ON TRAIL

블랙 샌드 비치

와일루아 폭포

하나 로드

하나 로드

할레아칼라 관측소

할레아칼라

카아나팔리 비치

카아나팔리 비치

카팔루아 비치

PART 04

# 쉽고 즐거운 여행 준비

HAWAII

GUIDE

01

# 여행 준비 & 출입국

설레는 여행, 출발 직전 허둥대지 말고 떠나기 70일 전부터 차근차근 준비해 보자. 최고의 여행을 저렴하게 즐기려면 정보력이 필수! 아는 만큼 여행 준비는 쉬워진다.

# D-70

## 여행 정보 수집하기

### 1 여행 시기와 기간 결정하기

여행 시기와 기간을 결정해야 준비가 순조롭다. 휴가나 연휴에 맞춘다거나 '혹등고래 보기'처럼 특정 기간에 꼭 가야 하는지를 고려해 시기를 정하자. 특별히 시기를 따지지 않는다면 날씨도 좋고 비수기인 3~4월이나 6월이 좋다.

### 2 자유 여행과 패키지 여행 중 선택하기

패키지 여행은 전문 가이드의 설명을 들으며 핵심 여행지를 한정된 시간에 볼 수 있어 여행 코스 짜는 데 서툴거나 준비 시간이 부족한 사람에게 좋고, 자유 여행은 본인의 성향에 맞는 최적의 코스로 여행할 수 있다는 장점이 있다. 하와이는 휴양지인 만큼 여유로운 자유 여행을 추천한다. 차를 렌트하지 않거나 이동이 어려운 곳에 들른다면 부분적으로 현지 여행사 투어 프로그램을 신청하는 것도 방법이다.

# D-60

## 여권 & 국제 면허증 만들기

### 1 여권 만들기

여권은 해외에서 사용되는 신분증으로 출국 시 반드시 필요하다. 출국일로부터 여권 만료일이 6개월 이상 남아 있어야 출국이 가능하므로 미리 확인해 두자.

- **구비서류** 신분증, 여권용 사진 1매, 여권 발급 신청서, 18세 미만인 경우 법정대리인 동의서, 병역 관련 증빙 서류
- **발급처** 각 시, 도, 구청(passport.go.kr에서 발급처 상세 안내)
- **수수료** 5만 원(유효기간 10년), 4만 2천 원(18세 미만, 유효기간 5년)

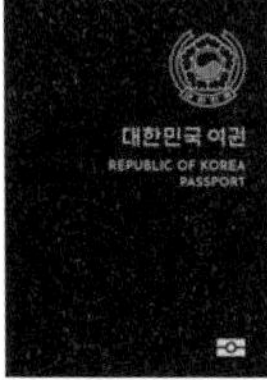


### 2 국제 운전면허증 만들기

해외에서 운전을 하려면 국제 운전면허증이 필요하다. 여권과 함께 발급받을 수 있고, 따로 발급받을 경우 경찰서나 면허 시험장에서 당일 발급이 가능하며 유효기간은 1년이다. 하와이에선 국제 운전면허증과 한국 운전면허증을 함께 제시해야 하므로 두 가지 모두 챙기도록 하자.

- **구비서류** 여권, 운전면허증, 여권용 사진 1매, 국제 운전면허증 신청서
- **발급처** 경찰서, 운전면허 시험장, 인천공항 경찰치안센터
- **수수료** 8,500원(유효기간 1년)

# D-50

## 항공권 예약하기

여행 시기와 예약 시점에 따라 항공권의 가격은 천차만별. 가족 여행객이 많은 5월, 여름 휴가철인 7~8월, 그리고 12월 말은 하와이 여행 성수기다. 이 시기를 피하면 좋지만 일정을 조절할 수 없다면 몇 가지 팁을 알아 두자.

### 항공권 저렴하게 예약하는 법

❶ 최소 5주 전에는 예약해야 저렴한 항공권을 구할 수 있다. 3~4개월 전에 구입하면 원하는 날짜의 항공권을 저렴한 가격으로 구입할 확률이 높다.

❷ 여러 사이트에서 가격을 비교해 최저가를 찾는다. 스카이스캐너와 카약, 투어캐빈, 하나투어, 인터파크 등이 있다.

**최저가 비교 사이트**
- **스카이스캐너** skyscanner.co.kr
- **카약** kayak.co.kr
- **투어캐빈** tourcabin.com

❸ 항공사 홈페이지를 통해 특가 항공권 유무를 확인한다.

❹ 카드사의 여행사(현대카드의 PRIVIA, 삼성카드의 삼성트래블 등)에서 제공하는 카드사 추가 할인 항공권과 비교한다.

❺ 플레이윙즈 앱을 활용해 항공권 특가 알람 서비스를 받아 수시로 가격을 비교한다.

### 주내선 항공편 예약하는 법

오아후 외에 다른 섬을 방문할 경우 두 가지 방법이 있다.

**❶ 다구간 연결 예약**

인천 공항에서 호놀룰루 국제공항을 거쳐 바로 다른 섬으로 연결해서 가는 방법. 항공권을 예약할 때 다구간으로 연결해서 예약하면 된다.

**TIP**

하와이안 에어라인은 이웃 섬 1회 무료 항공권이 포함된 경우가 많으니 요금 규정을 자세히 확인하자. 국내 항공사도 하와이안

에어라인(대한항공, 아시아나)이나 아일랜드 에어(진에어)와인터라인 협정을 맺고 있어서 인천에서 이웃 섬까지 한 번에 짐을 연결해서 보낼 수 있다. 단, 다구간 예약으로 연결해서 진행해야만 가능하다.

**❷ 주내선 이용하기**

인천-호놀룰루 예약과 별개로 호놀룰루에서 이웃 섬으로 가는 항공편을 따로 예약하는 방법. 하와이안 에어라인이나 모쿨렐레(Mokulele) 항공 등을 이용하면 되는데, 각 항공사의 홈페이지나 스카이스캐너, 칩플라이츠(cheapflilghts.com) 등을 통해 저렴한 티켓을 찾을 수 있다. 주내선 수하물 규정은 국제선과 다르므로 꼭 미리 확인하자.

**TIP**

당일 인천을 출발해 이웃 섬으로 가는 일정에서 분리 발권을 했다면 호놀룰루에서 짐을 찾아 다시 주내선에서 발권하고 짐을 부쳐야 한다. 이 경우 수하물 비용까지 추가되므로 이웃 섬을 방문할 계획이라면 국제선과 함께 연결 발권해야 비용을 절약할 수 있다.

### 비행과 관련된 TIP

❶ **호놀룰루 취항 항공사** 대한항공, 아시아나, 하와이안 에어라인, 델타 에어라인(KAL에서 운항), 재팬 에어라인, 유나이티드 에어라인

❷ 대부분 오후 5시 이후 출발하는 비행기로, 하와이 도착은 오전 10~11시 전후다. 저녁에 타서 오전에 내리는 스케줄이므로 비행기에선 충분히 휴식을 취하거나 잠을 자는 게 시차 적응에 도움이 된다.

❸ 기내는 습도가 25% 내외로 상당히 건조하다. 물을 충분히 마시고 마스크를 착용하면 도움이 된다.

❹ 여행 일정을 짤 때 입출국 날짜와 시간에 유의하자. 하와이 시간은 한국보다 19시간 느리다. 한국에서 19일에 출발하면 하와이에 19일에 도착한다. 반대로 하와이에서 27일에 출발하면 한국에는 28일에 도착한다.

## D-40

## 숙소 예약

숙박료는 예산에서 큰 비중을 차지하기 때문에 자신의 여행 스타일이나 예산 등을 고려해서 정하는 게 중요하다. 성수기라면 숙소 예약을 서두르자.

▶▶ Guide 03 숙소 P.315

## D-30

## 여행 일정 & 예산

### 1 일정 짜기

여행은 일정을 짜는 순간부터 시작이다. 이 책을 살펴보고 웹사이트나 블로그를 찾아보며 여행 전 설렘을 최대한 즐기고, 일정 계획에 시간을 많이 들이자. 샹그릴라 박물관이나 폴리네시안 컬쳐 센터처럼 예약을 해야만 하는 곳이 있으니 여행 일정은 미리 계획하는 게 좋다.

**참고하면 좋은 사이트**

- **하와이 관광청** gohawaii.com/kr
- **하와이사랑** cafe.daum.net/hawaiilove
- **하와이 브라더스** cafe.naver.com/hawaiiwaikikiminbak
- **마이하와이** myhawaii.kr
- **트립어드바이저** tripadvisor.co.kr

**참고하면 좋은 인스타그램**

@gohawaiikr @myhawaiikr @melissa808
@hawaii_foodfinds @the96815 @808plate
@hawaiihappyhours @frolichawaii @yelphawaii
@wina_wina @hawaiisbestkitchens @threeifbysea

### 2 예산 짜기

하와이는 우리나라보다 물가가 높은 편이다. 한 끼에 $10 이하 식사는 찾기 힘들고, 지하철처럼 저렴하고 빠른 교통수단이 없으니 꼼꼼하게 예산을 짜야 한다.

- **항공권** 90~150만 원/왕복
- **숙박료** 30~50만 원/일 (+ 호텔 리조트 요금 $30~45/일)
- **교통비** 20만 원/일(렌터카 기준, 호텔 주차 비용 $20~40/일 추가, 더 버스 요금은 $5.50/1일)
- **식비** 5~10만 원/일
- **액티비티 및 입장료** 30만 원(2개 액티비티 기준)

## D-25

## ESTA 신청하기

비자 면제 프로그램 이스타(ESTA)를 신청하면 대한민국 여권 소지자는 비자 없이 90일까지 하와이 체류가 가능하다. 온라인으로 신청 가능하며 당일에는 발급이 불가하다.

- **발급처** esta.cbp.dhs.gov
- **수수료** $21(유효기간 2년)

## D-25
# 렌터카 예약하기

자동차 렌트는 예약하는 날짜에 따라 비용 차이가 크다. 모든 일정을 렌터카로 다닐 필요는 없으니, 여행 일정이 나왔다면 차가 필요한 날짜를 체크해 예약해 두는 것이 경비를 아낄 수 있다.

**TIP**

렌터카 예약은 선불 결제, 후불 결제 두 가지가 있다. 선불 결제는 상시 할인된 요금으로 출국 전에 결제하는 방법이다. '드라이브 트래블'이나 '여행과 지도'에서 미리 견적을 내볼 수 있다. 후불 결제는 업체의 홈페이지나 앱에서 직접 예약하는 경우인데, 선불 결제보다 저렴할 때도 있으니 꼭 비교해 보길 권한다. '드라이브 트래블' 블로그에서 후불 결제의 할인 코드를 제공하고 있다.

**드라이브 트래블** drivetravel.co.kr
**드라이브 트래블 블로그** drivetravel.cafe24.com
**여행과 지도** leeha.net

## D-10
# 여행자 보험 가입

### 여행자 보험, 꼭 필요할까?

장기 체류가 아니더라도 아프거나 사고를 당하거나 물건을 도난당할 가능성은 늘 있다. 해외에서의 의료비는 한국과 달리 굉장히 비싸니 만일에 대비해 여행자 보험을 꼭 가입하자. 보험사, 여행 기간, 나이, 보장 내용에 따라 차이는 있지만 보통 2~5만 원 선이다. 출국 전 공항에서 가입할 수 있고 미리 인터넷으로 가입하면 더 저렴하다. 여러 상품의 보장 내용과 금액을 비교한 후 가입하자.

- **대표 보험사** 마이뱅크(MG손해보험), 현대해상 다이렉트, 삼성화재 다이렉트, AIG 다이렉트, 롯데손해보험, DB손해보험

### 보험 가입 TIP

❶ 여행사마다 24시간 우리말 지원 서비스를 제공한다. 현지 병원 예약이나 보험금 청구에 필요한 서류 안내 등을 원스톱으로 지원받을 수 있다. 상해나 질병이 아니더라도 분실 등 사고 관련 상담도 가능하다. 가입한 보험사의 24시간 우리말 지원 서비스 연락처를 미리 메모해 두자.

❷ 물품 도난이나 파손이 염려된다면 가입 전 '휴대품 손해 보상' 조항과 보장 금액을 확인하자.

❸ 해외 여행자 보험은 해외에 도착한 뒤에는 가입이 불가능하므로 출국 전에 꼭 챙기자.

## D-7
# 환전하기

해외 여행객이 많아지고 스마트폰 사용이 대중화되면서 환전 앱 등 환전 방법도 다양해졌다. 환전 금액이 크다면 환전 수수료 할인율을 꼼꼼히 확인하자.

### 얼마를 환전할까?

❶ 대부분의 가게에서 카드 사용이 가능하고, 팁 계산도 카드로 가능하다. 하지만 카드 해외결제 수수료 등의 이유로 현금을 쓰고 싶다면 예산을 꼼꼼히 계산해서 환전 금액을 정하자.

❷ 호텔 등에서 현금으로 팁을 줘야 하는 경우가 간혹 있으니 $1 지폐를 충분히(20매 내외) 환전하자.

❸ $20는 많이, $50은 적당히, $100은 여분의 돈으로 환전하는 게 좋다. 현금으로 쇼핑할 계획이라면 $50와 $100의 비중을 늘리면 된다.

❹ 신용카드만 사용할 수 있는 상점(No Cash)도 있고, 호텔이나 자동차 렌트 시 보증금은 카드로 계산하기 때문에 신용카드를 2개 이상 꼭 가져가자. Amex, VISA, Master Card, JCB 등을 겹치지 않게 챙기면 좋다.

### 환전 방법

❶ 환전 가능한 은행이나 환전소에 직접 찾아가 환전하는 방법. 서울역 환전센터에서는 미국 달러의 경우 80~90% 환전 수수료 우대할인을 받을 수 있다. 직통 공항열차 할인권도 딸려 있다.

❷ 모바일 앱으로 환전하는 방법. 앱을 통해 환전하면 은행 고객이 아니더라도 80~90% 환전 수수료 우대 할인을 받을 수 있다. 환전 신청 후 출국 당일 공항의 해당 지점에서 수령하면 된다.

## D-5

# 면세점 쇼핑하기

면세점에서는 백화점이나 일반 매장보다 제품을 저렴하게 구매할 수 있다. 출국 60일 전부터 구매가 가능하고(롯데 면세점은 출국 30일 전) 면세점 쇼핑 시 여권과 여행 일정(출국 일시, 출국 공항, 항공사, 항공편명)이 필요하다. 면세점의 구매 한도는 $5,000, 면세점과 해외 구입 포함 면세 한도는 $600이다. 면세 한도 이상은 신고를 해야 한다.

### 한국 면세점

- **롯데면세점** kor.lottedfs.com
- **신세계면세점** ssgdfm.com
- **신라면세점** shilladfs.com
- **현대백화점면세점** hddfs.com
- **두타면세점** dootadutyfree.com
- **동화면세점** dwdfs.com

### 1인당 휴대품 면세 범위

- 주류 1병(1L, $400 이하)
- 향수 60ml
- 담배 200개피(1보루)
- 기타 합계 $600 이하의 물품

### 면세 범위 초과 세액

- 1인 기준 $600를 초과한 금액의 20%를 지불한다.
- 자진 신고 시 내야 할 관세의 30%가 감면(15만 원 한도)된다.
- 미 신고 시 납부세액의 40% 혹은 60%(반복 미 신고자)의 가산세가 부과된다.
- 관세청 홈페이지(customs.go.kr)에서 예상 세액 계산이 가능하다.
- 담배, 술, 향수는 면세 한도 $600에서 제외되며 별도의 면세 기준이 있다.
- 세관 신고 시 영수증을 꼭 챙기자(면세점 구입 내역은 현장에서 자동으로 확인 가능).

## D-5

# 로밍 vs 포켓 와이파이 vs 유심 칩

여행 기간을 고려해서 가장 적합한 방법을 택하자.

❶ **통신사 로밍** 가장 편리하다. 통신사와 여행 기간 등에 따라 요금이 다양하며 긴 일정에 저렴한 로밍 상품이 나오면서 여행객들의 선택이 늘고 있다.

- **SKT**: 최대 30일 3GB ₩29,000, 6GB ₩39,000, 12GB ₩59,000, 24GB ₩79,000
- **KT**: 15일 4GB ₩33,000, 30일 8GB ₩44,000
- **LG U+**: 최대 30일 4GB ₩29,000, 9GB ₩44,000

❷ **유심 칩 구입** 로밍보다 데이터 요금이 월등히 저렴하다. 다만 기존 사용하던 유심 칩 대신 현지에서 사용 가능한 유심 칩으로 교체해야 한다. 국내 번호 착신 서비스를 사용하면 한국 번호로 문자를 수신할 수 있다. 일주일 기준 국내 번호 착신 서비스를 더하면 이용료가 2만 5천 원 내외다.

**추천 스토어** 유심스토어 usimstore.com

❸ **와이파이 공유기 대여** 포켓 와이파이 등 작은 공유기를 임대해 사용한다. 1일 6천 원 내외로 동행자와 인터넷을 공유할 수 있다는 장점이 있다. 대신 택배를 이용하거나 공항에서 직접 픽업, 반납해야 하고 항상 기기를 가지고 다녀야 한다는 단점이 있다.

**추천 스토어** 스카이패스 로밍 skypassroaming.co.kr

❹ **eSIM 구입** 유심 칩을 빼지 않고 하와이 통신사의 eSIM을 등록해서 사용한다. 한국 유심 칩을 동시에 사용하는 상태라 전화나 문자 확인이 가능하다. 단, eSIM을 지원하는 스마트폰에서만 사용할 수 있으며, 출국할 때 로밍을 꺼 두어야 요금 폭탄을 피할 수 있다.

**추천 스토어** 앳홈 트립 athometrip.com

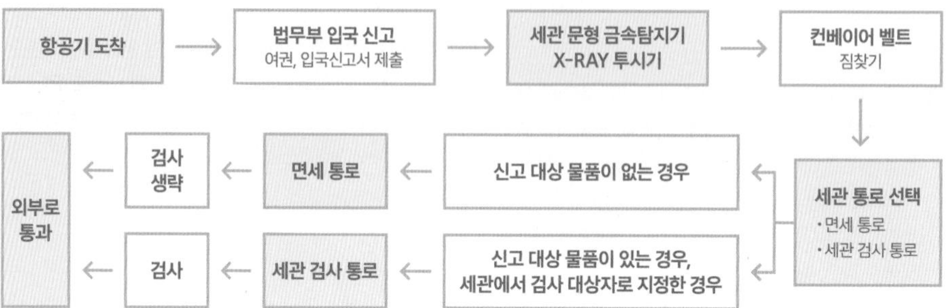

# D-3
## 짐 싸기

현지 물가가 한국보다 비싸기 때문에 짐을 되도록 꼼꼼히 챙겨 가는 게 좋다. 수하물 규정에 맞게 짐의 크기와 무게를 챙기자. 항공사에 따라 부치는 수하물은 23kg을 초과하면 추가 요금이 발생하므로 미리 확인하자.

**TIP**
대한민국을 포함한 대부분 국가에서 일정량 이상 액체류의 기내 반입을 제한하고 있다. 투명한 지퍼백에 100ml 이하의 액체류가 담긴 용기를 담아야 하고 전체 1L를 넘으면 안 된다.

| | 필수 준비물 | |
|---|---|---|
| ☐ | **여권** | 여권 만료일이 6개월 이상 남아 있어야 한다. |
| ☐ | **국제 운전면허증** | 자동차를 렌트한다면 필수로 소지해야 한다. |
| ☐ | **한국 운전면허증** | 한국 면허증도 함께 소지하고 있어야 한다. |
| ☐ | **ESTA** | |
| ☐ | **E-Ticket** | 하와이 입국 심사 때 한국으로 돌아가는 항공권을 확인한다. |
| ☐ | **각종 바우처** | 호텔이나 렌터카, 액티비티 등의 바우처 |
| ☐ | **신용카드** | 해외에서 사용 가능한 신용카드 (2개 이상) |
| ☐ | **달러 현금** | |
| ☐ | **어댑터** | 미국은 110V이므로 돼지코 어댑터 필요 |
| ☐ | **유심 칩 or 와이파이 공유기** | 통신사 로밍을 한다면 필요하지 않다. |
| ☐ | **상비약** | 소화제, 해열제 등. 현지에서 사려면 비싸다. |
| | **의류** | |
| ☐ | **여름 옷** | 아큐웨더(accuweather.com)에서 실시간 기상 예보 참고 |
| ☐ | **긴팔 옷** | 실내외, 일교차가 심하므로 간단히 걸칠 외투나 카디건 |
| ☐ | **모자** | |
| ☐ | **선글라스** | |
| ☐ | **수영복** | 현지에서 구매 가능 |
| ☐ | **신발** | 편한 운동화, 슬리퍼(플리플롭), 샌들 |
| | **생필품** | |
| ☐ | **세면도구** | 일반적인 호텔 어메니티(비누, 샴푸, 린스, 바디 워시, 바디 로션) |
| ☐ | **선크림** | SPF 50, PA+++ 이상 제품을 매일 상시 바르는 걸 추천 |
| ☐ | **마스크 팩** | 햇볕이 강한 편이므로 피부 진정을 위해 구비하기 |
| ☐ | **비닐 팩·에코 백·장바구니** | 비닐 팩은 물놀이 후 젖은 옷을 담기에 좋다. 상점에서 비닐봉지를 사야 하므로 에코 백이나 장바구니를 가지고 다니자. |
| ☐ | **모기 퇴치제** | 산이나 공원을 방문할 계획이면 필요 |
| ☐ | **카메라 및 충전기** | 삼각대나 셀카봉은 필요하면 챙기기 |

# D-DAY

## 인천 국제공항에서 출국

### STEP 1 인천 국제공항 도착

항공기 출발 2~3시간 전에 공항에 도착한다. 아시아나, 진에어, 하와이안 에어라인은 제1여객터미널, 대한항공, 델타 에어라인, 유나이티드 에어라인은 제2여객터미널로 가야 한다. 각 터미널 간 셔틀 트레인으로 이동이 가능하고 15~20분 정도 걸린다.

### STEP 2 탑승 수속 & 수하물 부치기

해당 항공사의 카운터에서 탑승권을 받고 짐을 부치거나 스마트 체크인으로 직접 수속을 밟을 수도 있다. 스마트 체크인은 각 항공사 카운터에 있는 셀프 체크인(Self Check-in)으로 탑승권을 받고, 부칠 짐이 있다면 셀프 백드롭(자동수하물 등록)을 통해 짐을 부치면 된다. 리튬 배터리 및 보조 배터리는 부치는 짐이 아닌 기내로 휴대해야 한다.

### STEP 3 유심 칩 수령 & 환전

공항에 도착해 유심 칩과 와이파이 공유기를 수령하고, 통신사 로밍과 여행자 보험 가입 등은 출국 게이트로 들어가기 전에 해야 한다.

### STEP 4 출국 심사

노트북과 휴대폰은 꺼내 따로 바구니에 넣고 외투와 벨트 등을 벗고 검색대를 통과한다.

### STEP 5 탑승 게이트로 이동 & 탑승

탑승권에 적힌 탑승 게이트로 이동해 승무원의 안내에 따라 탑승하면 된다.

> **TIP**
> 인터넷으로 구매한 면세품이 있다면 면세품 인도장에서 여권을 보여주고 물품을 받으면 된다. 성수기엔 대기줄이 길기 때문에 출국장으로 들어가서 바로 수령하는 게 좋다.

# D-DAY
## 호놀룰루 국제공항 입국

호놀룰루 국제공항의 정식 명칭은 대니얼 K. 이노우에 국제공항(Daniel K. Inouye International Airport)이다. 전 세계에서 하와이에 오는 모든 비행기가 이 공항에 착륙한다. 그래서 하와이의 다른 섬을 가기 위해서는 꼭 이곳을 거쳐야 한다. 국제선이 다니는 오버시 터미널(Oversea Terminal)과 주내선이 다니는 인터아일랜드 터미널(Interisland Terminal), 코뮤터 터미널(Commuter Terminal)로 나뉘며 규모는 그리 크지 않다.

### 1 입국 과정

❶ **입국 심사** 비행기에서 내려 입국 심사대(Immigration Checkpoint)로 이동해 입국 심사를 받는다. 여권과 세관 신고서를 건네고 체류 목적, 묵는 숙소, 돌아가는 비행 편 등에 대한 간단한 질문에 대답한다.

❷ **수하물 찾기** 입국 심사가 끝나면 아래층의 수하물 찾는 곳(Baggage Claim)으로 이동해 짐을 찾는다. 수하물을 컨베이어 벨트 밖으로 모아놓는 경우가 많으니 본인의 수하물을 찾기 쉽게 표시해두는 것이 좋다.

❸ **세관 신고** 입국 심사에서 돌려받은 세관 신고서를 제출하고 게이트를 나오면 된다. 과일과 육류, 가공 육류가 들어간 제품(라면 등)은 반입 금지 품목이다. 하와이 내 큰 한인 마트에서 대부분의 한국 식료품을 구할 수 있으니 무리해서 가져가지 말자.

### 2 주내선 환승하기

연착의 위험도 있고, 짐을 찾아 주내선 수속을 받아야 하므로 3시간의 환승 여유를 두는 게 좋다. 인천 국제공항에서 수하물을 부칠 때 직원에게 최종 목적지를 말하면 수하물 태그를 2장 붙여준다. 한 장은 '인천-호놀룰루', 다른 한 장은 '호놀룰루-이웃 섬'이다.

❶ 호놀룰루 공항에서 짐을 찾아 세관 검사를 지나면 바로 앞 0번 카운터에 '이웃 섬 수하물 재위탁'하는 곳이 있다. 수하물을 가져가면 직원이 티켓을 확인하고 짐을 재위탁해 준다. 면세점에서 100ml 이상의 액체류를 구입했다면 재위탁 시 직원에게 알리고 캐리어 안에 넣자.

❷ 만약 연결 발권이 아닌 분리 발권을 했다면, 짐을 가지고 국제선 터미널에서 주내선 터미널로 이동해 체크인을 하고 수하물을 보내야 한다. 이때 수하물 비용이 발생한다.

❸ 하와이안 에어라인으로 환승한다면 인터아일랜드 터미널로 이동해 주내선 수속을 받으면 된다.

❹ 하와이안 에어라인 외 기타 주내선 항공사라면 코뮤터 터미널로 이동한다.

REAL GUIDE

# 물가 비싼 하와이에서 저렴하게 여행하는 법

하와이의 물가는 한국에 비해 아주 비싼 편이다.
원래도 물가가 비싼 곳이었지만 코로나19 이후 물가가 더욱 치솟았다.
아무리 따져 봐도 미친 물가지만, 천국 같은 하와이는 포기할 수 없으니까!
어떻게든 조금이라도 싸게 여행할 방법을 찾아보자.
아낄 수 있는 방법은 분명 있다!

### ❶ 로밍하지 말고 통신비 아끼기!

통신사 로밍을 하면 편하지만, 잘못 사용했다가는 요금 폭탄이 떨어진다. 현지의 eSIM이나 무제한 유심 칩을 구매해 사용하면 크게 비용을 줄일 수 있다. 특히 현지 eSIM은 한국 USIM과 동시에 사용할 수 있어 추천한다. 여행 중에는 eSIM을 사용하다, 긴급한 연락이나 전화, 문자를 확인할 때만 한국 번호를 사용하면 두 마리 토끼를 모두 잡을 수 있다. ▶▶ 로밍 vs 포켓 와이파이 vs 유심 칩 P.300

### ❷ 차량 렌트, 매일 할 필요 없다!

대부분의 호텔은 하루에 $30~50의 주차비를 별도로 받기 때문에 차량 렌트비만 생각해서는 안 된다. 와이키키가 있는 호놀룰루에 주요 관광지가 많은데, 사실 호놀룰루는 버스나 트롤리로 쉽고 빠르게 이용할 수 있다. 그러니 와이키키에서 먼 지역을 가야 하는 일정을 몰아서 1~2일만 차를 빌리는 것도 방법이다.
▶▶ 렌터카 P.307

### ❸ 차 빌릴 돈도 없다면 뚜벅이로 여행하자!

오아후의 관광버스 트롤리는 오아후의 필수 관광지는 모두 들러 저렴한 가격으로 섬을 둘러볼 수 있다. 시내버스인 더 버스 역시 마찬가지. 만약 시간을 좀 더 효율적으로 사용하고 싶다면, 가까운 곳은 버스나 트롤리를 이용하고 그 외 멀리 이동해야 하는 관광지는 하루 투어 패키지를 신청해 섬을 한 바퀴 둘러봐도 좋다. ▶▶ 대중교통 P.310

### ❹ 하와이의 대자연을 공짜로 즐기자!

하와이가 좋은 이유는 천혜의 자연을 가지고 있기 때문! 호캉스나 쇼핑도 좋지만, 하와이 여행의 본체는 뭐니뭐니해도 자연을 만끽하는데 있다. 태평양을 보며 걷는 트레킹, 에메랄드빛 해변에서 물놀이, 물안경만 있으면 물고기와 조우할 수 있는 스노클링 등 자연 그대로 하와이를 즐길 방법은 무궁무진하다. 그러면서도 돈은 별로 들지 않으니 자연 경관을 만끽하며 경비도 절약해 보자!
▶▶ 오아후 테마 여행 P.034

❺ **무료 체험 프로그램에 참여하기!**

하와이는 전통 문화를 널리 알리기 위해 다양한 무료 문화 체험을 진행한다. 와이키키의 비치 워크나 인터내셔널 마켓 플레이스 P.117에서 레이 만들기, 훌라 댄스 배우기, 우쿨렐레 배우기 등 다양한 프로그램을 무료로 신청, 수강할 수 있고 훌라 댄스 등 다양한 공연을 무료로 관람할 수도 있다. 자세한 내용은 홈페이지에서 확인 가능하다. ▶▶ 무료 훌라 쇼와 하와이 음악을 즐길 수 있는 곳 P.097

❻ **쿠폰 이용하기!**

와이키키의 주요 호텔이나 칼라카우아 거리 등에 있는 〈오아후스 베스트 쿠폰스 (Oahu's Best Coupons)〉, 〈컬렉션스 오브 와이키키 (Collections of Waikiki)〉, 〈카우카우 (Kaukau)〉 같은 쿠폰북에는 할인 쿠폰, 무료 사이드 메뉴 쿠폰 등 다양한 할인 쿠폰이 담겨 있다. 유명한 숍이나 레스토랑의 쿠폰도 담겨 있으니 꼭 챙겨서 사용해 보자.

**오아후스 베스트 쿠폰스** Ohau's Best Coupons oahusbestcoupons.com
**컬렉션스 오브 와이키키** Collections of Waikiki collectionsofwaikiki.com/coupons
**카우카우 하와이** Kaukau Hawaii kaukauhawaii.com

❼ **팁을 절약하자!**

예전에 비해 팁을 줘야 하는 퍼센티지도 올랐다. 레스토랑에서 식사할 경우 식사값의 18~25%를 팁으로 지불해야 해서 부담되는 수준을 지출해야 한다. 팁을 지불하지 않아도 되는 푸드 트럭이나 패스트푸드점(서버가 없는 곳)을 이용하거나 음식을 테이크아웃해 팁을 절약하자. 그렇게 아낀 돈으로 좋은 레스토랑에서 제대로 즐겨 보자.

❽ **해피 아워를 이용하자!**

많은 레스토랑에서 붐비지 않는 시간대에 음식이나 음료 등을 저렴하게 제공하는 해피 아워를 운영한다. 레스토랑의 홈페이지나 구글 검색에서 해피 아워 유무와 시간을 확인해 이용하자. 이 책에서는 각 스폿마다 Ⓗ로 해피 아워를 표시해 두었으니 여행 계획을 세울 때 참고하면 된다.

❾ **숨은 현지인 맛집 도전!**

고급 레스토랑만 고집하지 말고 저렴한 현지인 맛집에 도전해 보자. 하와이 현지인들이 맛집이라고 얘기하는 기준은 맛도 있어야 하지만 가격이 저렴하고 양이 많아야 한다는 것! 그러니 현지인이 단골로 다니는 맛집에서 로컬 체험과 경비 절약, 거기에 든든하고 맛있는 식사까지 모두 해결해 보자! ▶▶ 하와이 음식 P.058

❿ **급하다면 노팁택시, 우버, 리프트!**

여러 명이 이동하거나 급한 일정으로 택시를 타야 한다면 팁을 따로 주지 않아도 되는 한인 택시인 노팁택시를 이용하거나 우버와 리프트를 이용하는 것이 저렴하다. 보통 우버, 리프트가 저렴하나 러시아워 등 일부 시간대에는 택시보다 더 비쌀 수도 있으니 급하더라도 꼭 비교 후 이용하기를 권한다. ▶▶ 택시 P.311

GUIDE

02

# 렌터카 & 대중교통

하와이는 차를 렌트해도 좋고 대중교통을 이용해 천천히 구석구석을 다녀도 좋다. 각자의 일정과 예산, 취향에 맞게 선택해서 이용하자.

01

# 렌터카

## 예약 가능한 곳

현지에 가서 차량을 렌트해도 되지만 원하는 차종이 없거나 차량이 남아 있지 않은 경우가 있으므로 미리 예약하는 게 좋다.

- **렌터카 공식 사이트를 통해 예약** 달러(dollarrentacar.kr), 허츠(hertz.co.kr), 알라모(alamo.co.kr), 버짓(budget.co.kr) 등이 있다.
- **렌터카 대행업체를 통해 예약** 렌털카스(rentalcars.com)는 여러 렌터카 업체의 차량을 한눈에 볼 수 있다. 보험이 포함된 가격이 표시된다.
- **가격 비교 사이트를 통해 예약** 익스피디아(expedia.co.kr/Car-Rental)는 자동차 보험($30내외/1일)을 따로 가입하고 보험료를 지불해야 한다. 익스피디아에서도 보험 가입을 추가 선택할 수 있지만, 해당 렌터카 업체에서 차를 픽업할 때 가입하는 게 편하다.
- **차량 공유 앱 TURO를 통해 예약** 렌터카 업체를 통하는 것보다 차를 저렴하게 빌릴 수 있다. 자체 보험이 적용되며, 원하는 곳까지 차량 운송을 해주기도 한다. 운송료가 무료인 경우도 있지만 유료인 경우도 있으므로 확인해야 한다. 청소 비용을 따로 받는 경우도 있다.

## 어려운 차량 보험, 이것만 챙기자!

한국에서도 어려운 보험 관련 용어. 혹시 있을지 모를 사고에 대비해 보험에 반드시 가입해야 한다. 자차 보험, 대인/대물 보험, 자손 보험 이 세 가지를 풀 커버리지(Full Coverage)라고 한다.

**필수** **자차 보험** CDW, Collision Damage Waiver 또는 LDW, Loss Damage Waiver. 사고가 났을 때 렌터카 차량에 대한 보험.

**필수** **대인/대물 보험** EP, Extended Protection 또는 Liability Insurance. 사고난 상대 차량과 인명에 대한 보험.

**선택** **자손 보험** PAI, Personal Accident Insurance. 운전자 본인과 동승자에 대한 의료 보험. 여행자 보험(상해, 질병에 대해 최소 2~3천만 원 이상)으로 대체 가능할 수도 있으니 중복되지 않는지 잘 비교해 보자.

**선택** **로드 사이드 서비스** Road Side Service 또는 PERS. 긴급출동 서비스. 타이어에 문제가 생겼을 때, 갑자기 시동이 걸리지 않을 때, 자동차 열쇠를 분실했을 때 긴급 지원을 받을 수 있는 서비스다. 자차 보험에 들었더라도 견인 등 긴급 출동은 따로 보험에 가입해야 한다.

**선택** **연료 선구매** Pre-purchase Fuel. 렌터카를 대여할 때 선불로 연료을 구입하는 방식. 연료를 가득 채우지 않고 반납할 수 있어 편하지만 연료가 가득 찬 채로 받아서 가득 채워 반납하는 풀 투 풀(Full to Full) 혹은 리턴 풀(Return Full) 옵션이 가장 저렴하다. 차량을 픽업할 때 현장에서 연료 선구매 여부를 물어보니 거절하면 된다.

**선택** **차량 업그레이드** Vehicle Upgrade. 차량을 받으러 가면 차량 업그레이드를 하겠냐고 물어보는 경우가 많다. 해당 차량이 없어 무료로 차량 업그레이드를 해주는 경우도 있으니 프리 업그레이드(Free Upgrade)인지 확인하자.

## 예약 시 주의사항

❶ 트렁크가 분리된 차량을 선택하는 게 좋다. 하와이는 안전한 여행지이긴 하지만 차량 도난 사건이 빈번하게 일어난다. 차량 유리를 깨고 물건을 가져가는 경우가 많아서 해치백처럼 트렁크가 연결된 차량보다 트렁크가 분리된 세단형 차량이 좋다.

❷ 원하지 않는 보험이나 서비스는 분명히 거절하자. 그리고 직원의 말을 알아듣기 힘들다면 천천히 다시 얘기해 달라고 말하거나 한국인 직원이 있는지 물어보자. 한국인 관광객이 많아 한국인 직원이 있는 경우가 많다.

❸ 영수증을 꼭 확인하자. 선택한 보험이 잘 적용됐는지, 업그레이드 등 잘못 적용된 건 없는지, 총액과 내역을 현장에서 바로 확인해야 한다. 이상이 있다면 차량을 인수받기 전에 문의하자.

❹ TURO를 통해 예약할 경우, 평가 내용을 보고 가장 신뢰할 수 있는 차량을 선택하는 게 안전하다. 무료로 차를 가져다주는지, 반납할 때 세차를 해서 줘야 하는지 등도 확인하자. 차를 인도받을 때는 차량에 흠집 있는 부분을 미리 사진을 찍어 두는 것도 좋다.

❺ 구글 네비게이션(GPS)으로도 길 찾기가 충분히 가능하므로 차량 네비게이션을 따로 빌리지 않아도 된다.

## 하와이에서 운전하기

· **거리와 속도 단위가 한국과 다르다.** 우리는 속도와 거리를 km(킬로미터)로 표시하지만 미국은 mile(마일)로 표시한다. 1mile은 약 1.6km이다.

· **STOP 사인엔 무조건 멈춘다.** 운전하다 빨간색의 STOP 사인 외에도 바닥에 STOP이라고 써져 있다면 도로에 차량이나 사람이 없더라도 반드시 멈춰야 한다. 사거리 등에서 여러 대의 차량이 정지해 있다면 먼저 정차한 차량이 먼저 출발하는 순서로 운행한다. 신호등 없이 STOP 사인만 있는 교차로가 많으니 꼭 염두에 두자.

· **다음 교통 용어는 꼭 알아두자.** One Way(일방통행), Right Only(우회전만 가능), No Right Turn On Red(빨간불일 때 우회전 금지), On Left Arrow Only(녹색 좌회전 신호에만 좌회전 가능), Yield(양보), Do Not Enter(진입금지), On Left Arrow Only(좌회전 신호시만 가능), Road Narrow(도로 좁아짐), Speed Bump(방지턱)

· **뒷좌석도 반드시 안전벨트를 착용해야 한다.** 차량 내 모든 좌석은 안전벨트를 착용해야 한다. 택시를 타더라도 뒷좌석에서 안전벨트 착용하는 걸 잊지 말자.

· **스쿨버스가 정지했다면 함께 정지하자.** 스쿨버스가 아이들의 승하차를 위해 정차했다면 함께 대기해야 한다. 절대 추월하면 안 된다. 스쿨버스 반대 차선의 차량도 함께 멈춰야 한다.

· **경찰 단속을 받았다면** 차를 옆 공간으로 세우고 창문을 내린 뒤 두 손을 핸들 위에 올린다. 경찰이 운전면허증을 요구하면 한국 면허증, 국제운전면허증을 제출한다.

· **경적을 울리지 않는 것이 매너.** 여유로운 하와이 분위기처럼 운전도 양보를 하며 서두르지 않는다.

## 주유 방법

하와이의 주유소는 직접 주유하는 셀프 주유소가 대부분이다. 우리의 셀프 주유와는 조금 다르니 미리 숙지해 두자. 휘발유를 가솔린(Gasoline)이라고 하는 것도 기억해 두자.

### 현금으로 주유하는 방법

❶ 주유기에 차량을 세우고 주유기 번호를 기억한다.

❷ 주유소 내 사무실이나 편의점 카운터에서 주유기 번호와 원하는 금액을 말하고 현금을 준다. 주유기 번호가 3번이라면, "3번 주유기 10달러요.(Pump number 3, 10 dollars, please.)"라고 말하면 된다.

❸ 차량으로 돌아와 연료 품질(Regular, Plus, Premium) 중 하나를 선택하고 손잡이를 잡고 주유를 한다.

❹ 만약 지불한 금액보다 적게 주유가 됐다면 카운터로 가 잔돈을 돌려받으면 된다. "3번 주유기 잔돈 주세요.(Pump number 3, change, please.)"라고 말하면 된다.

### 신용카드로 주유하는 방법

주유기의 카드 지급기에 신용카드를 넣었다 빼면 Is that a debit card?(체크카드입니까?)라는 메시지가 나오는데, 'No' 버튼을 누른다. 그런 다음 Zipcode(우편번호)를 물으면 5자리를 임의로 넣으면 된다(와이키키 우편번호 96815). 카드 승인 후, 연료의 종류를 누르고 주유기를 빼서 주유하면 된다. 간혹 한국 신용카드를 사용할 수 없는 경우가 있는데, 그럴 때는 현금으로 주유할 때처럼 주유소 내 편의점이나 사무실에서 계산하면 된다.

## 주차 방법

하와이는 주차 단속이 철저한 편이다. 주차금지 구역과 주차 방법 등을 미리 확인해 두고 엄수하자.

- **절대 주차를 하면 안 되는 곳** Tow-Away Zone(견인 지역) 표지판이 세워진 곳, 소화전으로부터 3미터 이내, 건물이나 집의 진입로로부터 1.2미터 이내, 횡단보도 바로 위 혹은 6미터 이내

- **주차 표지판 읽기**
2HR PARKING 8:30AM TO 5:30PM Expect Sunday & Holydays(일요일과 공휴일을 제외한 오전 8:30~오후 5:30 사이 2시간 주차 가능, 일요일과 공휴일엔 주차 가능), No Parking Except Sundays(일요일을 제외하고 주차 금지, 일요일만 주차 가능)

- **길거리 코인 주차 사용법** 길거리의 코인 미터기는 하와이에서 흔한 주차 공간이다. 미터기 옆 혹은 앞에 주차하고 원하는 시간만큼 동전을 넣으면 된다.(신용카드를 사용할 수 있는 곳도 있다.) 유료더라도 시간 제한이 있는 곳도 있고, 일정 시간 동안 무료인 곳도 있으니 미터기 근처 표지판을 확인하자.

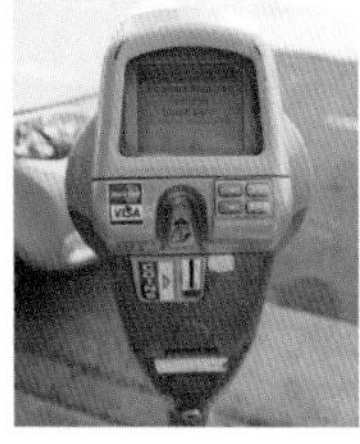

- **주차 후 바로 요금 정산하는 주차장 사용법** 주차하고 주차장 내 정산 기계로 가서 차량 번호와 원하는 주차 시간을 입력하고 결제한다. 그리고 영수증을 운전석 앞 대시보드 위에 올려 놓으면 된다.

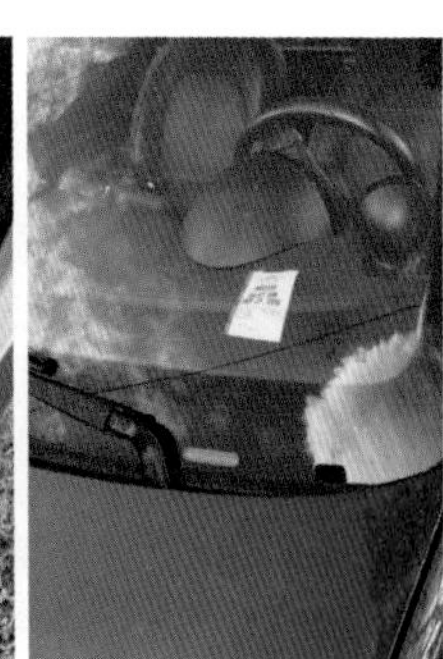

- **출차 전 요금 정산하는 주차장 사용법** 건물 내 주차 시 이런 시스템인 경우가 많다. 건물 주차장으로 진입할 때 티켓을 받고, 나중에 출차할 때 정산 기계 혹은 관리인에게 정산을 하면 된다. 정산 기계를 사용할 경우, 티켓을 넣으면 계산할 금액이 나오고 신용카드로 결제하면 된다. 만약 해당 건물에서 쇼핑이나 식사를 하고 주차할인 티켓(Validation)을 받았다면 입차 시 받은 티켓을 넣은 후 할인 티켓을 넣으면 최종 결제 금액이 나온다.

- **주의** 차에 귀중품을 두고 내리지 말자. 하와이는 창문을 깨고 귀중품을 가져가는 차량도난 사건이 흔하다. 차량에 귀중품 혹은 귀중품처럼 보이는 물건은 두고 내리지 말자.

02

# 대중교통

와이키키 트롤리 Waikiki Trolley

와이키키 트롤리는 오아후의 유명 관광지를 도는 관광버스로, 총 4개의 노선이 있다. 각 라인별 개성 있는 코스이므로 일일 투어로 트롤리를 이용해 보는 것도 좋다. 각 라인별 1일 자유 승차권을 이용할 수도 있고, 여러 라인을 사용할 수 있는 멀티 라인 패스(Muti-line Pass)를 구입할 수도 있다. 티켓은 트롤리 홈페이지에서 판매하고 있으며 와이키키 쇼핑 플라자 메인 로비 데스크(2250 Kalakaua Ave.)에서 현장 구매할 수도 있다.

### 4개 라인을 자유롭게 이용하는 티켓 요금

- **1일 티켓** 성인 $57.75, 3~11세 $31.50
- **4일 티켓** 성인 $68.25, 3~11세 $42
- **7일 티켓** 성인 $78.75, 3~11세 $52.50

### 이용 방법

각 트롤리의 정류장 중 원하는 정류장에서 자유롭게 타고 내릴 수 있다. 탑승 시 음료 등은 손에 들고 탈 수 없다.

### 라인별 특징

- **블루 라인(Blue Line)** 오아후 동해안의 아름다운 해안선을 즐길 수 있다. 뻥 뚫린 창문으로 해안 절경을 생생하게 느낄 수 있다. 시간이 없고 차를 렌트하지 않는 여행자에게 추천한다. 와이키키에서 시 라이프 파크까지 편도 2시간 정도 걸린다.
  * 1일 자유승차권 성인 $31.50, 3~11세 $21
  * 하나우마 베이 전망대와 할로나 블로우 홀은 5분 동안 하차해 사진 촬영이 가능하다. 단 이 두 곳에서는 하차 후 다음 트롤리를 탈 수 없다. 총 소요 시간은 2시간이며 40분 간격으로 운행한다.
- **레드 라인(Red Line)** 하와이 역사 관광 코스로 호놀룰루 시내의 주요 관광지를 운행한다. 이올라니 궁전과 카메하메하 동상, 호놀룰루 미술관, 알로하 타워 마켓 플레이스, 차이나타운, 워드 센터 등을 통과한다. 하와이 왕조의 역사와 문화를 알고 싶은 사람에게 추천한다. 총 운행에 2시간 소요되며 배차 간격은 약 1시간이다.
  * 1일 자유승차권 성인 $31.50, 3~11세 $21
- **핑크 라인(Pink Line)** 와이키키에서 알라 모아나 센터를 오가는 트롤리로 15분 간격으로 운행된다. 가격은 성인과 어린이 구분 없이 편도 $2이며, 탑승 시 현금으로 지불한다. JCB 신용카드가 있으면 무료로 탈 수 있는데, 탈 때 JCB 카드를 보여주면 된다. 본인과 동승 어른 1명과 어린이 2명까지 함께 탈 수 있다.
  * 1일 자유승차권 나이 구분 없이 1인당 $5.50
- **그린 라인(Green Line)** 와이키키에서 와이키키 아쿠아리움, 다이아몬드 헤드 분화구까지 가는 트롤리로, 다이아몬드 헤드 하이킹을 하거나 다이아몬드 헤드 주변의 아름다운 경치를 보고 싶은 사람에게 추천한다. 총 60분 소요되며 배차 간격은 약 1시간이다.
  * 1일 자유승차권 성인 $19, 3~11세 $12.75

## 더 버스 The Bus

더 버스(thebus.org)는 하와이섬 대부분 지역을 오가는 대중교통으로, 택시와 트롤리를 제외하고는 유일한 대중교통 수단이다. 한국처럼 수시로 버스가 운행되지는 않지만, 저렴하게 오아후의 구석구석으로 이동할 수 있어 와이키키에서 벗어나 지역색 강한 하와이 현지를 구경하기에 좋다. 알라 모아나 센터에 대부분의 버스가 정차하고, 노스 쇼어로 한번에 가는 버스도 이곳에서 탈 수 있다. 하루 종일 탈 수 있는 1일 이용권이 $7.50이니 가성비 최고!

### 더 버스 타는 법

버스 정류장에서 원하는 버스가 오면 차량 앞쪽으로 승차한다. 승차 시 요금박스에 요금을 내면 되는데, 거스름돈이 없으므로 요금에 맞춰 잔돈을 준비해야 한다. 내릴 때는 창문 쪽의 끈을 당겨 하차 신호를 보내면 STOP REQUESTED(하차 요청) 사인이 들어온다. 하차할 때는 앞쪽 뒤쪽 어느 쪽으로 내려도 괜찮다. 버스에는 큰 짐을 반입할 수 없다. 가방 사이즈는 22인치×14인치×9인치 이하만 가능하다.

• **버스 정류장** 노란 표지판이 붙어 있는 곳. 시내 외곽은 전봇대나 나무에 표지판만 덩그러니 붙어 있기도 하다.

### 요금 및 교통카드

1회 편도는 $3(5세 이하 1명 무료)이며, 버스 탑승 시 현금으로 지불하면 된다(잔돈을 거슬러주지 않는다). 교통카드인 Holo 카드를 단말기에 찍어 사용할 수도 있는데, 하루에 2회 이상 이용할 경우 유용하다. Holo 카드 구매와 충전은 ABC 마트, 푸드랜드와 세븐일레븐, 타임스 슈퍼마켓 등에서 가능하고, 충전할 때 1일 이용권, 7일 패스, 한 달 패스 등 원하는 패스를 말하면 된다.

## 택시 Taxi

오아후에서는 한국에서처럼 도로에서 손을 들고 택시를 잡을 수 없다. 큰 마트나 쇼핑센터, 호텔 등에 대기 중인 빈 택시를 타거나 〈The CAB〉이라고 적힌 택시 전용 전화기로 택시를 불러야 한다. "택시 플리즈.(Taxi, please.)"라고 말한 뒤 이름과 주소를 말해주면 택시가 온다. 혹은 직접 택시 업체에 전화해 호출하면 된다. 택시 기본요금은 $3.50, 1/8 마일 당 $0.45가 추가되고, 18~25%의 팁을 추가로 내야 한다. 호놀룰루 국제공항에서 와이키키까지 요금은 대략 $40~50 내외다. 요금이 한국보다 비싼 편이다.

### 한인 택시

• **코아택시** 808-944-0000, hawaiikoataxi.com<br>카카오톡 HITT808
• **포니택시** 808-944-8282, ponytaxi.com
• **노팁택시** 808-945-7777

## 호놀룰루 레일 Honolulu Rail

오아후에 지상 전철인 호놀룰루 레일이 개통됐다. 전체 노선이 완공된 것은 아니며, 알로하 스테이션에서 동쪽 카폴레이인 쿠알라카이까지 운행 중이다. 자세한 노선과 운행 정보는 honolulutransit.org에서 확인할 수 있다. HOLO 카드로만 사용 가능하며 더 버스와 요금은 동일하다.

## 인기 명소로 가는 더 버스 총정리

### 오아후 일주 코스 52번, 60번

창문 밖으로 보이는 자연을 만끽할 수 있다. 아침 일찍 출발해서 해 떨어지기 전에 돌아오자.

❶ 와이키키 Waikiki ❷ 알라 모아나 센터 Ala Moana Center ❸ 돌 파인애플 플랜테이션 Dole Pineapple Plantation(Kamehameha Hwy + Dole & Helemano Plantation) ❹ 할레이바 Haleiwa ❺ 선셋 비치 파크 Sunset Beach Park(Kamehameha Hwy + Opp Sunset Beach) ❻ 터틀 베이 리조트 Turtle Bay Resort ❼ 오아후 동해안 East Coast

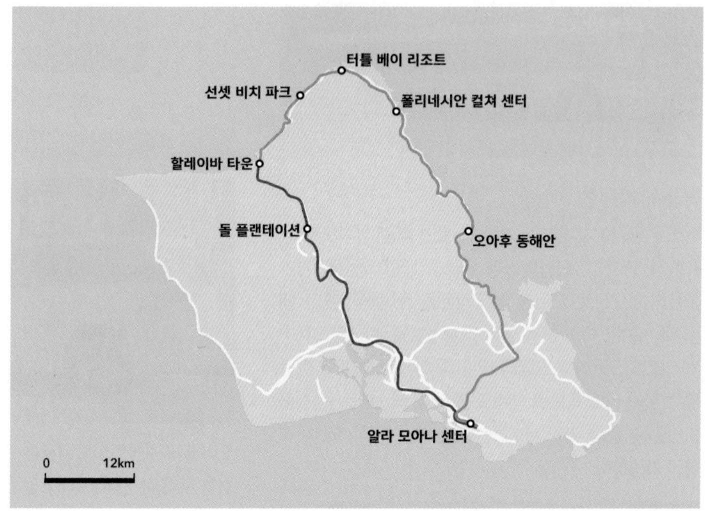


### 오아후 남동쪽 해안선 23번

다이아몬드 헤드, 카할라 몰, 코코 마리나 센터, 하나우마 베이, 샌디 비치 파크, 마카푸우 포인트, 시 라이프 파크를 경유한다. 매주 화요일은 하나우마 베이에서 정차하지 않는다.

❶ 와이키키 칼라카우아 애비뉴 Waikiki Kalakaua Ave ❷ 다이아몬드 헤드 비치 파크 Diamond Head Beach Park(Diamond Head Rd + Diamond Head Light) ❸ 카할라 몰 Kahala Mall(Kilauea Ave + Waialae Ave) ❹ 코코 마리나 센터 Koko Marina Center(Kalanianaole Hwy + Portlock Rd) ❺ 하나우마 베이 Hanauma Bay(Hanauma Bay Nature Park) ❻ 샌디 비치 파크 Sandy Beach Park(Kalanianaole Hwy + Sandy Beach) ❼ 시 라이프 파크 Sea Life Park

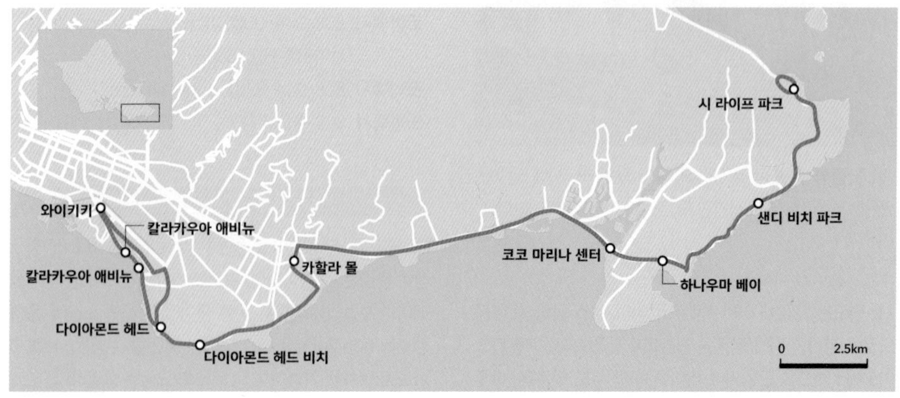

## 펄 하버를 지나 오아후 서쪽 해안 40번

호놀룰루 국제공항, 알로하 스타디움, 펄 하버, 펄리지 센터, 하와이안 일렉트릭 비치 파크, 서쪽의 다양한 해변들을 경유한다.

❶ 알라 모아나 센터 Ala Moana Center ❷ 워싱턴 플레이스 Washington Place(S Beretania St+Eternal Flame) ❸ 차이나타운 Chinatown(N Beretania St+Opp Smith St) ❹ 호놀룰루 국제공항Daniel K. Inouye International Airport ❺ 알로하 스타디움 Aloha Stadium(Kamehameha Hwy+Salt Lake Bl) ❻ 펄리지 센터 Pearlridge Center(Kamehameha Hwy+Kaonohi St) ❼ 하와이안 일렉트릭 비치 파크 Hawaiian Electric Beach Park(Farrington Hwy+Kahe Power) ❽ 마카하 비치 파크 Makaha Beach Park(farrington Hwy+Kili Dr)

## 감각적인 카일루아 타운 67번

다운타운, 대한민국 총영사관, 퀸 엠마 여름 궁전, 카일루아 타운, 시 라이프 파크를 경유한다. 23번 버스와 연결해서 하루 코스를 짜도 좋다.

❶ 알라 모아나 센터 Ala Moana Center ❷ 워드 빌리지 Ward Village(Ala Moana Bl+Queen St) ❸ 카카아코 파머스 마켓 Kakaako Farmer's Market(Ala Moana Bl+Ward Ave) ❹ 카카아코 Kakaako(Ala Moana Bl+Coral St) ❺ 차이나타운 Chinatown(Alakea St+S Hotel St) ❻ 대한민국 총영사관 Consulate General of the Republic of Korea(Pali Hwy+Laimi Rd) ❼ 퀸 엠마 여름 궁전 Queen Emma Summer Palace(Pali Hwy+Queen Emma Summer Palace) ❽ 카일루아 타운 Kailua Town(Kailua Rd+Opp Oneawa St) ❾ 와이마날로 베이 비치 파크 Waimanalo Bay State Recreation Park(Kalanianaole Hwy+Opp Waimanalo Bay) ❿ 시 라이프 파크 Sea Life Park

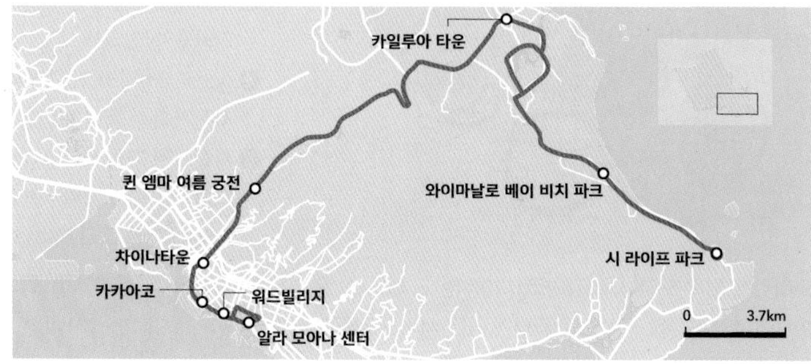


## 다버스 & 구글 지도 DaBus2 & Google Maps

❶ 구글 지도로 출발지와 목적지를 입력하고 검색하면 차, 대중교통, 도보로 가는 방법과 시간이 나오는데, 그중 대중교통을 확인하면 더 버스로 이동하는 법이 바로 나온다.

❷ 다버스는 현재 위치에서 가장 가까운 버스 정류장을 찾아주고, GPS가 탑재된 버스의 도착 시간도 확인할 수 있다. 두 가지 앱의 추천 루트나 버스 도착 시간이 다를 수 있으므로 둘을 비교하며 사용하는 게 좋다.

## 우버 & 리프트 Uber & Lift

우버와 리프트는 전 세계적으로 많은 이용객을 보유하고 있는 대표 차량 쉐어 서비스다. 택시보다 저렴하고 앱으로 차량을 부르고 결제할 수 있어 편리하고 경제적이다. 사용자가 많아지면서 다양한 할인 쿠폰이 제공돼 더 저렴하게 이용할 수 있다. 우버와 리프트는 기본적으로 팁을 주지 않아도 되지만 무거운 짐이 있다거나 대기 시간이 길었다면 약간의 팁으로 고마움을 표현하는 게 좋다. 공항에서 와이키키까지 $30 내외다.

- **사용 방법** 앱을 설치한 후 가입하고 사용하면 된다. 가입 시 등록한 신용카드로 자동 지불된다. 목적지를 입력하면 주변에 있는 택시 정보와 예상 비용이 뜬다. 원하는 차량을 선택하고 부르면 된다.
- **호놀룰루 국제공항 우버와 리프트 탑승 장소** 호놀룰루 국제공항에는 우버와 리프트 정류장이 따로 마련되어 있다. 엘리베이터를 타고 2층으로 올라가 우버/리프트 탑승 장소(Uber/Lift PICK ZONE)로 가서 호출 후 기다리면 된다. 픽업 지역 선택은 한국에서 도착했다면 국제선 터미널(Overseas Terminal), 이웃 섬에서 도착했다면 주내선 터미널(Interisland Terminal)로 위치를 지정하자.

## 자전거 비키 Biki

와이키키, 알라 모아나, 카카아코, 다이아몬드 헤드 등 오아후의 호놀룰루를 중심으로 자전거 공유 서비스가 활발하게 이용되고 있다. 130여 개의 무인 대여소에 1,000대 이상의 자전거를 보유하고 있어 쉽게 빌리고 반납할 수 있다. 대여와 반납 장소가 달라도 되기 때문에 현지인의 출퇴근용, 여행자의 이동수단 등으로 인기다. 여행자에겐 자전거 도로가 잘 정비된 와이키키, 알라 모아나 비치 파크, 카카아코 등을 추천한다.

### 요금

❶ **원-웨이(One-Way)** 1회 $4.50
(최대 30분, 초과 시 30분당 $5 추가)

❷ **익스플로러(Explorer)** 300분까지 마음껏 $30
(이용 횟수 제한 없음)

### 사용법

❶ **빌리는 법** 무인 대여소의 터치 패널에서 언어를 한국어로 바꾸기 → 원하는 자전거 대수 선택 → 시간(요금제) 선택 → 약관에 동의 → 신용카드 넣었다 빼기 → 자신의 연락처 입력(국가번호 82를 먼저 입력하고 휴대전화 번호 맨 앞자리 0을 빼고 남은 번호 입력) → 우편번호 입력(한국 혹은 하와이 모두 가능) → 비용 확인 후 비용 조건 동의 선택 → 영수증 인쇄 선택 → 원하는 자전거의 왼쪽 버튼으로 영수증에 적힌 5자리 번호를 누르기 → 노란색 불이 녹색이 되면 자전거를 힘껏 당겨 빼기

❷ **반납하는 법** 빈 곳에 힘껏 자전거 바퀴를 밀어 넣고, 초록불이 들어왔는지 확인한다. 초록불이 들어올 때까지 반복해서 시도한다.

### 참고

❶ 도난 및 분실 시 벌금이 $1,200다.
❷ 인도에서 자전거를 운행하면 안 된다. 자전거 도로가 없을 경우엔 차도에서 운행해야 한다. 차량과 같은 방향으로 주행해야 한다.
❸ $50의 보증금이 함께 결제되며 반납 이후 자동으로 돌려받을 수 있다.
❹ gobiki.org와 비키 앱에서 대여소 위치와 대여 가능한 자전거 대수 등을 확인할 수 있다.
❺ 자전거엔 자물쇠가 없다. 가게 앞이나 관광지 등에서 자전거를 오래 세워두면 분실 위험이 있으니 근처 대여소에 반환 후 다시 대여를 하는 게 좋다.

GUIDE

03

# 숙소

위치, 가격, 전망, 편의 시설…. 숙소를 결정할 때는 이것저것 따져봐야 할 게 많다. 귀찮다고 대충 예약했다가는 여행 내내 고생할 수 있다. 하루의 피로를 풀며 편안히 쉴 수 있는 내게 딱 맞는 숙소를 찾아 보자.

# 숙소 정하는 법

## STEP 1 숙소 종류 정하기

5성급 최고급 호텔부터 $100대의 저가 호텔까지 종류도 다양하고, 리모델링이나 새롭게 지어진 호텔도 많다. 하지만 하와이는 다른 곳에 비해 숙박비가 높은 편이다. 특히 이웃 섬으로 갈수록 숙박비는 비싸진다. 하와이는 외국인 관광객을 대상으로 개인 도시민박업을 할 수 없어 숙박업자로 허가 받지 않은 에어비앤비, 민박 영업은 불법이다. 그래서 다른 곳보다 저렴한 숙소를 구하기가 쉽지 않다.

❶ **호텔** 휴양지인 만큼 일반 호텔, 리조트형 호텔, 콘도형 호텔 등 다양한 스타일과 가격대의 호텔이 있다. 특별히 신경 쓸 것 없이 최고의 서비스를 받으며 머물 수 있어서 장기 체류가 아니라면 호텔에 머무는 것이 좋다.

❷ **한인 민박** 한국어로 소통할 수 있다는 장점이 있다. 하지만 합법적인 한인 민박 업체 수가 제한적이고, 좋은 숙소는 일찍 예약이 꽉 차는 경우가 많아 빨리 예약하는 게 좋다.

❸ **호스텔** 가장 저렴한 숙박 시설. 샤워 시설과 주방을 함께 사용하고 여러 명이 함께 투숙하는 형태의 숙박 시설이다. 오아후보다는 빅 아일랜드 등 이웃 섬에 많다. 간단한 아침 식사가 제공되는 곳이 많고, 다양한 여행자가 모이기 때문에 서로 정보를 공유할 수 있어 좋은 점도 많다.

## STEP 2 지역 정하기

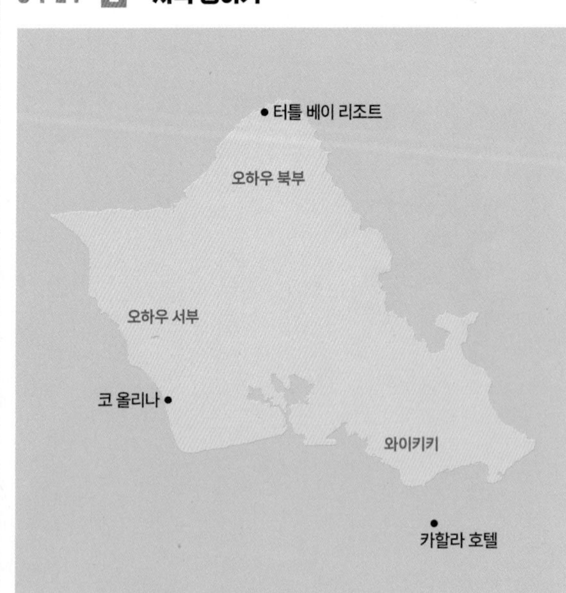


오아후 호텔의 90% 이상이 와이키키에 몰려 있다. 좁은 와이키키 지역에 많은 호텔이 몰려 있다 보니 항상 사람들로 북적인다. 그래서 와이키키 일대는 대부분의 상점이 이른 저녁 문을 닫는 다른 지역과 달리 늦은 밤까지 영업하는 상점들이 많다. 그래서 늦은 시간 산책을 하거나 식사와 쇼핑을 즐기기에 좋다.

리조트에서 한적하게 휴식을 취하고 싶다면 와이키키를 벗어나 코 올리나 리조트(오아후 서부)나 터틀베이 리조트(오아후 북부) 등이 좋은 선택지다. 단, 대중교통으로 이동하기에는 불편하다.

## STEP 3 숙소 예약하기

많이 들여다보고 열심히 가격을 비교해야 저렴한 숙소를 찾을 수 있다. 와이키키에서는 해변 바로 앞 호텔(프론트 비치 호텔)이 아니더라도 대부분 걸어서 5분 이내에 해변 접근이 가능하니 굳이 비싼 해변 호텔을 고집할 필요는 없다. OTA 업체에서 이용자 후기가 많고 별점이 높은 호텔 위주로 찾아본 후, 트립 어드바이저나 구글 지도 등에서 실 이용자가 찍어 올린 사진을 참고해 호텔의 상태와 위치 등을 확인하고 결정하자.

### 호텔 객실의 종류와 등급을 알아보자

- **룸 크기와 구조에 따라** 스탠더드(Standard-가장 기본적인 객실) ▶ 슈피리어(Superior) ▶ 디럭스(Deluxe) ▶ 스위트룸(Suite Room, 최고급 객실. 침실과 거실 겸 응접실이 따로 분리)
- **룸 타입에 따라** 더블 베드룸(Double Bedroom, 2인용 침대 1개), 트윈 베드룸(Twin Bedroom, 1인용 침대 2개), 트리플 룸(Tripple Room, 1인용 침대 3개 또는 1인용 1개와 2인용 1개)
- **룸에서 보이는 뷰에 따라** 시티 뷰(City View), 가든 뷰(Garden View), 마운틴 뷰(Mountain View), 리조트 뷰(Resort View) ▶ 파셜 오션 뷰(Partial Ocean View, 바다가 일부 보이는 룸) ▶ 오션 프론트 뷰(Ocean Front View, 바다가 정면으로 보이는 룸)

### 호텔 예약 시 다음을 참고하자

- **리조트 요금 Resort Fee** 하와이는 대부분의 호텔에서 $25~50 내외의 리조트 사용 요금을 따로 받는다. 호텔 요금과는 별도로 징수되는 추가 요금으로 수영장이나 인터넷 등 시설 사용료가 있는데, 선택이 아닌 필수다. 호텔 예약 시 함께 결제되기도 하고 체크아웃 시 따로 계산되기도 한다. 트럼프 호텔이나 리츠칼튼, 포시즌스 등 5성급 호텔이나 알라 모아나 호텔 등 리조트 요금이 없는 곳도 있다.
- **주차요금 Parking Fee** 호텔 내 주차는 셀프 파킹과 발렛 파킹이 있는데, 두 가지 모두 유료다. 하루에 $35~50 내외로 비싼 편이기 때문에 차를 렌트할 계획이라면 주차 요금까지 고려해야 한다. 주차 요금은 체크아웃 시 한꺼번에 정산된다.
- **빨래방 Laundry** 수영복이나 그때그때 세탁해야 하는 세탁물은 호텔의 빨래방을 이용하면 세탁 서비스(Laundry Service)보다 저렴하다. 룸 안에 세탁기와 건조기가 있는 호텔도 있고, 호텔 내에 유료 빨래방이 있는 곳도 있으니 예약 전 미리 확인해 보는 것이 좋다.
- **주방이 딸린 호텔** 고령의 부모님이나 이유식을 먹여야 하는 아이가 있는 가족 단위의 여행객들은 간단한 조리 시설이 딸린 호텔을 선택하면 좋다. 큰 한인 마트나 일본 마트에서 웬만한 한국 식품과 식재료를 구입할 수 있으니 호텔 예약 시 주방 시설이 있는지 확인하자.

# 호텔 예약 대표 사이트

### OTA 업체

익스피디아(expedia.co.kr), 아고다(agoda.com/ko-kr), 호텔스닷컴(hotels.com), 부킹닷컴(Booking.com) 트립닷컴(trip.com) 등. 사이트마다 할인 폭이 다르고 특가 상품도 다르므로 가격 비교는 필수다.

### 가격 비교 사이트

호텔스컴바인(hotelscombine.com), 트리바고(trivago.co.kr) 등. OTA 업체에 로그인을 해야만 알 수 있는 특별 가격은 가격 비교 사이트에 나오지 않기 때문에 이곳만 믿고 예약하면 안 된다.

### 호텔 비딩

프라이스라인(priceline.com), 핫와이어(hotwire.com) 등의 사이트를 통해 역경매를 하는 방식으로 입찰을 받는 것. 원하는 지역과 호텔의 등급, 날짜, 가격을 제시하면 호텔에서 입찰을 승인할 경우 거래가 성사된다. 정상가의 60%까지 할인받을 수 있다는 메리트는 있지만, 어떤 호텔이 될지 알 수 없고 낙찰이 되면 취소나 환불이 불가하다는 단점이 있다.

### 익스프레스 딜

비딩이 다소 어렵고 복잡하다면 익스프레스 딜을 시도해보자. 대표적인 곳은 프라이스라인(priceline.com). 호텔 이름은 노출되지 않고 호텔의 등급과 대략적인 위치, 가격만 보고 결제를 한다. 비딩보다는 할인 폭이 낮지만 일반 호텔 예약 사이트보다는 저렴한 편이라 인기다. 항상 저렴하지는 않으므로, 어떤 호텔일지 예측한 후 다른 사이트와 가격 비교는 필수다.

- **어떤 호텔인지 예측하는 법** 프라이스라인을 예로 들어, 익스프레스 딜과 일반 딜에서의 호텔 위치, 등급, 별점, 리뷰 수 등을 비교해 보면 어떤 호텔인지 추측하기 쉽다.
- **할인 쿠폰 활용** 회원가입으로 받을 수 있는 추가 할인 쿠폰이나 네이버나 구글 검색으로 '익스프레스 딜 할인 쿠폰'을 찾아 추가 할인을 받자. 결제 전 프로모 코드(Promo Code) 란에 쿠폰 번호를 넣으면 된다.

### 최저가 요금 정책 Best Rate Guarantee

대형 체인 호텔의 경우 BRG 프로그램을 지원한다. 각 호텔의 공식 홈페이지의 가격이 다른 예약 사이트의 최저가보다 비싸다면 보상(최저가의 20~25% 추가 할인)을 해주는 제도다. 여유를 두고 출국 몇 달 전부터 요금을 비교하며 시도해 보자. 어렵지 않다.

❶ 공식 홈페이지의 가격 확인
❷ 최저가 가격 비교, 더 저렴한 가격을 찾아본다.(날짜, 룸 상태 등 모든 조건이 맞아야 하고 24시간 이내에 찾은 가격이어야 함)
❸ 찾았다면 공식 홈페이지에서 동일한 조건의 룸 예약
❹ 24시간 이내에 최저가 클레임을 온라인으로 신청한다.(매리어트 호텔이라면 구글에 Marriott BRG Form을 검색하면 쉽게 클레임 폼 사이트로 연결)
❺ 클레임이 승인되면 최저가의 20~25% 추가 할인 받을 수 있다.

### 에어비앤비 airbnb

홈페이지(airbnb.com) 혹은 앱에서 예약하면 된다. 하와이 에어비앤비에 등록된 숙소는 대부분 정식 숙박업 숙소라 그중 슈퍼 호스트 위주로, 후기가 좋은 쪽으로 찾아보면 된다. 호스트 중 계좌 이체나 현금 결제를 유도하는 경우가 있는데, 이 경우에는 불법일 확률이 매우 높으니 피하도록 하자. 차량 유무에 따라 무료 주차 여부도 확인하는 것이 좋다.

### 호스텔

등록된 호스텔의 종류가 조금씩 다를 수 있으므로 호스텔월드(hostelworld.com), 호텔스닷컴(hostels.com) 등 여러 개의 사이트를 비교하며 검색하자. 차가 없는 뚜벅이 여행자라면 숙소가 버스 정류장에서 가까운지, 식당과 상점 등이 많은 시내 중심지와 가까운지 확인하자. 호스텔은 무엇보다 청결과 안전이 중요하다. 후기를 꼼꼼히 읽어 보자.

# 오아후 추천 호텔

하와이는 세계 최고의 여행지답게 매력적인 호텔이 많다. 다음 추천 호텔은 투숙객의 평가가 좋고 개인적으로도 하와이를 여행하는 지인들에게 추천하는 호텔들이다. 시즌에 따라, 예약을 언제 하느냐에 따라, 특가 가격 등에 따라 요금은 천차만별로 달라진다.

* 아래 금액대는 실제 금액과는 다를 수 있다.

## 럭셔리하고 느긋하게

- 트럼프 인터내셔널 호텔 와이키키 40만 원대~
- 에스파치오 더 주얼 오브 와이키키 500만 원대~
- 리츠칼튼 레지던스 와이키키 비치 70만 원대~
- 할레쿨라니 70만 원대~
- 포시즌스 리조트 오아후 앳 코 올리나 130만 원대~
- 아울라니 디즈니 리조트 & 스파 60만 원대~
- 카할라 호텔 & 리조트 60만 원대~

## 가족과 함께라면

- 힐튼 하와이안 빌리지 와이키키 비치 리조트 30만 원대~
- 터틀 베이 리조트 60만 원대~
- 알로힐라니 리조트 와이키키 비치 40만 원대~
- 쉐라톤 와이키키 40만 원대~
- 엠버시 스위트 바이 힐튼 와이키키 비치 워크 40만 원대~
- 아웃리거 리프 와이키키 비치 리조트 40만 원대~
- 일리카이 호텔 & 럭셔리 스위트 30만 원대~
- 애스턴 와이키키 비치 타워 80만 원대~

## 친구와 함께라면

- 더 서프 잭 호텔 & 스윔 클럽 40만 원대~
- 하얏트 센트릭 와이키키 비치 30만 원대~
- 프린스 와이키키 40만 원대~

## 저렴하지만 만족스럽게

- 알라 모아나 호텔 20만 원대~
- 와이키키 리조트 호텔 20만 원대~
- 쇼어라인 와이키키 20만 원대~
- 와이키키 센트럴 호텔 20만 원대~
- 퀸 카피올라니 호텔 20만 원대~

## 숙소에서 잠만 잔다면

- 더 비치 와이키키 부티크 호스텔 6만 원대~
- 호스텔링 인터내셔널 호놀룰루 6만 원대~
- 폴리네시안 호스텔 비치 클럽 6만 원대~

## 트럼프 인터내셔널 호텔 와이키키 Trump International Hotel Waikiki

2015년 이후 5년 연속으로 〈포브스〉가 선정한 최고의 5성급 호텔. 38층의 이 고급 호텔은 외부보다 내부가 더 고급스럽다. 대리석 욕실, 최고급 가전제품과 가구 등으로 잘 꾸며진 고급 아파트에 온 느낌이 든다. 462개의 객실은 크게 디럭스 룸과 스위트룸으로 나뉘는데, 디럭스 룸도 다른 호텔에 비해 상당히 넓다. 모든 객실에 주방이 있고, 주방에는 풀사이즈 냉장고와 믹서기, 전기스토브, 전자레인지, 밥솥, 주방용품, 식기류 등이 구비되어 있다. 스위트룸에는 와인 셀러와 오븐, 식기세척기, 세탁기와 건조기까지 있다. 1일 2회 하우스 키핑 서비스를 받을 수 있고 룸서비스도 24시간 가능하며 호텔 어디에 있어도 섬세한 최고급 서비스를 받을 수 있다. 마치 와이키키에 거주하는 연예인처럼, 럭셔리한 최고의 휴가를 즐길 수 있다.

$ 50만 원대~ (리조트 요금 없음) Ⓟ 발렛 파킹 $37/1일
223 Saratoga Rd, Honolulu 808-683-7777
trumphotels.com

- 1층에서 호텔 직원의 환대를 받으며 짐을 맡기고 엘리베이터를 타고 6층 로비로 올라가 체크인을 한다. 바닷바람이 부드럽게 불어오는 오픈 에어의 탁 트인 로비는 잠시 소파에 앉아 있고 싶을 만큼 매력적이다.
- 어메니티(amenity)는 세계 유명 인사들이 애용하는 스페인 브랜드의 나투라 비세(Natura Bisse) 제품이다.
- 6층에 위치한 수영장에서는 생수, 수건, 선크림, 어린이용 방수 기저귀 등을 모두 무료로 제공한다. 오전 6시에서 오후 10시까지 이용할 수 있고, 식사(11:00~18:00)와 칵테일(08:00~18:00) 주문도 가능하다. 수영장에서 칵테일을 마시며 보는 일몰은 환상적이다.
- 바다와 공원을 내려다보며 객실 라나이(발코니)에서 일출과 일몰을 볼 수도 있다.

## 에스파치오 더 주얼 오브 와이키키 Espacio The Jewel of Waikiki

아름다운 와이키키 비치가 눈앞에 내려다보이는 최고급 호텔로, 마치 하와이에 고급 저택을 가진 억만장자가 된 기분이 드는 곳이다. 〈럭셔리 그 이상(BEYOND THE LUXURY)〉이 콘셉트인 호텔답게 이탈리아 대리석, 모로코 샹들리에, 페르시아 카펫 같은 최고급품으로만 내부를 장식해 격이 다른 고급스러움을 자랑한다. 한 층에 객실이 하나씩 총 9개 스위트룸이 있어 완벽하게 프라이버시를 보장하며 모든 객실에서 오션 뷰를 감상할 수 있다. 넓은 거실과 주방, 킹사이즈 침대가 있는 3개의 침실과 3개의 욕실, 자쿠지가 있는 발코니 등을 갖춘, 그야말로 완벽한 꿈의 호텔이다. 큰 주방에는 주방 시설이 완비돼 있고 세탁기와 건조기도 구비돼 가족 여행객에게 특히 좋은 곳이다. 24시간 버틀러 서비스(1:1 개별 서비스 매니저)와 무제한 하우스 키핑 서비스도 제공해 진정한 휴식을 즐길 수 있다.

$ 500만 원대~ Ⓟ 무료 2452 Kalakaua Avenue, Honolulu 808-376-7355

espaciowaikiki.com

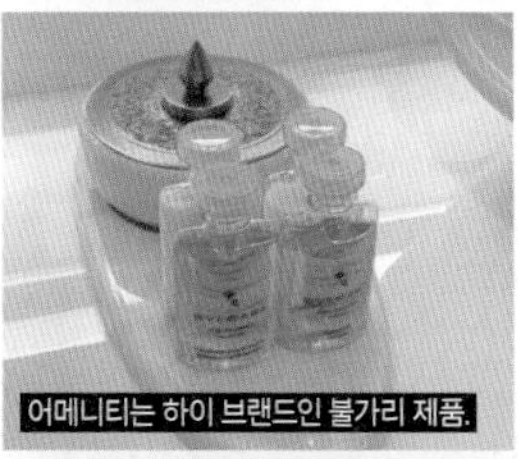
어메니티는 하이 브랜드인 불가리 제품.

바다와 풀이 하나가 되는 듯 멋진 경험을 할 수 있는 옥상 인피니티 풀. 예약제로 프라이빗한 시간을 보낼 수 있다.

하루의 피로를 풀어줄 드라이 사우나가 있는 넓은 욕실

공항 픽업 샌딩 서비스, 유럽식 조식, 웰컴 와인 2병, 24시간 버틀러 서비스 등 다양한 서비스를 제공한다.

테라스에서 와이키키 비치를 내려다보며 자쿠지에 몸을 담그고 있으면 이보다 더 값진 시간이 있을까 하는 마음이 든다.

## 리츠칼튼 레지던스 와이키키 비치 The Ritz-Carlton Residences Waikiki Beach

2016년 새로운 형태로 오픈한 최고급 서비스의 레지던트 호텔, 리츠칼튼 레지던스. 레지던스라는 이름에서 알 수 있듯 모든 객실에 주방이 있고, 세탁기와 건조기 등 장기 체류에 필요한 모든 시설을 갖추고 있다. 전 객실이 오션 뷰인 에바 타워와 2018년 오픈한 다이아몬드 헤드 뷰의 다이아몬드 헤드 타워, 두 개의 빌딩이 연결되어 있고, 8층에는 와이키키에서 가장 높은 수영장이 있다. 최대 8명까지 투숙 가능한 3룸 스위트룸도 있어 대가족 여행객에게도 인기인 곳이다.

$ 70만 원대~ (리조트 요금 없음) Ⓟ 발렛 파킹 $40/1일
📍 383 Kalaimoku St, Honolulu 📞 808-922-8111
🏠 ritzcarlton.com/en/hotels/hawaii

## 할레쿨라니 Halekulani

1917년 문을 열어 100년이 넘는 역사와 전통을 자랑하는 하와이 최고 명문 호텔. 비치프론트 호텔로, 조용하고 우아한 분위기라 신혼여행객이나 특별한 날을 기념하기 위해 여행 온 사람들에게 인기가 많다. 아름다운 정원이 보이는 가든 뷰에서 다이아몬드 헤드와 와이키키 비치가 보이는 호화로운 스위트룸까지 다양한 객실 타입이 있다. 이올라니 궁전 같은 예술 및 문화 시설을 무료로 체험할 수 있는 프로그램 등 여러 가지 자체 서비스를 갖추고 있다.

◆ 이 호텔 1층에는 와이키키에서 가장 분위기 있게 일몰을 볼 수 있는 하우스 위다웃 어 키(House without a Key)가 있다.

$ 70만 원대~ (리조트 요금 없음) Ⓟ 발렛 파킹 $40/1일
📍 2199 Kalia Rd, Honolulu 📞 808-923-2311
🏠 halekulani.com

## 포시즌스 리조트 오아후 앳 코 올리나 Four Seasons Resort Oahu at Ko Olina

오아후 서쪽 해안의 휴양지인 코 올리나 지역에 위치한 럭셔리 호텔로, 2016년 오픈 후 순식간에 인기 호텔로 등극했다. 특히 세계 유명 인사들이 몰래 머무는 호텔로도 유명하다. 오아후 외에도 마우이, 라나이, 빅 아일랜드에 총 4개의 리조트가 있다. 리조트 호텔답게 4개의 수영장과 전용 해변, 고급 스파 등이 구비돼 있다. 전체 객실의 80% 이상이 바다 전망으로, 아름다운 경치가 굉장히 매력적이다. 바다가 보이는 예쁜 채플에서 스몰 웨딩도 가능하고, 요가 수업도 무료로 참여 가능하다. 스탠드업 패들이나 스노클링 장비 등을 무료로 대여해 호텔 앞 라군에서 물놀이를 즐길 수 있다.

$ 130만 원대~ (리조트 요금 없음) Ⓟ 발렛 파킹 $45/1일
92-1001 Olani St, Kapolei 808-679-0079
fourseasons.com/oahu

킹사이즈 침대가 작아 보일 정도로 넓은 룸. 그중 라나이에서 보는 바다 전망이 특히 환상적이다.

수영장 앞으로 푸른 바다가 펼쳐지는 인피니티 풀

반나절, 하루 프로그램 등 아이들을 위한 다양한 프로그램을 제공. 이 서비스는 무료로 이용 가능하다.

## 아울라니 디즈니 리조트 & 스파 Aulani Disney Resort & Spa

공항에서 서쪽으로 차로 20분 거리에 있는 코 올리나 지역의 호텔로, 디즈니 매직과 하와이 문화, 아름다운 경치가 융합된 고급 리조트다. 유슈 풀, 파도 풀 등 어트랙션이 갖춰져 있고, 그 규모나 시설이 놀이동산을 방불케 할 만큼 거대하다. 귀여운 디즈니 캐릭터에 둘러싸여 즐거운 시간을 보낼 수 있어 어린이 손님뿐 아니라 어른들에게도 인기가 많다.

$ 원베드룸 이상은 풀 키친이라 가족 여행객에게 추천하는 리조트. 60만원대~ (리조트 요금 없음) Ⓟ 셀프 & 발렛 파킹 $37/1일 📍 92-1001 Olani St, Kapolei 📞 679-0079 🏠 fourseasons.com/oahu

미키마우스와 기념사진

디즈니 캐릭터들과 함께 아침 식사

## 카할라 호텔 & 리조트 The Kahala Hotel & Resort

와이키키에서 차로 15분쯤 떨어진 고급 주택가 카할라 지역에 자리 잡은 고급 호텔. 와이키키와 가까우면서도 와이키키의 번잡함에서 벗어나고 싶은 여행객이 선호하는 곳이다. 미국의 역대 대통령과 세계의 유명 인사들이 숙박한 곳으로도 유명하다. 우리에겐 배우 이영애, 가수 은지원 등 연예인의 결혼식 장소로 알려진 곳이다. 리조트 단지에 돌고래가 헤엄쳐 다니고 돌고래 체험 프로그램도 있다. 비치프론트 호텔답게 한적하고 조용한 해변은 이 호텔의 장점 중 하나다. 와이키키를 오가는 셔틀버스가 있어서 차를 렌트하지 않아도 이용하기에 불편하지 않다.

$ 60만원대~ (리조트 요금 없음) Ⓟ 셀프 & 발렛 파킹 $40/1일 📍 5000 Kahala Ave, Honolulu 📞 808-739-8888 🏠 kahalaresort.com

## 힐튼 하와이안 빌리지 와이키키 비치 리조트 Hilton Hawaiian Village Waikiki Beach Resort

와이키키에서 가장 큰 오션프론트 리조트 호텔. 이름처럼 여덟 개의 호텔 타워(그중 3개는 회원제), 다섯 개의 수영장, 18여 개의 레스토랑, ABC 스토어, 다양한 상점, 아름다운 해변, 라군 등 하나의 마을처럼 조성된 큰 호텔단지다. 와이키키 중심지와는 다소 떨어져 있지만, 충분히 걸어서 이동할 수 있는 거리다. 5~12세 어린이 방문객은 키즈 클럽인 캠프 펭귄(Camp Penguin)에서 전 세계에서 온 어린이들과 함께 다양한 활동을 즐길 수 있다. 키즈 클럽이 아니라도 요가, 훌라, 레이 만들기 등 다양한 무료 프로그램이 있다. 호텔 앞 해변은 미국 최고의 해변으로 알려진 듀크 카하나모쿠 비치로, 해가 떨어지는 저녁이 되면 더욱 환상적이다. 이곳에서 매주 금요일 저녁 불꽃놀이가 열리는데, 레인보우 타워의 오션프론트 객실에선 화려한 불꽃을 한층 더 가까이서 볼 수 있다.

$ 30만 원대~ (리조트 요금 $50/1일)
P 셀프 주차 $64.92/1일, 발렛 파킹 $75.39/1일
2005 Kalia Rd, Honolulu 808-949-4321
hiltonhawaiianvillage.com

- **아이들의 안전한 물놀이 장소, 라군**
- **힐튼 멤버십에 무료 가입하고 앱을 다운받아 가자. 체크인이나 체크아웃 시 멤버용 창구가 따로 마련돼 있고 줄도 짧다.**

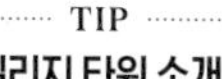

TIP

### 빌리지 타워 소개

- **알리이 타워** 힐튼 하와이안 빌리지에서 가장 럭셔리하고 고급 서비스를 제공하는 호텔 타워. 알리이 타워 전용 로비와 수영장, 헬스클럽이 있다.
- **레인보우 타워** 무지개색 모자이크 외벽 벽화가 상징적인 이곳은 와이키키의 랜드마크이기도 하다. 빌리지 내에서 바다와 가장 가까운 타워다.
- **칼리아 타워** 차분한 분위기로, 가장 최근에 지어진 타워. 버스 정류장과 가깝다.
- **타파 타워** 가장 최근에 개장됐다.
- **다이아몬드 헤드 타워** 넓고 아늑한 객실이 있는 타워다.

## 터틀 베이 리조트 Turtle Bay Resort

오아후 북쪽 노스 쇼어에 위치한 비치프론트 호텔. 노스 쇼어에 있는 유일한 대형 리조트 호텔로, 와이키키의 번잡함에서 벗어나 남태평양의 아름다운 경관을 여유롭게 즐길 수 있다. 모든 객실이 바다 전망이며, 호텔 바로 앞이 서핑 포인트다. 호텔 옆 작은 해변은 다양한 색의 예쁜 물고기가 가득한 유명 스노클링 스폿이다. 세계적으로 유명한 두 개의 챔피언십 골프 코스와 승마장, 하이킹 코스, 산악자전거 코스, 서핑 스쿨도 있어 다양한 액티비티를 즐길 수 있다.

$ 60만 원대~ (리조트 요금 $49/1일) Ⓟ 셀프 & 발렛 파킹 $35/1일 57-091 Kamehameha Hwy, Kahuku 808-293-6000 turtlebayresort.com

일몰이 아름다운 노스 쇼어!

호텔 이름처럼 바다거북과 하와이안 물개를 볼 수 있다.

## 알로힐라니 리조트 와이키키 비치 Alohilani Resort Waikiki Beach

2018년 리뉴얼을 마치고 새롭게 오픈한 럭셔리 호텔. 이곳은 과거 하와이 왕조의 마지막 여왕인 릴리우오칼라니 여왕 소유지였다. 현대적이면서도 하와이의 전통이 느껴지는 세련된 호텔로, 와이키키 비치와도 아주 가깝다. 5층 인피니티 풀은 하루 중 언제 즐겨도 매력적이다. 풀사이드 바에서 하와이 맥주나 칵테일에 푸푸(안주)를 시켜 일몰을 감상하면 무척 낭만적이다.

$ 40만원대~ (리조트 요금 $48/1일) Ⓟ 셀프 주차 $48/1일, 발렛 파킹 $55/1일 2490 Kalakaua Ave, Honolulu 808-922-1233 kr.alohilaniresort.com

- 카우아이의 오가닉 스파 브랜드인 말리에(Malie)가 어메니티로 준비돼 있다.
- 1층에는 하와이 바다를 재현한 대형 수족관이 있다. 먹이를 주는 시간(10:30, 14:30)이면 500마리 이상의 물고기들이 모여드는 신기한 광경을 볼 수 있다.

## 쉐라톤 와이키키 Sheraton Waikiki

와이키키 중심부에 위치한 오션프론트 호텔. 31층, 1,636개 객실이 있는 대형 리조트다. 대부분의 객실에서 와이키키 비치의 경치를 볼 수 있는데, 오션 뷰 객실은 바다가 눈 아래로 내려다보이는 최고의 전망을 자랑한다. 1층 인피니티 풀에서는 바다와 하나가 된 듯 아름다운 경치를 즐길 수 있다. 또 다른 수영장 헬루모아 플레이 그라운드에는 워터슬라이드, 자쿠지, 어린이용 수영장 등이 있어 아이들에게 인기가 많다.

$ 40만 원대~ (리조트 요금 $42/1일) Ⓟ 셀프 파킹 $35/1일, 발렛 파킹 $45/1일 2255 Kalakaua Ave, Honolulu 808-922-4422 sheratonwaikiki.kr

## 엠버시 스위트 바이 힐튼 와이키키 비치 워크 Embassy Suites by Hilton Waikiki Beach Walk

전 객실이 침실과 거실이 분리된 스위트룸이라 아이가 있는 여행객이라면 방에서 아이를 조용히 재우기 좋다. 게다가 주방 시설이 갖춰져 있어 가족 여행객들에게 최적의 호텔이다. 오아후 서쪽, 하와이 신흥 부촌으로 떠오르고 있는 카폴레이 지역에 새롭게 오픈한 엠버시 스위트 바이 힐튼 카폴레이도 훌륭하다. 전용 골프 클럽도 있고 조식이 무료다. 차로 10분이면 코 올리나 라군으로 이동해 물놀이도 즐길 수 있다.

$ 40만 원대~ (리조트 요금 없음) Ⓟ 발렛 파킹 $40/1일 201 Beachwalk Street, Honolulu 808-921-2345 embassysuites3.hilton.com

## 아웃리거 리프 와이키키 비치 리조트 Outrigger Reef Waikiki Beach Resort

오션프론트 호텔로, 객실과 서비스가 훌륭하다. 특히 오션 뷰 객실은 바다로 점프하고 싶을 정도로 경관이 압도적이다. 특히 커플 여행객이라면 결혼한 부부가 다시 사랑을 맹세하는 의식인 '바우 리뉴얼(Vow Renewal, 결혼 재서약식)' 서비스를 추천한다. 아침 8시 호텔 앞 해변에서 의식이 행해지며, 투숙객은 무료다.

$ 40만 원대~ (리조트 요금 $35/1일) Ⓟ 발렛 파킹 $40/1일 2169 Kalia Rd, Honolulu 808-923-3111 outriggerreef-onthebeach.com

## 일리카이 호텔 & 럭셔리 스위트 Ilikai Hotel & Luxury Suites

넓은 객실의 콘도미니엄 리조트. 미국 드라마 〈하와이 5-0〉의 오프닝 촬영지로 알려진 이곳은 와이키키 초입인 알라 와이 요트 마리나에 위치해 있어 알라 모아나 센터와 와이키키 중심가 모두 도보로 이동할 수 있다. 호텔 이름에서 알 수 있듯 모든 룸이 스위트룸이라 와이키키의 다른 호텔에 비해 객실이 넓은 편이다. 콘도 형식으로 주방 시설이 완비되어 가족 단위 여행객들에게 적합하다. 시티 뷰와 오션 뷰로 나뉘지만 모든 객실에 널찍한 발코니가 있어 어느 방이든 여유롭게 분위기를 낼 수 있다.

$ 30만 원대~(리조트 요금 $25/1박) Ⓟ $28/1박 📍 1777 Ala Moana Blvd, Honolulu 📞 808-949-3811 🏠 ilikaihotel.com

## 애스턴 와이키키 비치 타워 Aston Waikiki Beach Tower

최고의 서비스와 시설로 잘 알려진 호텔 프랜차이즈, 애스턴 호텔(Aston Hotels And Resorts)의 고급 콘도미니엄 호텔. 모든 객실이 오션 뷰이며, 발코니에서 와이키키 비치는 물론 다이아몬드 헤드까지 볼 수 있다. 와이키키 비치 바로 앞에 위치해 해변까지 도보 1분이면 갈 수 있고, 와이키키의 동쪽에 있어 호놀룰루 동물원과 카피올라니 공원까지 걸어서 갈 수 있다. 객실이 넓어 최대 6명까지 머무를 수 있고 주방 시설과 세탁 시설도 갖춰져 장기 체류나 가족 단위 여행객에게 인기가 많다. 4층의 레크리에이션 덱에서는 바비큐 그릴 이용이 무료로 가능하다.

$ 80만 원대~(리조트 요금 $45/1박) Ⓟ 무료, 발레파킹 제공 📍 2470 Kalakaua Ave, Honolulu 📞 808-926-6400 🏠 aquaaston.com/hotels/aston-waikiki-beach-tower

## 더 서프 잭 호텔 & 스윔 클럽 The Surfjack Hotel & Swim Club

포토제닉한 호텔로 인기를 모으고 있는 부티크 호텔. 1960년대 올드 하와이 문화를 세련되고 고급스럽게 표현해 SNS에서 화제가 되고 있다. 로컬 아티스트의 작품이 전시돼 있고, 매일 저녁 로컬 뮤지션의 라이브 음악이 울린다. 'Wish You Were Here!' 문구가 바닥에 새겨져 있는 수영장이 가장 인기 있는 포토 스폿이다. 자전거 무료 대여 서비스가 있으니 자전거를 빌려 와이키키를 한 바퀴 돌아보는 것도 좋다.

$ 40만 원대~ (리조트 요금 $25/1일-사이트에서 직접 예약 시 리조트 요금 없음) P 불가 412 Lewers St, Honolulu
808-923-8882 surfjack.com

## 하얏트 센트릭 와이키키 비치 Hyatt Centric Waikiki Beach

와이키키 중심부에 위치한 현대적이고 세련된 호텔. 2017년 새롭게 단장을 마치고 오픈한 이곳은 와이키키 비치까지 걸어서 5분 거리이고, 인터내셔널 마켓 플레이스와 쇼핑센터 등이 가깝다. 바로 앞에 버스 정류장이 있어 뚜벅이 여행객들에게 최고의 위치이다. 8층에 있는 예쁜 수영장은 아이들이 놀기에 딱이고, 소형 호텔이라 조용하고 쾌적하다.

$ 30만 원대~ (리조트 요금 $33/1일) P 셀프 주차 $42/1일, 발렛 파킹 $50/1일 100 Holomoana St, Honolulu
808-622-7558 waikikibeach.centric.hyatt.com

## 프린스 와이키키 Prince Waikiki

전 객실 요트 하버가 보이는 오션 뷰를 자랑하는 일본계 호텔. 와이키키 중심까지는 도보 10~15분으로 조금 멀지만 무료 셔틀 버스가 운행해 무리 없이 이동할 수 있다. 알라 모아나 쇼핑센터까지는 도보로 이동할 수 있을 만큼 가깝다. 2017년 리노베이션을 완료해 전체적으로 깨끗하고 룸 컨디션이 좋아 인기가 많다.

$ 40만 원대~ (리조트 요금 $30/1일) P 셀프 파킹 1대 무료, 발렛 파킹 $8/1일 100 Holomoana St, Honolulu
808-622-7558 princewaikiki.com

## 알라 모아나 호텔 Ala Moana Hotel

쇼핑을 좋아하는 여행객이라면 반할 만한 호텔. 알라 모아나 쇼핑센터와 스카이 브릿지로 연결되어 있고 워드 빌리지와 카카아코 지역과도 가까워 쇼핑하기에 최적이라 할 수 있다. 대부분의 버스가 알라 모아나 센터에 모이기 때문에 대중교통을 이용한다면 더 말할 것 없이 좋은 위치다. 특히 와이키키를 오가는 핑크 트롤리도 알라 모아나 센터에 위치해 있어서 와이키키 접근성은 최고 수준. 알라 모아나 비치 파크도 가까워 아침 산책이나 저녁 일몰을 보며 걷기에도 좋다. 위치와 가격도 훌륭하지만 가장 큰 메리트는 리조트 요금이 없다는 것! 하와이 여행에서 가장 크게 지출되는 교통비와 숙소 요금을 줄일 수 있는 가성비 갑인 곳이다.

$ 숙박요금 20만 원대~ (리조트 요금 없음) Ⓟ 발렛 파킹 $35/1일, 셀프 파킹 $30/1일 📍 410 Atkinson Drive, Honolulu 📞 808-955-4811 🏠 kr.alamoanahotel.com

- 환상적인 조식. 하와이에서 맛본 어떤 커피보다 맛있는 코나 커피와 싱싱한 파파야 등 5성급 호텔의 조식 부럽지 않은 맛이다.
- 탁 트인 수영장을 최근에 리노베이션해 세련되고 깨끗하다.
- 발코니가 있어 아침에 커피 한잔, 저녁에 맥주 한잔의 여유로운 시간을 보낼 수 있다.

## 퀸 카피올라니 호텔 Queen Kapiolani Hotel

2018년 대규모 보수 공사를 마친 뒤 현대적인 모습으로 재오픈한 호텔. 와이키키 비치, 와이키키 동물원, 카피올라니 공원과 가깝다. 객실에서 다이아몬드 헤드와 와이키키 비치의 아름다운 전망을 볼 수 있다. 한국어가 가능한 직원이 있어 도움을 받을 수 있는 것도 큰 장점.

$ 숙박요금 30만 원대~ (리조트 요금 $40/1일) Ⓟ 발렛 파킹 $45/1일 📍 150 Kapahulu Ave, Honolulu 📞 808-922-1941 🏠 kr.queenkapiolani.com

## 와이키키 리조트 호텔 Waikiki Resort Hotel

새롭게 리노베이션한 곳은 아니지만 깔끔한 우드 인테리어로 편안한 분위기가 느껴지는 호텔이다. 대한항공에서 운영하며 대한항공 승무원들도 이 호텔에서 머문다. 메인 스트리트인 칼라카우아 애비뉴와 와이키키 비치와도 접근성이 좋다. 룸에는 작은 테이블이 있어 포장한 음식을 먹거나 간단한 업무도 할 수 있고, 테라스가 있어 와이키키의 풍경을 즐기기도 좋다. 간단한 조식이 무료로 제공되는 것도 장점.

$ 20만 원대~(리조트 요금 $39/1박) Ⓟ $28/1박 📍 2460 Koa Ave, Honolulu 📞 808-922-4911 🏠 waikikiresort.com

## 쇼어라인 와이키키 Shoreline Waikiki

가성비 호텔로 유명한 곳이다. 가성비 호텔답게 방은 그리 크지 않지만 최근 리노베이션해 전체적으로 깨끗하다. 로비와 객실은 알록달록 컬러풀하게 꾸며져 있다. 귀여운 웰컴 파인애플 아이스크림과 팝콘을 무료로 제공하며, 아침마다 로비에 커피가 준비되어 있다. 정수기도 비치되어 있어 텀블러에 커피나 물을 담아 다니기 좋다. 조식은 맛집으로 유명한 헤븐리 아일랜드 라이프스타일(Heavenly Isand Lifestyle) P.109에서 제공된다.

$ 20만 원대~(리조트 요금 $35.39/1박) Ⓟ $45/1박 📍 342 Seaside Ave, Honolulu 📞 808-931-2444 🏠 shorelinehotelwaikiki.com

## 와이키키 센트럴 호텔 Waikiki Centeral Hotel

가성비 호텔 중 만족도가 높은 호텔. 와이키키 비치 앞 호텔은 아니지만 해변에서 그리 멀지 않고 트롤리나 버스 정류장이 가까워 위치에서 메리트가 있는 곳이다. 전자레인지와 싱크대, 그릇, 커피 머신, 냉장고, 작은 식탁 등 주방이 갖춰져 음식을 테이크아웃해 저렴하게 식사를 해결하려는 여행자에게 딱이다. 부기 보드와 파라솔 등도 무료로 대여 가능하다.

$ 20만 원대~(리조트 요금 없음) Ⓟ $25/1박 📍 2431 Prince Edward St, Honolulu 📞 808-922-1544 🏠 waikikicentral.com

## 더 비치 와이키키 부티크 호스텔 The Beach Waikiki Boutique Hostel

잠자리가 중요하지 않거나 배낭여행객이라면 숙박비를 줄일 수 있는 최적의 숙소. 호놀룰루 동물원 근처에 있으며, 와이키키 비치까지 걸어서 5분 정도 걸린다. 2인, 4인, 6인의 도미토리가 있고, 주니어 스위트 같은 싱글룸도 있다. 호스텔 3층 루프톱 라운지에는 주방 시설과 휴식 공간도 마련되어 있다. 코코헤드, 라니카이 필박스 트레킹 등의 투어 상품도 저렴하게 예약할 수 있다.

$ 6만 원대~(2박 이상 예약 가능) Ⓟ 불가
2569 Cartwright Rd, Honolulu
808-500-6055 thebeachwaikikihostel.com

## 호스텔링 인터내셔널 호놀룰루 Hostelling International Honolulu

가격 대비 만족도가 높은 곳으로, 하와이 대학교가 있는 마노아 지역에 있어 한적하고 조용하다. 와이키키 비치와는 거리가 있는 편이지만 버스를 타고 쉽게 이동할 수 있다. 깨끗하고 관리가 잘 되어 있어 장기 투숙객에게 인기가 많은 호스텔.

$ 6만 원대~ Ⓟ 무료(수용인원 한정)
2323A Seaview Ave, Honolulu 808-946-0591
hostelsaloha.com

## 폴리네시안 호스텔 비치 클럽 Polynesian Hostel Beach Club

와이키키 비치와 아주 가까이 있어서 해변에서 다양한 액티비티를 즐길 여행자라면 추천하는 호스텔. 와이키키의 높은 물가를 고려했을 때 며칠 정도 불편함을 감수한다면 현명한 선택이 될 수 있다. 도미토리, 세미 프라이빗, 프라이빗 룸이 있으며 가격은 $35~$95로 다른 호스텔에 비해 저렴한 편이다. 튜브나 부기 보드 등 물놀이 장비도 무료로 대여할 수 있다.

$ 5만 원대~ Ⓟ 무료(수용인원 한정)
2323A Seaview Ave, Honolulu 808-922-1340
polynesianhostel.com

# INDEX

방문할 계획이거나 들렀던 여행 스폿에 ☑ 표시해보세요.

## 명소 & 액티비티

# INDEX

방문할 계획이거나 들렀던 여행 스폿에 ☑ 표시해보세요.

## 맛집

## INDEX

방문할 계획이거나 들렀던 여행 스폿에 ☑ 표시해보세요.



### 쇼핑

# INDEX

방문할 계획이거나 들렀던 여행 스폿에 ☑표시해보세요.



## 호텔 & 리조트

# 더버스 노선도

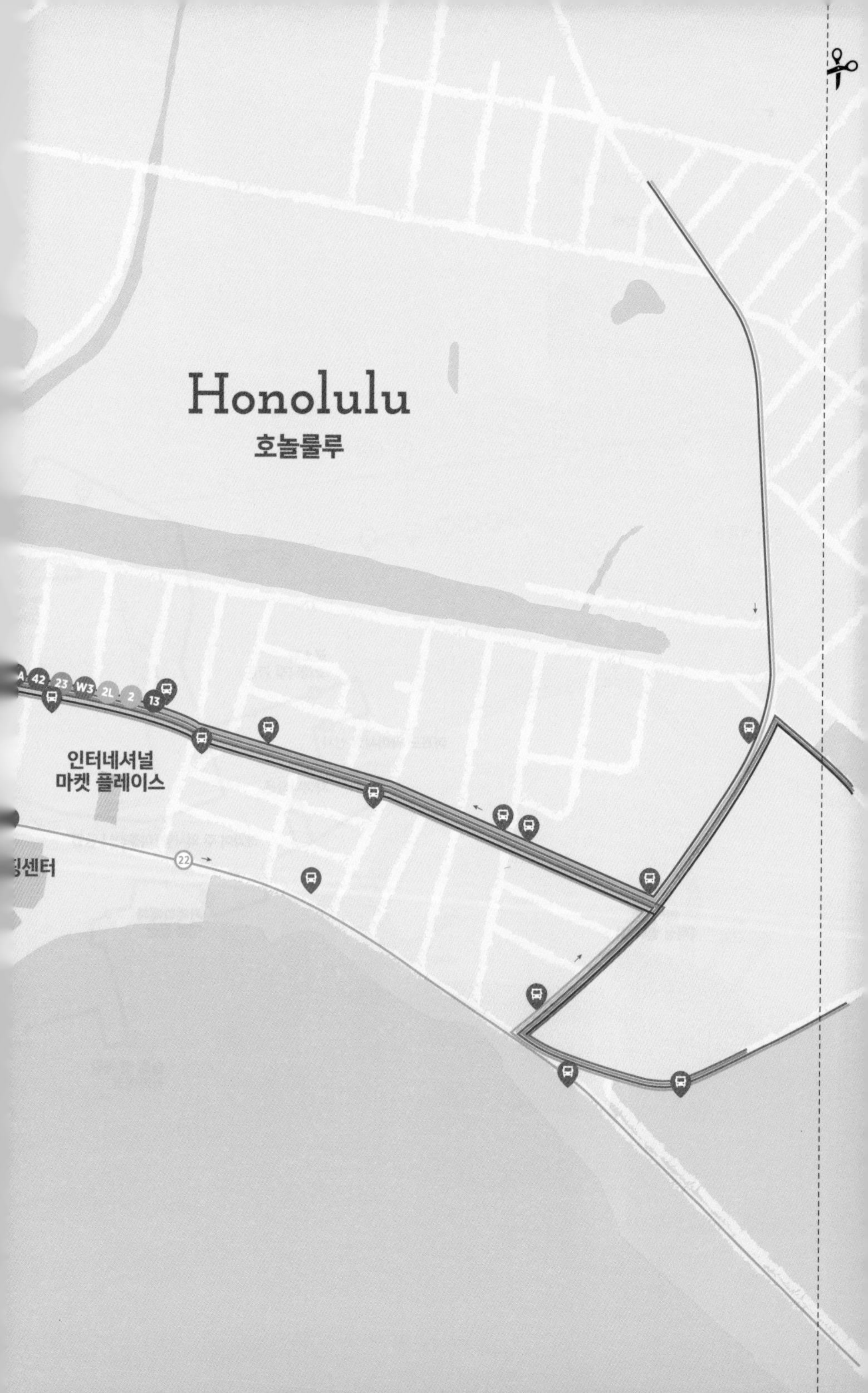

Honolulu
호놀룰루
42
23
W3
2L
2
13
인터네셔널
마켓 플레이스
22

# CONTENTS
# 차례

## 스마트하게 여행 잘하는 법
## App Book



## 종이 지도로 일정 짜는 맛
## Map Book

# 스마트하게 여행 잘하는 법

# App Book

저렴한 항공권과 숙소를 찾고 맛집에 대한 사용자의 경험을 공유하는 등 여행을 준비하고 여행지에서 사용하면 좋을 애플리케이션과 웹사이트를 소개한다.

## 여행을 스마트하게!
# 여행 애플리케이션 & 웹사이트

포털 사이트와 커뮤니티, 블로그, 유튜브 등을 찾아보며 여행을 준비하는 재미도 물론 쏠쏠하지만, 여행 가기 전은 평소보다 더 바쁜 게 현실. 그래서 준비했다! 스마트폰에 애플리케이션 몇 개만 내려받아도, 웹사이트 몇 개만 잘 활용해도 여행은 쉬워진다.

### 항공
항공권 가격 비교부터 예약까지, 각종 프로모션 등도 수시로 체크하자.

#스카이스캐너
#카약 #플레이윙즈

### 숙소
호텔 가격 비교는 호텔스컴바인 등으로, 호텔 리뷰는 구글 등 각종 사이트로!

#호텔스컴바인 #에어비앤비

### 투어 프로그램
미리 예약해야 하는 인기 액티비티는 애플리케이션이나 웹사이트를 통해 출발 전 챙겨 두자.

#마이리얼트립 #트립어드바이저

### 여행 준비 & 실전
애플리케이션으로 명소, 맛집 정보와 스폿 검색하고 오픈테이블로 예약, 의사소통은 파파고로!

#옐프 #오픈테이블 #파파고

### 길 찾기 & 교통
길찾기나 우버, 버스, 트롤리 애플리케이션으로 이동 시간을 효율적으로 관리하자.

#구글지도 #TURO #우버
#DaBus2 #RideSystems

STEP 01

# 항공권 & 숙소 예약하기

휴양지인 하와이로 떠난다면 항공권과 숙소만 잘 예약해도 여행 준비는 반 이상 끝난 셈.
성수기에는 비용이 올라갈 뿐 아니라 예약 자체가 어려운 경우도 많으니 가능하면 미리 준비하자.

## 항공권

스카이스캐너

카약

투어캐빈

인터파크투어

하나투어

플레이윙즈

- **항공권 가격 비교** #스카이스캐너 #카약 #투어캐빈
- **특가 항공권 확인** #항공사_홈페이지 #신용카드_여행사
- **항공권 예약** #인터파크투어 #하나투어
- **항공권 프로모션 알림** #플레이윙즈

> **TIP**
> 일정에 여유가 있다면 항공권 특가 알림 서비스인 플레이윙즈에 등록해 수시로 가격을 비교하며 최저가를 찾아보자.

여행사에 따라 보유하고 있는 항공사와 좌석 수가 달라 여행사를 통해 항공편과 가격을 비교하기보다는 스카이스캐너나 카약 등 가격 비교 사이트나 앱을 활용하면 좋다. 회원 가입을 해야 확인할 수 있는 특가나 할인 등은 가격 비교 사이트에 올라오지 않는 경우가 많으니 인터파크투어나 하나투어 등의 여행사와 각 항공사의 공식 사이트, 보유하고 있는 신용카드사의 여행사 등도 확인해 보면 좋다.

## 숙소

호텔스컴바인 올스테이 익스피디아 호텔스닷컴 아고다
부킹닷컴 에어비앤비 프라이스라인 핫와이어

- **호텔 예약 사이트 가격 비교** #호텔스컴바인 #올스테이
- **숙소 예약** #익스피디아 #호텔스닷컴 #아고다 #부킹닷컴 #에어비앤비
- **호텔 비딩** #프라이스라인 #핫와이어

성급이 높아도 건물과 시설이 노후한 곳이 많으므로 이용자가 직접 올린 사진이나 리뷰를 보고 호텔의 상태를 확인하는 게 좋다. 대부분의 하와이 호텔은 요금과 별도로 리조트 사용 요금과 주차 요금을 징수하니 예산을 짤 때 참고하자. 직접 요리도 하고 주차도 편하게 하기를 원한다면 한인민박이나 에어비앤비를 고려해도 좋다. 특히 여럿이 여행하는 경우 집 전체를 빌려 현지인처럼 지내보는 것도 특별한 경험이 된다.

STEP 02

# 투어 프로그램 & 레스토랑 예약하기

하와이에서 꼭 해보고 싶은 액티비티나 인기 있는 레스토랑은 출발 전 미리 예약을 서두르는 게 좋다. 앱과 사이트를 통해 어렵지 않게 예약할 수 있으니 겁먹지 말자.

## 투어 프로그램

마이리얼트립

트립어드바이저

· **액티비티 예약** #마이리얼트립 #트립어드바이저

하와이 해변에서 느긋하게 쉬는 것만으로도 충분히 좋지만 스노클링, 서핑, 카약, 골프, 하이킹 등 다양한 야외 액티비티를 즐기면 여행의 추억은 두 배가 된다. 트립어드바이저 등에서 이용자의 평가를 보고 업체를 선택해 직접 예약하거나 그날 컨디션과 날씨를 고려해 현지 업체를 선택해도 좋지만, 그래도 불안하다면 트립어드바이저나 마이리얼트립 등의 애플리케이션을 이용해 예약하자. 특히 선셋 크루즈나 웨일 와칭 등 인기 있는 액티비티는 미리 예약하지 않으면 원하는 날짜를 선택할 수 없으니 출발 전 예약하는 것이 좋다. 한국어로 예약이 가능한 곳도 있지만, 그렇지 않더라도 원하는 날짜와 이름 등을 정확히 기재하기만 하면 되니 어렵지 않다.

## 맛집 검색 & 레스토랑 예약

옐프

트립어드바이저

오픈테이블

· **맛집 검색** #옐프 #트립어드바이저
· **레스토랑 예약** #오픈테이블

진짜 맛집을 알고 싶다면 실제 이용자들의 평가가 가장 믿을 만하다. 레스토랑 리뷰 앱 중 가장 신뢰받는 옐프(Yelp)와 트립어드바이저를 함께 비교하며 사용하면 좋다. 예약이 필수인 레스토랑은 오픈테이블 앱과 웹사이트로 쉽게 예약할 수 있다. 예약 시 창가 자리나 야외 테라스 자리 등 별도로 좋은 자리를 요청해도 현장에 도착하는 순서대로 배정되는 곳이 많으니 도착했을 때 다시 요청을 하는 게 좋다.(오픈테이블 예약 방법은 Part 1의 P.031 참고)

STEP 03

# 현지에서 활용하기 좋은 애플리케이션

하와이에 도착해 바로 사용하면 좋을 애플리케이션들을 소개한다.
직접 운전할 경우 유용한 앱부터 뚜벅이 여행객이라면 꼭 다운로드 받아야 할 앱까지 모두 정리했다.
영어가 두려운 여행객에게 도움이 될 번역기도 추천한다.

## 길 찾기 & 교통

구글 지도

TURO

우버

리프트

DaBus2

RideSystems

### #구글지도 #TURO #우버 #리프트 #DaBus2 #RideSystems

우리나라에서는 국가안보와 군사기밀의 이유로 구글 지도의 길찾기 기능을 사용할 수 없지만, 하와이에서는 구글 맵스를 통해 따로 내비게이션이 필요 없을 만큼 목적지까지 가는 방법을 거의 완벽하게 알 수 있다. 택시와 유사한 차량 운송 서비스인 우버와 리프트는 앱으로 쉽게 차량을 부르고 결제할 수 있고, 다버스2(DaBus2) 앱으로 버스의 도착 시간이나 정류장 정보를 확인할 수 있으며, 라이드시스템(RideSystems) 앱으로는 트롤리의 위치를 실시간으로 확인할 수 있다. 그리고 카쉐어링 앱인 투로(TURO)로 필요할 때 저렴하고 손쉽게 차량을 빌릴 수 있다.

▶▶ 더버스, 우버 사용법 P.330-334

## 번역기

파파고

구글 번역기

### #파파고 #구글 번역기

네이버의 파파고와 구글의 구글번역 모두 문장은 물론 음성이나 이미지 번역도 가능하다. 특히 메뉴판이나 간판 등의 궁금한 내용을 이미지로 번역해주는데, 완벽하진 않지만 대략적인 의미 파악 정도로 참고하기 편하다.

REAL GUIDE

# 스폿 검색부터 동선과 리뷰까지!
# 구글 지도 사용법

## 구글 지도 Google Maps

google.com/maps

구글에서 제공하는 지도 서비스. 도보, 대중교통, 자전거, 차량 등 교통수단별 길 찾기, 스트리트 뷰, 위성사진 등의 서비스를 제공한다. 대부분의 렌터카에 내비게이션이 있지만 휴대폰의 구글 지도 활용도가 높아 대신 사용하는 경우가 많다.

## 이것만은 익혀두자! 구글 지도 핵심 기능

### ❶ 위치 검색하기

가고 싶은 스폿의 위치를 검색하고 내 지도에 저장할 수 있다. 스폿 정보에 올라온 여행자들의 리뷰와 사진으로 여행지를 미리 확인할 수 있어 좋다.

### ❷ 이동 경로와 소요 시간 파악하기

경로 검색 버튼을 눌러 현재 내 위치나 원하는 장소에서 다음 목적지까지 가는 추천 경로를 검색할 수 있다. 대중교통으로 가는 방법도 상세하게 나오고, 자동차로 이동할 경우 내비게이션으로 사용할 수 있어 활용 빈도가 가장 높은 기능이다.

### ❸ 주변 탐색 기능 활용하기

현재 위치를 기준으로 주변의 주유소, 레스토랑이나 카페, 관광 명소 등을 검색할 수 있다. 계획 없이 이동하다 검색해서 들른 레스토랑이 현지인 맛집일지도 모른다.

### ❹ 오프라인 지도 다운받기

하와이는 와이키키나 알라 모아나 등 도심을 벗어나면 와이파이가 되지 않는 곳이 대부분이고, 통신이 원활하지 않은 곳도 있다. 이때, 구글 지도의 오프라인 지도를 활용하면 좋다. 구글맵스에서 오프라인 지도를 클릭하고 맞춤 지도에서 원하는 지역을 선택해 다운로드 받으면 끝!

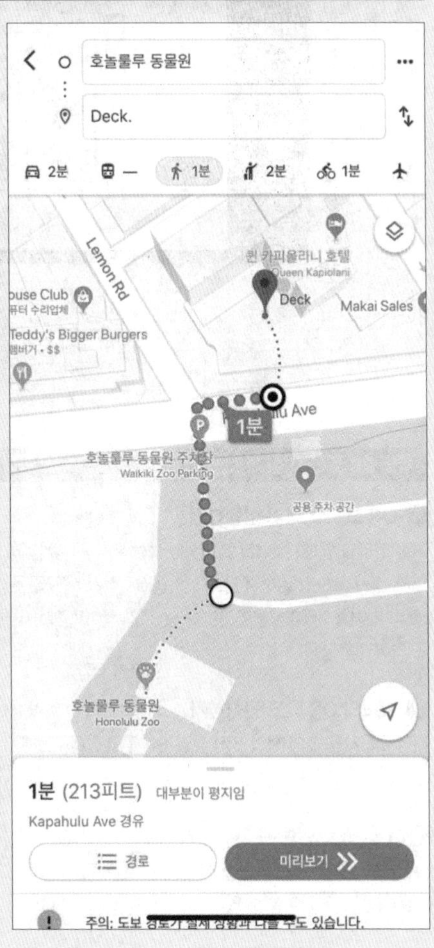

REAL GUIDE

# 〈리얼 하와이〉 지도 QR 코드 활용법

무겁게 책을 들고 다니며 지도를 펼쳐보는 것은 이제 그만!
이 책의 상세 지도에 실린 QR 코드를 스캔하면 책에서 소개한
스폿 리스트가 담긴 구글 지도가 스마트폰 속으로 쏙 들어온다.
구글 지도에 스폿을 일일이 입력하지 않아도 알짜배기 정보를 얻을 수 있다.

## 지도 QR 코드 이렇게 사용하자

### ❶ QR 코드 리더기 실행하기

기본 카메라 앱에서 QR코드 인식이 가능하니 먼저 카메라 앱으로 시도해 보자. 혹시 코드가 읽히지 않는다면 앱스토어 또는 구글플레이에서 QR 코드 리더 애플리케이션을 다운받거나 포털 사이트 애플리케이션의 QR 코드 리더기를 실행한다.

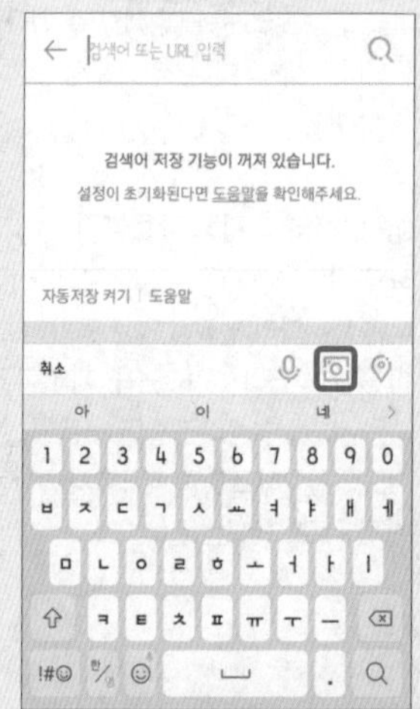


### ❷ 지도의 QR 코드 인식하기

리더기를 사용해 이 책의 표지 앞날개나 구역 상세지도에 인쇄된 QR 코드를 인식한다.

### ❸ 추천 스폿 한눈에 파악하기

지역별로 정리한 추천 스폿을 살펴보며 여행지의 이미지를 그려보자. 스폿 간 경로도 검색할 수 있어 일정 짜기에도 그만이다.

# 종이 지도로 일정 짜는 맛

# Map Book

종이 지도에 손으로 쓱쓱 메모를 남기고 가고 싶은 곳을 표시하는 재미는 모바일 기기가 대체할 수 없다. 개념도로 우선 지형을 익히고 상세 지도에서 관심 있는 스폿들을 확인하면서 여행 동선을 짜보자. 종이 지도의 QR 코드를 스캔하면 연동되는 모바일 지도는 덤!

# 오아후 구역도

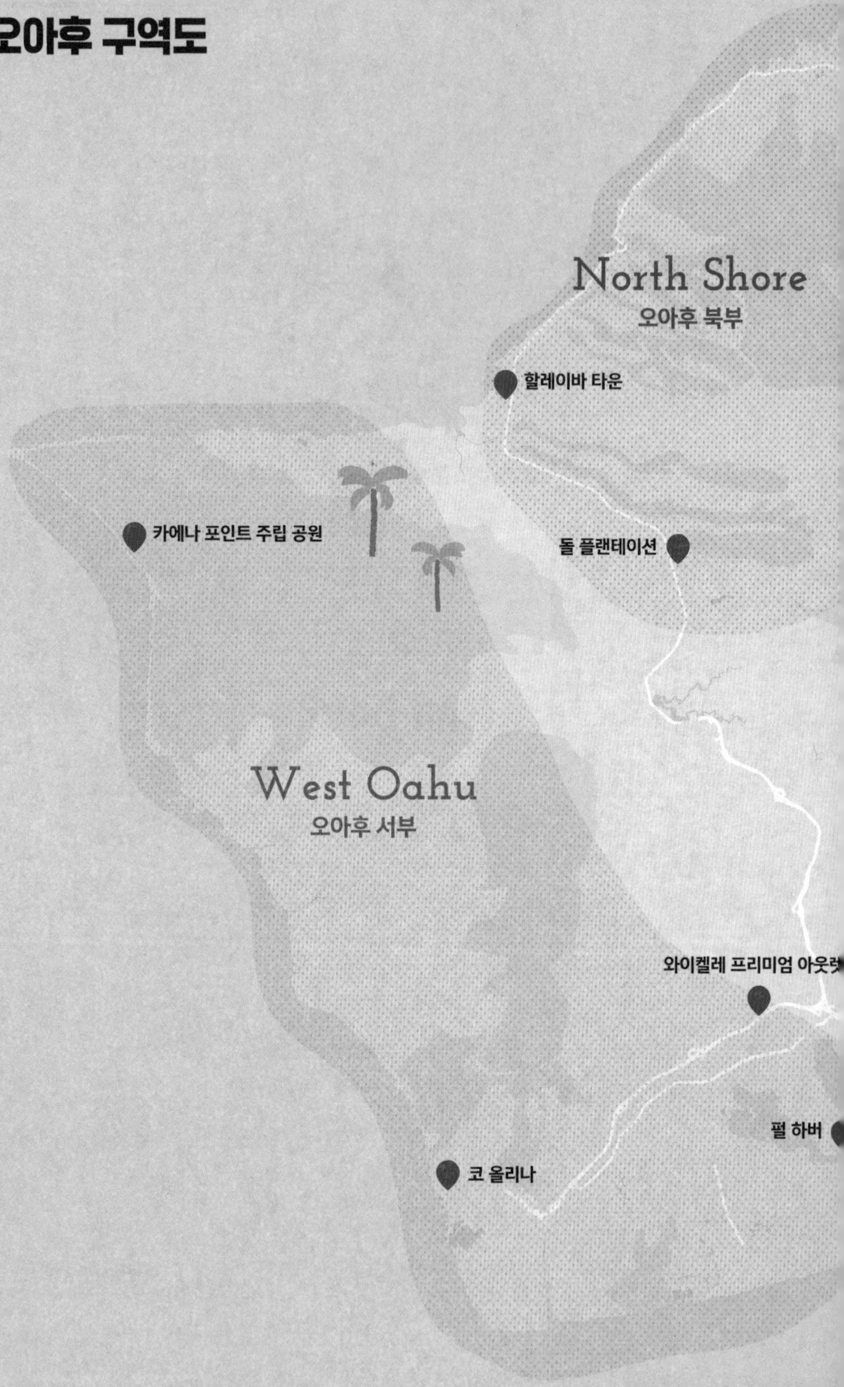

North Shore
오아후 북부

할레이바 타운

카에나 포인트 주립 공원

돌 플랜테이션

West Oahu
오아후 서부

와이켈레 프리미엄 아웃

펄 하버

코 올리나

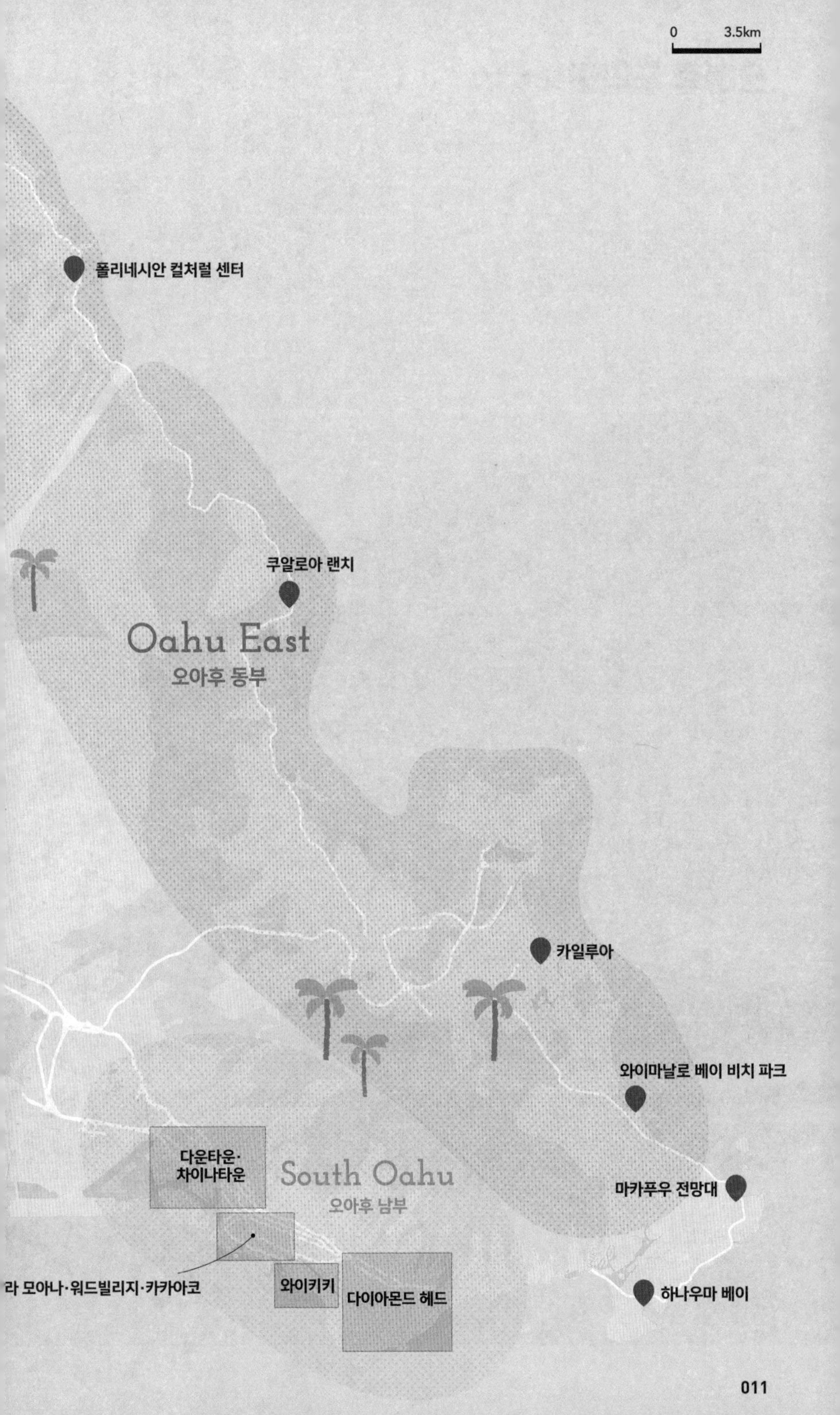

0 3.5km

폴리네시안 컬처럴 센터

쿠알로아 랜치

Oahu East
오아후 동부

카일루아

와이마날로 베이 비치 파크

다운타운·
차이나타운

South Oahu
오아후 남부

마카푸우 전망대

라 모아나·워드빌리지·카카아코

와이키키

다이아몬드 헤드

하나우마 베이

# 오아후 드라이브 코스

## 오아후 베스트 드라이브 코스 3

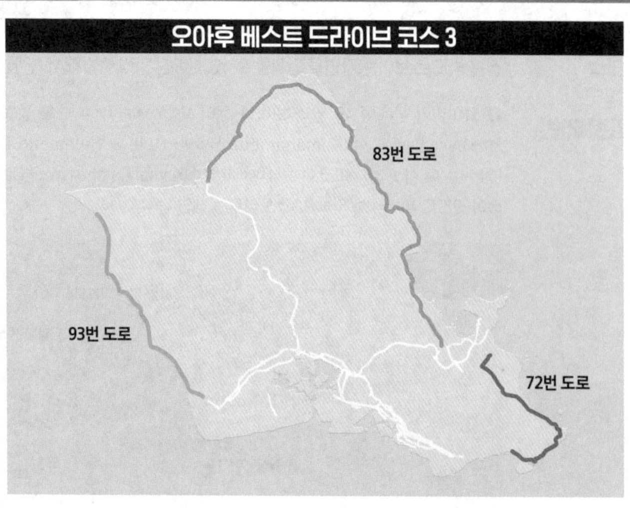


### 72번 도로 오아후 남동쪽 코스

**소요 시간** 와이키키 출발 약 3시간

와이키키를 빠져나와 동쪽으로 이동하면 금세 만나게 되는 72번 도로 중심의 코스. 와이키키에서 15분쯤 이동했을 뿐인데 풍경이 완전히 달라진다. 오랜 세월 파도에 침식된 해안 절벽과 푸른 바다를 보며 달릴 수 있고 유명 전망대(Scenic Point)가 여럿 늘어서 있다.

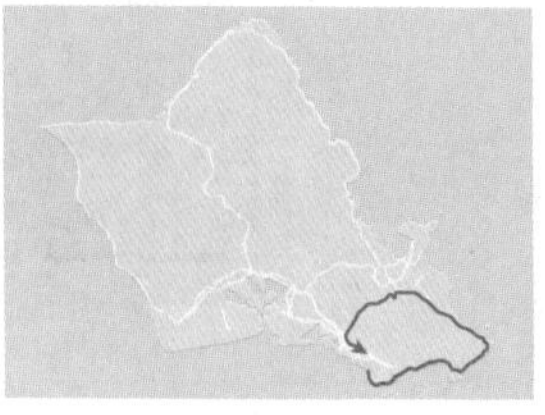

### 83번 도로 오아후 동북쪽 코스

**소요 시간** 와이키키 출발 약 5시간

72번 도로에서 좀 더 북쪽으로 나 있는 83번 도로가 중심인 코스로 왼쪽으로는 코올라우 산맥, 오른쪽으로는 태평양을 끼고 달린다. 오아후 동쪽 해안 도로에서 서핑의 성지 노스 쇼어까지 이어진다. 72번 도로를 지나 83번 도로를 돌며 오아후 동쪽에서 북쪽을 거쳐 한 바퀴를 도는 하루 일정의 코스도 좋다.

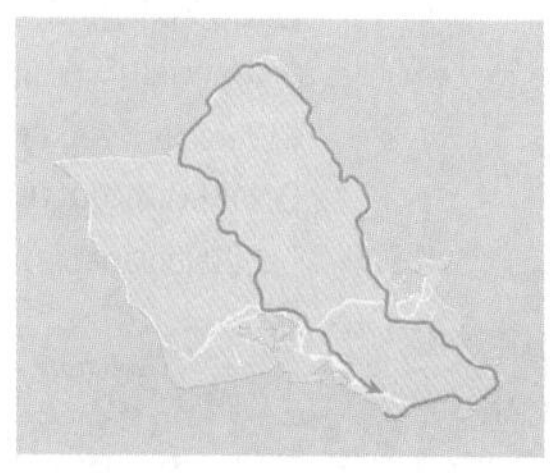

### 93번 도로 오아후 서쪽 코스

**소요 시간** 와이키키 출발 약 4시간

오아후의 해안선은 동서남북의 모습이 모두 다르다. 오아후 서쪽 해안선(West Coast)의 93번 도로에서는 다른 곳에 비해 투박하고 거친 자연 그대로의 하와이를 만날 수 있다. 서쪽 끝 카에나 포인트(Kaena Point)는 자연 보호 구역으로 지정된 곳이라 도로가 더 이상 연결되지 않고 끊긴다.

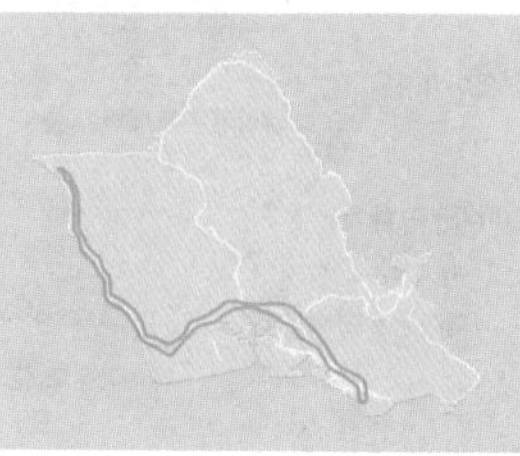

## 오아후 주요 버스 노선도

**오아후 일주 코스**
**52번, 60번**

창문 밖으로 보이는 자연을 만끽할 수 있다. 아침 일찍 출발해서 해 떨어지기 전에 돌아오자.

❶ 와이키키 Waikiki ❷ 알라 모아나 센터 Ala Moana Center ❸ 돌 파인애플 플랜테이션 Dole Pineapple Plantation(Kamehameha Hwy + Dole & Helemano Plantation) ❹ 할레이바 Haleiwa ❺ 선셋 비치 파크 Sunset Beach Park(Kamehameha Hwy + Opp Sunset Beach) ❻ 터틀 베이 리조트 Turtle Bay Resort ❼ 오아후 동해안 East Coast

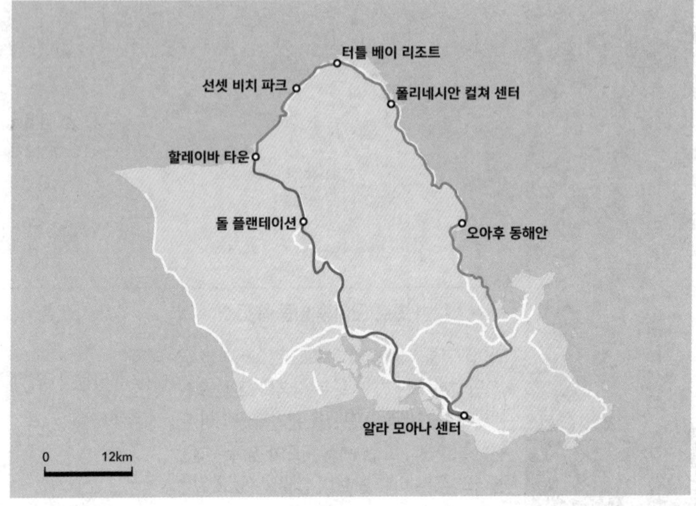


**오아후 남동쪽 해안선**
**23번**

다이아몬드 헤드, 카할라 몰, 코코 마리나 센터, 하나우마 베이, 샌디 비치 파크, 마카푸우 포인트, 시 라이프 파크를 경유한다. 매주 화요일은 하나우마 베이에서 정차하지 않는다.

❶ 와이키키 칼라카우아 애비뉴 Waikiki Kalakaua Ave ❷ 다이아몬드 헤드 비치 파크 Diamond Head Beach Park(Diamond Head Rd + Diamond Head Light) ❸ 카할라 몰 Kahala Mall(Kilauea Ave + Waialae Ave) ❹ 코코 마리나 센터 Koko Marina Center(Kalanianaole Hwy + Portlock Rd) ❺ 하나우마 베이 Hanauma Bay(Hanauma Bay Nature Park) ❻ 샌디 비치 파크 Sandy Beach Park(Kalanianaole Hwy + Sandy Beach) ❼ 시 라이프 파크 Sea Life Park

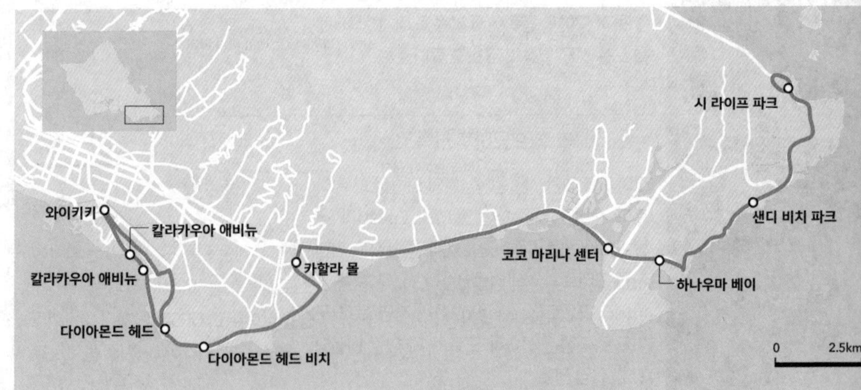

펄 하버를 지나 오아후 서쪽 해안
**40번**

호놀룰루 국제공항, 알로하 스타디움, 펄 하버, 펄리지 센터, 하와이안 일렉트릭 비치 파크, 서쪽의 다양한 해변들을 경유한다.

❶ 알라 모아나 센터 Ala Moana Center ❷ 워싱턴 플레이스 Washington Place(S Beretania St+Eternal Flame) ❸ 차이나타운 Chinatown(N Beretania St+Opp Smith St) ❹ 호놀룰루 국제공항Daniel K. Inouye International Airport ❺ 알로하 스타디움 Aloha Stadium(Kamehameha Hwy+Salt Lake Bl) ❻ 펄리지 센터 Pearlridge Center(Kamehameha Hwy+Kaonohi St) ❼ 하와이안 일렉트릭 비치 파크 Hawaiian Electric Beach Park(Farrington Hwy+Kahe Power) ❽ 마카하 비치 파크 Makaha Beach Park(farrington Hwy+Kili Dr)

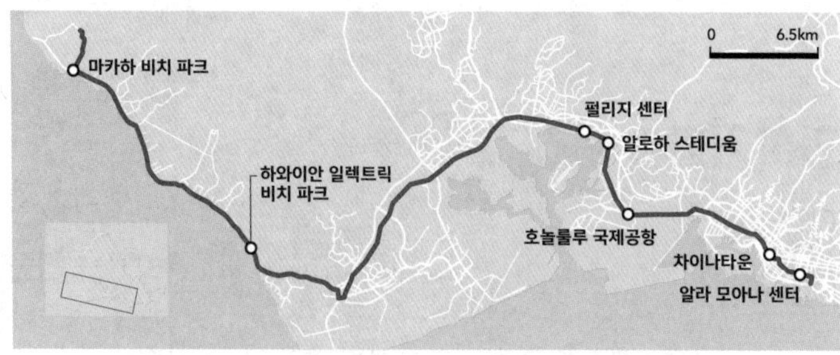


감각적인 카일루아 타운
**67번**

다운타운, 대한민국 총영사관, 퀸 엠마 여름 궁전, 카일루아 타운, 시 라이프 파크를 경유한다. 23번 버스와 연결해서 하루 코스를 짜도 좋다.

❶ 알라 모아나 센터 Ala Moana Center ❷ 워드 빌리지 Ward Village(Ala Moana Bl+Queen St) ❸ 카카아코 파머스 마켓 Kakaako Farmer's Market(Ala Moana Bl+Ward Ave) ❹ 카카아코 Kakaako(Ala Moana Bl+Coral St) ❺ 차이나타운 Chinatown(Alakea St+S Hotel St) ❻ 대한민국 총영사관 Consulate General of the Republic of Korea(Pali Hwy+Laimi Rd) ❼ 퀸 엠마 여름 궁전 Queen Emma Summer Palace(Pali Hwy+Queen Emma Summer Palace) ❽ 카일루아 타운 Kailua Town(Kailua Rd+Opp Oneawa St) ❾ 와이마날로 베이 비치 파크 Waimanalo Bay State Recreation Park(Kalanianaole Hwy+Opp Waimanalo Bay) ❿ 시 라이프 파크 Sea Life Park

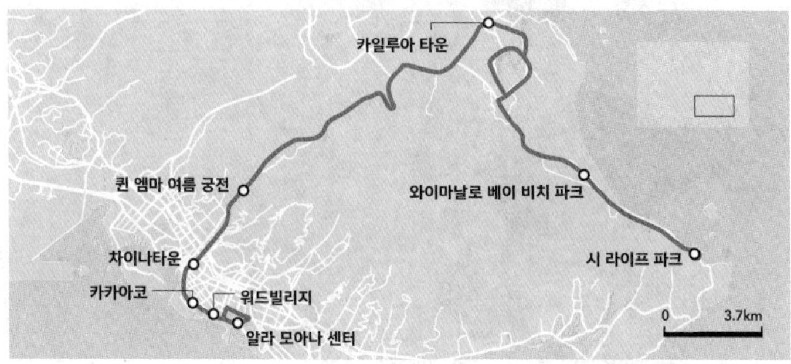


다버스 & 구글 지도
DaBus2 & Google Maps

❶ 구글 지도로 출발지와 목적지를 입력하고 검색하면 차, 대중교통, 도보로 가는 방법과 시간이 나오는데, 그중 대중교통을 확인하면 더 버스로 이동하는 법이 바로 나온다.
❷ 다버스는 현재 위치에서 가장 가까운 버스 정류장을 찾아주고, GPS가 탑재된 버스의 도착 시간도 확인할 수 있다. 두 가지 앱의 추천 루트나 버스 도착 시간이 다를 수 있으므로 둘을 비교하며 사용하는 게 좋다.

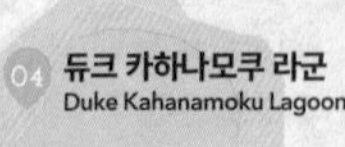

# 와이키키

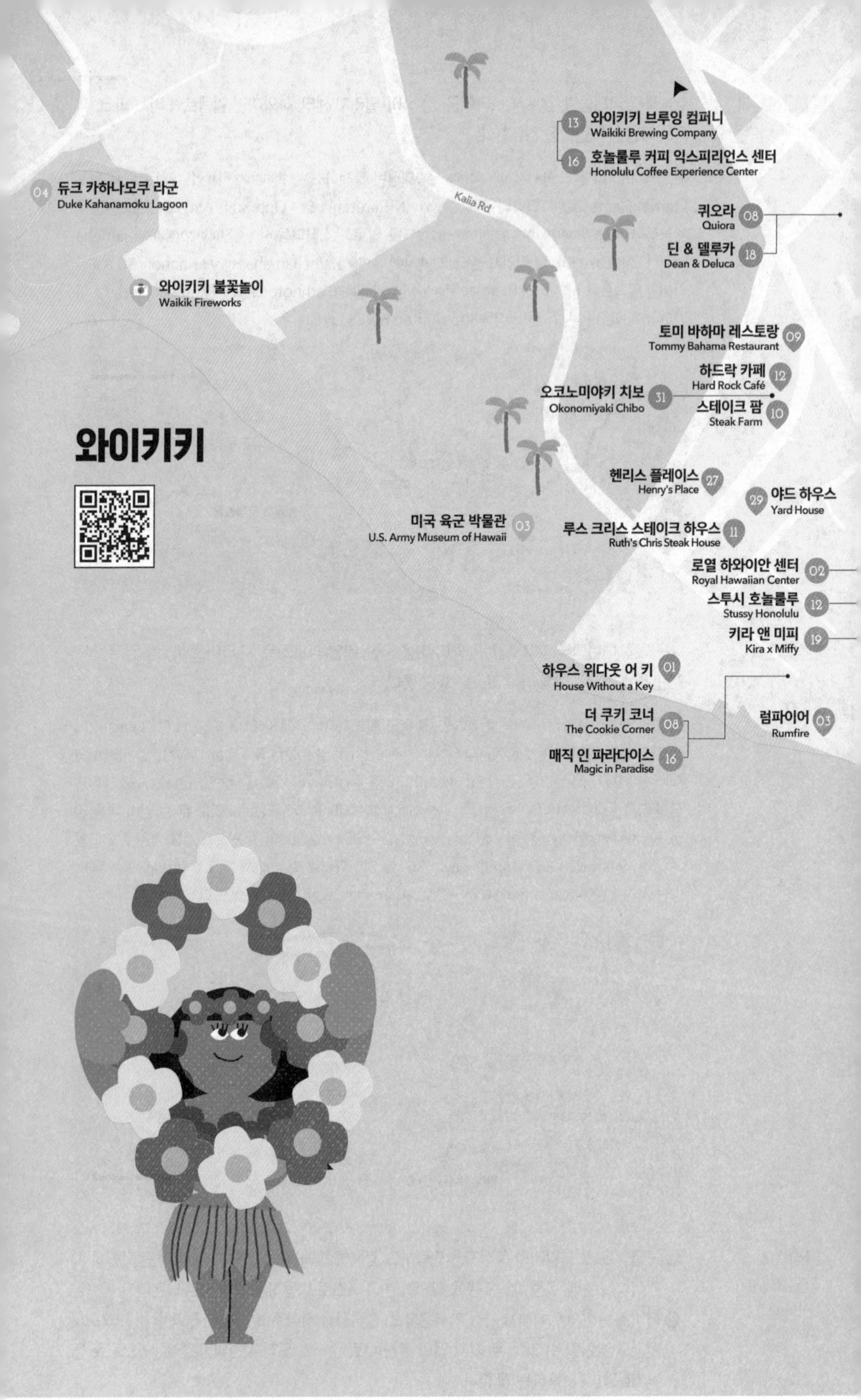

13 와이키키 브루잉 컴퍼니
Waikiki Brewing Company
16 호놀룰루 커피 익스피리언스 센터
Honolulu Coffee Experience Center
04 듀크 카하나모쿠 라군
Duke Kahanamoku Lagoon
Kalia Rd
퀴오라 08
Quiora
딘 & 델루카 18
Dean & Deluca
와이키키 불꽃놀이
Waikik Fireworks
토미 바하마 레스토랑 09
Tommy Bahama Restaurant
하드락 카페 12
Hard Rock Café
오코노미야키 치보 31
Okonomiyaki Chibo
스테이크 팜 10
Steak Farm
헨리스 플레이스 27
Henry's Place
29 야드 하우스
Yard House
미국 육군 박물관 03
U.S. Army Museum of Hawaii
루스 크리스 스테이크 하우스 11
Ruth's Chris Steak House
로열 하와이안 센터 02
Royal Hawaiian Center
스투시 호놀룰루 12
Stussy Honolulu
키라 앤 미피 19
Kira x Miffy
하우스 위다웃 어 키 01
House Without a Key
더 쿠키 코너 08
The Cookie Corner
럼파이어 03
Rumfire
매직 인 파라다이스 16
Magic in Paradise

0
100m
07 부호 코치나 이 칸티나
BUHO Cocina y Cantina
09 빅토리아 시크릿
Victoria's Secret
10 세포라
Sephora
11 88 티
88 Tees
17 해피 할레이바 와이키키
Happy Haleiwa Waikiki
헤븐리 아일랜드 라이프스타일
Heavenly Island Lifestyle
17
04 노드스트롬 랙 와이키키 트레이드 센터
Nordstrom Rack Waikiki Trade Center
23 마루가메 우동
Marugame Udon
05 알라 와이 운하
Ala Wai Canal
06
스카이 와이키키
Sky Waikiki
05 로스 드레스 포 레스
Ross Dress for Less
14 터키즈
Turquoise
01 인터내셔널 마켓 플레이스
International Market Place
06 와이키키 마켓
Waikiki Market
13 앤트로폴로지
Anthropology
19 릴리하 베이커리 와이키키
Liliha Bakery Waikiki
20 코나 커피 퍼베이어스
Kona Coffee Purveyors
21 미츠와 마켓플레이스
Mitsuwa Maketplace
07
호놀룰루
쿠키 컴퍼니
Honolulu
Cookie Company
메이시스 03
Macy's
28 마우이 브루잉 컴퍼니
Maui Brewing Co.
15 코코네네
CocoNene
26
바난 볼스
Banán Bowls
02
마이 타이 바
Mai Tai Bar
Ala Wai Blvd
24 무스비 카페 이야스미
Musube Café Iyasume
22 마구로 스폿
Maguro Spot
와이키키 크리스마스 스토어 17
Waikiki Christmas Store
모니 모아나 18
Moni Moana
02 듀크 카하나모쿠 동상
Duke Kahanamoku Statue
14 아일랜드 빈티지 커피
Island Vintage Coffee
15 아일랜드 빈티지 와인 바
Island Vintage Wine Bar
25 아일랜드 빈티지 셰이브 아이스
Island Vintage Shave Ice
Kuhio Ave
Kalakaua Ave
와이키키 비치 01
Waikiki Beach
30 오아후 멕시칸 그릴
Oahu Mexican Grill (OMG)
와이키키 아쿠아리움 07
Waikiki Aquarium
카피올라니 비치 파크 08
Kapiolani Beach Park
와이키키 아트페스트 09
Waikiki Artfest
미셸스 앳 더 콜로니 서프 04
Michel's at the Colony Surf
하우 트리 라나이 05
Hau Tree Lanai
Kapahulu Ave
06 호놀룰루 동물원
Honolulu Zoo

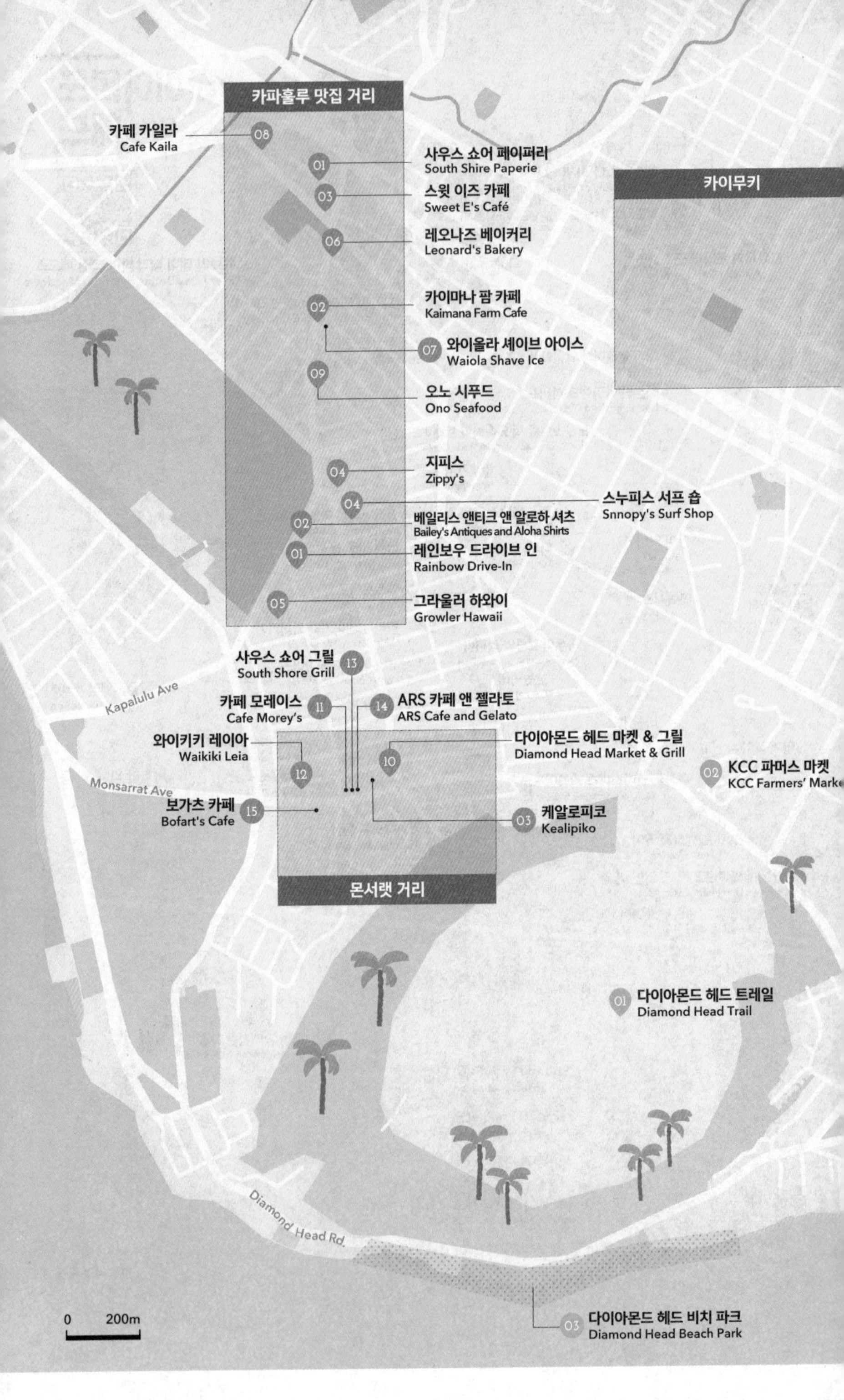

카파훌루 맛집 거리
카페 카일라
Cafe Kaila
08
01
사우스 쇼어 페이퍼리
South Shire Paperie
03
스윗 이즈 카페
Sweet E's Café
06
레오나즈 베이커리
Leonard's Bakery
카이무키
02
카이마나 팜 카페
Kaimana Farm Cafe
07
와이올라 셰이브 아이스
Waiola Shave Ice
09
오노 시푸드
Ono Seafood
04
지피스
Zippy's
04
스누피스 서프 숍
Snnopy's Surf Shop
02
베일리스 앤티크 앤 알로하 셔츠
Bailey's Antiques and Aloha Shirts
01
레인보우 드라이브 인
Rainbow Drive-In
05
그라울러 하와이
Growler Hawaii
사우스 쇼어 그릴
South Shore Grill
13
Kapalulu Ave
카페 모레이스
Cafe Morey's
11
14
ARS 카페 앤 젤라토
ARS Cafe and Gelato
와이키키 레이아
Waikiki Leia
12
10
다이아몬드 헤드 마켓 & 그릴
Diamond Head Market & Grill
02
KCC 파머스 마켓
KCC Farmers' Mark
Monsarrat Ave
보가츠 카페
Bofart's Cafe
15
03
케알로피코
Kealipiko
몬서랫 거리
01
다이아몬드 헤드 트레일
Diamond Head Trail
Diamond Head Rd.
0
200m
03
다이아몬드 헤드 비치 파크
Diamond Head Beach Park

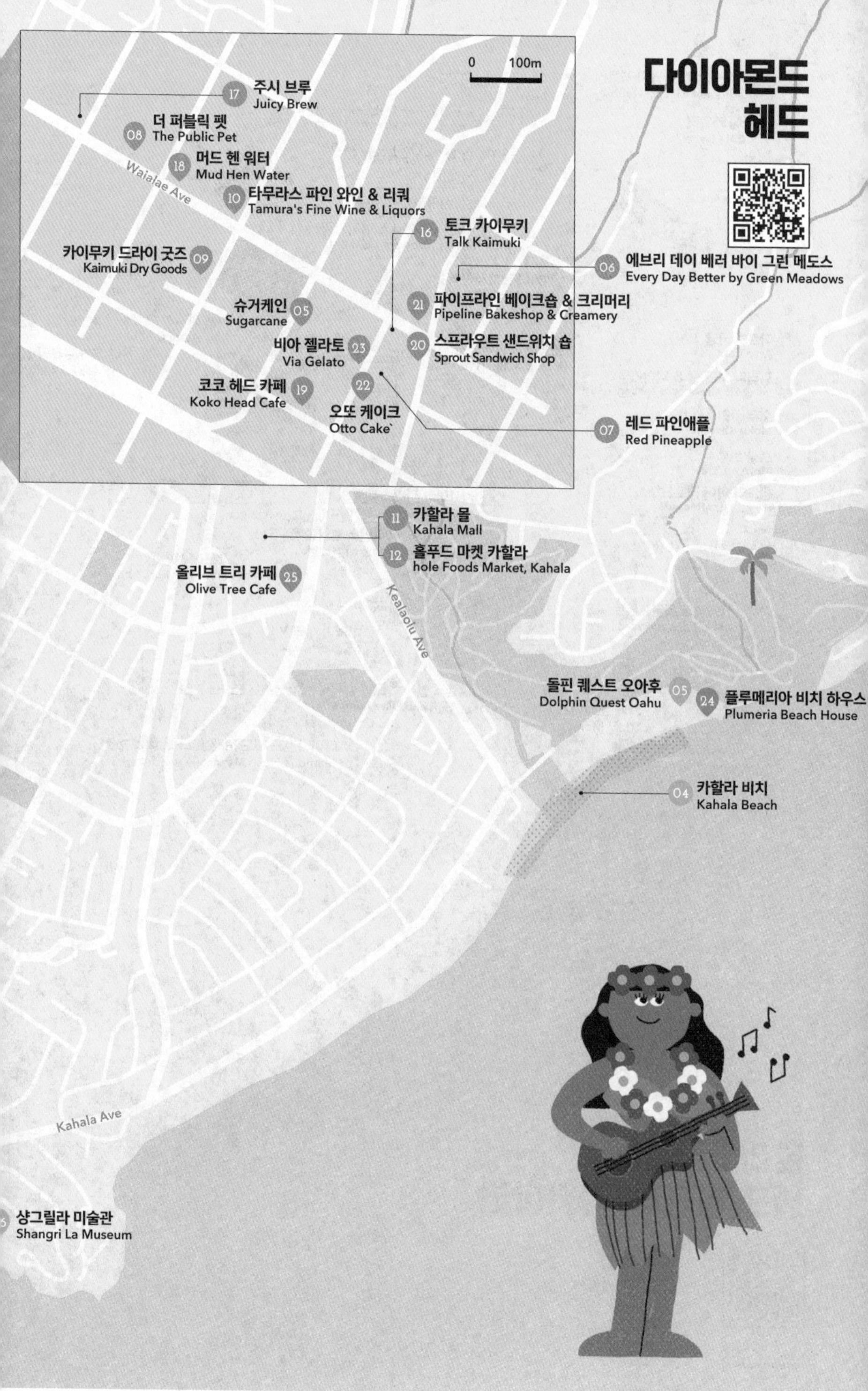

다이아몬드 헤드
0 100m
17 주시 브루 Juicy Brew
08 더 퍼블릭 펫 The Public Pet
18 머드 헨 워터 Mud Hen Water
Waialae Ave
10 타무라스 파인 와인 & 리쿼 Tamura's Fine Wine & Liquors
16 토크 카이무키 Talk Kaimuki
카이무키 드라이 굿즈 09 Kaimuki Dry Goods
06 에브리 데이 베러 바이 그린 메도스 Every Day Better by Green Meadows
21 파이프라인 베이크숍 & 크리머리 Pipeline Bakeshop & Creamery
슈거케인 05 Sugarcane
비아 젤라토 23 Via Gelato
20 스프라우트 샌드위치 숍 Sprout Sandwich Shop
코코 헤드 카페 19 Koko Head Cafe
22 오또 케이크 Otto Cake`
07 레드 파인애플 Red Pineapple
11 카할라 몰 Kahala Mall
12 홀푸드 마켓 카할라 hole Foods Market, Kahala
올리브 트리 카페 25 Olive Tree Cafe
Kealaolu Ave
돌핀 퀘스트 오아후 05 Dolphin Quest Oahu
24 플루메리아 비치 하우스 Plumeria Beach House
04 카할라 비치 Kahala Beach
Kahala Ave
샹그릴라 미술관 Shangri La Museum

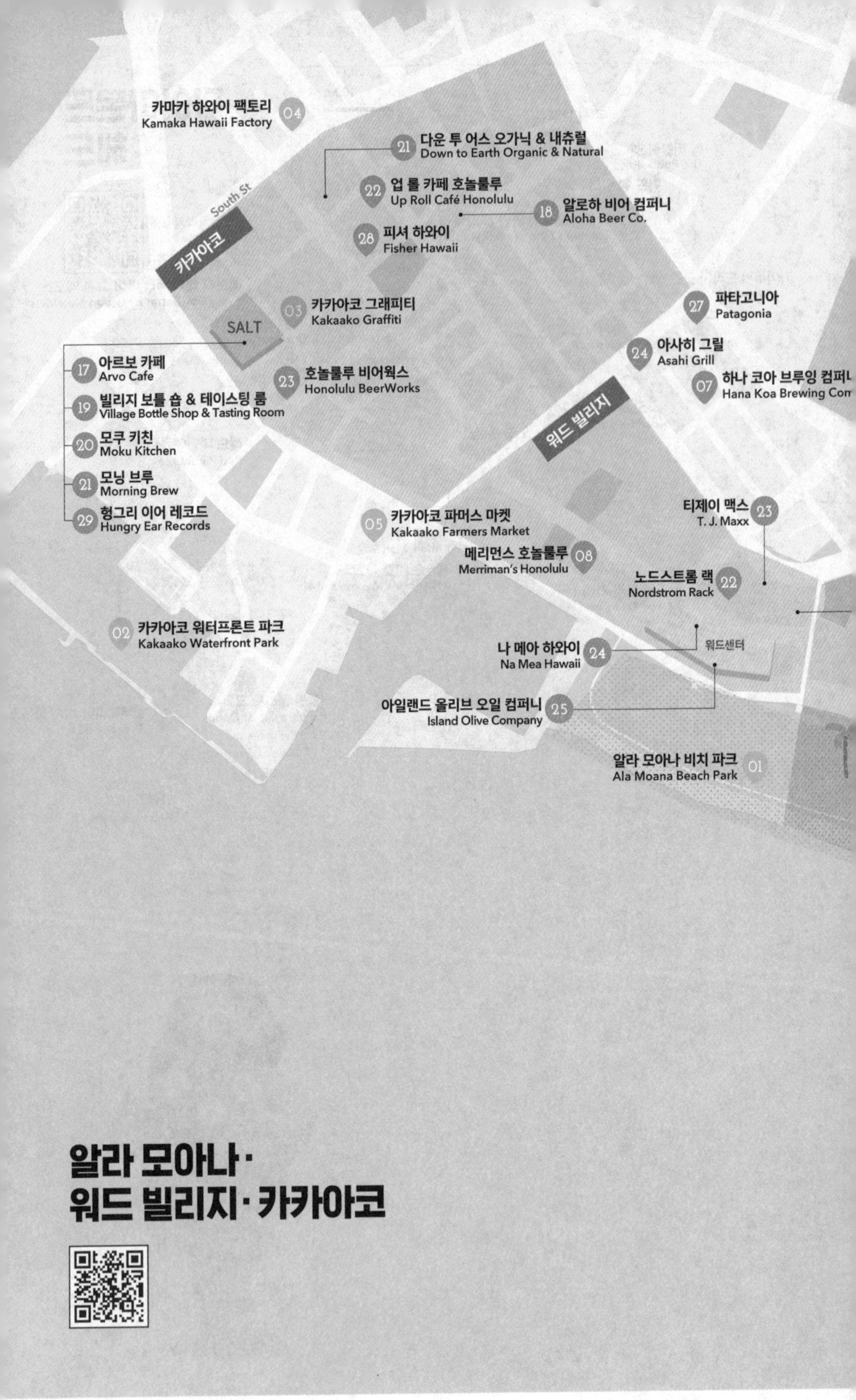

카마카 하와이 팩토리
Kamaka Hawaii Factory 04

21 다운 투 어스 오가닉 & 내츄럴
Down to Earth Organic & Natural

22 업 롤 카페 호놀룰루
Up Roll Café Honolulu

18 알로하 비어 컴퍼니
Aloha Beer Co.

28 피셔 하와이
Fisher Hawaii

South St

카카아코

03 카카아코 그래피티
Kakaako Graffiti

SALT

27 파타고니아
Patagonia

24 아사히 그릴
Asahi Grill

07 하나 코아 브루잉 컴퍼니
Hana Koa Brewing Com

17 아르보 카페
Arvo Cafe

19 빌리지 보틀 숍 & 테이스팅 룸
Village Bottle Shop & Tasting Room

20 모쿠 키친
Moku Kitchen

21 모닝 브루
Morning Brew

29 헝그리 이어 레코드
Hungry Ear Records

23 호놀룰루 비어웍스
Honolulu BeerWorks

워드 빌리지

05 카카아코 파머스 마켓
Kakaako Farmers Market

메리먼스 호놀룰루 08
Merriman's Honolulu

티제이 맥스 23
T. J. Maxx

노드스트롬 랙 22
Nordstrom Rack

02 카카아코 워터프론트 파크
Kakaako Waterfront Park

나 메아 하와이 24
Na Mea Hawaii

워드센터

아일랜드 올리브 오일 컴퍼니 25
Island Olive Company

알라 모아나 비치 파크 01
Ala Moana Beach Park

# 알라 모아나·
# 워드 빌리지·카카아코

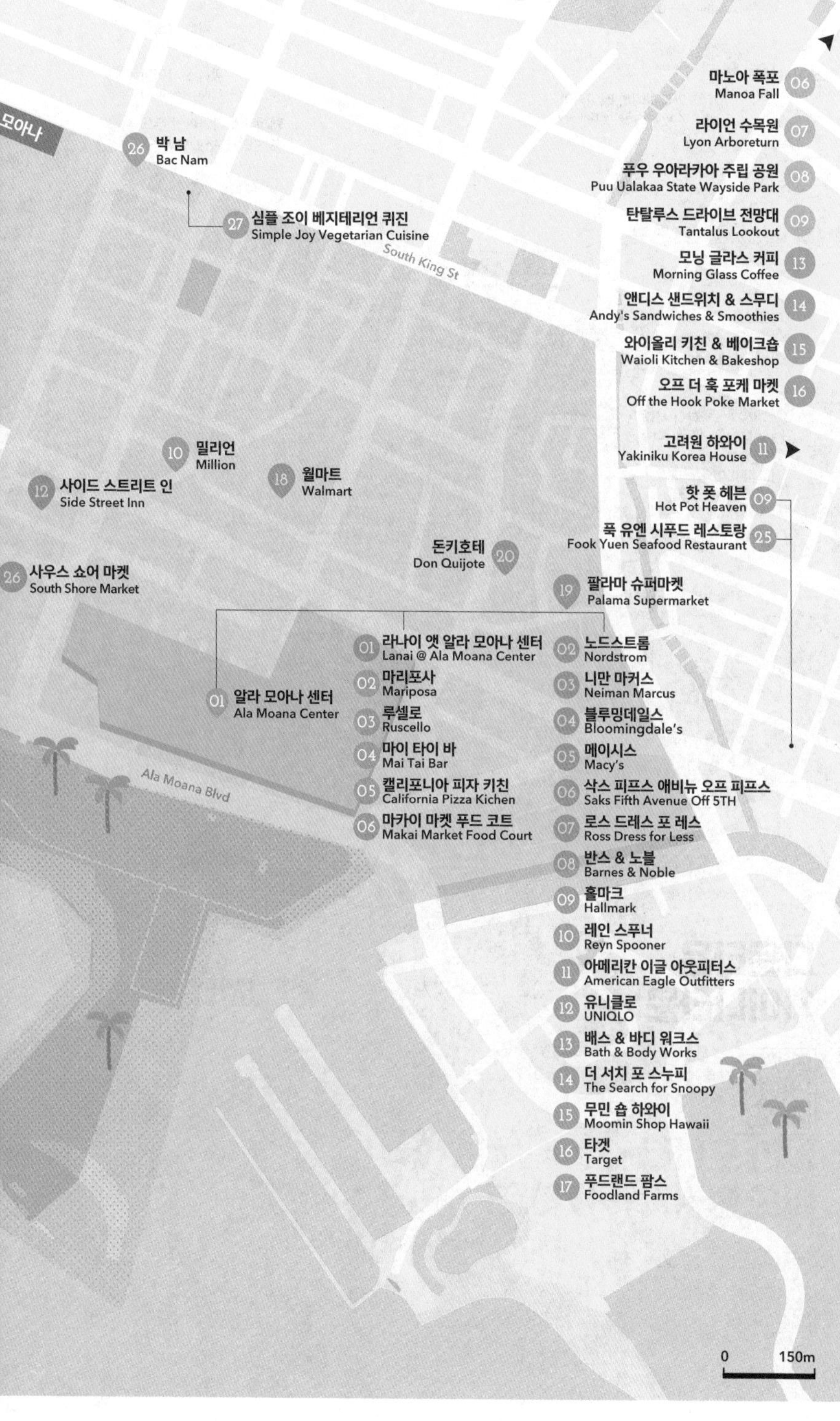

모아나
26 박 남 Bac Nam
27 심플 조이 베지테리언 퀴진 Simple Joy Vegetarian Cuisine
South King St
06 마노아 폭포 Manoa Fall
07 라이언 수목원 Lyon Arboreturn
08 푸우 우아라카아 주립 공원 Puu Ualakaa State Wayside Park
09 탄탈루스 드라이브 전망대 Tantalus Lookout
13 모닝 글라스 커피 Morning Glass Coffee
14 앤디스 샌드위치 & 스무디 Andy's Sandwiches & Smoothies
15 와이올리 키친 & 베이크숍 Waioli Kitchen & Bakeshop
16 오프 더 훅 포케 마켓 Off the Hook Poke Market
11 고려원 하와이 Yakiniku Korea House
10 밀리언 Million
12 사이드 스트리트 인 Side Street Inn
18 월마트 Walmart
09 핫 폿 헤븐 Hot Pot Heaven
25 푹 유엔 시푸드 레스토랑 Fook Yuen Seafood Restaurant
20 돈키호테 Don Quijote
26 사우스 쇼어 마켓 South Shore Market
19 팔라마 슈퍼마켓 Palama Supermarket
01 알라 모아나 센터 Ala Moana Center
01 라나이 앳 알라 모아나 센터 Lanai @ Ala Moana Center
02 마리포사 Mariposa
03 루셀로 Ruscello
04 마이 타이 바 Mai Tai Bar
05 캘리포니아 피자 키친 California Pizza Kichen
06 마카이 마켓 푸드 코트 Makai Market Food Court
02 노드스트롬 Nordstrom
03 니만 마커스 Neiman Marcus
04 블루밍데일스 Bloomingdale's
05 메이시스 Macy's
06 삭스 피프스 애비뉴 오프 피프스 Saks Fifth Avenue Off 5TH
07 로스 드레스 포 레스 Ross Dress for Less
08 반스 & 노블 Barnes & Noble
09 홀마크 Hallmark
10 레인 스푸너 Reyn Spooner
11 아메리칸 이글 아웃피터스 American Eagle Outfitters
12 유니클로 UNIQLO
13 배스 & 바디 워크스 Bath & Body Works
14 더 서치 포 스누피 The Search for Snoopy
15 무민 숍 하와이 Moomin Shop Hawaii
16 타겟 Target
17 푸드랜드 팜스 Foodland Farms
Ala Moana Blvd
0 150m

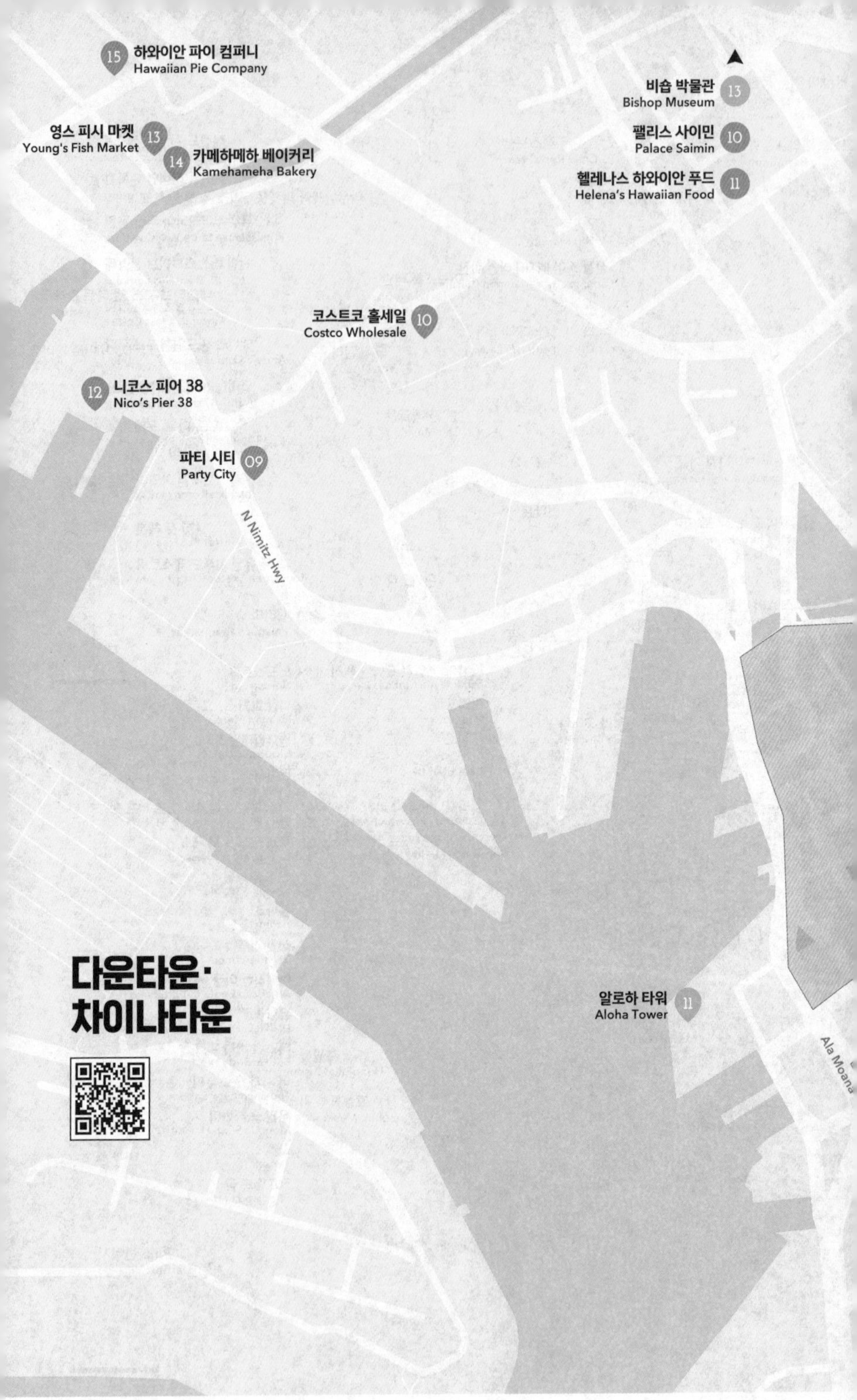

15 하와이안 파이 컴퍼니
Hawaiian Pie Company

13 비숍 박물관
Bishop Museum

13 영스 피시 마켓
Young's Fish Market

10 팰리스 사이민
Palace Saimin

14 카메하메하 베이커리
Kamehameha Bakery

11 헬레나스 하와이안 푸드
Helena's Hawaiian Food

10 코스트코 홀세일
Costco Wholesale

12 니코스 피어 38
Nico's Pier 38

09 파티 시티
Party City

N Nimitz Hwy

# 다운타운·차이나타운

11 알로하 타워
Aloha Tower

Ala Moana

퀸 엠마 여름 궁전
Queen Emma
Summer Palace
15
고빈다스 레스토랑
vinda's Restaurant
09
차이나타운 확대 지도
포 투 차우 레스토랑
Pho To Chau Restaurant
06
레전드 시푸드 레스토랑
Legend Seafood Restaurant
05
N Beretania St
S Hotel St
마우나케아 마켓플레이스
Maunakea Marketplace
02
오아후 마켓
Oahu Market
01
하운드 앤 퀘일
Hound & Quail
07
라이브스톡 태번
Livestock Tavern
02
네이티브 북스 앳 아트 & 레터
Native Book at Art & Letters
09
더 피그 앤 더 레이디
The Pig and the Lady
04
더 데일리
The DALEY
03
퍼스트 프라이데이 아트 나이트
First Friday Art Night
10
로컬 조
Local Joe
07
06
Nuuanu Ave
12
제이 돌란스
J. Dolan's
01
틴 칸 메일맨
Tin Can Mailman
05
파이팅 일
Fighting Eel
하와이 시어터 센터
Hawaii Theatre Center
06
포스터 보태니컬 가든
Foster Botanical Garden
N King St
Fort Street Mall
로베르타 오크스 하와이
Roberta Oaks Hawaii
04
진저 13
Ginger 13
03
0
100m
국립 태평양 기념묘지
National Memorial
Cemetery of the Pacific
14
차이나타운
다운타운
08
하와이 주립 미술관
Hawaii State Art Museum
Richard St
04
하와이 주 의사당
Hawaii State Capitol
01
이올라니 궁전
Iolani Palace
호놀룰루 미술관
Honolulu Museum of Art
07
02
05
하와이 주립 도서관
Hawaii State Library
호놀룰루 미술관 카페
Honolulu Museum of Art Cafe
08
킹 카메하메하 동상
King Kamehameha Statue
03
카와이아하오 교회
Kawaiahao Church
하버스 빈티지
Harbors Vintage
08
S King St

# 오아후 동부

20 쿠알로아 랜치
Kualoa Ranch

06 쿠알로아 리저널 파크
Kualoa Regional Park

08 야미 훌리 훌리 치킨
Yumi Huli Huli Chicken

09 트로피컬 팜스 마카다미아 넛츠
Tropical Farms Macadamia Nuts

12 카네오헤 베이 샌드바
Kaneohe Bay Sandbar

15 뵤도인 사원
The Byodo-In Temple

04 카일루아 비치 파크
Kailua Beach Park

12 아일랜드 스노우 하와이
Island Snow Hawaii

14 호오말루히아 보태니컬 가든
Hoomaluhia Botanical Garden

22 카일루아 타운 파머스 마켓
Kailua Town Farmers' Market

19 누우아누 팔리 전망대
Nuuanu Pali Lookout

13 하와이안 아일랜드 카페
Hawaiian Island Cafe

10 쿨리오우오우 리지 트레일
Kuliouou Ridge Trail

01 코나 브루잉 컴퍼니
Kona Brewing Co.

04 아일랜드 브루 커피하우스
Island Brew Coffeehouse

05 테디스 비거 버거스
Teddy's Bigger Burgers

11 엉클 클레이스 하우스 오브 퓨어 알로하
Uncle Clay's House of Pure Aloha

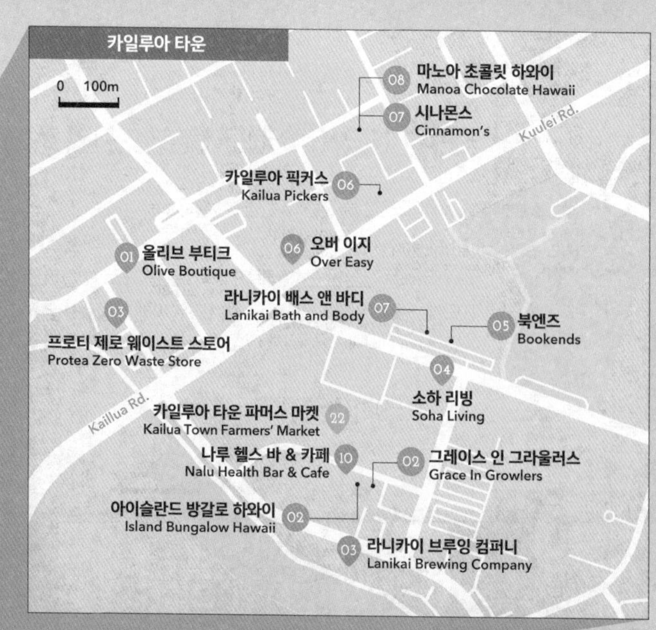


05 라니카이 비치
Lanikai Beach
09 라니카이 필박스 하이크
Lanikai Pillbox Hike
09 오노 스테이크 앤 슈림프 쉑
Ono Steaks and Shrimp Shack
03 와이마날로 베이 비치 파크
Waimanalo Bay Beach Park
시 라이프 파크 21
Sea Life Park
마카푸우 비치 파크
Makapuu Beach Park
02
18 마카푸우 전망대
Makapu'u Point
코코 크레이터
보태니컬 가든
Koko Crater
Botanical Garden
08 마카푸우 포인트 라이트하우스 트레일
Makapuu Point Lighthouse Trail
13
코코 헤드 트레일
Koko Head Trail
01 샌디 비치 파크
Sandy Beach Park
07
17
16
할로나 블로우홀 전망대
Halona Blowhole Lookout
11
라나이 전망대
Lanai Lookout
하나우마 베이
Hanauma Bay
0 1.5km

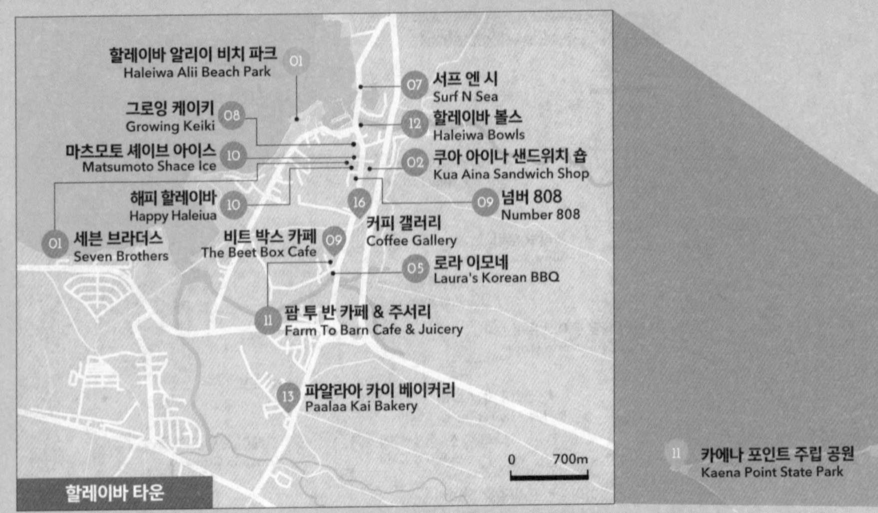


11 카에나 포인트 주립 공원
Kaena Point State Park

케아바울라 비치 06
Keawaula Beach

# 오아후 서북부

마카하 비치 파크 09
Makaha Beach Park

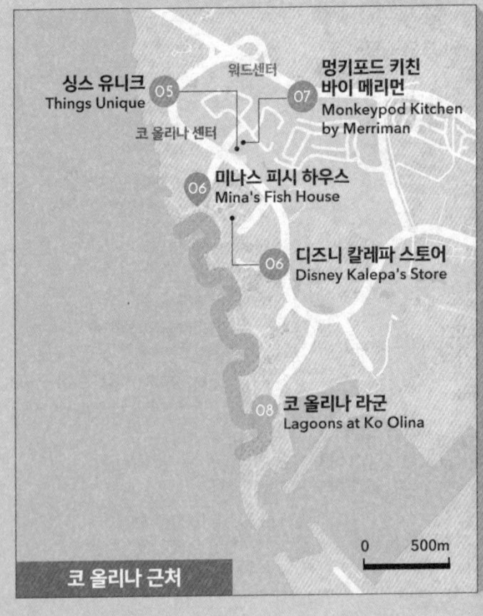


0 2.5km

05 쿠일리마 코브
Kuilima Cove

03 로미스 카후쿠 프론스 & 슈림프
Romy's Kahuku Prawns & Shrimp

04 선셋 비치 파크
Sunset Beach Park

04 지오반니 알로하 슈림프
Giovanni's Aloha Shrimp

14 에후카이 필박스 하이크
Ehukai Pillbox Hike

13 라이에 포인트 스테이트 웨이사이드
Laie Point State Wayside

12 샤크스 코브
Shark's Cove

03 와이메아 베이 비치 파크
Waimea Bay Beach Park

15 와이메아 밸리
Waimea Valley

20 폴리네시안 컬처럴 센터
Polynesian Cultural Center

02 라니아케아 비치
Laniakea Beach

21 할레이바 타운

19 돌 플랜테이션
Dole Plantation

15 그린 월드 커피 팜스
Green World Coffee Farms

16 와히아와 보태니컬 가든
Wahiawa Botanical Garden

14 우버 팩토리
Uber Factory

17 코하나 럼 양조장
KoHana Distillers

19 파라다이스 사이다
Paradise Cider

08 카후마나 오가닉 팜 & 카페
Kahumana Organic Farm & Cafe

01 와이켈레 프리미엄 아웃렛
Waikele Premium Outlets

22 하와이 플랜테이션 빌리지
Hawaii's Plantation Village

18 시로스 사이민 헤이븐
Shiro's Saimin Haven

02 펄리지 센터
Pearlridge Center

17 디 앨리 앳 아이아 볼
The Alley at 'Aiea Bowl

04 알로하 스타디움 스왑 미트
Aloha Stadium Swap Meet

23 펄 하버
Pearl Habor

07 하와이안 일렉트릭 비치 파크
Hawaiian Electric Beach Park

03 카 마카나 알리이
Ka Makana Alii

18 라이언 커피 팩토리
Lion Coffee Factory

10 화이트 플레인스 비치
White Plains Beach

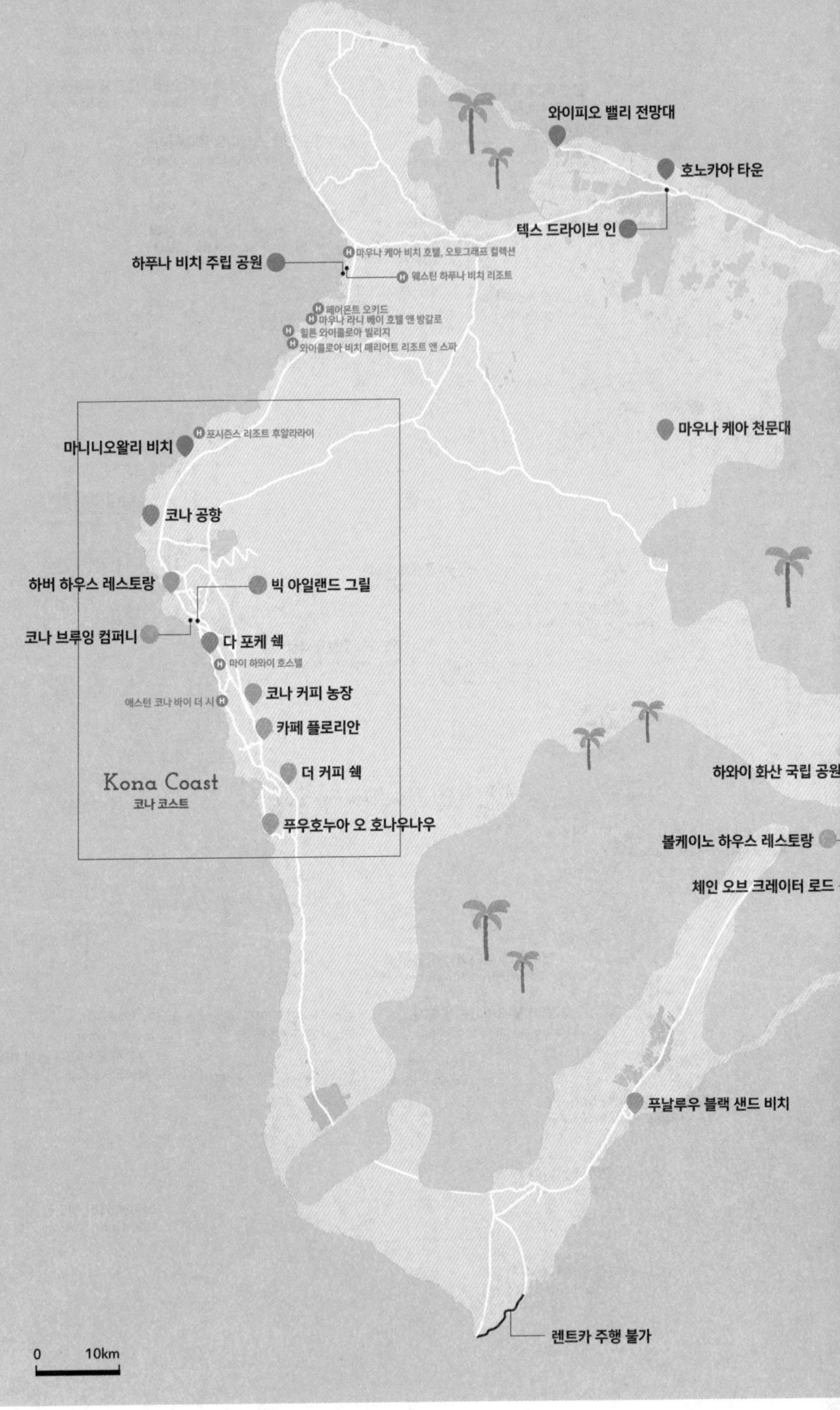
와이피오 밸리 전망대
호노카아 타운
텍스 드라이브 인
하푸나 비치 주립 공원
마우나 케아 비치 호텔, 오토그래프 컬렉션
웨스틴 하푸나 비치 리조트
페어몬트 오키드
마우나 라니 베이 호텔 앤 방갈로
힐튼 와이콜로아 빌리지
와이콜로아 비치 메리어트 리조트 앤 스파
포시즌스 리조트 후알라라이
마니니오왈리 비치
마우나 케아 천문대
코나 공항
하버 하우스 레스토랑
빅 아일랜드 그릴
코나 브루잉 컴퍼니
다 포케 쉑
마이 하와이 호스텔
코나 커피 농장
애스턴 코나 바이 더 시
카페 플로리안
더 커피 쉑
Kona Coast
코나 코스트
푸우호누아 오 호나우나우
하와이 화산 국립 공원
볼케이노 하우스 레스토랑
체인 오브 크레이터 로드
푸날루우 블랙 샌드 비치
렌트카 주행 불가
0
10km

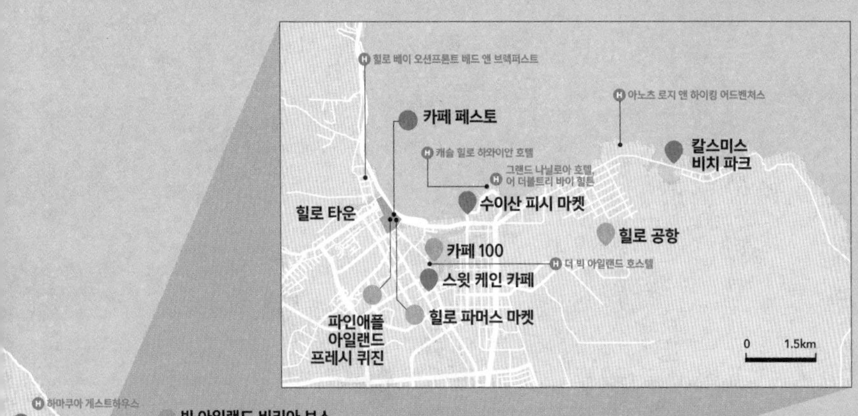


Hilo
힐로

# 빅 아일랜드

웨일 와칭

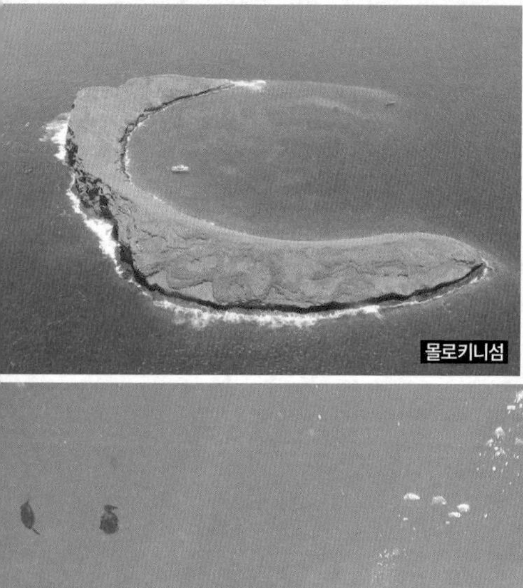

몰로키니섬

몰로키니 스노클링

몰로키니 스노클링

블랙 샌드 비치

와일루아 폭포

하나 로드

하나 로드